KB095135

Mushrooms and Poisonous Fungi in Korea

한국의 식용·독버섯도감

조덕현 저

일진사

Preface 머리말

최근 들어 웰빙 바람을 타고 버섯에 대한 대중의 관심이 점점 높아져 가고 있다. 버섯은 식용버섯뿐만 아니라, 야생에서 발생하는 독버섯까지 그 종류가 매우 다양하고, 식용이나 독버섯의 기준 또한 모호하다.

우리 민족은 아주 오랜 옛날부터 버섯을 먹거리로 이용하여 왔다. 그러나 최근들어 전국에서 매년 독버섯에 대한 중독 사고가 매스컴을 통해 끊임없이 보도되는 것은 안타까운 일이 아닐 수 없다. 버섯은 식량, 약용 및 산림 자원 등으로 이용되었지만, 식량 자원으로 이용하던 버섯 가운데에 독버섯이 섞여 있는 것을 모르고 먹다가 중독 사고를 일으키게 된다. 그러나 버섯은 이러한 중독 사고만 피할 수 있다면 단백질, 비타민, 무기염류 등 다른 식품에서 얻을 수 없는 수많은 영양소를 함유하고 있는 유익한 건강 식품이기도 하다. 특히 고혈압, 당뇨병 등의 성인병 예방과 치료에 탁월한 효과가 있어서 현대인에게 더욱 각광받고 있다.

그러나 우리의 건강을 증진시켜 주는 버섯에 대해서는 정작 우리 인류가 아직까지 알아낸 바가 많지 않다. 또한 우리나라에 자생하고 있는 2,000여 종의 버섯들을 식용버섯과 독버섯으로 분류하여 명쾌하게 설명해 놓은 변변한 안내서조차 없는 것이 현실이다. 우리가 알고 싶어하는 버섯이 식용인지 독버섯인지 구분이 어려운 것은 어쩌면 당연한 일일 수도 있다. 또한 동일한 버섯에 대해서조차 학자, 지방 혹은 국가에 따라 다르게 구분하고 있어 일반 대중에게 혼란을 주는 경우도 있다. 이러한 현상은 버섯을 정확하게 동정 · 분류하는 것 자체가 매우 어렵고, 버섯 성분에 관한 연구 또한 부족하기 때문이다.

최근에는 버섯의 성분 연구가 좀 더 활발하게 진행되면서, 지금까지 알려져 왔던 식용버섯에도 독성분이 함유되어 있다는 것이 밝혀지고, 반대로 독버섯에도 사람에게 유익한 성분이 있거나, 그 독성분이 암세포를 제거하는 물질을 함유하고 있다는 사실들이 점점 밝혀지고 있다. 그러나 이러한 연구 결과는 오히려 식용버섯과 독버섯으로 나누는 일을 한층 더 어렵게 만들기도 한다. 또한 무엇을 기준으로 하느냐에 따라 독버섯이 식용버섯과 약용버섯으로 나누어지는 경우도 있기 때문이다. 따라서 이 책은 최근의 문헌과 정보를 중심으로 집필함으로써, 학자와 지역에 따라 다른 내용을 최신의 것으로 준용하였음을 밝혀두고자 한다.

버섯은 자연의 얼굴이다. 버섯 자체가 작고 보잘것없어 보이지만 자연의 건강을 온몸으로 알려 주는 소중한 존재이다. 필자는 이러한 버섯이 인간과 더불어 자연에서 공존할 수 있는 길을 모색하는 데 마지막 일생을 보낼 예정이다.

끝으로, 버섯 박물관 건립을 추진 중인 정재연 님과 독버섯 연구의 세계적 권위자인 일본의 홋카이도(北海島) 대학의 명예교수인 시라하마(白濱晴久) 박사의 많은 문헌 제공에 감사드리며, 언제나 격려해 주시며 버섯을 가르쳐 주신 이영록, 이지열 교수님께 고마움을 전한다.

균류유전자원 연구실에서

조덕현

일러두기

Mushrooms and Poisonous Fungi in Korea

1. 학명은 최신의 것 하나만을 사용하였고, 한국 보통명은 『한국 기록종 버섯 재정리 목록(임업연구원, 2000)』을 준용하였다.
2. 맹독버섯 : 1~2개만 먹었을 때 죽음에 이르게 하는 버섯
3. 준맹독버섯 : 먹었을 때 병원으로 후송하여 치료를 받으면 생명에 지장이 없는 버섯
4. 일반 독버섯 : 미량의 독성분을 가지고 있으며, 먹었을 경우 약간 이상 증상이 나타나지만, 곧바로 사라져 생명에 지장이 없는 버섯, 독성분을 가지고 있지만 인체에 해를 끼치지 않을 정도의 양을 가진 버섯
5. 미약 독버섯 : 미량의 독성분을 가지고 있지만 우리가 식용할 수 있는 버섯으로, 전혀 몸에 해롭지 않은 버섯
6. 술독버섯 : 술 또는 알코올과 함께 먹으면 중독 증상을 일으키는 버섯
7. 환각버섯 : 먹으면 환각 증상을 나타내는 버섯
8. 의심독버섯 : 독성분을 가지고 있을 것으로 생각되는 버섯
9. 이 책에서 다룬 식용버섯과 독버섯은 많은 문헌을 참고로 하였으며, 같은 버섯이라 하여도 지방 혹은 학자에 따라 식용버섯과 독버섯이 달라 다소 혼란을 가져오기 때문에, 가능한 한 최신의 문헌을 중심으로 정리하였다.

Contents

차 례

담자균문 > 담자균강 > 주름버섯목

■ 느타리과

■ 송이버섯과

Contents

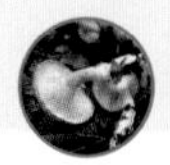  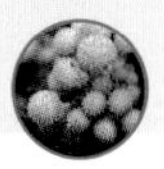

Contents

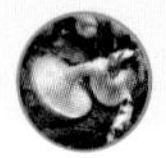  

Contents

담자균문 > 담자균강 > 민주름버섯목

Contents

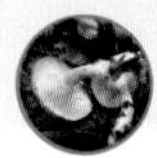  

담자균문 ≫ 담자균강 ≫

주름버섯목

느타리과

느타리과 버섯은 대부분 목재부후균으로, 나무에 발생한다. 식용버섯이 대부분이며, 아직까지 독버섯으로 분류된 것은 없다. 대표적인 식용버섯은 느타리, 표고버섯이다.

식용버섯

흰느타리 *Pleurotus cornucopiae* (Paul : Pers.) Rolland

용도 및 증상 버섯 샤브샤브 등에 많이 이용한다.

형태 균모의 지름은 4~12cm이며 둥근 산모양에서 차차 편평해져서 깔때기모양으로 되며, 가장자리는 아래로 말린다. 표면은 연한 황색 또는 연한 황갈색으로 밋밋하다. 살은 백색이며 얇고 단단하다. 맛과 냄새는 온화하다. 주름살은 회색이고 주름살들의 간격이 넓어서 성기며, 자루에 대하여 내린주름살 또는 긴내린주름살이다. 자루는 여러 개의 가지로 갈라지며, 갈라진 가지 끝에 균모가 부착되어 있다. 자루는 중심생 또는 균모의 옆에서 나오며, 길이 2~10cm, 굵기 0.5~1.5cm이다. 위아래의 굵기는 같거나 아래로 가늘고, 색은 백색이지만 드물게 황색을 띠고 있는 것도 있으며 속은 차 있다.

포자 긴 광타원형이며 표면은 밋밋하고, 크기는 8~9.5× 3.5~4μm이다. 포자문은 연한 보라색이다.

생태 가을에 활엽수의 죽은 가지 등에 군생하는 목재부후균이다.

분포 한국(남한 : 지리산, 안동. 북한 : 전국), 일본, 유럽, 북아메리카

참고 북한명은 노란버섯

노랑느타리 *Pleurotus cornucopiae* var. *citrinopileatus* (Sing.) Ohira

용도 및 증상 맛이 좋아 오므라이스, 서양 음식, 튀김, 된장국에 주로 사용된다. 중국에서 많이 이용한다.

형태 버섯은 한 밑동에서 여러 개의 자루가 나와 집단을 만들며, 전체 지름 15cm, 높이 10cm에 달한다. 균모 하나하나의 지름은 2~9cm로 둥근 산모양을 거쳐 깔때기모양이 된다. 표면은 선황색 또는 연한 황색으로 습기가 있고, 매끄러우나 가운데 또는 가장자리에 백색 섬유상 또는 솜털모양의 인편이 부착한다. 살은 백색이며 얇다. 주름살은 백색에서 황색이 되고, 폭은 0.4cm로 자루에 대하여 긴 내린주름살이다. 자루의 길이는 2~5cm이고 굵기는 0.5~1.5cm로 원통형이며, 백색 또는 약간 황색을 나타낸다. 자루들은 밑에서 서로 합쳐져 2~4회 가지를 친다. 대부분 중심생이고 턱받이는 없다. 밀가루 냄새가 난다.

포자 원주형이며 크기는 6~9×3.3.5μm이다. 담자기는 20~30×6~8μm이고 곤봉형이며, 4개의 포자를 만든다. 측낭상체는 없고, 연낭상체는 10~35×3~6μm로 방추상 또는 곤봉형으로, 때때로 끝에 침모양의 돌기가 있다. 포자문은 자회색이다.

생태 여름에서 가을사이에 활엽수의 넘어진 나무나 그루터기에 군생하는 목재부후균이다.

분포 한국(남한 : 한라산), 일본, 중국의 동북부, 러시아의 극동, 유럽, 북아메리카

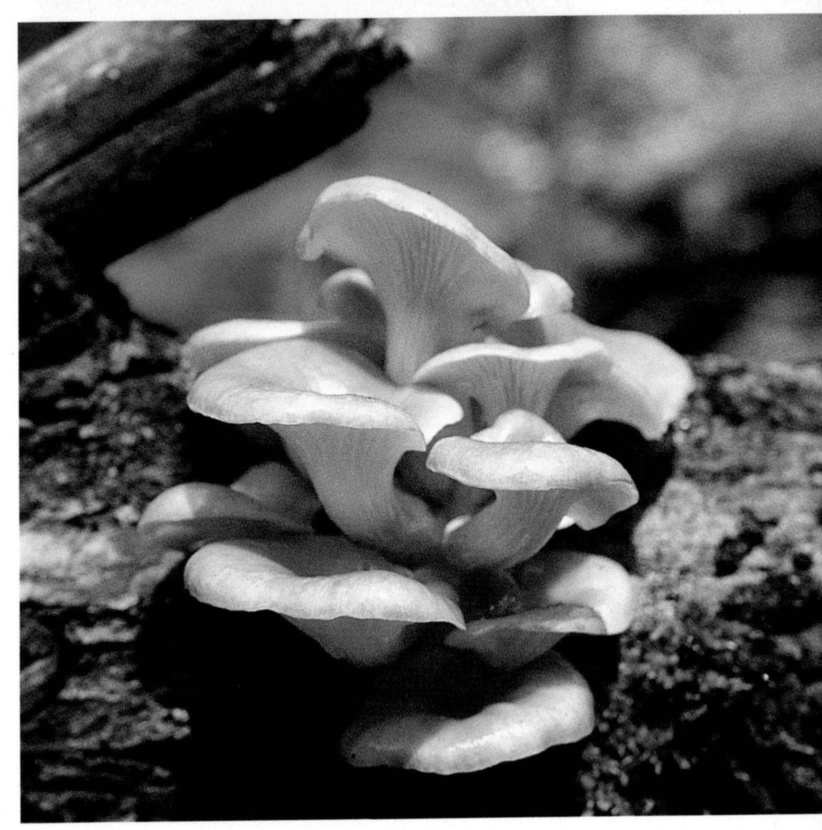

큰느타리 *Pleurotus eryngii* (DC.: Fr.) Ohira

용도 및 증상 샤브샤브, 버섯전골, 매운탕, 고기 구울 때 등 여러 용도로 이용된다.

형태 균모의 지름은 5~10cm로 부채꼴 모양이며, 어릴 때는 둥근 산모양에서 편평하게 되는데 가장자리가 톱니모양이다. 표면은 마르고, 미세한 섬유상의 털이 있고, 어두운 백색 혹은 크림 황토색으로 노쇠하면 회갈색으로 변한다. 가장자리는 아래로 말리며 물결 모양이다. 살은 백색이며 두껍고, 차차 황색으로 변색된다. 버섯 특유의 냄새가 나고 맛은 온화하다. 주름살은 어릴 때 백색이고 나중에 황색에서 오렌지색을 띤 황색으로 된다. 자루에 대하여 긴 내린주름살이고 가장자리는 포크모양이며, 자루의 기부 쪽으로는 그물모양이다. 가장자리는 밋밋하고 물결모양이다. 자루의 길이는 2~4cm이고 굵기는 1.5~2.5cm로 편심생이며, 황토색으로 속은 차 있다.

포자 협타원형으로 10~14×4~5μm이다.

생태 늦여름에서 가을 사이에 숲 속의 땅 또는 건조한 풀밭에 단생 또는 군생한다.

분포 한국(남한 : 지리산, 한라산), 일본, 중국, 유럽

참고 식용하며 마트나 시장에서 파는 새송이는 큰느타리를 품종 개량한 것이다. 새송이라는 이름은 한국 사람들이 송이를 너무 좋아하기 때문에 판매 전략상 붙인 이름으로 볼 수 있다. 물론 시중에서 판매되는 새송이는 야생의 것과는 모양과 크기가 다르며, 특히 자루가 굵은 것이 특징이다.

느타리 *Pleurotus ostreatus* (Jacq. : Fr.) Kummer

용도 및 증상 회백색으로 맛이 좋아서 볶거나, 조림, 버섯 샤브샤브, 튀김 요리 등 여러 형태로 이용한다. 약용으로도 사용한다.

형태 균모의 지름은 5~15cm로 둥근 산모양에서 차차 조개껍질 모양 또는 반원형으로 되며, 간혹 깔때기 모양으로 되기도 한다. 표면은 매끄럽고 습기가 있으며, 흑색 또는 청색을 띤 회색에서 회갈색, 회백색 또는 연한 황색으로 변하지만 처음부터 거의 백색인 것도 있다. 살은 두껍고 탄력이 있으며 백색이다. 특이한 맛과 냄새는 없다. 주름살은 자루에 대하여 긴 내린주름살로 백색 또는 회색이고 치밀하며, 간격이 넓어서 성기다. 자루의 길이는 1~3cm이고, 굵기는 1~2.5cm로 백색이며, 기부에 백색의 털이 빽빽이 나 있다. 자루는 측생, 편심생, 중심생 등이다. 간혹 자루가 없는 것도 있다.

포자 원주형으로 크기는 7.5~11×3~4μm이다. 담자기는 긴 곤봉형이며 25~32.5×5~6μm이고, 4개의 포자를 형성한다. 연낭상체는 곤봉형 또는 방추형이며 끝에 1개의 시계 바늘 같은 돌기가 있고 측낭상체는 없다. 포자문은 분홍 또는 자회색 또는 백색이다.

생태 늦가을에서 봄 사이에 나는 저온성 버섯으로 활엽수 또는 침엽수의 죽은 나무나 그루터기에 겹쳐서 나는 백색부후균이다.

분포 한국(남한 : 변산반도 국립공원, 속리산, 한라산, 안동, 완주의 삼례 등 전국), 중국, 시베리아, 일본, 유럽, 북아메리카, 호주 등 전 세계

참고 우리나라에서 제일 많이 생산되는 버섯이다. 겨울철에 농가에서 비닐하우스 등에서 인공 재배하여 농가 소득에 큰 도움을 주고 있다. 북한명도 느타리버섯으로서, 남한과 북한 이름이 같은 버섯 중의 하나이다.

산느타리 *Pleurotus pulmonarius* (Fr.) Qúel.

용도 및 증상 흡수성이 좋아서 전골, 버섯 무침, 된장국 등에 이용한다.

형태 균모의 지름은 2~8cm이며 색은 처음에는 연한 회색 또는 약간 갈색이고, 나중에는 백색 또는 연한 황색으로 변하는 것도 있지만, 처음부터 거의 백색인 것도 있다. 살은 얇고 균모의 가운데가 두꺼우며 거의 0.1~0.3cm이다. 약간 밀가루 냄새가 나지만, 맛은 온화하다. 주름살의 폭은 0.2~0.4cm이고 자루에 대하여 내린 주름살이며 주름살의 간격은 좁거나 약간 넓어서 밀생 또는 약간 성기다. 처음은 백색이지만 오래되면 크림 레몬색을 나타낸다. 자루의 길이는 0.5~1.5cm이고 굵기는 0.4~0.7cm이며 간혹 없는 것도 있다.

포자 원주형이고 크기는 6~10×3~4μm이다. 담자기는 긴 곤봉형이고, 27~35×6~7μm로 4개의 포자를 만든다. 연낭상체는 원주형 또는 곤봉형이고 맨 앞에 하나 또는 두 개의 침 같은 돌기가 있는 것도 있으며, 크기는 15~22.5×5~7.5μm이고 막은 얇다. 측낭상체는 없다. 포자문은 약간 회색 혹은 분홍색이거나 연한 자회색이다.

생태 봄에서 가을 사이에 활엽수의 쓰러진 고목, 떨어진 나뭇가지에 군생하거나 단생한다. 백색부후균이다.

분포 한국(남한 : 서울의 남산), 일본, 유럽, 북아메리카

애참버섯 *Panus rudis* Fr.

용도 및 증상 식용으로 쓰인다.

형태 균모는 지름 1.5~5cm이고, 둥근 산모양에서 깔때기모양으로 변한다. 전체가 강인한 육질 혹은 가죽질로서, 표면은 거친 털이 밀생하며, 자갈색에서 연한 황토갈색으로 변색한다. 주름살은 내린주름살로 폭이 좁고 밀생하며, 백색에서 연한 황토갈색이나 자주색을 띠기도 하고, 가장자리는 매끄럽다. 자루는 매우 짧으며 길이는 0.5~2cm이고 굵기는 1cm 정도이다. 또한 편심성 혹은 중심성으로 때로는 옆에 붙으며, 표면의 색은 균모와 같다.

포자 폭이 좁은 협타원형으로 크기는 4.5~5.5×2~2.5μm이다. 목재를 썩히는 백색부후균이다. 포자문은 백색이다.

생태 초여름에서 가을에 걸쳐서 활엽수의 죽은 나무나 그루터기 등에 속생 또는 군생하며, 나무를 썩히는 목재부후균이다.

분포 한국(남한 : 지리산, 전주 수목원), 일본, 전 세계

참고 이 버섯은 균모에 털이 많이 나 있고 가죽질이며, 주름살은 흰색이다. 자루가 짧은 것이 특징이다.

표고버섯 *Lentinula edodes* (Berk.) Pegler

용도 및 증상 살이 두껍고 맛이 좋은 버섯으로 여러 형태로 이용하며, 인공 재배도 한다. 향기가 너무 강하여 싫어하는 사람도 있다. 전 세계적으로 식용하고 있는데, 이것은 중국의 화교 때문으로 생각된다. 일본에서는 이 버섯에 의한 식중독 사고도 보고 된 적이 있어서 날것을 먹거나 과식하는 것은 금물이다. 약 성분과 항암 성분도 가지고 있다.

형태 균모는 지름 4~10cm로 둥근 산모양을 거쳐 편평하게 되나, 가운데는 언덕처럼 올라오며 가장자리는 아래로 말린다. 표면은 건조하거나 습기가 있고 다갈색, 흑갈색 또는 연한갈색이다. 어떤 것은 가운데가 들어가거나 심하게 갈라져서 인편모양 또는 거북등처럼 된다. 표면은 백색 또는 연한 갈색의 솜털 인편이 붙어 있지만, 오래되면 없어져서 불분명해진다. 균모의 아랫면에 솜털 막질의 피막이 생기나 터져서 균모의 가장자리에 부착한다. 자루에 불완전한 턱받이를 남기지만, 나중에 없어진다. 살은 백색이고 강한 향기가 있으며 탄력이 있다. 주름살은 자루에 대하여 홈파진주름살 또는 올린주름살로 백색이며, 간격이 좁아서 밀생한다. 오래되면 가끔 갈색의 얼룩이 생기고, 가장자리는 편평하지만, 오래되면 물결모양으로 변한다. 자루의 길이는 3~8cm이고, 굵기는 1~2cm로서, 섬유상의 육질로 원통형 또는 아래쪽으로 약간 가늘지만 간혹 굽은 것도 있다. 턱받이 위쪽은 백색이고 아래쪽은 갈색으로 섬유상 또는 인편상이다. 어릴 때에는 피막의 흔적물이 균모 가장자리에 붙어있다. 속은 차 있으며 질기다.

포자 타원형이며, 크기는 5~6.5×3~3.5μm이다.

생태 봄과 가을에 걸쳐 활엽수의 죽은 참나무, 밤나무, 떡갈나무, 오리나무, 박달나무, 느티나무의 줄기, 가지, 그루터기에 단생 또는 군생하는 목재부후균이다.

분포 한국(남한 : 전국. 북한 : 오가산, 묘향산, 금강산), 동남아시아, 뉴질랜드, 중국, 일본

참고 북한명은 참나무버섯(표고버섯)이다. 표고버섯의 인공 재배의 원목은 참나무이며, 야생의 것도 참나무에서 나기 때문에 붙인 이름인 듯하다.

갈색털느타리 *Lentinellus ursinus* (Fr.) Kühn.

용도 및 증상 식용하며, 매운맛이 있다.

형태 균모의 지름은 일반적으로 1~4 cm이나, 간혹 이것보다 큰 것도 있다. 반원형 또는 부채형이며, 자루는 없거나 균모의 기부가 가늘게 보인다. 균모의 표면은 기부로부터 거의 가운데에 걸쳐서 부드러운 털이 밀생하여 벨벳모양이고, 가장자리는 일반적으로 털이 없다. 처음에 연한 갈색, 연한 황갈색 또는 약간 분홍색을 나타내지만, 결국 바랜 갈색 혹은 약간 분홍색을 나타낸다. 건조하면 단단해진다. 주름살은 밀생 또는 약간 성기다. 비교적 폭은 넓고 연한 갈색 또는 갈회색, 가장자리는 거치상으로 보인다. 자루는 없다.

포자 류구형 또는 광난형이고, 크기는 3~4×2.5~3㎛이다. 표면에 미세한 돌기가 있고 아미로이드 반응을 나타낸다. 포자문은 백색이다.

생태 여름과 가을 사이에 활엽수의 고목에 군생하는 백색부후균이다.

분포 한국(남한 : 북한산, 지리산), 일본, 북아메리카, 유럽

참고 자루가 없다. 균모는 부채모양 등 다양하고, 연한 갈색에서 바랜 갈색으로 변색 되며, 털이 있다. 균사의 구조가 일반균사와 골격균사로 되거나 일반균사와 결합균사로 되어있다. 이런 균사를 dimitic 균사라 한다.

송이버섯과

만가닥버섯속은 거의 식용이 가능하며, 깔때기버섯속은 대부분이 독성분을 가지고 있다. 다른 속은 식용버섯과 독버섯이 함께 존재하므로 주의해야 한다. 대표적인 식용버섯은 송이, 팽이버섯이고, 독버섯은 맑은애주름버섯이 있지만 발생량이 적다. 또한 화경버섯, 독깔때기버섯도 이에 속하지만 희귀종이다.

식용버섯

넓은옆버섯 *Pleurocybella porrigens* (Pers. : Fr.) Sing.

용도 및 증상 향은 없지만 맛이 좋다. 채소와 함께 요리하면 좋고, 특히 불고기 등에 이용한다.

형태 균모는 거의 자루가 없으며 처음에는 원형이나 차차 자라서 귀모양, 부채모양, 또는 구두주걱모양으로 된다. 지름은 2~6cm이고, 표면은 백색이고 기부에 털이 있으며, 가장자리는 아래로 말린다. 주름살은 폭이 좁고 밀생하며, 살은 얇고 백색으로, 가지를 친다.

포자 구형이고, 크기는 5.5~6.5×4.5~5.5㎛이다.

생태 가을에 침엽수, 특히 삼나무의 오래된 그루터기나 넘어진 나무 등에 대부분 겹쳐서 나는 목재부후균이다.

분포 한국(남한 : 지리산. 북한 : 백두산), 북반구 온대 이북

참고 희귀종으로 이 속의 종들은 썩은 고목에 발생하고 균모에 털이 없으며, 끈적기가 없다. 종명의 *porrigens*는 '넓다'는 의미이다. 느타리와 비슷하고, 백색으로 얇으며 주름은 밀생하는 특징이 있다. 북한명은 나도느타리버섯

참부채버섯 *Panellus serotinus* (Pers. : Fr.) Kühm.

용도 및 증상 식용으로 쓰인다.

형태 균모는 지름 5~10cm로 반원형 혹은 콩팥모양이며, 표면은 탁한 황색 혹은 황갈색으로, 녹색을 띠고 가는 털로 덮여 있다. 표피 아래에 젤라틴층이 있어서 표피가 벗겨지기 쉽다. 주름살은 황색이고 폭이 좁고 밀생하나, 자루에 대하여 내린주름살인 것도 있고 아닌 것도 있다. 자루는 균모 옆에 붙으며, 굵고 짧고 표면에 갈색의 짧은 털이 있다. 살은 백색이다. 자루는 없다.

포자 소시지형이고, 크기는 4~5.5×1μm이다.

생태 여름에서 가을 사이에 활엽수(특히 너도밤나무, 물참나무 등)의 죽은 나뭇가지나 살아 있는 나무의 껍질에 겹쳐서 나는 목재부후균이다.

분포 한국(남한 : 지리산, 북한산), 일본, 북반구 온대 이북

참고 화경버섯과의 차이점은 균모나 자루에 가는 털이 있고 자루에 고리모양의 볼록한 부분이 있으며, 발광성이 없다는 것이다. 고산지대에 많이 발생하며 세종실록지리지 동국여지승람 등에서 진이(眞茸) 불렸던 버섯이다. 종명인 *serotinus*는 그리스어로 '시기가 늦은' 이라는 뜻으로, 다른 버섯보다 늦게 발생한다는 것을 의미한다.

만가닥버섯 *Lyophyllum cinerascens* Konr. et Maubl.

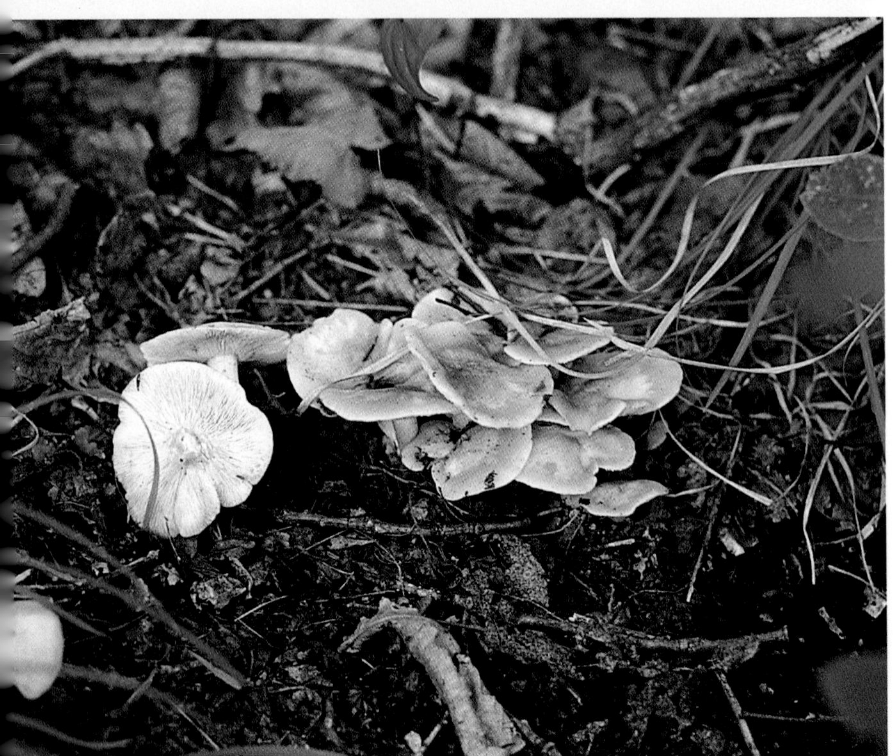

용도 및 증상 식용으로 쓰인다.

형태 균모의 지름은 0.5~1.5cm이며, 둥근 모양에서 차차 편평하게 펴지고 가운데는 약간 볼록하다. 표면은 습기가 있을 때 약간 끈적기가 있고, 마르면 매끈하고 윤기가 난다. 색깔은 처음에 어두운 밤색에서 차차 회색, 회색빛에 밤색을 띤다. 살은 백색이고 두껍다. 주름살은 밀생하고 백색 또는 연한 회색이나 나중에 백색 우유색으로 변색한다. 자루에 홈파진주름살 또는 바른주름살이 나타나며, 때로는 내린주름살인 것도 있다. 자루의 길이는 1~2.5cm이고 굵기는 0.2~0.7cm이며, 위아래의 굵기는 같고 굽어 있다. 색깔은 백색 또는 회색이며, 자루의 속은 차 있다.

포자 구형이며, 지름은 4~5μm로 포자문은 백색이다.

생태 여름부터 가을에 걸쳐 참나무숲, 소나무숲, 혼효림 등의 땅에 속생한다.

분포 한국(남한 : 지리산, 만덕산. 북한 : 묘향산, 금강산), 중국, 일본, 유럽, 북아메리카

참고 균모는 회색계통의 밤색이고, 주름살은 밀생하며 백색이다. 자루 또한 백색인 것이 특징이다. 북한명은 포기무리버섯

잿빛만가닥버섯 *Lyophyllum decastes* (Fr. : Fr.) Sing.

용도 및 증상 씹는 맛이 좋아서 어떤 음식과도 궁합이 잘 맞다. 특히, 찌개나 기름음식에 좋다.

형태 균모는 4~9cm로 둥근 산모양에서 차츰 편평하게 되며, 가운데가 조금 오목해진다. 표면은 어두운 올리브색 또는 회갈색에서 연한 색이 되고, 오래되면 좀더 연한 색이 되며, 가장자리는 아래로 말린다. 살은 백색이며, 밀가루 냄새가 난다. 주름살은 자루에 대하여 백색의 바른-홈파진-내린주름살이고, 간격이 좁아서 밀생한다. 자루의 길이는 5~8cm이고 굵기는 0.7~1cm이며, 위아래의 굵기가 같지만 아래쪽이 부풀고, 색깔은 백색 또는 연한 크림색으로 위에는 가루가 있다.

포자 구형이며, 표면은 매끄럽고 크기는 5.5~8.5×5~8㎛이다.

생태 여름에서 가을 사이에 숲 속, 정원, 밭, 길가 등의 땅에 무리지어 난다. 자루의 밑에 균사속이 있고, 땅속에 파묻힌 목재 등에 연결되어 있다.

분포 한국(남한 : 지리산, 모악산), 일본, 북반구 온대

참고 종명의 *decastes*는 '10명의 사람 중 중간' 이라는 뜻으로 많은 무리중에서 빛난다는 것을 의미한다.

연기색만가닥버섯 *Lyophyllum fumosum* (Pers. : Fr.) P. D. Otron

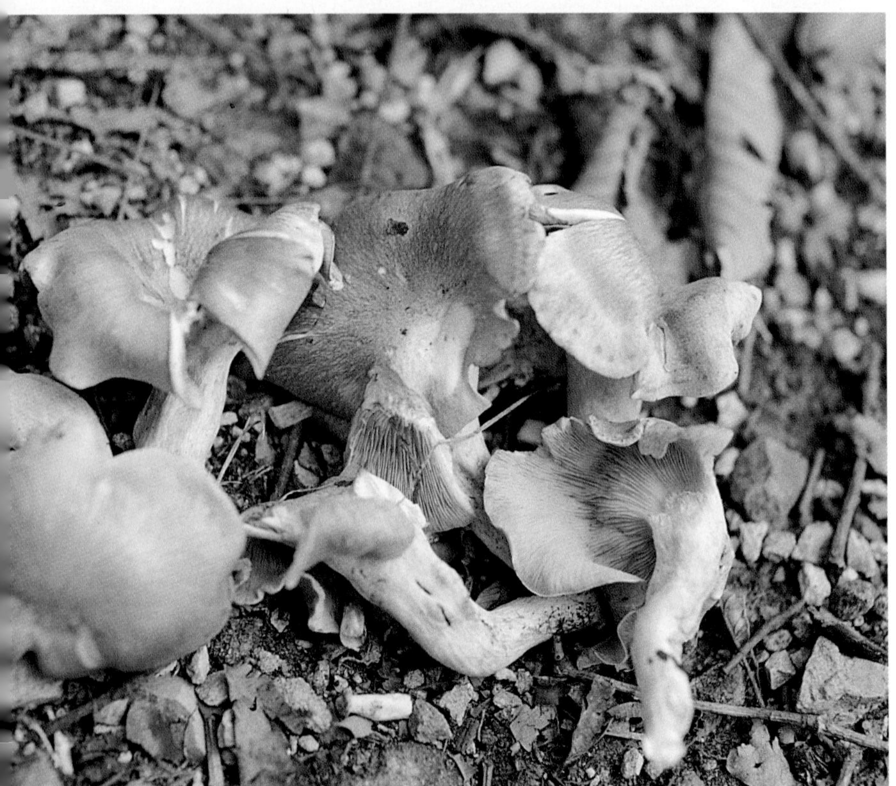

용도 및 증상 쫄깃쫄깃하여 씹는 맛이 좋고 담백하다. 된장국, 버섯밥에 이용한다.

형태 균모는 지름 0.5~5cm로, 덩이줄기모양의 굵은 기부에서 가지를 친 많은 자루 위에 붙는다. 또한 반구형, 둥근 산모양을 거쳐 차차 편평하게 되며, 가장자리는 위로 말린다. 표면은 어두운 회갈색에서 회색 혹은 회갈색으로 변한다. 살은 백색 혹은 연한 회색이다. 주름살은 백색 혹은 연한 회색이며, 간격이 좁아서 밀생하고 바른 또는 내린주름살이다. 자루의 길이는 1~10cm이고 굵기는 0.4~1cm로 위아래의 크기가 같으며, 백색 혹은 연한 회색이다.

포자 구형 혹은 아구형이고 지름은 5~6μm이다.

생태 가을에 졸참나무 등의 활엽수림 또는 소나무와의 혼효림의 땅에 나며, 균근을 형성하는 버섯이다. 특히 나무뿌리에 균사 덩어리가 있을 때도 있으며 땅속에 묻힌 고목 등에 연결되어 있다.

분포 한국(남한 : 지리산, 만덕산), 북반구 일대

참고 종명인 *fumosum* 은 '암회색'이라는 뜻이다.

모래꽃만가닥버섯 *Lyophyllum semitale* (Fr.) Kühn.

용도 및 증상 혀 끝에 닿는 감촉이 좋고, 찌개, 야채 볶음, 튀김, 무와 같이 요리하면 좋지만, 버섯이 검게 변하는 단점이 있다.

형태 균모의 지름은 5~7cm로 종 모양 또는 둥근 산모양이 되었다가 차츰 가운데가 볼록하거나 오목한 편평형으로 변한다. 표면은 약간 끈기가 있고, 회갈색에서 연한 회색으로 변색되며 매끄럽다. 그리고 가장자리는 습기가 있을 때 줄무늬선이 나타난다. 살은 회백색이지만 상처를 입으면 흑색으로 변하며 맛은 쓰고 냄새는 고약하다. 주름살은 자루에 대하여 홈파진 또는 올린주름살이고, 회백색이며 간격은 좁아서 밀생한다. 상처를 입으면 흑색으로 변색하며, 가장자리는 물결모양이다. 자루는 회백색의 섬유상이고 길이는 3~5cm이며, 굵기는 0.5~1cm로 위쪽에 인편이 있다. 또한 기부가 굵고 백색 털이 있으며, 속은 차 있지만 차츰 비게 된다.

포자 난형으로, 크기는 8~9×4.5~5.5μm이다.

생태 가을에 숲 속의 땅에 단생 또는 군생한다.

분포 한국(남한 : 한라산, 두륜산), 일본, 중국

참고 북한명은 검은색깔이무리버섯

땅찌만가닥버섯 *Lyophyllum shimeji* (Kawam.) Hongo

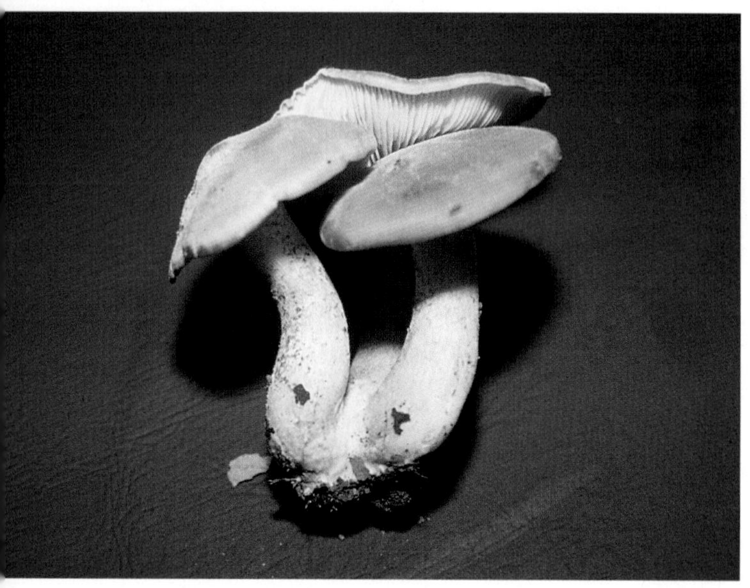

용도 및 증상 버섯밥, 튀김, 불고기, 된장국 등을 요리할 때 사용한다.

형태 균모는 지름 2~8.1cm로 반구형 또는 둥근 산모양에서 편평형으로 변하고, 표면은 쥐색에서 연한 회갈색으로 변색된다. 가장자리는 처음에 아래로 심하게 말린다. 살은 백색으로 치밀하다. 주름살은 자루에 대하여 홈파진주름살 또는 내린주름살로 백색 또는 크림색이다. 자루의 길이는 3~8cm이고 굵기는 1~3cm로 백색이며, 아래쪽으로 부푼다.

포자 구형이며, 크기는 4~6μm이다.

생태 여름부터 가을에 걸쳐서 혼효림의 숲 속에 군생하거나 드물게 산생하며, 외생균근을 만든다.

분포 한국(남한 : 광릉), 일본, 동아시아

반투명만가닥버섯 *Lyophyllum sykosporum* Hongo & Clemencon

용도 및 증상 맛은 없지만 국물, 찌개, 피자 등을 만들 때 이용한다.

형태 균모는 지름 6.5~9cm로 둥근 산모양에서 차차 편평하게 된다. 표면은 처음에 어두운 올리브색을 띤 갈색이며 밋밋하다. 가장자리는 아래로 말리며 살은 두껍고 백색 혹은 회백색이며, 상처를 받으면 흑색으로 변색한다. 주름살은 백색 또는 연한 회색이나 상처를 입으면 흑색으로 변하며 홈파진-바른-내린주름살이다. 간격이 좁아서 밀생한다. 자루의 길이는 7~10cm이고 굵기는 1~1.8cm로 밑은 곤봉처럼 부풀고 표면은 섬유상이며, 균모와 같은 색깔을 나타내기도 한다. 또한 자루의 위쪽에는 가루가 있다.

포자 광타원형이고, 크기는 5.5~8.5×4.5~6.5μm이다.

생태 여름과 가을에 걸쳐 침엽수림의 땅에 군생한다.

분포 한국(남한 : 운장산), 일본, 유럽

느티만가닥버섯 *Hypsizigus marmoreus* (Peck) Bigelow

용도 및 증상 쫄깃쫄깃하며, 맛도 좋아서 어떤 음식과도 궁합이 잘 맞는다.

형태 균모는 지름 4.5~15cm로, 원형 또는 한쪽으로 치우친 부정형이고 표면은 백색 혹은 갈색을 띤 크림색이다. 가장자리는 연한 색이며, 대리석 같은 모양을 나타낸다. 살은 두껍고 백색이며, 밀가루 냄새가 약간 난다. 주름살은 백색의 바른주름살인데 간격이 좁아서 밀생하지만, 어떤 것은 넓어서 조금 성기다. 자루의 길이는 3~10cm이고 굵기는 0.5~2cm로 중심성 또는 편심성이지만, 구부러진 것이 많고, 균모와 같은 색이거나 백색이다. 아래는 방추형이며, 그 위에 연한 털이 나 있다.

포자 광난형 혹은 아구형이고, 크기는 4~5×3.5~4㎛이다. 포자문은 백색이다.

생태 가을에 활엽수(주로 너도밤나무, 단풍나무 등)의 죽은 나무나 살아 있는 나무에 군생하는 목재부후균이다.

분포 한국(남한 : 지리산. 북한 : 묘향산, 오가산, 차일봉), 중국, 소련, 일본, 유럽, 북아메리카, 북반구 온대 이북

참고 북한명은 느릅나무무리버섯

밤버섯 *Calocybe gambosa* (Fr.) Sing.

용도 및 증상 식용으로 쓰인다.

형태 균모는 지름 4~15cm로 둥근 산모양을 거쳐 편평하게 되고 때로는 갈라진다. 표면은 백색 혹은 황회색이며 솜털이 조금 있다. 살은 백색이고 질기며, 밀가루 냄새가 난다. 주름살은 백색에서 차차 황색으로 되고 홈파진주름살인데, 폭은 0.3~0.6cm이며 밀생한다. 자루의 길이는 5~10cm이고 굵기는 1~2cm로 백색에서 황색으로 변색하고 기부는 부풀어 있으며, 비단 모양의 섬유가 있다. 위쪽은 솜털모양이며, 속은 비어 있다.

포자 타원형이고, 크기는 5~6×3~4㎛로 표면은 매끄럽다. 포자문은 백색이다.

생태 초여름에 숲 속 또는 풀밭의 땅에 군생 또는 속생한다.

분포 한국(남한 : 지리산), 일본, 중국, 유럽

자주졸각버섯 *Laccaria amethystea* (Bull.) Murr.

용도 및 증상 식용과 항암버섯으로 이용하며, 씹는 맛이 좋아서 탕 음식에 좋다.

형태 균모의 지름은 1.5~3cm이고, 둥근 산모양에서 차차 편평한 모양으로 변하지만, 가운데는 오목해진다. 표면은 매끄러우나 가늘게 갈라져서 작은 인편상이 된다. 버섯 전체가 자색을 띠는데, 특히 주름살은 짙은 자주색이다. 마르면 주름살 이외에는 황갈색 또는 회갈색으로 변색된다. 주름살은 올린주름살이며 두껍고 성기다. 자루의 길이는 3~7cm, 굵기는 0.2~0.5cm로 섬유상이다. 자주색이고 미세한 세로 줄무늬가 있으며 비틀려 있다.

포자 크기는 지름이 7~9μm로 구형이며, 가시가 돋아 있다. 가시의 길이는 0.9~1.3μm이다.

생태 여름에서 가을에 걸쳐 양지바른 돌 틈이나 숲 속의 땅에 군생하며, 식물과 공생하는 균근성의 버섯이다.

분포 한국(남한 : 지리산, 한라산, 월출산, 가야산, 주왕산, 속리산, 덕유산, 변산반도 국립공원, 모악산, 발왕산, 방태산, 만덕산 등 전국), 일본, 중국, 유럽 등 북반구 온대 이북

참고 버섯 전체가 자주색이어서 다른 졸각버섯과 쉽게 구분되지만 오래되면 색이 바래서 구분이 어려울 때도 있다. 속명인 *Laccaria*는 동인도산의 Lac 곤충이 분비하는 수지 같은 물질의 이름에서 유래하였다. 이 물질은 니스의 원료가 된다. 종명의 *amethystea*는 '자수정 같은 색깔'이라는 뜻의 라틴어에서 나왔다. 북한명은 보랏빛깔때기버섯

큰졸각버섯 *Laccaria bicolor* (Maire) P.D. Orton

용도 및 증상 쫄깃쫄깃하여 잘 씹히며 살짝 데쳐서 식초에 무쳐 요리하면 좋다.

형태 균모의 지름은 2.5~6cm이며, 둥근 산모양에서 차차 편평하게 되지만, 가운데는 약간 오목하다. 표면은 황갈색을 띤 살색인데 작은 인편으로 덮여 있다. 살은 얇고 단단하다. 주름살은 자주색를 띤 살색이며 자루에 대하여 바른 또는 내린주름살이고 조금 성기다. 자루의 길이는 7.5~11cm이며, 굵기는 0.4~0.7cm로 균모와 같은 색이고 섬유상의 세로줄무늬가 있다. 근부는 연한 자색의 솜털 균사로 덮여 있다.

포자 거의 구형이며, 크기는 6.8~8.8×6.5~7.5μm로 침의 길이는 0.8~1.2μm 정도이다. 포자문은 연한 크림색이다.

생태 여름에서 가을 사이에 숲 속의 땅에 군생하며, 암모니아균의 일종으로 소변 본 자리나 동물의 분해장소에 군생한다.

분포 한국(남한 : 지리산, 모악산), 일본, 유럽

참고 종명의 *bicolor* 는 '두가지 색깔' 이라는 의미이다. 균모는 황갈색이고, 자루는 근부에 연한 자색의 솜털 균사가 있는 것이 특징이다.

졸각버섯 *Laccaria laccata* (Scop. : Fr.) Berk. & Br.

용도 및 증상 식용과 항암 버섯으로 이용한다. 식초음식이나 피클, 불고기 등으로 요리할 때 넣으면 씹는 맛이 좋다. 술안주로 좋다.

형태 균모의 지름은 6~10cm로 둥근 산모양에서 차차 편평해지며, 가장자리는 안쪽으로 말린다. 처음에는 전체가 오렌지 갈색 또는 홍갈색이지만, 차차 퇴색하여 탁한 황색 또는 갈색이 된다. 가장자리에 줄무늬선이 있고 때로는 물결모양으로 요철을 형성하기도 한다. 살은 연한 자색이며 치밀하다. 주름살은 분홍색을 나타내며, 포자가 성숙하면 백색 가루가 묻은 것처럼 보인다. 간격이 좁아서 밀생하고 자루에 대하여 홈파진 또는 내린주름살이다. 자루의 길이는 4~8cm이고, 굵기는 0.5~1cm로 근부는 부풀어 있고 섬유상이며, 속은 비어 있다.

포자 타원형이고, 표면은 가시로 덮여 있으며, 크기는 5~7×3~4μm이다. 포자문은 연한 살색이다.

생태 여름과 가을에 혼효림이나 대나무숲의 땅, 풀밭 등에 군생하며 균륜을 만든다. 외생균근을 형성하는 버섯이다.

분포 한국(남한 : 한라산, 속리산, 덕유산, 완주의 삼례, 안동. 북한 : 백두산, 양덕, 묘향산, 금강산, 대성산, 경기도 등 전국), 중국, 러시아 극동, 일본, 유럽, 북아메리카, 북반구 일대, 호주 등 전 세계

참고 균근이란 균류와 식물이 공생생활을 할 때 만들어진다. 외생균근은 뿌리 밖에 균근을 만드는 것을 말하고 내생균근은 뿌리 속에 균근을 만드는 것을 말한다. 북한명은 살색깔대기버섯

밀졸각버섯 *Laccaria tortilis* (Bolt.) S. F Gray

용도 및 증상 식용과 항암버섯으로 이용한다.

형태 지름은 0.6~1cm로 살색 혹은 연한 홍갈색이며, 습기가 있을 때 줄무늬선이 나타난다. 주름살은 폭이 넓고, 매우 성기다. 자루의 길이는 1~2.5cm이고, 굵기는 0.1~0.2cm로서, 균모와 같은 색이다. 약간 비틀린 모양이다.

포자 구형이고 지름은 10~15㎛, 침의 길이는 1.5~2㎛이다. 담자기는 2포자성이다.

생태 여름과 가을에 걸쳐 숲 속의 땅에 군생한다.

분포 한국(남한 : 지리산), 일본, 북반구, 남아메리카, 뉴질랜드의 온대 지역

색시졸각버섯 *Laccaria vinaceoavellanea* Hongo

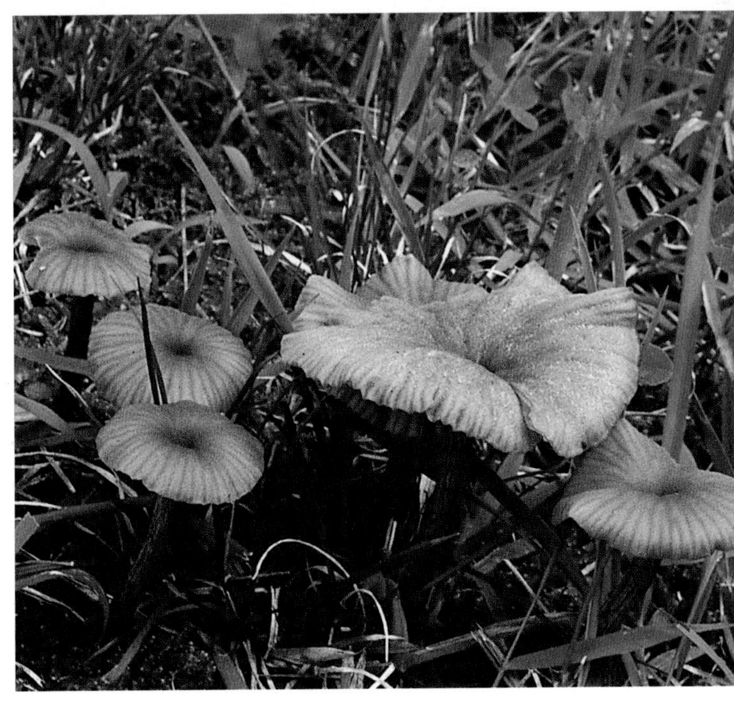

용도 및 증상 식용으로 쓰인다.

형태 자실체 전체가 퇴색한 살색을 띠고, 마르면 연한색이 된다. 균모는 지름 4~8cm이며 가운데가 오목하고 주변에 방사상의 주름무늬선 또는 홈선이 있다. 주름살은 자루에 대하여 바른 또는 내린주름살이다. 자루의 길이는 5~8cm이고 굵기는 0.6~0.8cm이며 표면에 세로 줄무늬선이 있고 질기다.

포자 구형 혹은 아구형이며 지름은 7.5~8.5㎛이고 표면에 가시가 촘촘히 나 있으며 가시의 길이는 약 1㎛이다. 균근성의 버섯이다.

생태 여름에서 가을에 걸쳐 숲속의 땅에 군생한다.

분포 한국(남한 : 전국), 일본, 뉴기니

광릉자주방망이버섯 *Lepista irina* (Fr.) Bigelow

용도 및 증상 식용으로 쓰인다. 맛이 좋고 향기가 있다.

형태 균모는 지름 5~12cm로 둥근 산모양에서 가운데가 볼록한 편평형이 된다. 표면은 매끄럽고 어릴 때는 백색이지만 시간이 흐르면 살색 혹은 자주색이 섞인 갈색으로 변하며, 마르면 백색으로 변한다. 가장자리는 처음에는 안쪽으로 말린다. 살은 균모와 표면과 같은 색이다. 주름살은 균모와 같은 색이고 밀생하며, 바른주름살 또는 내린주름살이다. 자루는 길이 6~12cm이고 굵기는 1~2cm로, 표면은 섬유상이고 위쪽은 가루가 있으며 균모와 같은 색이다. 손으로 만지면 약간 갈색으로 변색되며, 오래되면 기부는 갈색으로 되어 부서지기 쉽다. 속은 차 있다가 시간이 흐르면 비기도 한다.

포자 타원형이고 크기는 7~9×4~5μm이고 미세한 침이 있다. 포자문은 분홍색이다.

생태 가을에 밭, 과수원, 목장, 숲속의 땅에 군생한다.

분포 한국(남한 : 광릉, 덕유산), 일본, 유럽

참고 희귀종이다. 이종은 삼림성으로 어릴때는 버섯전체가 백색이나, 성숙하면 갈색으로 되고 향기가 나는 것이 특징이다.

장식솔버섯 *Tricholomopsis decora* (Fr.) Sing.

용도 및 증상 식용으로 쓰인다.

형태 균모의 지름은 3~5cm로 볼록한 형에서 차차 편평해지고 가운데는 들어간다. 가끔 굴곡이 진다. 표면은 황금색, 노란색 또는 황토색으로 작은 흑갈색의 섬유상 인편이 가운데에 분포되어 있다. 흑갈색에서 황토색으로 된다. 살은 짙은 황색이고, 주름살은 자루에 대하여 홈파진 또는 바른주름살로 간격은 좁아서 밀생하며, 폭은 보통으로 황색 또는 바랜 황색이다. 자루의 길이는 3~6cm이고, 굵기는 0.4~0.6 cm로 황색에서 차차 황토색으로 변색하며, 표면은 밋밋하고 약간 섬유상이다.

포자 유타원형 또는 타원형으로 표면은 밋밋하고 크기는 6~7.5×4.5~5.2μm이다. 담자기는 방망이형이며 22.5~33×6~7.5μm이다. 연낭상체는 방망이형이며 30~59.5×10.5~15μm로 균사에 꺾쇠가 있다. 포자문은 백색이다.

생태 여름에 침엽수의 절주에 군생하거나 산생하는 목재부후균이다.

분포 한국(남한 : 지리산, 변산반도 국립공원), 일본, 미국, 유럽

참고 특징은 균모의 황금색 바탕색에 올리브 갈색의 미세한 인편이 분포하며 가운데에 밀집한다. 주름살은 황색이다.

굽다리깔대기버섯 *Clitocybe geotropa* (Bull.) Qúel.

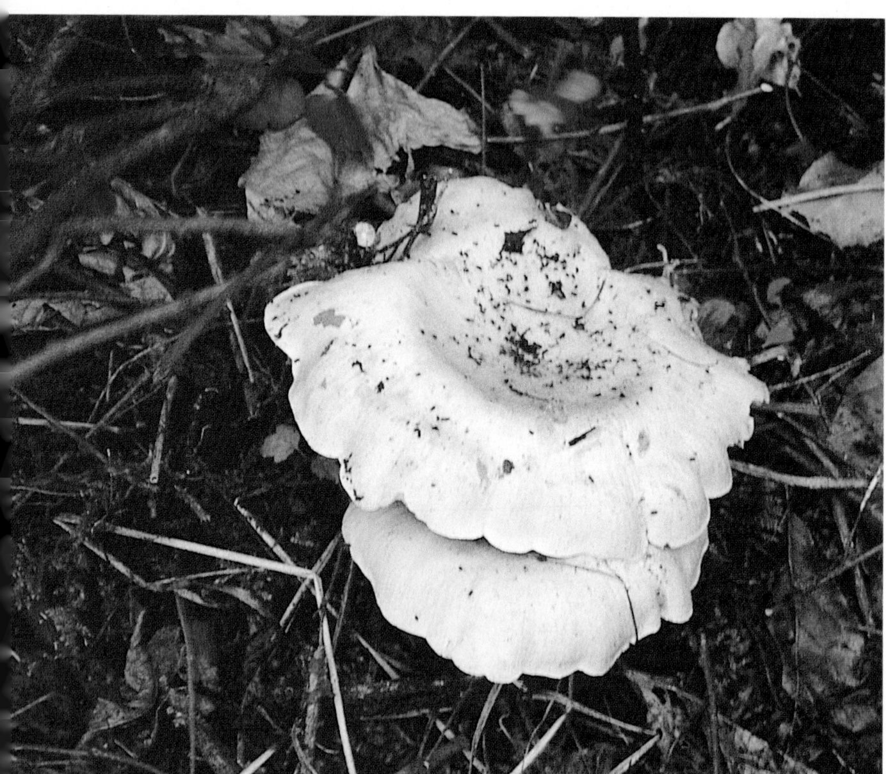

용도 및 증상 식용과 항암버섯으로 이용하며 독성분도 미량 함유하나 인체에 해는 없다.

형태 균모의 지름은 7~14cm로 둥근 산모양을 거쳐 차차 편평하게 되고 가운데가 오목해지나 한 가운데는 젖꼭지 처럼 볼록해 진다. 표면은 연한 가죽색이지만 가운데는 진하다. 살은 두껍고 단단하며 백색이다. 주름살은 백색 또는 연한 크림색이며 폭은 약0.5cm로 간격이 좁아서 밀생하고, 자루에 대하여 내린주름살이다. 자루의 길이는 7~13cm이고, 굵기는 2~3cm로 근부는 부풀고 표면은 균모와 같은 색이다. 표면은 섬유상이고 위쪽은 가루 같은 것이 붙어 있으며, 속은 차 있다.

포자 광난형이고, 크기는 6~7×5~6μm이다.

발생 여름에서 가을에 걸쳐서 숲속의 전나무의 낙엽이 많이 쌓인 곳 또는 풀밭에 군생하거나 산생한다.

분포 한국(남한 : 어래산, 선달산, 한라산 등), 일본, 유럽, 북아메리카 등 북반구 일대, 아프리카

참고 종명의 *geotropa* 는 '땅에 굽어진다' 는 뜻이다. 대형의 버섯이며, 가죽색이고 깔대기형이지만 가운데가 돌출한다. 북한명은 말린깔대기버섯

하늘색깔때기버섯 *Clitocybe odora* (Bull. : Fr.) Kummer

용도 및 증상 식용과 항암버섯으로 이용한다. 벚꽃 향기가 강하므로 약간 삶은 후에 요리하면 좋다.

형태 균모는 지름 3~8㎝로 둥근 산모양에서 가운데가 높은 편평형으로 되며, 차츰 가운데가 오목하게 된다. 표면은 매끄럽고 회녹색 혹은 회청록색이며, 가장자리는 처음에 아래로 말린다. 살은 백색이고 표피 아래는 연한 녹색이다. 주름살은 백색에서 연한 황색 혹은 연한 녹색이 되며 자루에 대하여 바른 혹은 내린주름살이고, 간격은 좁거나 약간 넓어서 밀생하거나 약간 성기다. 자루의 길이는 3~8cm이고 굵기는 4~6cm로 연한 녹색으로 섬유상이며, 기부는 구부러지고 백색 솜털로 덮여 있다.

포자 타원형 혹은 난형이며 크기는 6.5~8×4~5㎛이다.

발생 가을에 활엽수림의 낙엽 사이의 땅에 단생 또는 군생한다.

분포 한국(남한 : 지리산, 운장산, 모악산, 선운산. 북한 : 양덕, 대성산), 중국, 러시아의 극동, 일본, 유럽, 북아메리카, 북반구 온대 이북

참고 균모는 어릴 때 진한 청록색이지만 시간이 지나면 회록색 혹은 청록색을 띈 갈색으로 변색되는 것이 특징이다. 북한명은 하늘빛깔때기버섯

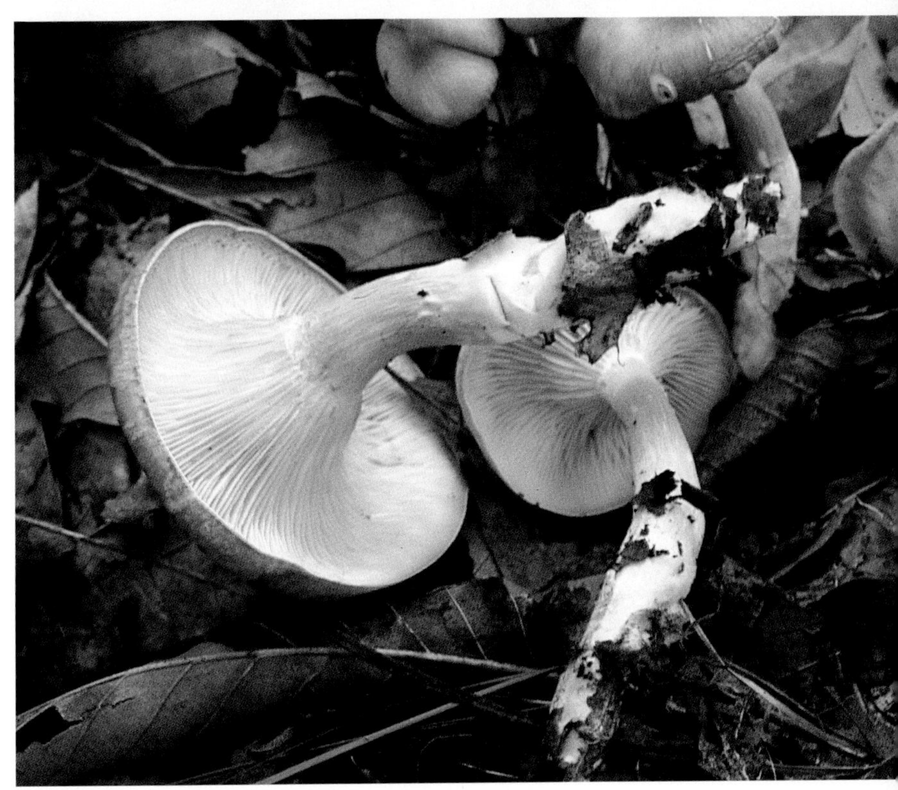

단풍애기버섯 *Collybia acervata* (Fr.) Kummer

용도 및 증상 식용으로 쓰이지만 요리에 사용하였을 때 쓴맛이 난다.

형태 균모의 지름은 1~5cm, 둥근 산모양에서 차차 편평해진다. 가장자리는 아래로 말리고 처음에는 적갈색이었다가 차츰 바래져서 분홍색의 연한 갈색으로 된 후 나중에는 백색이 된다. 표면은 밋밋하고 차차 흡수성에서 건조성으로 변한다. 주름살은 바른주름살에서 끝붙은주름살로 되고, 폭은 좁고 밀생하며, 백색에서 바랜 분홍색으로 변색한다. 자루의 길이는 3~10cm이고 굵기는 0.2~0.5cm로 속은 비었으며, 적갈색으로 아래쪽에 백색의 털이 있다. 건조성이고, 표면은 밋밋하고 부서지기 쉽다. 살은 얇고 질기며 분홍색을 띤 백색이다.

포자 타원형이고 표면은 밋밋하며, 크기는 5~6.5 ×2~2.5μm이다. 포자문은 백색이다.

생태 여름에 숲 속의 유기물이 풍부한 곳에 군생한다. 침엽수의 그루터기나 쓰러진 나무에서 발생하기도 한다.

분포 한국(남한 : 강천산, 모악산, 지리산. 북한 : 백두산), 일본, 유럽

참고 균모의 가운데는 적갈색이고 가장자리는 백색이다. 주름살은 백색 혹은 분홍색이고 밀생한다. 자루는 적갈색이고 가늘며 군생한다.

버터애기버섯 *Collybia butyracea* (Bull. : Fr.) Qúel.

용도 및 증상 조림, 찌개 음식 등에 이용한다.

형태 균모의 지름은 3~6cm로 처음 둥근 산모양에서 차차 평평하게 된다. 표면은 매끄러우며 물을 빨아들이고, 습기가 있을 때는 적갈색 또는 어두운 올리브색을 띤 갈색으로 변하고, 마르면 회백색으로 되지만 가운데 부분은 변색하지 않는다. 살은 연한 홍색 또는 연한 갈색에서 차츰 백색으로 변한다. 주름살은 백색이며, 간격이 좁아서 밀생하고, 자루에 대하여 올린 또는 끝붙은주름살이다. 자루의 길이는 2~8cm이고, 굵기는 0.4~0.8cm로 기부는 부풀고 연하며 구부러진다. 표면은 적갈색이며, 줄무늬선이 있고 속은 비어 있다. 밑둥은 부푼다.

포자 타원형이며 크기는 5~7×2.5~4μm이다.

생태 발생은 여름에서 가을 사이에 활엽수 및 침엽수의 흙에 군생한다.

분포 한국(남한 : 변산반도 국립공원, 어래산, 만덕산, 소백산, 다도해해상 국립공원, 방태산 등 전국. 북한 : 백두산), 일본, 유럽, 북아메리카, 북반구 일대

참고 균모는 흡수성이고 습기가 있을 때는 적갈색 또는 어두운 올리브색 계통의 갈색을 띤다. 자루는 약간 곤봉모양으로 밑동이 부풀어 있다. 마르면 회백색으로 되지만 가운데는 변색하지 않는다.

밀애기버섯(밀버섯) *Collybia confluens* (Pers. : Fr.) Kummer

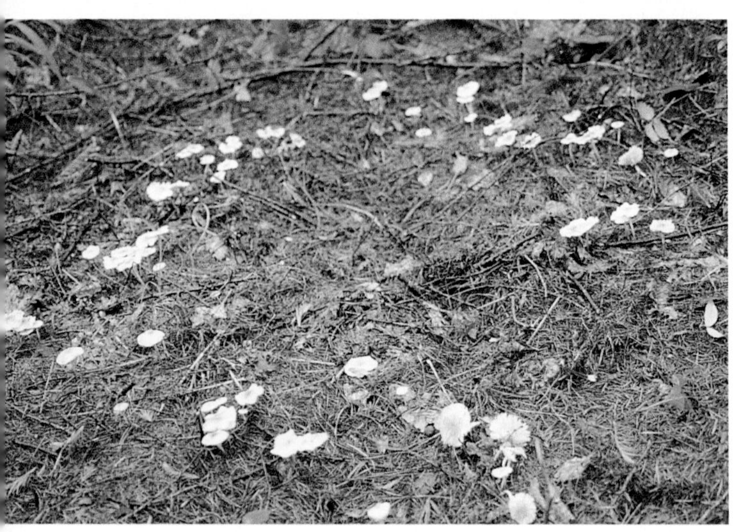

용도 및 증상 약간 달콤한 맛이 나고, 다른 버섯과 함께 요리하면 좋다.

형태 균모의 지름은 1~3.5cm로 둥근 산모양에서 거의 편평하게 된다. 표면은 매끄러우며 살색이지만 가운데는 진하고, 퇴색하면 전체가 백색으로 변한다. 주름살은 균모와 같은 색깔이며, 폭이 좁고 간격이 좁아서 밀생한다. 자루에 대하여 바른 또는 올린 주름살 또는 끝붙은주름살이다. 자루의 길이는 2.5~9cm이고 굵기는 0.15~0.4cm로 위아래가 같은 굵기이며, 살색 또는 갈색이다. 표면은 가는 털로 덮여 있고 때로는 눌려서 납작하고, 자루의 속은 비어 있다.

포자 타원형 또는 종자모양이며, 크기는 6.5~8×3~3.5㎛이다.

생태 발생은 여름에서 가을 사이에 활엽수림의 땅 또는 낙엽 사이에 군생하거나 또는 속생한다. 낙엽분해균으로 낙엽 분해에 큰 역할을 한다. 불규칙한 균륜을 형성하기도 한다.

분포 한국(남한 : 오대산, 방태산, 가야산, 발왕산, 어래산, 지리산, 소백산, 두륜산, 변산반도 국립공원, 다도해해상 국립공원의 금오도 등 전국), 일본, 유라시아, 아프리카, 북아메리카

참고 규모는 갈색 혹은 살색 등 다양하며, 주름살은 밀생하고, 자루는 가늘고 길게 눌려서 납작하며, 살색 혹은 갈색을 띠고있다. 종명의 *confluens* 는 '합치다' 라는 의미로, 여러 개의 자루가 뿌리에서 합쳐져서 다발을 이루고 있다는 것을 의미한다. 북한명은 나도락엽버섯

헛깔때기버섯 *Pseudoclitocybe cyathiformis* (Bull. : Fr.) Sing.

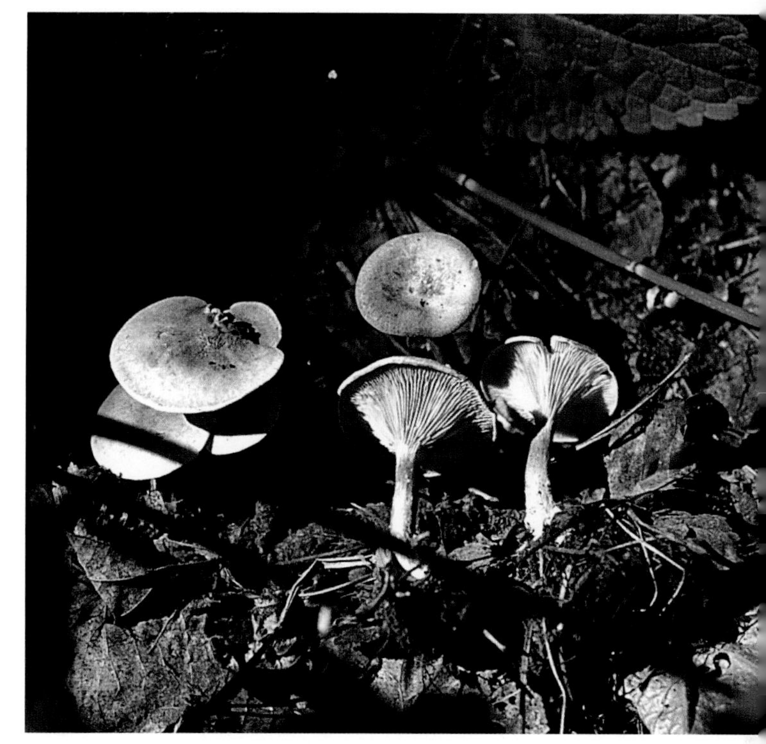

용도 및 증상 맛은 없지만 튀김, 볶음 요리에 이용한다.

형태 균모의 지름은 2~7cm로, 처음에 가운데는 약간 오목하며 가장자리는 심하게 아래로 말렸다가 나중에 펴져서 깔때기형으로 된다. 표면은 밋밋하고 방사상의 미세한 줄무늬 홈선이 있고 회색 또는 회갈색이지만, 마르면 백색이 된다. 주름살은 폭이 좁고, 자루에 대하여 내린주름살이고 약간 밀생하며 연한 회색 혹은 회갈색을 나타낸다. 자루의 길이는 4~8cm이고 굵기는 0.4~0.8cm로 속은 차 있고, 표면은 회백색의 바탕색이며, 회색의 불분명한 그물모양을 나타낸다.

포자 타원형이고 크기는 7.5~10×5~6μm이다. 아미로이드 반응을 나타낸다.

생태 가을에 숲 속의 떨어진 나뭇가지나 썩는 나무에 군생 또는 속생한다. 희귀종이다.

분포 한국(남한 : 지리산), 일본, 북반구 온대

애기무리버섯 *Clitocybula familia* (PK) Sing.

용도 및 증상 식용으로 쓰인다.

형태 균모는 지름 1~4cm로 종모양에서 원추형으로 되었다가 차츰 편평하게 된다. 가장자리는 안쪽으로 말렸다가 펴지고 간혹 위로 말리면서 갈라지며, 습기가 있으면 매끄럽다. 또한 갈색에서 차츰 크림색으로 변한다. 살은 얇고 부서지기 쉽다. 주름살은 백색으로, 좁고 끝붙은주름살이며 밀생한다. 자루의 길이는 4~8cm이고 굵기는 1.5~4mm로 표면은 매끄럽고 회백색이며, 기부에는 약간의 털이 나 있다.

포자 구형이고 지름은 3.5~4.5μm로 표면은 매끄러우며, 아미로이드 반응이다. 포자문은 백색이다.

생태 여름에서 가을 사이에 걸쳐서 침엽수의 죽은 나무에 군생한다. 희귀종이다.

분포 한국(남한 : 지리산), 북아메리카

배꼽버섯 *Melanoleuca melaleuca* (Pers. : Fr.) Murr.

용도 및 증상 철판요리, 찌개 또는 기름으로 볶는 음식에 좋다.

형태 균모의 지름은 5~8cm이며, 둥근 산모양에서 차츰 편평한 모양으로 변하지만, 가운데는 볼록하다. 표면은 매끄러우며, 습기가 있을 때는 암갈색이고 마르면 황회갈색이 된다. 살은 얇고 연하며, 백색에서 회갈색으로 변한다. 주름살은 백색이고 밀생하며, 홈파진 또는 올린 주름살이다. 자루의 길이는 5~7.5cm이고 굵기는 0.7~0.9cm로 근부가 부풀고, 표면은 백색 또는 갈색의 섬유상의 줄무늬선이 있으며 때로는 비뚤어지기도 한다.

포자 난형 혹은 타원형이고, 표면은 미세한 사마귀로덮여있다. 크기는 6.5~8.8×4.5~5μm이다. 포자문은 백색이다.

생태 봄에서 가을 사이에 숲 속, 풀밭, 밭 등에 군생한다.

분포 한국(남한 : 만덕산, 모악산. 북한 : 백두산), 북반구 온대 이북, 아프리카, 호주

참고 균모는 암갈색에서 황갈색으로 되고, 주름살은 백색이고 밀생한다. 자루는 섬유상의 줄무늬선이 있고, 밑동은 굵다. 비슷한 종인 모래배꼽버섯은 자루의 흑갈색 인편의 유무로 구분할 수 있다. 학명인 *Melaleuca*는 그리스어에서 나온 말로, *melas* (흑)와 *leukos*(백)의 합성어이다. 즉, 균모는 흑색이고 주름살은 백색이라는 뜻이다. 종명도 같은 의미이다.

모래배꼽버섯 *Melanoleuca verrucipes* (Fr.) Sing.

용도 및 증상 맛은 거의 없지만 버터나 기름을 사용하는 요리에 사용되며, 찌개, 된장국 등에 좋다. 냄새는 양송이버섯과 비슷하다.

형태 균모의 지름은 2.5~5cm이고, 둥근 산모양에서 차차 편평한 모양으로 변하지만 가운데는 볼록하다. 연기 색을 띤 갈색인데 가운데는 흑갈색, 흑색 또는 회갈색이 된다. 또한 습기가 있을 때는 끈적기가 있으며 건조하면 끝이 말리고 가장자리는 퇴색한다. 주름살은 홈파진 주름살 또는 올린주름살로 밀생하며, 폭이 넓고 백색이다. 자루의 길이는 2.4~4cm, 굵기는 0.4~0.7cm이고, 자루 밑은 부풀어 있으며 백색이다. 또한 위쪽에는 미세한 가루가 있고 연기 색을 띤 갈색 또는 흑갈색으로 된다. 미세한 털은 백색 또는 바랜색을 나타낸다. 살은 백색이고, 균모의 살은 황토색이며, 기부 밑은 갈색 또는 흑색이다.

포자 타원형이며, 크기는 8.2~9.0×4.5~6μm로 표면에 미세한 사마귀같은 반점이 있으며, 2중막으로 된 것도 있다. 아미로이드 반응을 나타내며, 포자문은 백색이다.

생태 늦봄에서 늦여름에 걸쳐서 아파트의 풀밭, 숲 속의 등산로, 침엽수림의 흙에 군생하거나 산생하며, 부생생활을 한다.

분포 한국(남한 : 지리산, 모악산), 일본, 유럽

어리송이 *Tricholoma colossus* (Fr.) Qúel.

용도 및 증상 식용으로 쓰인다.

형태 균모는 지름 10~22cm로 둥근 산모양에서 가운데가 볼록한 편평형이 되며, 가장자리는 아래로 말린다. 표면은 습기가 있을 때 끈적기가 있고 황갈색이며, 갈색의 인편이 생기고, 가장자리는 솜털같이 된다. 살은 두껍고 치밀하며 백색이다. 그러나 상처를 입으면 연한 갈색이 되고, 맛과 냄새는 온화하다. 주름살은 백색에서 황갈색으로 변하며, 폭이 넓고 밀생하며 자루에 끝붙은주름살이다. 자루의 길이는 6~12cm이고, 굵기는 3~5cm로 기부는 부풀고 턱받이의 위는 백색이며, 아래는 연한 적갈색으로 속은 차 있다. 턱받이는 솜털모양이지만, 시간이 지나면 없어진다.

포자 아구형 또는 타원형이고 크기는 6~7×4~5㎛이다.

생태 여름에서 가을 사이에 소나무 숲의 땅에 단생한다.

분포 한국(남한 : 지리산), 일본, 유럽

상아색다발송이 *Tricholoma giganteum* Mass.

용도 및 증상 씹히는 맛이 좋고 혀의 촉감이 좋다. 맛이 좋아 여러 음식에 이용된다. 약간 밀가루 냄새가 난다.

형태 대형으로, 균모의 지름은 12~32cm의 둥근 산모양에서 차차 편평하게 되며, 특히 가운데가 약간 오목하다. 표면은 거의 밋밋하며 상아색이고, 가장자리는 아래로 심하게 말린다. 성숙하면 개체에서는 물결형으로 크게 굴곡한다. 살은 치밀하고 백색이다. 주름살은 자루에 대하여 홈파진주름살로서 상아색이다. 또한 밀생하며 어린 버섯일 때의 폭은 좁지만, 다자라면 1~2cm로 넓다. 자루의 길이는 12~47cm이고, 굵기는 1~3.5 cm로 아래쪽으로 갈수록 굵어진다. 기부에서는 서로 유착하여 큰 집단을 만든다. 표면은 섬유상이고 균모와 거의 같은 색이며, 속은 차 있다.

포자 난형 혹은 광타원형 표면에 1개의 기름방울을 가지며 크기는 5~7.5×3.5~5㎛이다. 균사에 꺾쇠가 있다.

생태 여름과 가을에 걸쳐서 유기질이 풍부한 밭이나 도로에 집단으로 발생한다.

분포 한국(남한 : 광릉), 일본, 아프리카 및 아시아의 열대

붉은송이 *Tricholoma imbricatum* (Fr. : Fr.) Kummer

용도 및 증상 약간 쓴맛이 있으므로 기름으로 요리하면 좋다.

형태 균모의 지름은 4~9cm, 둥근 산모양에서 편평해지지만 가운데는 볼록하다. 표면은 적회갈색이고 끈적기는 없다. 섬유상 혹은 가는 인편상이고, 가장자리는 처음에 아래로 말린다. 살은 치밀하고 백색에서 갈색으로 변한다. 주름살은 자루에 대하여 홈파진주름살이고, 간격이 좁아서 약간 밀생하거나 또는 넓어서 약간 성기기도 한다. 백색 바탕에 적갈색의 얼룩이 있다. 자루의 길이는 6.5~10cm이고 굵기는 0.7~1.7cm로 위아래의 굵기가 같지만, 가끔 아래쪽이 가는 것이 있다. 위쪽은 백색의 가루가 분포하고, 그 외는 균모와 같은 색으로서 섬유상이며, 자루의 속은 차 있다.

포자 타원형이고, 크기는 5~7.5×4~5μm이다.

생태 가을에 침엽수림 중 특히 소나무 숲에 군생한다.

분포 한국(남한 : 연석산), 북반구 온대 이북

참고 종명인 *imbricatus* 는 '기와가 겹쳐진 상태' 라는 뜻이다. 균모는 적회갈색이고 표면에 섬유상 인편이 있는 것 특징이다.

송 이 *Tricholoma matsutake* (S. Ito. et Imai) Sing.

용도 및 증상 대단히 맛이 좋은 버섯으로서, 송이산적, 송이밥, 불고기, 찌개, 전골, 송이부침 등을 요리할 때 쓰인다. 약으로도 이용하기도 하며, 항암작용을 한다. 썩는 것은 독성분을 함유한 것이다.

형태 균모는 지름 8~25cm, 구형에서 둥근 산모양을 거쳐서 차차 편평하게 되고 가장자리가 위로 말린다. 표면은 연한 황갈색 혹은 밤갈색의 섬유상 인편으로 덮여 있으며, 오래되면 흑갈색으로 변한다. 방사상으로 갈라져 백색의 살이 보이며, 가장자리는 어릴 때 아래로 말리고 자루의 위와 솜털의 피막에 의해 연결되어 있다. 살은 백색이고 치밀하며 독특한 향기가 있다. 주름살은 백색이고 간격이 좁아서 밀생한다. 또한 갈색의 얼룩이 생기며, 자루에 대하여 홈파진주름살이다. 자루의 길이는 10~25cm이고 굵기는 1.5~3cm로 위아래가 같은 크기이며 위쪽으로 가는 것, 기부가 가는 것 등 여러가지 모양이 있다. 자루의 속은 차 있으며, 턱받이의 위는 가루가 있고 아래는 균모와 같은 갈색 섬유상 인편으로 덮여 있다. 턱받이는 솜털 모양이고 오래 부착된다.

포자 타원형이고 크기는 8.5×6.5μm이다.

생태 가을에 소나무숲의 땅에 군생하며, 균륜을 형성하기도 한다. 북한에서는 가문비나무숲에도 난다. 소나무속, 가문비나무속 식물에 외생균근을 형성한다(북한 자료).

발생 6월과 가을 두 번에 걸쳐 적송림의 흙에 군생하는데, 6월 송이버섯은 발생량이 적다. 가을 송이버섯은 주로 일본에 수출되어 농가 소득의 큰 수입원이 되고 있다. 소나무와 공생 생활을 하는 것으로 소나무(적송)의 뿌리에 외생균근을 형성하여 발생하며, 뿌리의 성장과 함께 차차 바깥쪽으로 퍼져 나간다. 순수한 소나무숲보다 다른 잡목이 약간 섞인 곳에서 많이 발생한다. 수령이 15~30년 된 소나무에서 가장 많이 발생하는데, 많은 학자들의 끊임없는 연구에도 불구하고 아직 인공 재배에는 성공을 거두지 못하고 있다.

분포 한국(남한 : 지리산, 주왕산, 방태산, 어래산, 선달산, 강원도, 경북 북부 지역. 북한 : 부령, 묘향산, 양덕, 라진, 초산, 금강산 등), 일본, 대만, 중국

참고 북한명은 송이버섯으로, 남한의 이름과 일치한다. 우리도 보통 송이를 송이버섯이라 부른다.

송이아재비 *Tricholoma robustum* (Alb. & Schw. : Fr.) Ricken s. Imaz.

용도 및 증상 맛은 송이보다 못하지만, 찌개, 튀김, 전골 등을 요리할 때 좋다. 끓이면 검게되는 성질이 있다.

형태 송이버섯과 많은 면에서 비슷하다. 균모는 지름이 4~10cm이고, 균모의 색은 적갈색이다. 표면의 인편은 작으며, 잘게 쪼개진다. 자루의 길이는 3~ 10cm이고, 굵기는 1~2cm로 기부는 가늘며 뾰족해지는 것도 있다. 살은 향기가 없고, 살의 색은 처음에는 백색이나 차츰 주름살과 함께 갈색을 띤다.

포자 타원형이고, 크기는 6~7×3.5~4㎛이다. 포자문은 백색이다.

생태 가을철에 소나무숲에 군생하며 소나무와 외생균근을 형성한다.

분포 한국(남한 : 지리산, 운장산. 북한 : 강계, 양덕, 신양), 일본, 유럽, 북아메리카, 호주, 북반구 온대 이북

참고 적갈색 또는 진한 갈색이고 표면에 소형의 인편이 있는 것이 특징이다. 자루는 가늘고 뾰족하며 갈색이다. 송이버섯과 닮았으나 송이버섯보다 크기가 훨씬 작고 향기가 없다. 삶으면 검게 되는 것도 있다. 이런 점이 송이버섯과 다르다. 균모가 적갈색이며 인편이 작고, 향기가 없다는 것이 특징이 있다. 북한명은 나도송이버섯

쓴송이 *Tricholoma sejunctum* (Sow. : Fr.) Qúel.

용도 및 증상 약간 쓴맛이 있으나 끓이면 없어지며 탕, 초절임 요리에 좋다.

형태 균모는 지름 4~10cm이며 처음에 원추형에서 차츰 가운데가 볼록한 편평형이 된다. 표면은 습기가 있을 때 끈적기가 조금 있고, 털은 없고, 황색 바탕에 암녹색 혹은 흑녹색의 방사상의 섬유무늬가 덮여 있다. 가운데는 암갈색 또는 연기색이고 가장자리는 연한색이다. 살은 백색이다. 표피 아래는 연한 황색이고, 치밀하고 밀가루 냄새가 난다. 주름살은 백색 혹은 황색으로 자루에 대하여 홈파진주름살로 황백색이고 밀생하며 폭은 넓다. 자루의 길이는 5~12cm이고, 굵기는 1~2cm로 백색 또는 황색이며, 털은 없으며 기부는 부푼다. 속은 차 있다.

포자 아구형이고 지름은 5~7μm이고 표면은 매끄럽고 포자문은 백색이다.

생태 가을에 숲 속의 땅에 군생한다.

분포 한국(남한 : 지리산, 만덕산), 일본, 시베리아, 유럽

참고 균모는 황색 바탕에 암녹색 또는 흑녹색의 방사상의 섬유가 있는 것이 특징이다.

잿빛송이 *Tricholoma squarrulosum* Bres.

용도 및 증상 식용으로 쓰인다.

형태 균모는 4~5cm이고, 둥근 산 모양에서 차츰 편평하여지지만, 가운데는 볼록하다. 표면은 건조하고 백색 혹은 갈색계열의 바탕색에 거의 흑색의 인편이 분포하지만 가운데에 밀집되어 있다. 살은 백색 혹은 연한 회색으로 밀가루 냄새가 있다. 주름살은 자루에 대하여 홈파진 상태의 끝붙은주름살이고 회백색이며, 상처를 받으면 약간 살색으로 변색한다. 자루의 길이는 4~5cm이고 굵기는 0.6~0.7cm이며, 기부는 부풀어 있고 표면에는 회갈색으로 암색의 인편이 있다. 자루의 속은 차 있거나 약간 속이 빈 상태이다.

포자 타원형이고 크기는 7~8×4~5㎛이다.

생태 가을에 침엽수림의 땅에 군생하거나 단생한다.

분포 한국(남한 : 지리산), 일본, 북반구 온대 이북

참고 비슷한 종류에 땅송이(*Tricholoma terreum*)는 균모가 암회색이고 모피상 또는 인편상이며 주름살은 백색에서 차츰 회색으로 변한다. 자루는 회백색이고 섬유상이며, 여름에서 가을 사이에 침엽수에 발생하는 점이 잿빛송이와 다르다.

땅송이 *Tricholoma terreum* (Schaeff. : Fr.) Kummer

용도 및 증상 자루는 쫄깃쫄깃하고, 조미료로 사용하며, 간장이나 된장국을 만들 때 사용하면 맛이 좋다. 볶음요리에도 많이 쓰인다.

형태 균모의 지름은 5~8cm로 둥근 산모양 혹은 종형에서 차차 편평하게 되지만 가운데가 약간 볼록해진다. 표면은 건조하고 회색 혹은 회갈색이며, 가운데는 거의 흑색인데 섬유상의 솜털이 인편으로 되어 덮여 있다. 살은 백색이며 얇고 연하다. 주름살은 백색 또는 회색계열이고, 폭이 넓고 자루에 대하여 홈파진 또는 올린주름살이다. 자루의 길이는 5~8cm이고, 굵기는 0.8~1.5cm로 위아래의 굵기가 같으며 백색 혹은 회색이다. 위쪽은 흰 가루 같은 것이 있고 아래는 솜털 섬유가 있으며, 자루의 속은 차 있다. 밀가루 냄새가 난다.

포자 타원형으로 크기는 5~7×4~5μm로이며 표면은 매끄럽다. 포자문은 백색이다.

생태 여름과 가을 사이에 걸쳐서 숲 속의 땅에 군생한다.

분포 한국(남한 : 지리산), 일본 등 북반구 온대

비늘송이 *Tricholoma vaccinum* (Pers. : Fr.) Kummer

용도 및 증상 매운맛이 있지만 끓이면 없어진다. 기름으로 요리하면 좋다.

형태 균모의 지름은 3~8cm이고 원추형 혹은 종형에서 차츰 가운데가 높은 편평형이 된다. 표면은 적갈색이며 섬유상 또는 솜털모양의 인편으로 덮여 있다. 살은 백색에서 차츰 백적색이 되고 약간 쓴맛이 있다. 주름살은 자루에 대하여 홈파진 또는 올린 주름살로, 백색 바탕에 적갈색의 얼룩이 생기며, 주름의 간격이 넓어서 성기다. 자루의 길이는 5~8cm이고 굵기는 0.6~1.5cm이며, 위는 백색이고 다른 부분은 균모와 같은 색이며 섬유상이다. 자루의 속은 차 있다가 차츰 비게 된다.

포자 타원형이고 크기는 5.5~6.5×4~5μm이다.

생태 가을에 전나무 등의 침엽수림의 땅에 군생한다.

분포 한국(남한 : 지리산, 북한 : 전국), 북반구 온대 이북

갈색날긴뿌리버섯 *Oudemansiella brunneomarginata* L. Vassilieva

용도 및 증상 식용으로 쓰인다.

형태 균모의 크기는 3~15cm이고, 둥근 산모양에서 편평하게 되며, 표면은 처음 자갈색에서 차츰 회갈색을 거쳐 황백색이 된다. 건조되더라도 약간 싱싱할 때의 색이 남아 있다. 습기가 있을 때 심한 끈적기가 있고, 때때로 방사상의 주름이 있으며, 가장자리는 약간 홈파진 주름살무늬를 나타낸다. 살은 백색이고 주름살은 백색 혹은 황백색이며, 주름살의 폭은 넓고 간격이 넓어서 약간 성기다. 또한 자루에 대하여 바른 주름살이다. 가장자리는 짙은 자갈색이다. 자루의 길이는 4~10cm이고 굵기는 0.4~1cm이고, 거의 위아래가 같은 굵기이다. 속은 비었으며, 연골질이다. 표면은 자갈색의 반점이 인편으로 덮여 있다. 반점의 위는 연한 색을 나타낸다.

포자 광타원형 혹은 약간 아몬드형으로 크기는 14~20×9.5~12.5μm이다. 담자기에 포자를 4개를 만들고 크기는 34~39×12~17μm이다. 연낭상체는 방추형, 곤봉형 등이고, 크기는 45~100×11~23μm이다.

생태 가을에 온대림의 활엽수의 고목에 군생하는 목재부후균이다.

분포 한국(남한 : 지리산), 일본, 러시아의 연해주

참고 종명인 *brunneo*(갈색)와 *marginata*(가장자리)의 합성어이다.

얼룩긴뿌리버섯 *Oudemansiella canarii* (Jungh.) Höhnel

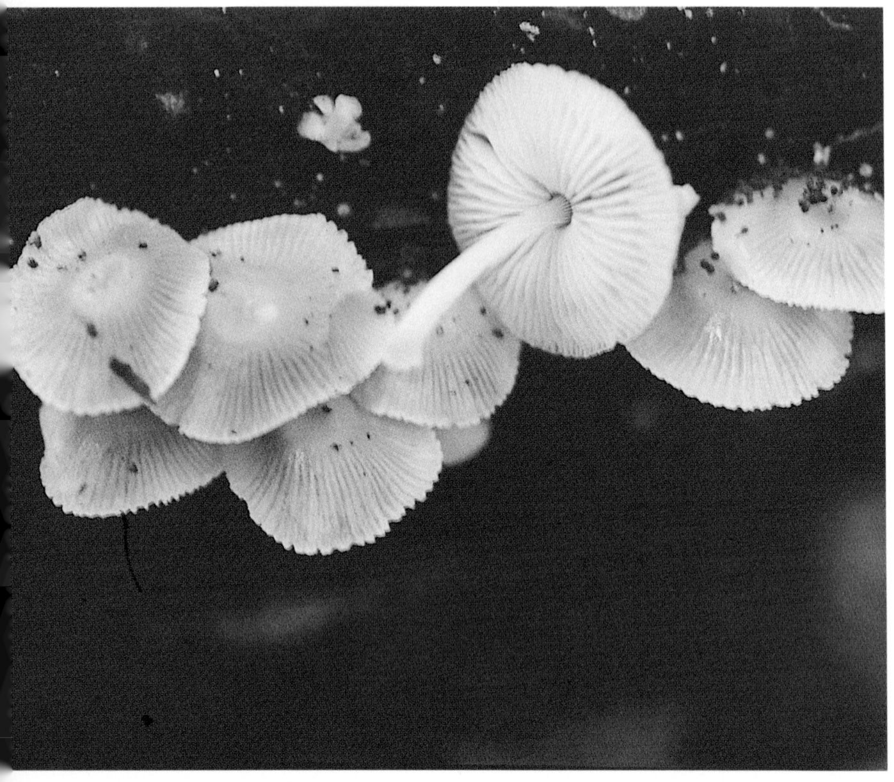

용도 및 증상 식용으로 쓰인다.

형태 균모의 지름은 3~7cm이며, 처음 반구형에서 둥근 산모양을 거쳐 차츰 편평하게 펴진다. 표면은 끈적기가 매우 심하고 연한 황백색, 연한 회갈색 또는 거의 백색으로 보통 피막의 파편이 부착하며 얼룩얼룩하다. 살은 백색으로 부드럽다. 주름살은 자루에 대하여 바른 또는 올린 주름살이고 백색이며, 두껍고 간격이 넓어서 성기다. 자루의 길이는 3~8cm이고 굵기는 4~9mm이며, 기부는 약간 둥글게 부풀며 백색 또는 연한 회색으로 턱받이는 대부분 없다.

포자 구형 또는 아구형으로 지름은 18~28μm이고 막이 두껍다. 담자기에 4개의 포자를 만들며, 크기는 80~96×16~29μm이다. 측낭상체는 방추형으로 끝은 둥글고 크기는 77~160×20~44μm이며, 연낭상체는 방추형 또는 곤봉형이고 크기는 62~113×16~36μm이다.

생태 숲 속의 고목에 군생하는 목재부후균이다.

분포 한국(남한 : 지리산, 내장산), 아시아, 아메리카, 아프리카의 열대 · 아열대

참고 비슷한 종에 끈적긴뿌리버섯(*Oudemansiella mucida*)에 비하여 자루에 턱받이가 없고 균모에 얼룩이 있다.

끈적긴뿌리버섯 *Oudemansiella mucida* (Schrad. : Fr.) Höhnel

용도 및 증상 식용으로 쓰인다.

형태 균모의 지름은 3~8cm이고 둥근 산모양에서 차츰 편평하게 된다. 표면은 백색이며, 가운데는 회갈색 또는 살색이다. 습기가 있으면 끈적기가 많고, 약간 줄무늬선을 나타낸다. 살은 백색이며 연하다. 주름살은 백색의 반투명질로 간격이 좁아서 밀생하며, 자루에 대하여 바른주름살이다. 자루의 길이는 3~7cm이고 굵기는 0.3~0.7cm로 단단한 연골질이며, 속은 차 있고 위쪽에 백색 막질의 턱받이가 있다. 밑둥이 둥글다.

포자 타원형 또는 구형이며, 크기는 16~23.5×15~21.5μm이다. 담자기에 4개의 포자를 만들며 크기는 55~65×15.5~17μm이고 낭상체는 방추형의 원형이며 크기는 50~123×12~30μm이다.

생태 발생은 여름에서 가을 사이에 숲 속의 고목에 군생하거나 속생하는 목재부후균이다.

분포 한국(남한 : 한라산, 오대산, 가야산 등), 일본, 북반구 온대

참고 종명인 *mucida*는 '끈적기가 있다'는 뜻이다. 북한명은 진득고리버섯

금색긴뿌리버섯 *Oudemansiella pudens* (Pers.) Pegler

용도 및 증상 식용으로 쓰인다.

형태 균모의 지름은 1.5~6cm이고, 둥근 산모양에서 차차 편평하게 되며, 표면은 회갈색의 바탕에 녹슨 갈색의 벨벳모양의 가는 털이 밀생한다. 때때로 방사상의 주름이 있고 끈적기는 없다. 살은 균모에서는 백색, 자루에서는 황토색이다. 주름살은 우유빛을 띤 백색이며, 자루에 대하여 끝붙은주름살이고 간격이 넓어서 성기다. 자루의 길이는 6~20cm이고 굵기는 0.3~0.5cm이며, 기부는 부풀고 다시 가늘어져서 근부는 깊게 땅속으로 들어가 있다. 표면은 가는 털로 덮여 있으며, 오렌지색을 띤 갈색 혹은 어두운 갈색이며, 꼭대기는 연한 색이고 자루의 속은 비어 있다.

포자 아구형 또는 구형으로 크기는 10~12.5×9~10㎛이다. 담자기는 4포자성이고 크기는 34~52×9~15㎛이다. 측낭상체는 방추형으로 끝은 둥글고 크기는 70~100×20~33㎛이다.

생태 여름에서 가을 사이에 주로 활엽수림의 땅에 단생 또는 산생한다.

분포 한국(남한 : 지리산, 내장산), 북반구 일대, 뉴기니, 호주

참고 특징은 균모와 자루에 가는 털이 있고 자루의 기부가 땅속 깊이까지 뻗어 있다.

민긴뿌리버섯 *Oudemansiella radicata* (Relhan : Fr.) Sing.

용도 및 증상 균모와 자루의 맛이 다르고, 균모에는 감미로운 맛이 있으며 찌개에 주로 이용된다. 자루는 섬유질로 단단하다. 식용과 약용으로 쓰인다.

형태 균모는 4~10cm이고, 처음에는 둥근산 모양이었다가 점차 편평하게 펴진다. 또한 가운데 부분은 약간 돌출하며, 늙은 버섯의 가운데 부분은 때로 움푹 들어가는 경우도 있다. 표면은 연한 갈색 혹은 재회갈색이고, 습기가 있을 때는 끈적기가 있다. 가운데 부분에는 부채살모양 혹은 그물모양의 줄무늬선이 있다. 가장자리는 약간 아래로 말리고 쪼글쪼글하거나 편평하다. 살은 백색이고 맛과 냄새는 온화하다. 주름살은 간격이 넓어서 성기고 폭이 넓으며 흰색 혹은 연한 노란색이다. 또한 자루에 대하여 대부분은 바른주름살이다. 자루의 길이는 5~12cm이고 굵기는 0.4~0.9cm이며 위쪽으로 점차 가늘며, 털이 없다. 가끔 찌그러진 줄무늬 또는 줄무늬 홈선이 있다. 윗 부분은 백색이고 다른 부분은 갈색 또는 회갈색이며 대단히 질기고 연골질이다. 자루의 속은 비어 있으며, 밑부분은 좀 부풀고 맨끝은 가늘게 되면서 긴 뿌리 모양을 이루며, 땅 속 깊이 들어간다.

포자 광타원형이고 표면은 매끈하며, 크기는 13~15×11μm이고 안에는 기름방울과 같은 알갱이들이 많다. 담자기에 4개의 포자를 만들거나 또는 2개의 포자를 만들며 크기는 44~57×11~13μm이다. 포자문은 백색이다.

생태 여름부터 가을 사이에 활엽수와 침엽수의 숲 속의 땅과 썩은 나무 뿌리에 한 개씩 나거나 군생한다.

분포 한국(남한 : 지리산. 북한 : 대성산, 금강산), 중국, 러시아 극동, 일본, 유럽, 북아메리카, 아프리카, 호주

참고 북한명은 긴뿌리버섯

끈적긴뿌리버섯아재비 *Oudemansiella venosolamellata* (Imaz. & Toki) Imaz. & Hongo

용도 및 증상 식용으로 쓰인다.

형태 균모의 지름은 2~10cm로 처음에 반구형 모양 또는 종모양에서 차차 편평하게 되며, 습기가 많을 때에는 썩기 쉽다. 표면은 끈적기가 심하고 어릴 때에는 가운데 부분이 매끈하고 어두운 갈색이나, 다 자란 후에는 가운데 부분은 연한 회색 또는 백색이 된다. 살은 흰색이고 얇고 연골질이다. 주름살은 간격이 좁아서 밀생하고 폭이 넓고 두꺼우며, 주름맥으로 연결되고 백색이다. 자루에 대하여 홈파진주름살로 길게 턱받이 있는 데까지 줄무늬선으로 내려온다. 자루의 길이는 1.5~5cm이고 굵기는 0.3~1.5cm이다. 위아래의 굵기는 같으며 비단실모양의 섬유질이다. 턱받이로부터 윗부분은 백색이고 아랫부분은 그을음 색을 띤 다(茶)색이며 대단히 단단하고 속이 차 있다. 턱받이는 위쪽에 있으며, 백색이고 얇은 막질이다.

포자 구형 또는 아구형이고, 표면은 매끈하며, 크기는 20~22×18~20μm이다. 비아미로이드 반응이며, 담자기와 낭상체는 대형이다. 포자문은 백색이다.

생태 여름부터 가을 기간에 여러 가지 활엽수의 썩은 줄기에 군생 또는 속생하는 목재부후균이다.

분포 한국(남한 : 광릉. 북한 : 오가산), 일본

참고 종명인 *venosolamellata*는 '주름살에 맥상의 융기된 것이 많다'는 것을 의미한다. 북한명은 나도진득고리버섯

팽이(팽나무)버섯 *Flammulina velutipes* (Curt. : Fr.) Sing.

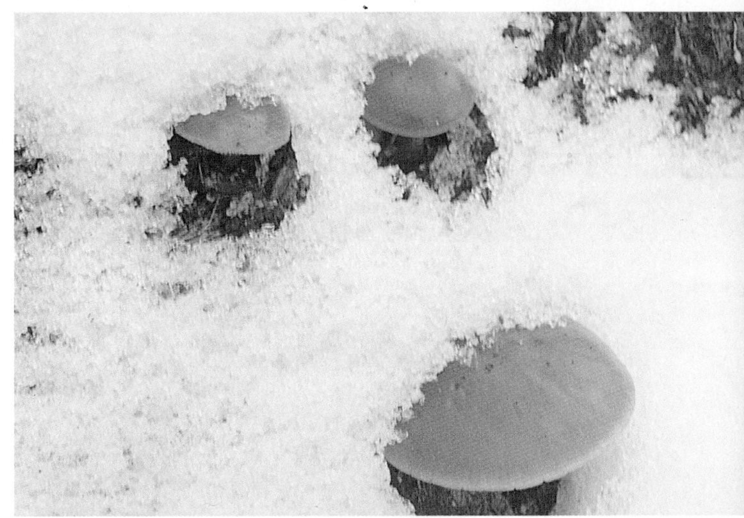

용도 및 증상 맛 좋은 식용버섯으로서 약리 작용과 항암 작용이 있으며, 마트나 시장에서 재배한 것을 판다. 재배종은 색깔이 백색이고, 콩나물모양이다. 버섯 샤브샤브, 된장국, 전골, 찌개에 주로 이용한다.

형태 균모의 지름은 2~8cm이며 반구형이나 둥근 산모양을 거쳐서 차차 편평하게 된다. 표면은 끈적기가 많고 황색 혹은 황갈색이며, 벨벳과 같은 미세한 털이 있고 가장자리는 연한 색이다. 살은 백색 또는 황색이다. 주름살은 백색 혹은 연한 갈색이며 자루에 대하여 올린주름살인데, 간격이 넓어서 성기다. 자루의 길이는 2~9cm이고, 굵기는 0.2~0.8cm로 연골질이며, 위아래 크기가 같고, 표면은 암갈색 혹은 황갈색이다. 위쪽은 연한 색이고 짧은 털로 덮여 있다.

포자 타원형 혹은 아원주형이고 크기는 5~7.5×3~4μm이다. 낭상체의 크기는 33~60×8.5~25μm이고 포자문은 백색이다.

생태 늦가을에서 봄에 걸쳐서 각종 활엽수의 죽은 줄기나 그루터기에 속생하며 눈 속에서도 난다. 저온성 버섯으로 팽나무, 감나무, 느릅나무, 아까시나무, 버드나무 등 활엽수의 썩은 줄기부분, 그루터기, 땅에 묻힌 나무토막에 속생한다. 목재부후균이다.

분포 한국(남한 : 전국. 북한 : 묘향산, 평성, 오가산, 모란봉, 양덕, 대성산, 금강산, 선봉, 전천 등), 중국, 러시아 극동, 일본, 유럽, 북아메리카, 호주. 특히 온대에서 아한대에 걸쳐 분포한다.

참고 종명인 *velutipes*는 '벨벳과 같은 털' 이라는 뜻이다. 북한명은 팽나무버섯으로, 남한의 이름과 같다.

맛솔방울버섯 *Strobilurus stephanocystis* (Hora) Sing.

용도 및 증상 식용으로 쓰인다.

형태 균모는 지름 1.5~3cm이고 둥근 산모양에서 차차 편평하게 되며, 나중에 접시모양이 된다. 표면은 흑갈색, 회갈색 또는 황토색이고, 때로는 회백색이다. 주름살은 백색이며 밀생하고 올린주름살이다. 자루는 지상부에서 길이 4~6cm이고, 굵기는 0.1~0.2cm이며, 표면은 미세한 털로 덮여 있다. 위쪽은 백색이고 아래는 오렌지색을 띤 황갈색을 띠고, 근부의 길이는 4~8cm로 땅 속에 있는 솔방울에 붙어 있다.

포자 타원형이며, 크기는 5~6×2.5~3μm이고 표면은 매끄럽고 비아미로이드(비전분) 반응이다.

생태 늦가을에서 초겨울 사이에 숲속의 땅 속에 묻혀 있는 오래된 솔방울에서 군생한다. 희귀종이다.

분포 한국(남한 : 모악산. 다도해해상 국립공원), 일본, 중국, 유럽

참고 균모가 흑갈색, 회갈색이고, 지루는 황갈색이다. 밑동은 털이 많고긴 뿌리처럼 들어가 솔방울에 연결된다.

연잎낙엽버섯 *Marasmius androsaceus* (Fr.) Fr.

용도 및 증상 식용으로 쓰인다.

형태 균모는 지름 0.5~1cm이며 얇은 막질이다. 반구형에서 둥근 산모양을 거쳐 차츰 편평하게 되고 가장자리가 뒤집힌다. 표면은 건조하며 적갈색 혹은 다갈색이고 때로는 자주색이며, 털이 없고 방사상의 주름이 있다. 살은 백색이다. 주름살은 바른주름살로, 백색에서 살색으로 변색하고 성기며 2분지된다. 자루는 길이 3~6cm이고 굵기는 0.1~0.15cm로 흑색 혹은 흑적갈색의 실모양이고 밑동은 진한 흑색이다. 위아래가 같은 굵기이며, 상부는 광택이 나고 구부러지며 속이 비어 있다. 균사속이 있는 것도 있다.

포자 난형이고 표면은 매끄러우며 크기는 7~9× 3.5~4μm이고 비아미로이드 반응이다. 포자문은 백색이다.

생태 여름에서 가을 사이에 잡목림 내 낙엽이나 죽은 가지에 나며, 나무를 썩힌다.

분포 한국(남한 : 무등산, 모악산), 일본, 북반구 일대

참고 작은 버섯이다. 균모의 가장자리가 방사성의 주름이 있고 다갈색이며, 자루는 흑색이고 밑동은 진한 흑색인 것이 특징이다.

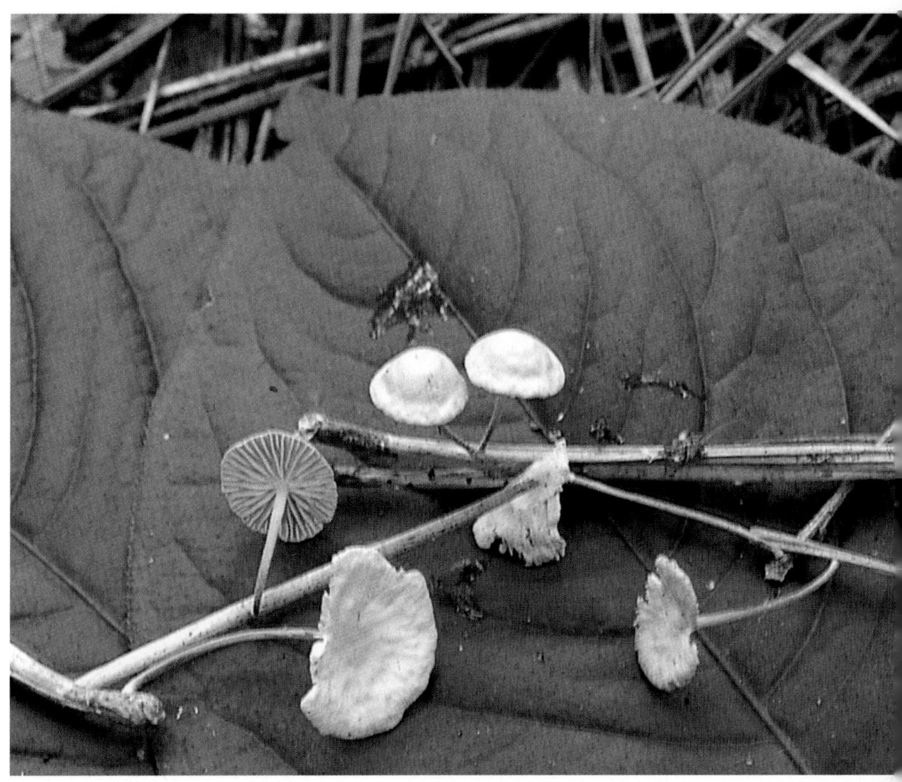

큰낙엽버섯 *Marasmius maximus* Hongo

용도 및 증상 자루는 단단하여 식용에 부적당하고, 균모만 식용으로 쓰인다.

형태 균모의 지름은 3.5~10cm로 종모양 또는 둥근 산모양에서 가운데가 볼록한 편평형으로 변한다. 표면은 방사상의 줄무늬홈선이 있고 가죽색 또는 녹색을 띠지만, 가운데는 갈색으로 되었다가 마르면 백색이 된다. 살은 얇고 가죽질이다. 주름살은 자루에 대하여 올린 또는 끝붙은주름살로 균모보다 연한 색으로 성기다. 자루의 길이는 5~9cm이고 굵기는 0.2~0.4cm로 위아래의 굵기가 표면은 섬유상이고 질기다. 위쪽은 가루같은 것이 있으며, 속은 차 있다.

포자 타원형 또는 아몬드형이고 크기는 7~9×3~4㎛이다.

생태 봄에서 가을 사이에 숲 속, 대나무 숲의 낙엽에 군생한다. 균사가 낙엽사에 양탄자 처럼 넓게 퍼져서 낙엽을 둘러싸고 있다.

분포 한국(남한 : 전국), 일본

참고 종명인 *macimus*는 '최대, 최고' 라는 뜻이다. 특징은 균모가 연한 가죽색 또는 녹색이고 방사상의 줄무늬홈선이 뚜렷하다.

선녀낙엽버섯 *Marasmius oreades* (Bolt. : Fr.) Fr.

용도 및 증상 미국과 유럽에서 주로 식용한다.

형태 균모는 지름 2~4.5cm로 둥근 산모양에서 차츰 가운데가 볼록한 편평형이 된다. 표면은 가죽색 혹은 오렌지색을 띤 황색이지만, 마르면 퇴색하여 연한 백색으로 되고, 가장자리는 습기가 있을 때 줄무늬선이 나타난다. 주름살은 올린 또는 끝붙은주름살로 연한 색 또는 백색이며, 폭은 0.5~0.6cm로 성기다. 자루의 길이는 4~7cm이고, 굵기는 0.2~0.4cm로 위아래 굵기가 같고 표면은 매끄러우며, 균모와 같은 색이고, 속은 비어 있으며 단단하다.

포자 타원형 또는 종자형이고 크기는 6~10×3~5μm이다. 포자문은 백색이다.

생태 여름에서 가을 사이에 잔디밭, 풀밭 등에 군생하며 균륜을 만든다.

분포 한국(남한 : 전국), 일본, 북반구 일대, 남반구 등 전 세계

참고 균모는 가죽색이고 퇴색하면 거의 백색으로 변색하며, 가운데가 둥글게 돌출하는 것이 특징이다.

애주름버섯 *Mycena galericulata* (Scop. : Fr.) S. F. Gray

용도 및 증상 야채 볶음 등 기름을 사용하는 요리에 좋다. 항암 작용도 한다.

형태 균모의 지름은 2~5cm이고 처음에는 종모양에서 약간 편평하게 펴져서 둥근 산모양 혹은 편평하게 되며 때로는 가운데 부분이 돌출한다. 색깔은 회갈색이고 가운데는 진하다. 건조하면 엷어진다. 가장자리에 방사상의 투명한 줄무늬선이 있다. 살은 얇고, 육질이 희미하게 분홍색을 띤다. 주름살은 자루에 대하여 바른 주름살 혹은 홈파진 주름살로 간격이 좁아서 밀생하거나, 약간 넓은 것은 성기며 폭은 넓다. 주름 사이에 가로난 맥이 있으며, 백색, 분홍색 혹은 보라색을 띤다. 가장자리는 물결모양 또는 톱니모양이다. 자루의 길이는 5~13cm이고 굵기는 0.2~0.6cm로 위아래의 굵기는 같으며 매끈하고 빛이 난다. 색깔은 균모와 같거나 좀 연하다. 밑부분에 백색의 부드러운 털이 있고 속은 비었다. 냄새가 약간 난다.

포자 광타원형이고 표면은 매끈하며, 크기는 8~10×5~7㎛이다. 연낭상체는 곤봉형으로 위쪽에 돌기로 덮이고 크기는 29~48×8~14㎛이다. 포자문은 백색이다.

생태 여름부터 가을 사이에 상수라나무, 졸참나무 등 활엽수림, 썩은 줄기, 가지, 구루터기에 군생 또는 속생하는 목재부후균이다.

분포 한국(남한 : 전국. 북한 : 대성산, 묘향산, 창성), 중국, 러시아의 극동, 일본, 유럽, 북아메리카, 아프리카, 호주

참고 균모는 회갈색이고 방사상의 투명한 줄무늬선이 있고, 자루는 가늘고 길며 기부에 백색의 균사가 있는 것이 특징이다. 북한명은 큰긴대줄갓버섯

적갈색애주름버섯 *Mycena haematopoda* (Pers. : Fr.) S. F. Gray.

용도 및 증상 식용으로 쓰인다.

형태 균모의 지름은 1~3.5cm로 종형이다. 표면은 적갈색 또는 연한 적자색 등인데 방사상의 줄무늬선이 있고 가장자리는 톱니 모양이다. 주름살은 백색에서 살색 또는 연한 적자색이며, 자루에 대하여 내린 모양의 바른주름살이다. 자루의 길이는 2~13cm이고 굵기는 0.15~0.3cm로 균모와 같은 색이며, 상처를 받으면 암혈홍색의 액체가 스며 나온다.

포자 타원형이며 크기는 7.5~10×5~6.5㎛이다.

생태 여름부터 가을 사이에 활엽수의 썩은 고목이나 그루터기에 군생 또는 속생한다.

분포 한국(남한 : 변산반도 국립공원, 월출산, 소백산, 지리산, 오대산, 한라산, 모악산 등 전국. 북한 : 백두산), 전 세계

참고 이 버섯의 균모나 자루 위에 적갈색애주름 곰팡이가 마치 많은 바늘을 꽂아 놓은 것처럼 생겨나서 이상한 모양을 나타낼 때도 있다. 가장자리는 미세한 톱니꼴이고, 자루가 상처를 받으면 붉은 액체가 나온다. 균모와 주름살에 피빛의 얼룩무늬가 있는 것이 특징이다. 종명인 *haematopoda*는 '붉은색의 발'이라는 뜻이다. 북한명은 피빛줄갓버섯

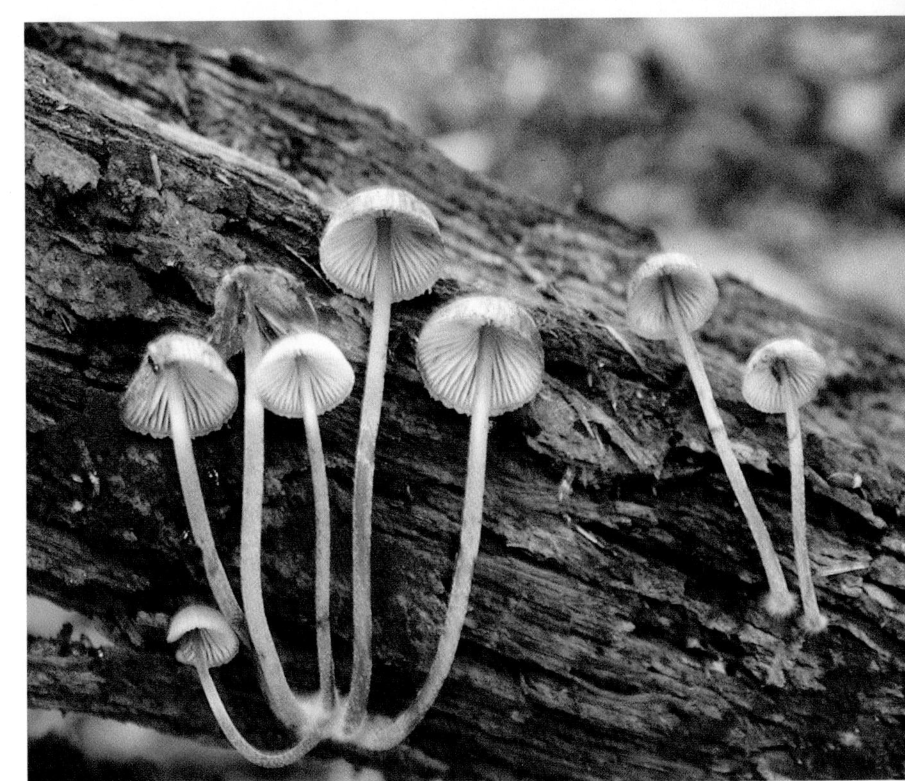

솔방울버섯 *Baeospora myosura* (Fr. : Fr.) Sing.

용도 및 증상 식용으로 쓰인다.

형태 균모의 지름은 0.8~2.3cm로 처음 약간 둥근 산모양에서 차츰 편평하게 되며, 나중에 가운데가 약간 볼록하게 된다. 표면은 매끄럽고 연한 황갈색 또는 갈색인데 마르면 연한 색이 된다. 주름살은 자루에 대하여 올린주름살로 백색이고, 밀생한다. 자루의 길이는 2.5~5cm이고 굵기는 0.1~0.25cm로 균모보다 연한 백색이며, 백색 가루 같은 것이 덮여 있다. 근부에 백색의 긴털이 있다.

포자 타원형이고, 크기는 3.5~6×2.5~3μm로 아미로이드 반응이다. 연낭상체의 크기는 17~22×5~8.5μm이고 포자문은 백색이다.

생태 발생은 늦가을에서 겨울 사이에 숲 속의 묻힌 솔방울에서 나는 부후균으로 맛솔방울버섯과 같이 무리지어 난다. 유럽에서는 흔하나 우리나라에서는 매우 드문 종이다.

분포 한국(남한 : 한라산, 광릉, 무등산), 북반구 온대 이북

참고 속명인 *Baeospora*는 '작은 포자' 라는 의미의 그리스어이다.

요리솔밭버섯 *Omphalina epichysium* (Pers. : Fr.) Qúel.

용도 및 증상 식용으로 쓰인다.

형태 균모의 지름은 1~4cm이고 둥근 산모양에서 차차 편평한 모양으로 되며, 가운데가 들어간다. 부채모양으로 검은 회색 또는 회갈색이며, 건조하면 백색으로 변색된다. 균모 가운데에 털이 있으며, 오래되면 털은 없어진다. 가장자리는 아래로 말리며 습기가 있을 때 줄무늬선이 물결모양으로 살은 균모와 같은 색이며, 얇고 연하다. 냄새와 맛은 없다. 주름살은 자루에 대하여 내린주름살이며 회백색으로 간격이 넓어서 성기고 폭이 넓다. 자루의 길이는 1.5~3cm이고 굵기는 0.15~0.4cm이고 원통형이며, 균모와 같은 색이다. 자루의 속은 살로 차 있다가 시간이 지나면 비게 된다. 자루의 밑에 백색의 균사가 부착하기도 한다.

포자 광타원형이며, 크기는 7.5~8.5×4~5㎛이고 가끔 기름 방울을 갖고 있는 것도 있다. 비아미로이드 반응을 나타낸다.

생태 여름에서 가을 사이에 숲 속의 고목에 대부분 무리지어 나며 부생생활을 한다. 목재부후균으로 나무를 썩히며 나무에 피해를 주는 동시에 자연으로 환원시키기도 한다.

분포 한국(남한 : 지리산, 한라산, 변산반도 국립공원, 모악산, 선운산, 완주), 일본

참고 전체가 연한 회갈색이어서 다른 종과 구분된다.

전나무버섯 *Catathelasma ventricosum* (Peck) Sing.

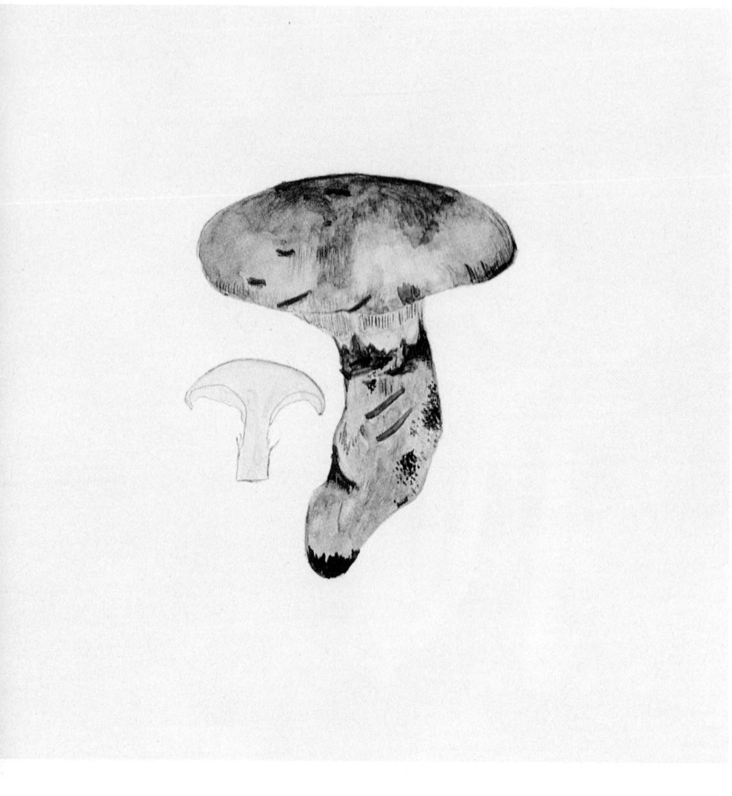

용도 및 증상 씹는 촉감이 좋아서 기름으로 하는 요리에 주로 사용한다. 튀김, 야채 절임, 구이, 불고기 등과 함께 요리하면 좋다.

형태 균모는 지름 8~20cm로 반구형에서 둥근 산모양을 거쳐 편평하게 된다. 표면은 매끄럽고 회백 혹은 연한 회갈색이며, 습기가 있을 때 다소 끈적기가 있다. 가장자리는 처음에 아래로 말리고, 백색의 솜털 막질의 피막이 자루의 위쪽에 붙어있다. 살은 두껍고 단단하며 백색이다. 주름살은 자루에 대하여 내린주름살로 주름살의 폭은 좁고 밀생하며 백색 또는 황색이다. 자루는 길이는 10~20cm이고 굵기는 3~4cm로 가운데가 부풀며 근부는 가늘고, 위쪽은 백색이며, 아래쪽은 균모와 같은 색으로 회갈색의 인편이 있다. 턱받이는 두 겹으로 되며, 안쪽은 백색이고 바깥쪽은 균모와 같은 색이다.

포자 타원형 또는 장타원형이고 표면은 매끄러우며 포자문은 백색이다. 크기는 8.5~11×4~6μm이다.

생태 여름과 가을 사이에 침엽수림의 땅에 군생하고 균륜을 만든다. 매우 드문 종이다.

분포 한국(남한 : 지리산), 일본, 북반구 일대

참고 대형의 버섯이며 균모는 회백색~회갈색으로 가장자리에 막질의 피막이 있고 자루는 매우 굵고 기부가 뾰족한 것이 특징이다. 종명인 *ventricosum*은 자루(배:腹)의 가운데가 부풀어 있다는 의미이다.

독버섯

화경버섯 *Lampteromyces japonicus* (Kawam.) Sing. 준맹독

용도 및 증상 독성분은 일루딘(S, M. : illudin)이며, 중독 증상은 섭취 후 30분에서 1시간 정도 지나서 복통, 설사 등 전형적인 위장계 중독을 일으킨다. 또한 소화에 장애를 유발한다. 심한 경우는 경련, 탈수, 쇼크 등을 일으킨다.

형태 균모는 반원형의 콩팥형, 지름이 10~25cm로 표면은 오렌지 혹은 황갈색인데 약간 짙은색의 작은 인편이 있고 나중에 자갈색을 띤 암갈색이 되며, 납과 같은 광택이 있다. 주름살은 자루에 내린주름살이고 연한 황색에서 백색으로 변하며, 폭은 2cm 정도이다. 자루의 길이는 1.5~2.5cm이고 굵기는 1.5~3cm로 짧고 굵으며 균모 옆에 붙으나, 가끔 가운데에 붙는 것도 있으며, 융기된 불완전한 턱받이가 있다. 세로로 갈라지면 자루의 밑은 보통 흑갈색이고 가끔 연한 갈색의 얼룩이 있다. 살은 백색이고 연하며 자루 근처 부분은 두껍다. 주름살과 붙는 곳에 반지 고리 모양의 부푼 부분이 있다.

포자 구형이며, 매끄럽고 지름이 11.5~15㎛로 벽이 두껍다. 멜저액에서 비아미로이드 반응을 나타낸다.

생태 여름에서 가을 사이에 활엽수의 고목에 겹쳐서 무리지어 난다. 밤에 luciferin(청백색의 발광물질)에 의해 발광하고, 동시에 나무를 썩히는 부후균의 역할도 한다.

분포 한국(남한 : 지리산, 광릉. 북한 : 백두산, 오가산, 개성), 일본, 중국, 러시아의 극동

참고 특징은 자루의 밑이 검고 볼록하며, 살은 암자색을 띤 흑갈색이다. 또한 청백색의 빛을 발산한다. 비슷한 모양의 느타리버섯(*Pleurotus ostreatus*), 참부채버섯(*Panellus serotinus*)과 표고버섯(*Lentinus edodes*)이 있는데, 식용으로 쓰이며, 자루에 털이 있고 밤에는 발광하지 않는다. 참부채버섯은 크기가 작다. 화경버섯은 기주에 붙는 자루가 검은색인데, 잘라 보면 더욱 뚜렷하여 구분이 된다. 북한명은 독느타리버섯

부채버섯 *Panellus stypticus* (Bull. : Fr.) Karst. 일반독

용도 및 증상 독성분은 불명확하나, 먹으면 매운 맛이 있어서 위장계의 중독을 일으킨다.

형태 균모의 지름은 1~2cm의 작은 버섯으로서, 콩팥모양이며 여러개가 겹쳐서 난다. 자루는 짧고 균모 옆에 붙는다. 전체가 연한 황갈색 또는 연한 계피색이며, 가죽질로 질기다. 균모의 가장자리는 아래쪽으로 많이 말려 있다. 표면은 미세한 인편이 있어서 까칠까칠한 촉감이 있고, 가장자리에 방사상의 줄무늬 홈선이 있으며, 습기가 있을 때 끈적기가 있다. 주름살은 폭이 좁고, 간격은 좁아서 밀생하며 맥상으로 서로 연결된다. 자루는 짧고 베이지색 혹은 연한 황토색이며 가늘고, 균모 옆에 측생한다.

포자 포자의 크기는 3~6×2~3μm이고, 짧은 원주형이다. 멜저액은 아미로이드 반응을 나타낸다.

생태 여름에서 가을 사이에 활엽수의 그루터기나 죽은 가지에 겹쳐서 나며 목재를 썩히는 목재부후균이다.

분포 한국(남한 : 한라산, 오대산, 방태산, 변산반도 국립공원, 지리산, 발왕산, 두륜산, 가야산. 북한 : 대성산, 양덕, 묘향산, 오가산), 일본, 중국, 러시아의 극동, 유럽, 북아메리카, 호주 등 전 세계

참고 북아메리카에서 나는 것은 발광한다. 화경버섯과 비슷한 모양이지만 크기가 작아서 쉽게 알 수 있다. 북한명은 노란비늘부채버섯

흰주름만가닥버섯 *Lyophyllum connatum* (Schum. : Fr.) Sing. 일반독

용도 및 증상 일본에서는 볶아서 먹기도 한다. 독성분은 있지만 성분은 밝혀지지 않았으며, 먹으면 위장계의 가벼운 중독을 일으킨다.

형태 균모는 지름 4~8cm로 둥근산 모양 혹은 종모양에서 차츰 가운데가 높은 편평형으로 되면서 가운데가 오목해진다. 표면은 비단 같은 털이 있으며, 백색에서 연한 짚색으로 변색된다. 살은 백색으로 얇고 연하며, 맛은 온화하나 약간 밀가루의 맛과 냄새가 난다. 주름살은 백색 또는 황백색이며, 자루에 바른 또는 내린 주름살이다. 주름살의 간격은 좁아서 밀생한다. 자루는 길이 3~10cm이고 굵기는 0.8~2.5cm로 백색이고 매끈하다. 자루의 밑은 굵으며 서로 결합하고 백색의 솜털이 있으며 속은 차 있다.

포자 아구형 혹은 난형으로 크기는 5~6×4~5μm 또는 지름 4~5μm으로, 포자문은 백색이다.

생태 여름에서 가을 사이에 숲 속의 땅에 군생하거나 속생한다.

분포 한국(남한 : 한라산, 발왕산, 지리산), 일본, 유럽, 서북아시아

참고 버섯 전체가 순백색이며 속생하는 것이 특징이다.

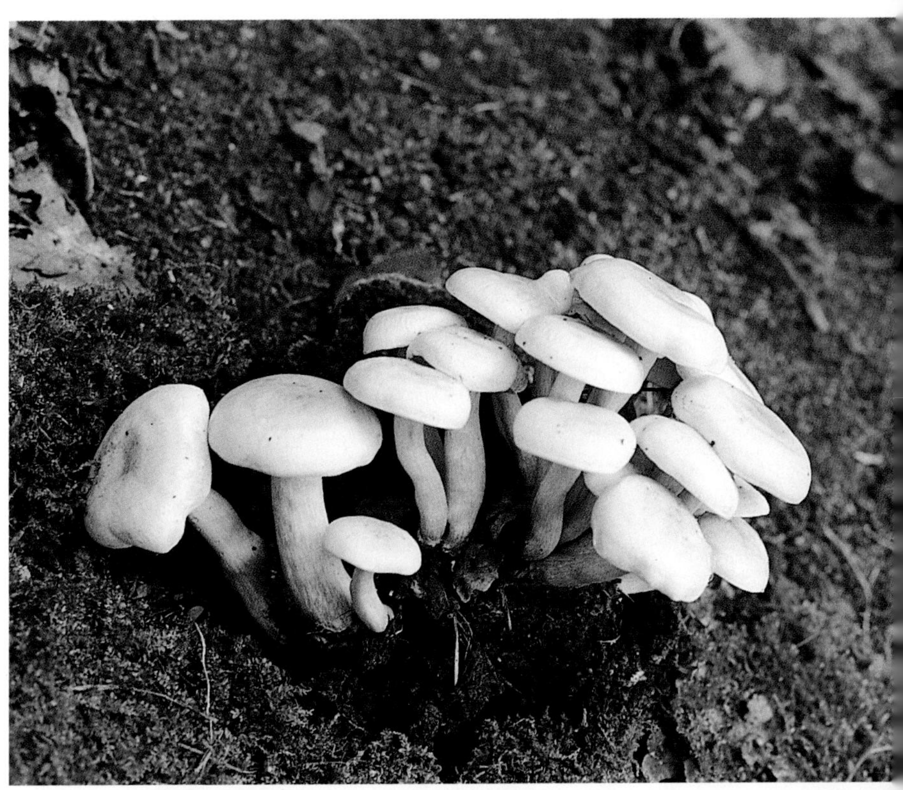

독깔때기버섯 *Clitocybe acromelalga Ichimura* 준맹독

용도 및 증상 독성분은 중추신경독, 마우스치사독을 함유하며, 중독 증상은 섭취 후 빠를 경우 6시간 후에 증상이 나타나지만 대체로 4~5일이 지나면 급격히 손발의 끝이 불에 달군 듯이 쑤시고 통증이 오며 고통스럽다. 이런 상태가 10일에서 30일 가량 계속 된다. 늦어질 경우는 1주일 후부터 나타나기도 한다. 그러나 이 버섯으로 인한 직접 사망은 아직까지 보고된 바가 없다.

형태 균모의 지름은 5~10cm로 둥근 산모양이나 가운데는 오목하다. 시간이 지나 자라면 깔때기 모양이 되고, 가장자리는 안쪽으로 말린다. 표면은 오렌지 색을 띤 갈색 또는 황갈색이며 매끄럽고 끈적기는 없다. 또한 손으로 누른것 같은 반점의 무늬가 있는 것도 있다. 건조하면 약간 미세한 털이 나타나는 것도 있다. 살은 얇고 연한 황갈색이다. 주름살은 연한 크림색 혹은 연한 황갈색이며, 주름살의 간격이 좁아서 밀생하고 자루에 긴 내린주름살이다. 자루의 길이는 3~5cm이고, 굵기는 0.5~0.8cm로 섬유질이며, 세로로 잘 갈라진다. 표면은 균모와 같은 색이다. 자루의 밑은 부풀고 속은 비어있으며 백색의 솜털 같은 것이 덮여 있다.

포자 광타원형 또는 난형이며, 크기는 3~4×2.3~3μm이다.

생태 가을에 대나무숲, 숲속의 혼효림의 흙에 군생하거나 또는 속생하며 균륜을 형성한다.

분포 한국(남한 : 지리산, 한라산. 북한 : 삼석, 룡악산, 양덕), 일본

참고 이 버섯에 중독이 되면 화상을 입을 정도로 뜨겁기 때문에 사람에게 공포의 대상이 되지만 우리나라에서는 거의 발견이 안 된다. 피젖버섯(*Lactarius akahatus*)은 모양과 색깔이 비슷하지만 상처를 입으면 젖이 나온다. 또 뽕나무버섯(*Armillariella mella*)또한 독깔때기버섯과 비슷한 모양이지만, 뽕나무버섯은 살아 있는 나무의 껍질이나 고목에 발생한다는 차이점이 있다. 북한의 이름은 화상깔대기버섯

독깔대기버섯의 독소
(Toxine : clitidine and acromelic acids)

이 버섯의 중독 증상은 위의 고통, 구토, 소화계통의 요인에 의한 것이 대부분이다. 자실체가 갈색이어서 식용버섯으로 알고 먹기가 쉽다. 이 버섯을 먹으면 며칠 후에 손가락 끝과 발가락 끝이 부풀어 오르고 붉게 되며, 심각한 고통이 한 달 가량 계속 된다. 이 버섯의 중독 증상이 나타날 때 사람들은 이미 그들이 먹은 버섯을 까맣게 잊어버리고 이 증상이 다른 요인에 의한 것으로 생각하기 쉽다.

비단깔때기버섯 *Clitocybe candicans* (Pers. : Fr.) Kummer 일반독

용도 및 증상 독성분은 무스카린(muscarine)이며, 위장계 및 신경계에 심한 중독 증상을 일으킨다. 무스카린의 중독 증상도 나타난다. 솔땀버섯과 증상이 비슷하다.

형태 자실체 전체가 백색의 소형균이다. 균모는 지름 2~4cm로 처음 둥근 산모양에서 차차 편평하게 되며 가운데는 배꼽모양으로 약간 오목해진다. 표면은 가루 같은 것이 있으며 마르면 비단 같은 빛이 난다. 살은 백색이고 얇고 맛과 냄새가 없다. 주름살은 백색 혹은 황백색으로 폭이 좁고 자루에 바른주름살에서 차츰 내린주름살이 되며, 간격은 좁아서 밀생한다. 자루의 길이는 1.5~2.5cm이고 굵기는 0.2~0.4mm로 위아래가 같은 굵기이지만 아래로 약간 굵은 것도 있으며, 백색의 섬유상이다. 근부는 짧은 털로 덮이며, 대개 구부러져 있다.

포자 타원형이고, 크기는 3.5~4.5×2~2.7μm이다.

생태 봄에서 가을에 걸쳐서 활엽수의 고목 또는 잘라진 나무에 군생하거나 속생하며 부생 생활을 한다.

분포 한국(남한 : 내장산, 모악산 등 전국), 북반구 온대 이북

참고 깔때기버섯은 독버섯이 많이 포함되어 있고, 특히 백색 종류 중에는 유독균이 있는 것으로 알려져 있기 때문에 이 버섯은 먹지 않는 것이 안전하다. 깔때기버섯(*Clitocybe gibba*)과 비슷한데, 비단깔때기버섯은 색이 적갈색이고 깔때기 모양이기 때문에 구분할 수 있다. 자루의 아래에 있는 하얀 균사로 고목에 부착한다.

백황색깔때기버섯 *Clitocybe dealbata* (Sow. : Fr.) Kummer 맹독

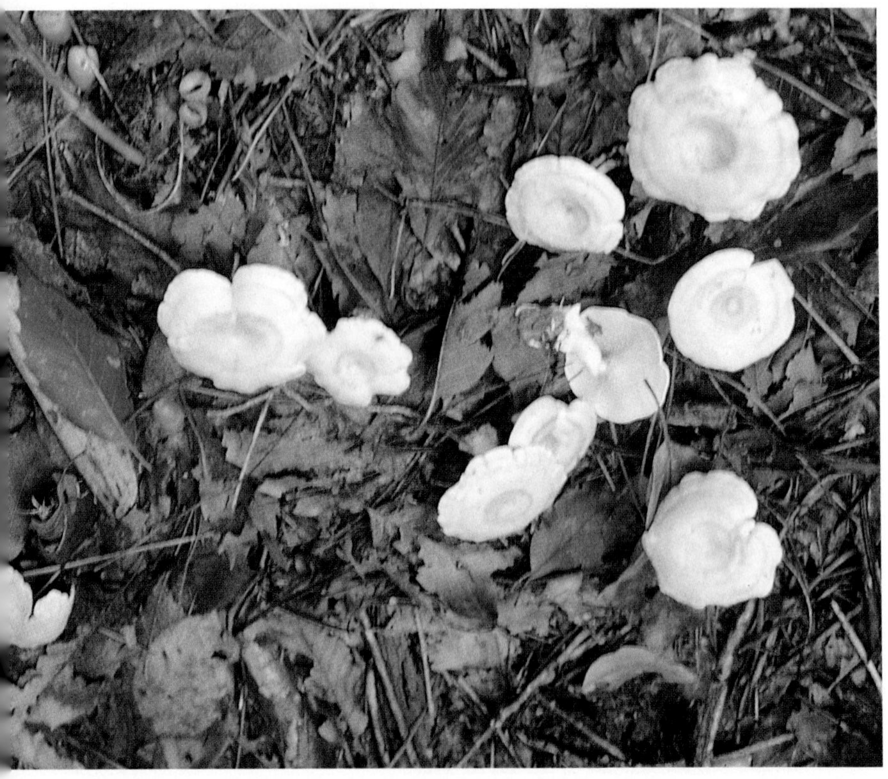

용도 및 증상 독성분은 불명확하며 유럽에서 맹독 버섯으로 취급하고 있지만, 중독 증상은 아직 밝혀진 것이 없다.

형태 균모의 지름은 1.5~4.0cm로 가운데가 돌출한 평평한 모양에서 차차 가운데가 오목해진다. 표면은 매끄럽고 분홍 갈색의 반점이 드문 드문 생기는 것도 있다. 가장자리가 아래로 말리거나 물결형이다. 색깔은 백황색이고, 살은 얇으며 연한 갈색을 띤 백색이다. 밀가루 냄새가 난다. 주름살은 자루에 올린주름살이고 간격이 좁아서 밀생하며, 처음에는 백색이나 백황색을 띤다. 자루의 길이는 3.0~5.0cm이고 굵기는 0.5~1.0cm로 백황색이다. 윗쪽에 미세한 가루 같은 것이 있다.

포자 땅콩모양이며, 끝이 돌출되어 있다. 표면은 매끄럽고 투명하며, 크기는 $5.5\sim6.5\times3\sim4\mu m$이다. 담자기의 크기는 $17.5\sim20\times2.5\sim3.8\ \mu m$로 원통형이다. 주름살의 균사의 크기는 $25\sim105\times2.5\sim5.0\mu m$로 원통형 또는 필라멘트형이 있으며 꺾쇠가 흔히 발견된다.

생태 유기질이 많은 숲 속의 땅에 군생하거나 또는 속생한다.

분포 한국(남한 : 지리산, 어래산, 방태산), 일본, 유럽, 북아메리카

가랑잎애기버섯 *Collybia peronata* (Bolt. : Fr.) Kummer 일반독

용도 및 증상 독성분은 무스카린류이며, 자세한 중독 증상은 알려진 것이 없다. 매운 맛이 있기 때문에 식용에 적합하지 않다.

형태 균모의 지름은 1.5~3.5cm이고 둥근 산모양에서 차츰 편평하게 되며, 나중에 가운데가 오목해진다. 표면은 방사상의 주름이 있고 가죽색 또는 나무 줄기색이나 습기가 있을 때는 가장자리에 줄무늬선을 나타낸다. 살은 얇고 가죽질인데 매운맛이 있다. 주름살은 연한 황갈색 또는 연한 색으로 황색과 교대로 배열된다. 주름살의 폭은 0.2~0.4cm로 간격은 넓어서 성기고 매운 맛이 있으며, 자루에 올린주름살 또는 바른주름살에서 차츰 끝붙은주름살로 변한다. 자루는 길이 2.5~5cm이고 굵기는 0.2~0.3cm로 균모보다 연한 색이다. 자루의 속은 차 있으며, 하부는 연한 황색의 빽빽한 털로 싸여 있다.

포자 타원형 또는 종자형으로 크기는 7.5~11×3.5~4μm이다.

생태 여름부터 가을까지 숲 속의 땅에 군생한다.

분포 한국(남한 : 변산반도 국립공원, 지리산, 어래산, 만덕산, 발왕산, 모악산, 월출산, 소백산, 다도해해상국립공원, 오대산, 방태산, 두륜산, 속리산, 가야산, 한라산), 일본, 중국, 유라시아

참고 밀애기버섯(*collybia confluens*)과는 발생하는 장소가 달라서 쉽게 구분이 되지만, 이름 때문에 낙엽분해균으로 착각하기 쉽다.

해송송이 *Tricholoma auratum* (Fr.) Gillet 준맹독

용도 및 증상 독성분은 불명확하지만, 여러 차례 계속해서 먹으면 1~3일 후에 근력 저하, 구역질, 땀이 나는 등의 중독 증상이 나타난다. 가벼운 증상이라면 1개월 후에 회복하지만 심한 경우에는 심장에 염증이 생기고, 맥박이 고르지 않으며, 콩팥의 이상으로 사망에 이른다.

형태 균모의 지름은 5~10cm이고 둥근 산모양에서 차차 편평하여 지지만 가운데는 볼록하다. 표면은 유황색이고 가운데는 적갈색이 나타난다. 습기가 있을 때 끈적기가 있으며, 표면은 거의 매끈하거나 가운데의 부근은 때때로 회갈색의 작은 인편들이 있다. 살은 거의 백색이고 표피 아래는 약간 황색을 띠우며 치밀하다. 주름살은 자루에 대하여 홈파진주름살이거나 끝붙은 주름살로 유황색이고, 주름살의 간격이 좁아서 밀생한다. 자루의 길이는 4~7cm이고 굵기는 0.7~1.5cm로 어릴 때는 둥근 모양이고 나중에 곤봉상 또는 위아래가 같은 굵기가 된다. 표면은 섬유상이고, 하부는 유황색을 나타내지만, 상부는 거의 백색이다. 속은 차 있거나 비어있다. 서리에 맞으면 맞은 부분은 적갈색으로 변색한다.

포자 광타원형이고 크기는 6.5~8×4.5~5㎛이다.

생태 가을(10~11월)에 해안 및 산지의 모래땅의 소나무 숲에 군생하거나 또는 산생한다.

분포 한국(남한 : 지리산), 북반구 일대

참고 외국에서는 식용하는 나라도 있지만 먹지 않는 것이 좋다. 유사종에 금빛송이(*Tricholoma flavovirens*)와 균모, 주름살, 자루에서 차이점은 거의 없지만, 금빛송이는 활엽수림의 땅에 발생하고 살은 쓴맛인 점에서 구별된다.

금빛송이 *Tricholoma flavovirens* (Pers. : Fr.) Lund. 준맹독

용도 및 증상 독성분은 불명확하나 여러 번 계속해서 먹으면 1~3일 후 근력저하, 구역질, 땀이나는 등의 중독 증상이 나타난다. 가벼운 증상이라면 1개월 후에 회복하지만 심한 경우는 심근염이 나타나거나, 맥박이 고르지 않고, 신부전을 겪게되어 결국 사망에 이른다. 항암 성분도 가지고 있다.

형태 균모의 지름은 5~8cm 이고 습기가 있을 때 약간 끈적기가 있으며 황색의 바탕에 올리브 색을 띤 갈색 혹은 갈색의 인편 및 섬유가 가운데에 많이 밀집한다. 살은 치밀하고 약간 황색이며 매우 쓴맛이 있다. 주름살은 레몬색이다. 자루는 5~10cm이고 굵기는 0.8~1.2cm로 황색이다. 서리같은 찬 것에 닿으면 닿은 부분은 적갈색으로 변색한다.

포자 타원형이고, 크기는 6~8×3~5μm이다.

생태 가을에 활엽수림에 무리지어 난다.

분포 한국(남한 : 광릉. 북한 : 묘향산, 오가산, 영광, 석암, 금강산), 일본 등 북반구 일대

참고 식용도 하는 것으로 알려졌고 약간 쓴맛이 있으나 물로 씻고 물에 담가두면 쓴맛이 없어진다. 준맹독에 속하는 버섯이므로 먹어서는 안되는 버섯류에 속한다. 유사종으로 해송송이(*Tricholoma auratum*)가 있다. 북한의 이름은 노란무리버섯

독송이 *Tricholoma muscarium* Kawan. : Hongo 일반독

용도 및 증상 독성분은 이보테닉산(ibotenic acid), 트리초로믹산(tricholomic acid) 등이며 중독 증상은 섭취 후 30분에서 3시간 정도 사이에 중추신경계의 여러 이상 상태(정신 고양 또는 정신 억제, 착란, 환각, 떨림, 경련) 등을 일으킨다. 대부분은 10~15시간 이내에 혼수 상태가 되었다가 회복한다. 그러나 아무 자각 증상이 없을 때가 많다. 살충성을 가진 트리초로믹산(tricholomic acid)이 들어 있어 파리 잡는 데에도 사용한다. 독송이는 파리에 대하여 독성이 강하고 옛날부터 파리잡이용으로 이용되어 왔으며 사람에게도 독성을 가지고 있지만, 동시에 맛 좋은 성분도 있다.

형태 균모는 지름 4~6cm로 원추형에서 차츰 편평하게 되나 가운데는 항상 돌출한다. 표면은 끈적기가 없고 연한 황색 바탕에 올리브 색을 띤 갈색의 방사상의 섬유 무늬로 덮여 있다. 가운데는 짙은 색으로 전체가 올리브 색을 띤 갈색으로 변색되는 것도 있다. 살은 백색이고 독특한 쓴맛과 감미로운 맛도 있다. 주름살의 폭은 0.4~0.5mm이고 자루에 올린 또는 홈파진주름살인데, 백색에서 차츰 황색이 되며 간격이 넓어서 성기다. 자루의 길이는 6~8cm이고 굵기는 0.6~1.5mm로 위아래의 굵기가 같고 약간 방추형이며, 백색 또는 연한 황색의 섬유상이다. 자루의 속은 차 있다.

포자 타원형이고, 크기는 5.5~7.5×4~5μm이다.

생태 가을에 활엽수림의 흙에 단생 또는 군생한다.

분포 한국(남한 : 속리산, 민주지산. 북한 : 평성, 묘향산, 판교, 영광), 일본

참고 북한명은 파리잡이무리버섯

거북송이

Tricholoma pardinum Qúel. 일반독

용도 및 증상 독성분은 불명확하며 섭취 후 30분에서 3시간 쯤 지나면 구토, 복통, 설사 등의 위장계의 중독이 나타난다. 심한 경우는 경련, 탈수, 산혈증, 쇼크 등을 일으킨다. 냄새나 맛은 밀가루와 비슷하다.

형태 균모의 지름은 5~15cm이며 처음은 둥근 산 모양에서 차츰 편평하게 펴지며 가운데가 약간 돌출한다. 표면은 건조하여 끈적기는 없다. 살은 백색이고 자루에서 가까운 부근은 두껍고 밀가루 냄새가 나며 맛은 없다. 백색의 바탕색에 갈색 혹은 회흑색의 인편이 동심원상으로 배열하여 밀집되어 덮여 있다. 주름살은 자루에 올린주름살이고 백색에서 황색으로 변하며 간격은 넓고 성기다. 자루의 길이는 5~15cm이고 굵기는 1~2cm로 위아래가 같은 굵기이지만 가운데가 약간 부푼다. 표면은 매끄럽고 갈색의 섬유상이거나 미세하게 거친 모양이 된다. 자루의 속은 차 있다.

포자 타원형이고, 크기는 8~10×5.5~6.5㎛이다. 표면은 매끄러우며, 포자문은 백색이다.

생태 여름에서 가을 사이에 침엽수림의 땅에 군생하거나 또는 속생한다.

분포 한국(남한 : 지리산), 일본, 중국, 북아메리카

참고 균모는 백색 바탕에 갈색 또는 회색의 인편이 무수히(때로는 동심원 처럼) 밀포한다.

유황송이 *Tricholoma sulphureum* (Bull. : Fr.) Kummer 일반독

용도 및 증상 독성분으로 무스카린류(muscarine)를 미량 함유하며, 솔땀버섯과 비슷한 중독 증상을 나타낸다.

형태 균모의 지름은 4~7cm이고 둥근 산모양에서 가운데가 볼록한 편평형으로 변하며 보통 불규칙한 모양이 된다. 표면은 매끄럽고 끈적기가 있으며 부드럽다. 자루 근처는 두꺼우며 끈적기가 없고 유황색이지만, 가운데는 갈색이다. 살은 연한 유황색으로, 콜타르와 같은 불쾌한 유황 냄새가 난다. 주름살은 자루에 올린주름살로 유황색이며, 두껍고 간격이 넓어서 성기다. 자루의 길이는 6~7cm이고 굵기는 0.6~0.8mm로 황색이고 위아래가 같은 굵기이며 가운데가 약간 부푼다. 표면은 섬유상의 유황색의 세로줄무늬가 있다. 자루의 속은 비어 있다.

포자 아몬드형이고 크기는 8.5~11×5~6㎛이다. 표면은 매끄럽거나 조금 거칠다.

생태 가을에 활엽수림의 흙에 군생한다.

분포 한국(남한 : 어래산, 지리산), 일본, 북반구 온대

참고 금빛송이(*Tricholoma flavovirens*)는 불쾌한 냄새가 없어서 유황송이와 쉽게 구분된다. 종명인 *sulphureum*은 '유황색'이라는 뜻이다.

흑비늘송이 *Tricholoma virgatum* (Fr. : Fr.) Kummer 일반독

용도 및 증상 독성분은 불명확하며 섭취 후 30분에서 3시간 정도 지나면 구토, 복통 설사 등 위장계의 중독을 일으킨다. 심한 경우는 경련, 탈수, 산혈증, 쇼크 등을 일으키기도 한다. 쓴맛과 매운맛이 있으나 항암 성분도 있다.

형태 균모는 지름 4~8cm로 처음에는 원추형에서 점차 균모가 퍼지면 가운데가 산모양으로 돌출한다. 표면은 회색 바탕 위에 회흑색의 섬유무늬가 방사상으로 퍼져있고, 가운데는 거의 흑색이다. 가장자리는 아래로 말린다. 균모의 살은 백색이지만 표피 아래는 약간 회색이고, 자루의 살은 백색으로 쓴맛과 매운 맛이 있다. 주름살은 자루에 홈주름살로 백색에서 회백색으로 변한다. 자루의 길이는 6~9cm이고 굵기는 0.5~1.5cm로 백색이며, 위아래가 같은 굵기이거나 하부가 굵고 표면은 매끄럽다. 표면은 백색으로 백색 혹은 회색의 섬유상 모양을 갖고 있다.

포자 광타원형이고, 크기는 6~7.5×4.5~5.5㎛이다.

생태 가을에 소나무, 전나무 등의 침엽수림에 주로 나고, 때로는 활엽수림에도 단생 또는 군생한다.

분포 한국(남한 : 광릉. 북한 : 대성산), 일본, 중국, 러시아의 극동, 유럽

참고 북한의 이름은 쓴재빛무리버섯

애이끼버섯 *Gerronema fibula* (Bull. : Fr.) Sing. 일반독

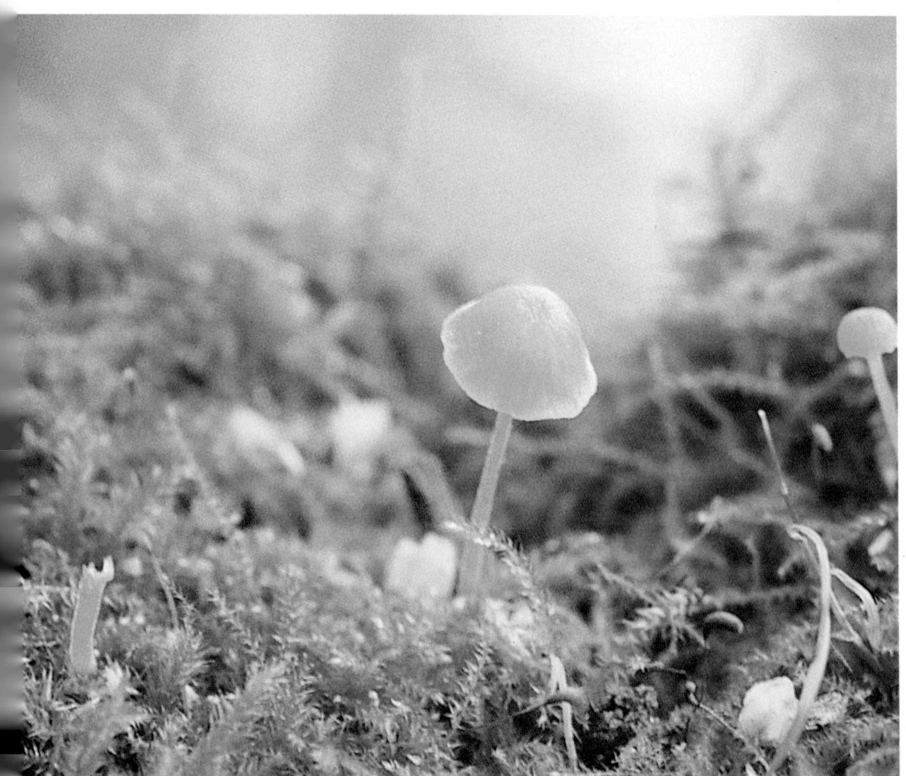

용도 및 증상 독성분은 실로시빈류(psilocybin : 신경), 세포 독성을 함유하며, 중독 증상은 중추신경 및 말초신경의 이상 증상을 일으킨다.

형태 소형균으로, 지름은 0.5~1cm이고 자루의 길이는 1.5~3cm이며, 굵기는 1cm 내외이다. 균모는 종모양 또는 둥근 산모양에서 차차 펴져서 가운데가 약간 오목하고 표면은 오렌지색 혹은 오렌지 색을 띤 황색이고, 주변부는 연한 색이다. 습기가 있을 때 줄무늬선이 있다. 주름살은 자루에 내린주름살로 백색이며 성기다. 자루는 오렌지 혹은 오렌지 색을 띤 황색이다. 균모와 자루의 표면에 미세한 털이 밀생하는데 눈으로 확인하기 어렵고 확대경으로 보아야 알 수 있다.

포자 협타원형 또는 유원주형이며, 크기는 4~6.5×2~3μm이다. 낭상체는 유곤봉형이고, 크기는 38~60×9~12μm이다.

생태 봄에서 가을 사이에 이끼류 사이에서 군생한다.

분포 한국(남한 : 연석산, 모악산), 일본 등 전 세계

참고 이끼류 사이에서 발생하며, 오렌지 또는 오렌지 황색으로 자루가 가늘고 예쁜 버섯이다. 보통 흔한 종이다.

졸각애주름버섯 *Mycena pelianthina* (Fr.) Qúel. 일반독

용도 및 증상 독성분은 무스카린류이며, 땀, 호흡 곤란 등의 증상이 나타난다. 섭취 후 30분에서 4시간 정도 지나면 땀, 눈물, 침이 나오고 눈이 감기며 맥박이 느려지고, 구토, 설사 등을 일으킨다. 또한 시각장애, 기관지 천식 등의 증상이 나타난다.

형태 균모의 지름은 3~5cm이고 종 모양 혹은 둥근 산모양에서 차츰 편평하게 펴진다. 표면은 매끈하고 자갈색이며, 건조하면 연한 색이 된다. 습기를 함유할 때는 짙은 자갈색으로 변하는 성질이 있다. 습기가 있을 때 줄무늬선이 나타난다. 살은 얇고 백색이며, 습기가 있을 때 물을 함유하는 느낌이 난다. 이때 살의 색은 갈색이 되고, 무우 냄새가 난다. 주름살은 폭이 넓고 거칠며, 자루에 바른 홈파진주름살이다. 간격은 넓어서 성기다. 주름살들은 맥상으로 서로 연결되고 어두운 암자회색이다. 가장자리는 자흑색으로 톱니 모양이다. 자루의 길이는 5~7cm이고 굵기는 0.4~0.6cm로 균모와 같은 색이다. 모양은 원통형으로 가늘고 길며, 위아래가 같은 굵기이다. 표면은 섬유상의 줄무늬가 있고, 자루의 속은 비었다. 특히 자루의 밑이 더 굽었다.

포자 타원형으로 표면은 매끄럽고 투명하며, 기름방울이 있는 것도 있다. 크기는 5~7×2.5~3㎛이다. 연낭상체와 측낭상체의 크기는 46~64×9~15㎛로 방추형이다.

생태 여름과 가을 사이에 활엽수림의 낙엽 사이에 군생한다.

분포 한국(남한 : 광릉), 일본, 북반구온대

참고 주름살의 자회색과 주름살의 가장자리가 톱니형인 것이 특징이다.

맑은애주름버섯 *Mycena pura* (Pers. : Fr.) Kummer 일반독

용도 및 증상 독성분은 무스카린류이며 중독 증상은 섭취 후 수십 분에서 4시간가량 지나면 땀이 나고, 착란, 설사, 구토, 복통 등의 위장계과 신경계의 이상 증상이 나타난다. 심한 경우는 맥박이 느려지고, 기관지 경련, 호흡 곤란, 쇼크 등을 겪고 죽음에 이른다.

형태 균모의 지름은 2~5cm로 종모양에서 차츰 편평하게 된다. 표면은 매끄러우며 색깔은 장미색, 홍자색, 청자색, 백색 등 다양하고, 습기가 있으면 줄무늬홈선이 나타난다. 살은 얇고 무우 냄새가 난다. 주름살도 연한 홍색, 연한 자색 등인데 자루에 바른 또는 올린주름살이며, 간격이 약간 넓어서 조금 성기다. 주름살끼리 맥으로 서로 연결되어 있다. 자루의 길이는 5~8cm이고 굵기는 0.2~0.7cm로 균모와 같은 색이다. 표면은 매끈하고 끈적기는 없다. 자루의 밑은 백색의 균사로 덮여 있으며 속은 비어 있다.

포자 원주형 또는 타원형이며, 크기는 6.5~8.5×3~4μm이다.

생태 여름에서 가을 사이에 숲 속의 낙엽 사이의 땅에 군생한다.

분포 한국(남한 : 어래산, 선달산, 모악산, 오대산, 지리산, 만덕산, 발왕산, 방태산, 가야산, 월출산, 한라산, 연석산, 변산반도 국립공원. 북한 : 차일봉, 백두산), 일본, 중국, 러시아의 극동, 유럽, 북아메리카

참고 이 버섯은 낙엽 사이에 균사를 뻗어서 성장하며, 낙엽과 고목을 썩히는 분해자 기능을 하고 있다. 균모의 색깔이 홍자색 등 여러가지이어서 초보자들은 종을 구분하는데 어려움이 있다. 북한명은 색깔이줄갓버섯

식용이나 미량의 독성분을 가지고 있는 버섯

잣버섯 *Lentinus lepideus* (Fr.: Fr.) Fr. 미약독

용도 및 증상 씹는 맛이 있으며, 버섯밥, 불고기, 기름에 볶는 거나, 찌개, 튀김요리에 이용된다. 맛은 없고 독성분을 미량 가지고 있으므로 과식은 금물이다.

형태 균모의 지름은 0.5~2cm로 질긴 육질인데, 처음에 가장자리가 아래로 심하게 말리며 구형에서 차츰 둥근 산모양을 거쳐서 결국 편평형으로 되지만, 가운데는 오목해진다. 표면은 백색 또는 연한 황색 혹은 황토색이다. 황갈색 또는 어두운 갈색의 갈라진 인편이 동심원상으로 배열하기도 하고 배열하지 않는 것도 있으며, 밋밋한 것도 있다. 균모의 중심 부근은 갈라져 백색의 살을 드러낸 것도 있다. 살은 두껍고 백색이며, 송진 냄새가 난다. 주름살은 자루에 대하여 백색의 홈파진 또는 내린주름살이며, 간격이 넓어서 성기고 가장자리는 톱니 모양이다. 자루의 길이는 2~8cm이고 굵기는 1~2cm로 백색 또는 연한 황색이며, 갈색의 갈라진 인편이 있고, 위쪽에는 희미한 줄무늬선이 있다. 턱받이는 대부분 없지만, 간혹 있는 것도 있는데 분명하게 구분할 수 없다.

포자 크기는 10~11×4~5μm이고 타원형 또는 원주형이다. 담자기의 크기는 35~46×5~7μm이고 담자기에 4개의 포자를 만든다. 연낭상체는 가늘고 길거나 긴 곤봉형으로 간혹 굴곡하며, 크기는 50~15×2~6μm로 측낭상체는 없다.

생태 이른 여름에서 가을 사이에 소나무의 그루터기에 홀로 또는 무리지어 나는 갈색부후균이다.

분포 한국(남한 : 지리산의 화엄사와 뱀사골, 가야산), 북반구 일대

참고 북한명은 이깔나무버섯

민자주방망이버섯 *Lepista nuda* (Bull. : Fr.) Cooke 미약독

용도 및 증상 독성분은 불명확하며 날것로 먹으면 중독되기 쉽고, 섭취 후 수십 분에서 24시간 정도 지나면 오한, 구역질, 설사 등의 위장계의 중독을 일으키지만 대부분은 2~3일 지나면 회복된다. 항암 성분을 가지고 있다. 먹을 때 흙 냄새가 나므로 기름을 사용하여 요리하는데, 주로 야채볶음, 튀김, 불고기 요리 등에 쓰인다.

형태 균모의 지름은 6~10cm로 둥근 산모양에서 차차 편평해지며, 가장자리는 안쪽으로 말린다. 처음에는 전체가 자주색이나 차차 퇴색하여 탁한 황색 또는 갈색이 된다. 살은 연한 자색이며 치밀한 모양을 하고 있다. 주름살은 자주색이지만 오래되어도 갈색으로는 변하지 않는다. 주름살의 간격이 좁아서 밀생하고, 자루에 대하여 홈파진 또는 내린주름살이다. 자루의 길이는 4~8cm이고 굵기는 0.5~1cm로 짧고 굵은 편이다. 자루의 밑은 부풀어 있고 섬유상이며 속은 차 있다.

포자 타원형이고, 크기는 5~7×3~4μm로 표면은 사마귀 반점으로 덮여 있다. 포자문은 연한 살색이다.

생태 가을에 잡목림이나 대나무숲의 땅, 풀밭 등에 군생하며 균륜을 만든다. 가끔 멥겨를 쌓아 놓은 곳에 뭉쳐서 나기도 한다.

분포 한국(남한 : 한라산, 속리산, 덕유산, 완주의 삼례, 안동. 북한 : 백두산, 묘향산, 오가산, 양덕, 영광, 라진, 안변, 금강산), 일본, 중국, 러시아의 원동, 유럽, 북아메리카, 호주 등 전 세계

참고 북한명은 보랏빛무리버섯

자주방망이버섯아재비 *Lepista sordida* (Schum.: Fr.) Sing. 미약독

용도 및 증상 쫄깃쫄깃하여 씹는 맛이 좋고, 불고기 음식에 주로 사용된다. 과식은 금물이다.

형태 균모의 지름은 4~7cm로 자실체 전체가 퇴색한 자주색이지만 차츰 희게되며, 나중에는 황회갈색으로 변한다. 둥근 산모양에서 차츰 편평하게 되고, 가장자리는 처음에는 안쪽으로 말리나 나중에 반대로 뒤집혀 굴곡이 진다. 주름살은 자루에 대하여 홈파진, 올린, 바른 또는 내린주름살이며 밀생하거나 성기다. 자루의 길이는 3~8cm이고 굵기는 0.5~1cm로 표면은 섬유상이다. 상부는 가루 같은 것이 있으며 근부는 백색의 털이 있다.

포자 크기는 5.5~7×3~4μm이고 타원형이다. 표면에 미세한 사마귀 반점이 있다.

생태 여름에서 가을 사이에 유기물이 많은 비옥한 밭, 풀밭, 길가 등에 군생한다. 균륜도 형성한다.

분포 한국(남한 : 안동, 한라산, 발왕산, 다도해해상 국립공원), 북반구 일대

참고 균모는 연한 자주색 또는 황회갈색이다. 때로는 라일락 갈색 등으로, 주름살, 자루도 같은 색이다. 사진은 균륜을 형성하고 있는 모양이다. 비슷한 종인 민자주방망이버섯(*Lepista nuda*)에 비하여 크기는 작고, 색깔은 약간 바랜 색이며, 발생 장소가 서로 다르다.

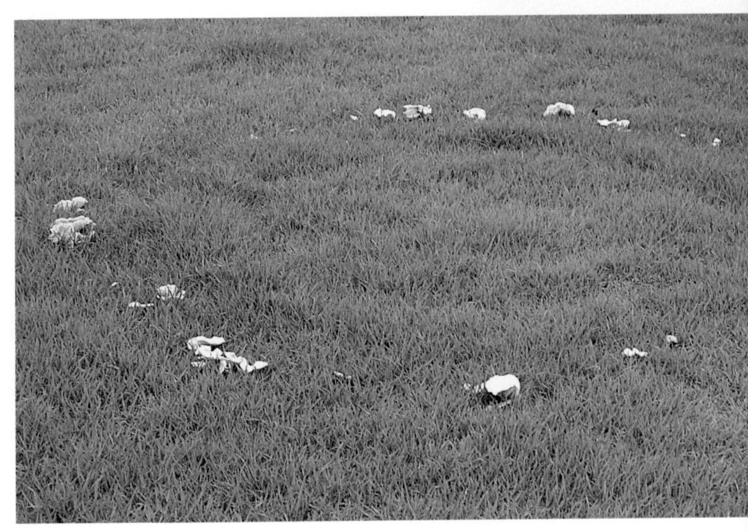

솔버섯 *Trcholomopsis rutilans* (Schaeff. : Fr.) Sing. 미약독

용도 및 증상 독성분은 불명확하며, 먹으면 설사 등 위장계의 중독을 일으킨다. 남한과 일본에서는 식용버섯으로 취급하나 서양에서는 독버섯으로 취급한다. 소나무 등에 군생하며, 보기에 먹음직스러워 보이겠지만 주의를 해야 하는 버섯이다.

형태 균모의 지름은 4~20cm이며 종 모양에서 차차 편평하게 된다. 표면은 끈적기는 없고 황색 바탕에 암적갈색 또는 암적색의 미세한 인편이 덮여 있으며, 가운데는 짙은 색깔로 연한 가죽과 같은 감촉이 있다. 가장자리는 색이 엷고 아래로 말리며, 미세한 인편이 있다. 살은 약간 두껍고 크림색 혹은 황색으로 맛과 냄새가 없다. 주름살은 간격이 좁아서 밀생하고 황색이다. 가장자리는 색이 짙고 미세한 가루 같은 것이 있으며, 자루에 대하여 바른 또는 홈파진주름살이다. 자루의 길이는 6~20cm이고 굵기는 1~2.5cm로 위아래가 같은 굵기이며, 자루의 밑은 조금 가늘고 황색 바탕에 적갈색의 미세한 인편이 분포한다. 자루의 속은 비었다.

포자 협타원형이고, 크기는 5.5~7×4~5.5μm이다.

생태 여름에서 가을 사이에 침엽수의 그루터기나 썩은 나무에 대부분 속생하지만 간혹 단생하는 것도 있다. 목재부후균이다.

분포 한국(남한 : 속리산, 방태산, 한라산, 선운산, 가야산, 두륜산, 만덕산, 다도해해상 국립공원의 금오도. 북한 : 백두산, 대성산, 시중, 금강산), 일본, 중국, 러시아의 극동, 유럽, 북아메리카 등 전 세계

참고 북한의 이름은 붉은털무리버섯

배불뚝이깔때기버섯 *Clitocybe clavipes* (Pers.. : Fr.) Kummer 술독

용도 및 증상 이 버섯의 중독 증상은 술과 함께 먹으면 30분에서 1시간 안에 얼굴이 화끈거리고, 두통, 맥박이 느려진다. 심한 경우는 호흡 곤란, 의식 불명에 빠진다. 이 버섯을 먹은 후 1주일간은 술을 마시지 않는 것이 좋다. 술과 함께 먹지 않으면 식용(불고기 등과 요리할 때)도 가능하지만 주의하여야 하며, 항암 성분도 가지고 있다.

형태 균모의 지름은 2.5~7cm로 둥근산모양에서 차츰 편평하게 되며, 가운데가 들어가서 깔때기모양이지만, 한가운데는 약간 돌출한다. 주름살이 긴 내린주름살이기 때문에 전체가 거꾸로 된 원추형이다. 표면은 매끄럽고 갈색 혹은 회갈색이며, 가운데는 어두운색이고 가장자리는 안쪽으로 말린다. 주름살은 백색 또는 연한 크림색이며, 자루에 대하여 긴 내린주름살이다. 살은 백색으로 가장자리는 얇으며, 자루 근처는 두껍고 맛이 없다. 자루의 길이는 3~6cm이고, 굵기는 0.6~1cm이다. 아래쪽으로 갈수록 부풀고 균모보다 연한 색이며, 회갈색의 섬유상이다. 자루의 속은 차 있다.

포자 타원형이고, 크기는 5~7×3~4㎛이다.

생태 여름에서 가을에 걸쳐서 숲 속의 흙에 단생 또는 군생하는데, 특히 소나무 숲에 군생한다.

분포 한국(남한 : 한라산, 발왕산. 북한 : 양덕, 백두산), 일본, 중국, 러시아의 극동, 북반구 온대 이북

참고 남한의 보통명은 이 버섯의 자루 가운데가 굵기 때문에 붙여진 이름이다.

흰삿갓깔때기버섯 *Clitocybe fragrans* (With. : Fr.) Kummer 미약독

용도 및 증상 독성분은 무스카린(muscarine)이고 중독 증상은 위장계와 신경계의 중독 증상이 나타난다. 끓여서 식용하기도 한다.

형태 균모의 지름은 2~3.5cm로 처음에는 가운데가 조금 오목한 둥근 산모양이었다가 차차 편평형으로 되고, 차츰 가운데가 들어가서 깔때기 모양으로 변하며, 어떤 것은 자루의 밑까지 들어간 것도 있다. 표면은 매끄럽고 습기가 있을 때 가장자리에 줄무늬선이 나타나며 연한 황회색이지만, 마르면 줄무늬선은 없어지고 백색이 된다. 가장자리는 처음에 안쪽으로 말리고 살은 얇고 백색이며, 맛은 없고 벚꽃과 같은 향기가 있는 것도 있으나 향기가 없는 것도 있다. 주름살은 백색 혹은 크림색이고 간격이 좁아서 밀생하며, 자루에 대하여 바른 또는 내린주름살이다. 자루의 길이는 3~4.5cm이고, 굵기는 0.2~0.3cm로 위아래가 같은 굵기이지만, 아래로 약간 굵은 것도 있으며 연골질이다. 표면은 균모와 같은 색깔 또는 살색이고 약간 섬유상이다. 자루의 속은 비어 있다.

포자 협타원형이고 크기는 6.5~7.5×3.5~4㎛이며 표면은 매끄럽다.

생태 여름에서 가을에 숲 속의 땅에 군생 또는 2~3개씩 속생한다.

분포 한국(남한 : 지리산, 모악산, 지리산, 만덕산, 어래산, 가야산, 두륜산, 방태산, 변산반도 국립공원. 북한 : 백두산, 양덕), 일본, 유럽, 북아메리카, 아프리카등 북반구 온대 이북

참고 북한명은 흰냄새깔때기 버섯

깔때기버섯 *Clitocybe gibba* (Pers. : Fr.) Kummer 미약독

용도 및 증상 독성분은 무스카린류이며 신경계의 중독 증상이 나타난다. 솔땀버섯의 증상과 비슷하다. 식용버섯으로 알고 있지만, 날것으로 먹는 것은 좋지 않다. 식용으로 사용할 때는 된장국, 식초 등에 무쳐서 먹는다.

형태 균모의 지름은 2~10cm 정도로 가운데가 오목한 둥근 산모양에서 차츰 편평하게 되나 가장자리가 말려서 깔때기모양이 된다. 그러나 가운데가 약간 돌출하는 것도 있다. 가장자리는 대부분 짧은 줄무늬홈선을 만든다. 색은 황색, 살구색, 연한 적갈색 등으로, 표면은 매끄럽고 가운데는 미세한 인편이 있으며, 짙은 색이고 가장자리는 약간 자색을 나타낸다. 살은 얇고 백색이며, 단단하고 맛은 없다. 주름살은 백색 혹은 황백색이고 자루에 대하여 내린주름살이며 간격이 좁아서 밀생한다. 자루는 길이가 2.5~5cm이고 굵기는 0.5~1.2cm로 위아래가 같은 굵기이지만 아래로 약간 굵은 것도 있다. 균모와 같은 색 또는 연한 색이다. 자루의 속은 차 있고 질기며 자루의 밑은 흰색의 솜털로 덮여 있다.

포자 타원형이며, 크기는 6~7.5×4~4.5μm이다.

생태 여름부터 가을 사이에 낙엽, 풀밭, 돌 틈 사이에 속생 또는 군생한다.

분포 한국(남한 : 한라산, 가야산, 변산반도 국립공원, 발왕산, 방태산, 오대산, 소백산, 두륜산. 북한 : 백두산, 묘향산, 오가산, 양덕, 금강산), 일본, 중국, 러시아의 극동, 유럽, 북아메리카 등 북반구 일대 및 호주

회색깔때기버섯 *Clitocybe nebularis* (Batsch : Fr.) Kummer 미약독

용도 및 증상 독성분은 불분명하며, 섭취 후 수십 분에서 24시간 안에 오한, 구토, 설사 등 위장계의 중독을 일으키지만 2~3일 후에 회복된다. 날것으로 먹으면 사람에 따라서 중독 증상이 달리 나타난다.

형태 균모의 지름은 6~15cm이고 처음은 둥근 산모양에서 거의 편평하게 펴진다. 특히 가운데가 약간 들어간 것도 있으며 가장자리는 아래로 말린다. 표면은 밋밋하고 연한 회색이며, 어릴 때는 표면에 미세한 털이 있고 다 자라면 매끄럽다. 살은 백색으로 약간 치밀하다. 주름살은 자루에 대하여 내린주름살이며 백색에서 연한 크림색으로 간격이 좁아서 밀생한다. 자루의 길이는 6~8cm이고 굵기는 0.8~2.2cm이며 아래쪽이 굵다. 표면은 백색 혹은 연한 회색의 세로줄이 있다. 자루의 밑은 크게 부풀고 자루에 비하여 짧은 편이며 백색의 균사가 부착한다. 자루의 속이 빈 것도 있다.

포자 타원형이고, 크기는 6~7×3.5~4.5μm이다. 표면은 투명하고 매끄러우며, 포자문은 백황색이다.

생태 가을에 숲 속의 땅에 군생 또는 산생한다. 간혹 12월까지 발생할 때도 있다.

분포 한국(남한 : 광릉, 지리산), 일본, 북반구 일대

참고 균모가 회색이고 가운데는 진한 회색이며 자루의 기부가 굵다.

애기버섯 *Collybia dryophila* (Bull. : Fr.) Kummer 미약독

용도 및 증상 독성분은 불분명하며, 먹으면 위장계의 중독을 일으킨다. 식용할 때는 자루가 단단하여 자루는 빼고 사용한다. 두부찜, 조림, 튀김, 불고기 덮밥 등의 요리에 사용한다.

형태 균모의 지름은 1~4cm로 둥근 산모양에서 차츰 거의 편평하게 되나, 가장자리는 위로 올라간다. 표면은 매끄럽고 가죽색, 황토색 또는 크림색인데 마르면 연한 색이 된다. 주름살은 백색 또는 연한 황색이고, 간격이 좁아서 밀생하며, 자루에 대하여 올린 또는 끝붙은주름살이다. 자루의 길이는 2.5~6cm이고 굵기는 0.15~0.3cm로 균모와 같은 색이며 가운데가 굵고 위아래로 가늘다. 자루의 밑은 조금 부풀고, 표면은 매끄러우며 자루의 속은 비었다.

포자 타원형 또는 종자모양이며 크기는 5~7×2.5~3.5㎛이다.

생태 봄에서 가을 사이에 숲 속의 부식토 또는 낙엽에 군생하며, 낙엽을 분해시키는 낙엽분해균이다. 특히 철쭉과의 나무 밑에 많이 난다.

분포 한국(남한 : 가야산, 월출산, 발왕산, 지리산, 어래산, 만덕산, 오대산, 방태산, 속리산, 다도해해상 국립공원의 금오도, 소백산, 변산반도 국립공원, 선달산. 북한 : 백두산), 전 세계

참고 균모는 습기가 있을 때 황토색이고, 자루도 균모와 같은 색이다.

점박이애기버섯 *Collybia maculata* (Alb. et Schw.) Qúel. 미약독

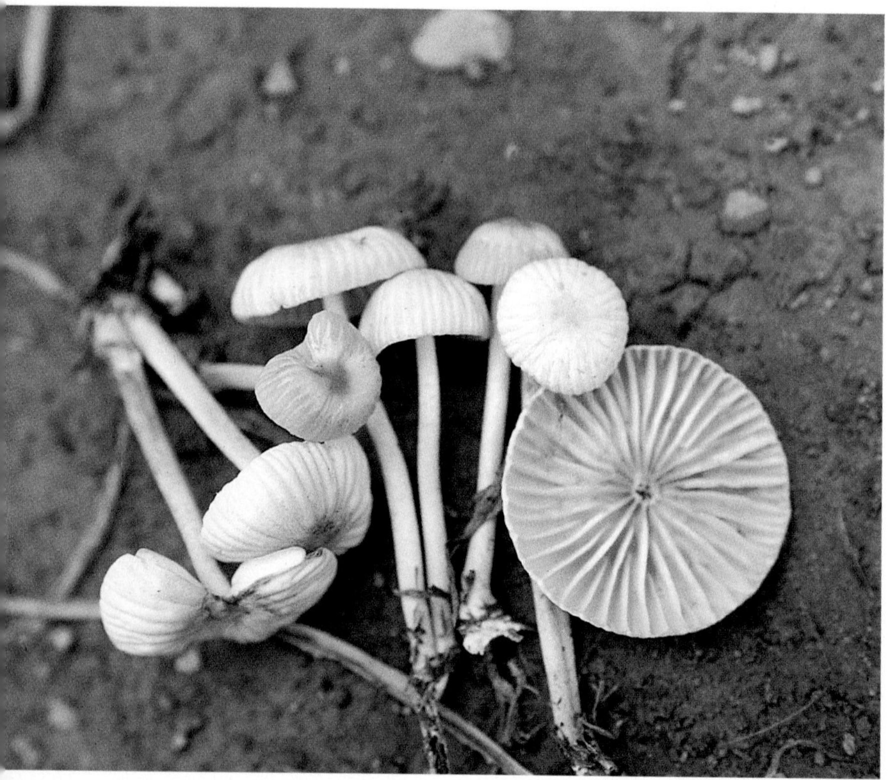

용도 및 증상 독성분은 불분명하며, 애기버섯속에는 무스카린을 포함하는 종의 독성분이 있어서 사람에 따라서는 중독을 일으킬 수 있다. 식용 시 쓴맛이 약간 있고, 기름을 사용하여 야채 요리를 할 때 사용한다.

형태 균모의 지름은 7~12cm로 처음은 둥근 산모양에서 차차 편평하게 된다. 처음에는 버섯 전체가 백색 혹은 크림 백색이지만 차차 적갈색의 얼룩이 생긴다. 표면은 매끄럽고, 가장자리는 처음에 아래로 말리나 위로 말리는 것도 있다. 살은 백색이며, 두껍고 단단하며 쓴맛이 있다. 주름살은 간격이 좁아서 밀생하며 자루에 대하여 올린 또는 끝붙은주름살인데 가장자리는 미세한 톱니처럼 되어있다. 자루의 길이는 7~12cm이고 굵기는 1~2cm로 백색 혹은 크림 색을 띤 백색이고 적갈색의 얼룩이 있으며, 위아래의 굵기가 같으나, 아래쪽으로 약간 가늘고 때때로 비틀린다. 자루의 표면에 세로줄무늬의 선이 있으며, 질기고 속은 비어 있다.

포자 아구형 또는 타원형이며, 크기는 5.5~6×4~4.5㎛이다.

생태 여름에서 가을 사이에 침엽수나 활엽수림의 땅에 단생 또는 군생하며 균륜도 형성한다.

분포 한국(남한 : 월출산, 변산반도 국립공원, 방태산, 선운산, 지리산, 월출산, 어래산. 북한 : 백두산), 일본, 유럽, 북아메리카, 북반구 온대 이북

참고 특징은 전체가 백색이고 적갈색의 얼룩이 있으며, 주름살의 간격은 좁아서 밀생하므로 쉽게 알 수 있다.

넓은솔버섯 *Oudemansiella platyphylla* (Pers. : Fr.) Moser in Gams 미약독

용도 및 증상 독성분과 중독 증상은 확실하지 않지만, 먹으면 위장계에 이상한 증상이 나타나므로 유럽과 미국에서는 독버섯으로 취급한다. 항암 기능도 한다.

형태 균모의 지름은 5~15cm이며 반구형 또는 둥근 산모양을 거쳐 편평하게 되나 가운데는 조금 오목하다. 표면은 회색, 회갈색 또는 흑갈색인데 방사상의 섬유무늬줄을 나타낸다. 살은 백색이다. 주름살은 백색 또는 회갈색이고 자루에 대하여 홈파진주름살이며, 간격이 넓어서 성기다. 자루의 길이는 7~12cm이고 굵기는 1~2cm로 단단하며, 백색 또는 회색의 섬유상이다. 상부는 가루 같은 것이 분포한다. 자루의 밑은 백색이고, 실 또는 끈 모양의 균사 다발이 붙어 있다.

포자 광타원형이며, 크기는 7~10×5.5~7.5㎛이다.

생태 여름에서 가을 사이에 활엽수의 부식토나 그 부근에 단생 또는 군생하며 나무를 썩히기도 한다.

분포 한국(남한 : 월출산, 가야산, 지리산, 한라산, 오대산, 다도해해상국립공원의 금오도, 두륜산, 방태산. 북한 : 대성산, 시중, 금강산, 백두산), 일본, 중국, 러시아의 원동, 유럽, 북아메리카, 북반구 온대 이북

참고 학명으로 *Tricholomopsis platyphylla*로도 사용한다. 북한명은 넓은주름버섯

흰우단버섯 *Leucopaxillus giganteus* (Sow. : Fr.) Sing. 미약독

용도 및 증상 독성분은 불분명하며, 먹으면 때때로 위장에 중독 증상이 일어난다. 약리 작용도 한다. 식용을 하기도 하는데, 육질이 쫄깃쫄깃하고 동서양 요리에 주로 쓰인다.

형태 균모는 지름 7~25cm로 둥근 산모양에서 차차 펴짐에 따라 가운데가 오목한 깔때기모양으로 변한다. 표면은 백색 혹은 연한 크림색이며, 비단 같은 광택이 있고 매끄러우나, 미세한 인편이 생긴다. 가장자리에 짧은 줄무늬홈선이 있고 아래로 말린다. 살은 백색으로 치밀하고 밀가루 냄새가 난다. 주름살은 크림 백색이고 밀생하며 자루에 대하여 내린주름살이다. 자루의 길이는 5~12cm이고, 굵기는 1.5~6.5cm로 백색 혹은 크림 백색으로 표면은 매끈하고 위아래의 굵기가 같다. 자루의 속은 차 있다.

포자 타원형 혹은 난형이며 크기는 5.5~7×3.5~4μm이다. 표면은 매끄럽다.

생태 여름에서 가을 사이에 숲, 정원, 대나무 밭 등의 땅에 단생 또는 군생한다. 특히 삼나무 숲 속에 많이 난다.

분포 한국(남한 : 민주지산. 북한 : 녕원), 중국, 일본, 유럽, 북아메리카 등 북반구 온대 이북

참고 균모의 색깔은 백색이며, 크기가 크다는 특징이 있다. 북한명은 큰개암버섯

뽕나무버섯 *Armillariella mellea* (Vahl : Fr.) Karst. 미약독

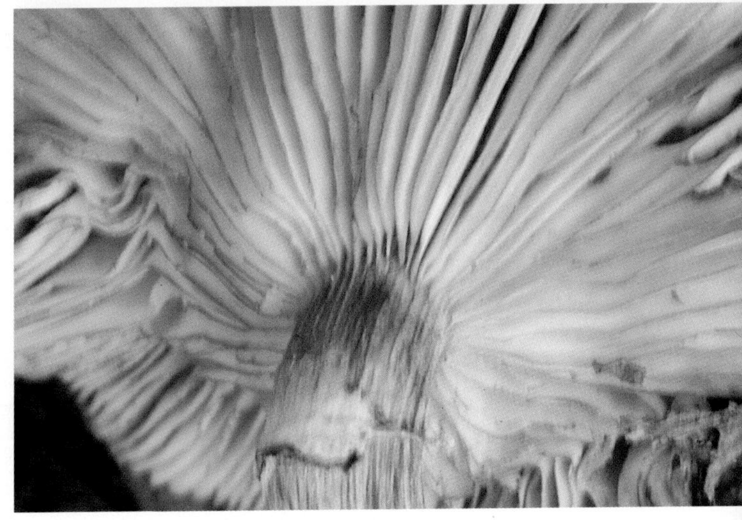

용도 및 증상 독성분은 불명확하며 날것으로 먹으면 수십 분에서 24시간 정도 사이에 구역질, 설사, 위장이 부글부글하는 증상 등의 위장계의 이상증상을 일으킨다. 찌개로 하면 끈적기가 생기고, 혀의 촉감이 좋다. 하지만, 과식은 금물이다. 항암의 기능이 있다.

형태 균모의 지름은 4~15cm로 처음에 반구형에서 차차 편평하게 되나 가운데는 조금 오목해진다. 표면은 황갈색 또는 갈색인데 가운데에는 암색의 미세한 인편이 덮여있고 가장자리는 방사상의 줄무늬선이 나타난다. 살은 백색 또는 황색이다. 주름살은 백색인데 연한 갈색의 얼룩이 생기고 자루에 대하여 바른 또는 내린주름살이다. 자루의 길이는 4~15cm이고 굵기는 0.5~1.5cm로 아래가 조금 부풀며 섬유상이다. 또한 색깔은 황갈색이나 하부는 검은 색이다. 턱받이는 백황색의 막질이며, 솜털 같은 인편이 붙어 있다.

포자 타원형이며, 크기는 7~8.5×5~5.5㎛이고 포자문은 크림색이다.

생태 여름에서 가을 사이에 활엽수와 침엽수의 그루터기나 죽은 가지 또는 살아 있는 나무 밑에 군생하거나 속생하는 목재부후균이다. 균근을 형성한다.

분포 한국(남한 : 광릉, 한라산, 발왕산, 두륜산. 북한 : 남포, 박천, 양덕, 묘향산, 창성, 영광, 장진, 판교, 수양산, 금강산, 간모봉, 백두산), 일본, 중국, 러시아의 극동, 유럽, 북아메리카, 아프리카, 호주 등 전세계

참고 여러 나라에서 식용하는 맛있는 버섯이지만 삼림에 막대한 피해를 주는 해균이다. 이 버섯은 흑색의 침을 가진 균사속을 형성하여 퍼지며, 어린 균사속은 발광성이있다. 북한명은 개암버섯인데, 남한의 개암버섯(*Naematoloma sublateritium*)은 독청버섯과에 속해 있다.

뽕나무버섯부치 *Armillariella tabescens* (Scop.) Sing. 미약독

용도 및 증상 독성분은 불분명하며, 소화가 잘 되지 않기 때문에 많이 먹으면 위장계의 중독을 일으킨다. 맛과 향기가 좋아서 식용하기도 하며 항암 작용도 한다. 먹을 때는 충분히 익혀 먹어야 한다. 한약 재료로도 이용한다.

형태 균모의 지름은 4~6cm로 황색 또는 꿀색이고 가운데에 미세한 인편이 밀집되어 있다. 표면은 황갈색 또는 연한 갈색인데 가운데에는 암색의 미세한 인편이 덮여 있다. 가장자리는 방사상의 줄무늬선을 나타낸다. 살은 백색 또는 황색이다. 주름살은 백색인데 연한 갈색의 얼룩이 생긴다. 자루에 대하여 바른 또는 내린주름살이고 간격이 좁아서 밀생한다. 자루는 길이는 5~8cm이고 굵기는 0.4~1cm로 위는 연한 황색이고 아래는 암갈색이며 위아래의 굵기가 같고 자루의 밑은 검은색에 가깝다.

포자 타원형이며, 크기는 6~8×5.5㎛이다.

생태 여름에서 가을 사이에 활엽수의 그루터기나 죽은 나무줄기, 살아 있는 나무의 밑둥 또는 껍질에 속생하는 목재부후균이다.

분포 한국(남한 : 변산반도 국립공원, 한라산, 만덕산, 두륜산, 무등산), 북반구 온대

참고 이 버섯과 천마가 공생하며, 천마는 이것을 이용하여 인공재배를 하여 소득에 도움을 준다. 유사종인 뽕나무버섯과 유사하나 턱받이의 유무로 구별한다. 북한명은 나도개암버섯

흰갈색송이 *Tricholoma albobrunneum* (Pers. : Fr.) Kummer 미약독

용도 및 증상 독성분은 불분명하며, 섭취 후 20분에서 2시간 후에 이상 증상이 나타난다. 식용도 가능하며 항암의 기능도 있다.

형태 균모는 지름 3~10cm이며, 둥근 산모양에서 가운데가 높은 편평형으로 변한다. 표면은 갈색 혹은 밤갈색인데 매끄럽고, 습기가 있을 때 끈적기가 있고 섬유상의 줄무늬가 있다. 살은 백색이며 단단하며 맛은 온화하다. 가장자리는 아래로 말린다. 주름살은 백색이나 갈색의 얼룩 반점이 생기고, 자루에 대하여 홈파진주름살이며, 간격은 약간 좁아서 밀생한다. 자루의 길이는 4~10cm로 굵기는 1~2.5cm로 위아래의 굵기가 같으며, 상부는 백색이고 하부는 갈색이다. 자루의 속은 차 있다.

포자 타원형이고, 4~6×3~4μm이고 포자문은 백색이다.

생태 가을에 소나무 숲의 땅에 군생한다.

분포 한국(남한 : 어래산), 일본, 중국, 유럽, 호주

참고 비슷한 종인 담갈색송이(*Tricholoma ustale*)는 균모의 표면이 매끈하고 자루의 색은 적갈색 또는 밤갈색이며 발생하는 곳이 혼효림인 점에서 흰갈색송이와 다르다. 종명인 *albobruneum*은 '흰갈색'이라는 뜻이다.

흰송이 *Tricholoma japonicum* Kawamura 일반독

용도 및 증상 독성분은 청산가리가 아주 미량 검출되긴 하지만 사람에게 해를 줄 정도는 아니다. 중독 증상은 위장계의 중독을 일으킨다. 식용도 가능한데 쓴맛이 있어서 끓여서 흐르는 물에 씻은 후 철판 요리등으로 이용한다.

형태 균모는 지름 5~9cm로 반구형에서 둥근 산모양을 거쳐 편평하게 된다. 표면은 매끄럽고 습기가 있을 때는 끈적기가 있으며, 백색이지만 나중에 가운데는 갈색 또는 탁한 황색을 띈다. 가장자리는 처음에는 아래로 말린다. 살은 두껍고 치밀하며 백색으로, 쓴맛이 있다. 주름살의 간격은 좁아서 밀생하고 백색에서 탁한 갈색의 얼룩이 생기며 자루에 대하여 홈파진주름살이다. 자루의 길이는 3.5~5.5cm이고 굵기는 1.3~1.7cm이며 백색 또는 갈색이다. 표면은 섬유상이며, 상부는 가루 같은 것이 있다. 또한 하부는 부풀어 있고 자루의 속은 차 있다.

포자 타원형 또는 광타원형이며, 크기는 4.5~6×2.5~3.5㎛이다.

생태 가을에 적송림의 땅에 군생하며 균륜을 형성한다.

분포 한국(남한 : 지리산. 북한 : 신천, 금강산, 경기도 일부), 일본, 중국, 러시아의 극동, 시베리아, 유럽, 북아메리카

참고 버섯 전체가 거의 백색이나 오래되면 가운데가 갈색을 나타낸다. 북한명은 흰무리버섯

할미송이 *Tricholoma saponaceum* (Fr.) Kummer 일반독

용도 및 증상 독성분은 세포독을 함유하며, 중독 증상은 구토, 설사 등 위장계 중독을 일으킨다. 식용도 가능하나 쓴맛이 있으며 항암 기능도 한다.

형태 균모는 지름 3.5~7cm로 반구형에서 가운데가 높은 편평형으로 변화한다. 표면은 올리브색을 띤 녹색, 갈색, 회백색 등으로 색이 다양하고, 가운데는 그을음 같은 인편이 밀포한다. 살은 백색이나 상처를 입으면 홍갈색이 되며, 냄새는 독특한 풀같은 냄새가 나고 맛은 대단히 쓰다. 주름살은 백색에서 나중에 적색의 얼룩이 생기고, 자루에 대하여 홈파진 주름살인데, 간격이 넓어서 성기다. 자루의 길이는 2.5~8cm이고, 굵기는 0.8~1.5cm로 하부는 부풀거나 가늘고 백색 또는 올리브색이다. 표면은 매끄럽고 그을은색 또는 회색의 인편이 덮여 있으며, 자루의 속은 차 있다.

포자 타원형이며, 크기는 5~6.5×2.5~4.5㎛이다.

생태 가을에 혼효림의 흙에 단생, 산생 또는 군생한다.

분포 한국(남한 : 지리산), 북반구 온대 이북

참고 균모가 보통 올리브 녹색이고, 가운데에는 그을린 색의 인편이 밀포한다.

담갈색송이 *Tricholoma ustale* (Fr. : Fr.) Kummer 일반독

용도 및 증상 독성분은 우수타릭산(usutalic acid)이며, 중독 증상은 신경계의 두통과 소화불량을 일으킨다. 또한 구토, 설사 복통 등 위장계의 중독을 일으킨다. 청산가리가 미량 검출되지만 사람에게 해를 미치는 정도의 양은 아니다. 소금에 절이면 독성분이 파괴되므로 식용도 가능하며, 항암 기능도 한다.

형태 균모의 지름은 3~8cm로 원추형에서 둥근 산모양을 거쳐 차츰 가운데가 볼록한 편평형으로 변하고 나중에 가운데가 조금 오목해진다. 표면은 습기가 있으면 끈적기가 있고 매끄러우며, 적갈색 또는 밤갈색이다. 또한 가운데는 어두운 색이며, 가장자리는 처음에는 안쪽으로 말린다. 살은 두껍고 백색이며, 상처를 받으면 갈색으로 변한다. 주름살은 자루에 대하여 홈파진주름살로 백색이고 나중에 적갈색의 얼룩이 생기며, 주름살의 간격은 좁아서 밀생한다. 자루의 길이는 2.5~6cm이고, 굵기는 0.6~2cm로 위는 백색이고 아래는 엷은 적갈색이다. 자루의 가운데가 부풀며, 섬유상으로 균모보다 연한색으로 속이 차 있거나 또는 비어 있다.

포자 난형이고 크기는 5.5~6.5×3.5~4.5㎛이다.

생태 가을에 활엽수와 소나무 숲의 혼효림에 단생 또는 군생한다.

분포 한국(남한 : 무등산, 어래산, 지리산, 광릉), 일본, 러시아의 극동, 유럽, 아프리카 등 북반구 온대

참고 북한명은 끈적밤색무리버섯

벚꽃버섯과

이 과의 버섯은 식용버섯이 대부분이지만 발생량이 적다. 사람들이 이용할 수 있는 버섯은 보라벚꽃버섯, 다색벚꽃버섯 정도이다. 독을 미량 가진 것도 있지만, 위험할 정도는 아니다.

식용버섯

단심벚꽃버섯 *Hygrophorus arbustivus* Fr.

용도 및 증상 김치찌개, 조림, 무와 같이 요리하며, 특별한 맛은 없다.

형태 균모의 지름은 3~7cm이고 둥근 산 모양에서 차차 편평하게 되나 가운데는 볼록하다. 습기가 있을 때 끈적기가 있고, 면모상이며 가운데는 적갈색이나, 가장자리는 색이 엷어진다. 살은 백색이지만 균모의 밑은 약간 갈색이다. 주름살은 바른주름살 또는 약간 내린 주름살로 백색이며, 밀생한다. 자루의 길이는 5~10cm이고 굵기는 0.3~0.7cm이며, 백색으로 습기가 있을 때 끈적기가 있다. 꼭대기는 미세한 가루가 있다.

포자 타원형이고, 크기는 7~9×4.5㎛이며, 드물게 표면에 미세한 사마귀 반점을 갖고 있다.

생태 여름에 활엽수림의 흙에 군생한다.

분포 한국(남한 : 모악산), 일본, 러시아의 극동, 중국, 유럽, 아프리카

노란구름벗꽃버섯 *Hygrophorus camarophyllus* (Fr.) Dum.

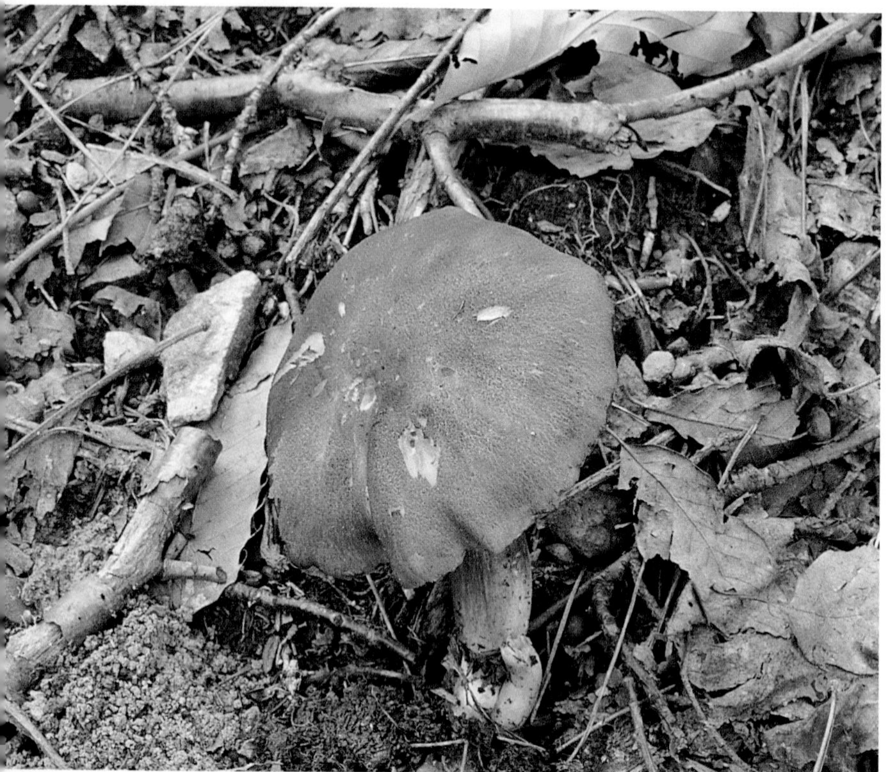

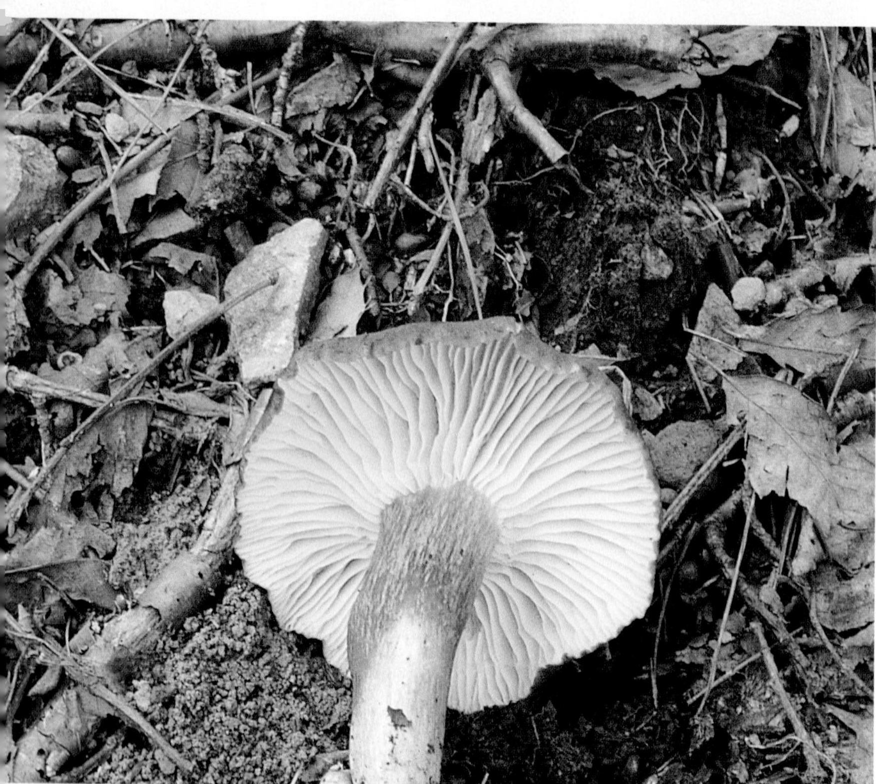

용도 및 증상 불고기, 달걀찜, 튀김, 야채와 같이 볶거나, 익혀서 요리할 때 사용한다.

형태 균모는 지름 4~10cm로 둥근 산모양에서 가운데가 높은 편평형으로 변한다. 표면은 회갈색 혹은 어두운 회갈색이고 습기가 있을 때 끈적기가 조금 있으나 곧 없어진다. 살은 백색이며 부서지기 쉽다. 주름살은 백색 혹은 연한 크림색인데, 자루에 대하여 내린주름살이고, 간격이 넓어서 성기다. 자루의 길이는 5~12cm이고, 굵기는 1~2cm로 아래가 조금 가늘다. 표면은 섬유상이고 끈적기가 없으며, 균모보다 연한 색이다. 위쪽은 가루가 있고 속은 차 있다.

포자 타원형이며, 표면은 매끄럽고 투명하며 기름방울이 있다. 크기는 6~9×4~5.5㎛이다. 포자문은 백색이다.

생태 가을에 소나무, 졸참나무숲, 너도밤나무숲, 물참나무숲 등의 땅에 군생한다.

분포 한국(남한 : 지리산), 일본, 러시아의 연해주, 유럽, 북아메리카

참고 북한명은 노란주름검은꽃갓버섯

노란갓벚꽃버섯 *Hygrophorus chrysodon* (Batsch : Fr.) Fr.

용도 및 증상 식용으로 쓰이며 주로 오무라이스, 스프 등 여러 음식에 궁합이 잘 맞는다.

형태 균모는 지름 5~7cm이고 반구형 혹은 둥근 산모양에서 차차 편평하게 된다. 표면은 백색 바탕에 황색의 작은 인편이 밀포되어 있으나, 후에 작은 인편은 떨어진다. 습기가 있을때 끈적기가 있다. 살은 백색이고, 맛과 냄새가 없다. 주름살은 백색이며, 자루에 대하여 내린주름살이고 간격은 넓어서 성기다. 자루의 길이는 5~8cm이고 굵기는 1.0~1.5cm로 구부러진다. 또한 표면은 황색의 작은 인편으로 덮였다. 자루와 주름살이 만나는 곳에 미세한 알갱이들이 분포하며, 불완전한 턱받이를 만드는 것도 있다.

포자 타원형이며, 표면은 매끄럽고 크기는 7.5~10.5×4~5㎛이다. 포자문은 백색이다.

생태 가을에 침엽수림과 활엽수림의 땅에 군생한다.

분포 한국(남한 : 광릉. 북한 : 묘향산, 신양, 오가산), 중국, 일본, 러시아의 극동, 유럽, 북아메리카, 아프리카. 북반구 온대 이북

참고 북한명은 노란비늘꽃갓버섯

서리벚꽃버섯(신칭) *Hygrophorus hypothejus* (Fr. : Fr.) Fr.

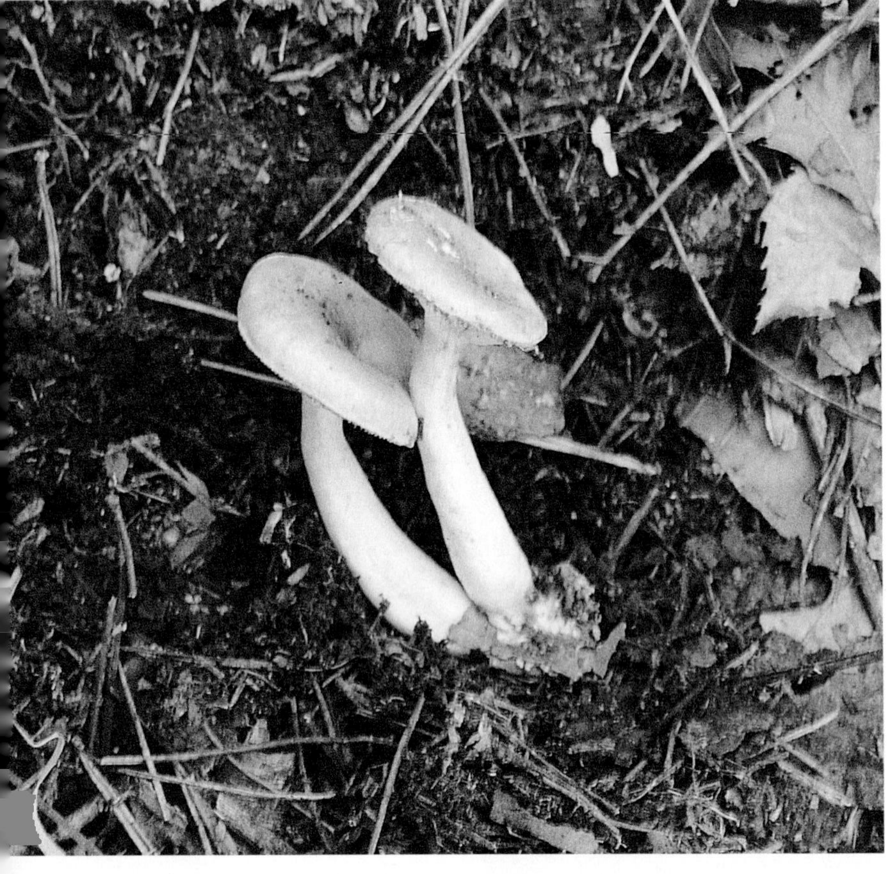

용도 및 증상 식용으로 쓰인다.

형태 균모의 지름은 2.5~5cm이고 처음에는 약간 둥근 산모양이며 나중에 차차 편평하게 퍼지지만, 가운데가 약간 돌출하거나 오목하게 들어간다. 표면은 처음에는 백색의 끈적기를 가진 아교질층으로 되어 있으며, 그 밑에 가는 털이 있다. 가운데는 녹갈색이고 가장자리는 연한 색이며, 노쇠하면 노란색, 붉은색으로 변한다. 살은 얇고 백색이며, 껍질 밑은 갈색을 띤다. 주름살은 자루에 대하여 내린주름살이며, 간격이 넓어서 약간 성기고 백색에서 갈색으로 변색된다. 자루의 길이는 6~11cm이고, 굵기는 0.1~1.2cm로 아래쪽으로 가면서 점차 가늘어진다. 턱받이의 위쪽은 연한 갈색이고 아래쪽은 끈적기를 가진 아교질로 덮이며 자루의 속은 차 있다. 턱받이는 자루의 $\frac{2}{3}$ 쯤에 있는데 차차 없어지며 나중에 흔적만이 남는다.

포자 타원형이고 표면은 매끈하며, 크기는 7~9×4~5㎛이고 담자기는 4포자성이다. 포자문은 흰색이다.

생태 가을에서 초겨울에 걸쳐서 잣나무, 활엽수, 혼합림과 전나무숲 안의 땅에 군생하며, 소나무에 외생균근을 형성한다.

분포 한국(남한 : 지리산. 북한 : 개성, 대성산), 중국, 일본, 러시아의 극동, 유럽, 북아메리카

참고 '신칭' 의 뜻은 처음 우리나라에서 이름을 부여하여 발표한다는 뜻이다. 즉, 다른 나라에는 이미 발견되어 알려졌지만 우리나라에서는 최근에 발견되어 이름을 새로 부여하게 됨을 의미한다. 북한명은 늦가을진득꽃갓버섯

가마벚꽃버섯 *Hygrophorus leucophaeus* (Scop.) Fr.

용도 및 증상 식용으로 쓰인다.

형태 균모는 지름 3~4.5cm로 둥근 산모양에서 가운데가 높은 편평형으로 된다. 표면은 끈적기가 많아서 낙엽 등이 부착되기도 하고, 연한 오렌지색을 띤 황색 또는 연한 오렌지색을 띤 갈색이지만, 가운데는 진한 황갈색이다. 살은 균모보다 연한색이고 거의 맛도 없으며, 냄새도 없다. 주름살은 자루에 대하여 바른주름살이나 오래되면 내린주름살로 변하며, 백색으로 간격은 약간 넓어서 성기다. 자루의 길이는 4.5~10cm이고 굵기는 0.4~0.7cm로 아래가 가늘고, 균모의 가장자리와 같은 색으로 꼭대기는 가루가 있고, 자루의 표면에는 약간 굴곡이 있어서 세로 줄무늬가 나타나기도 한다.

포자 크기는 7.5~8.5×4~4.5㎛로 난원상의 타원형이고 표면은 매끄럽다.

생태 가을에 자작나무숲, 너도 밤나무숲의 땅에 단생 또는 군생한다.

분포 한국(남한 : 광릉), 북반구 온대

참고 균모는 오렌지 황색 또는 오렌지 갈색이고 가운데는 진하다는 특징이 있다. 종명인 *leucophaeus*는 흰색과 갈색의 합성어로, 그리스어에서 나온 말이다.

노란털벚꽃버섯 *Hygrophorus lucorum* Kalchbr.

용도 및 증상 맛이 좋으며, 된장국, 무와 같이 요리하면 좋다.

형태 균모는 지름 3~4cm로 둥근 산모양에서 차츰 가운데가 볼록한 편평형으로 변한다. 표면은 레몬색인데, 강한 끈적기가 있다. 살은 다소 황색을 띠며 맛과 냄새는 없다. 주름살은 연한 황색의 내린주름살이며 성기다. 자루의 길이는 5~6cm이고, 굵기는 5~7mm로 백색 또는 황색을 나타내고 끈적기가 있는 피막으로 덮여 있다. 속은 차 있거나 비어 있다.

포자 타원형이고, 표면은 투명하고 매끄러우며 크기는 8~10×4.5~5.5㎛이다.

생태 늦가을에 침엽수림(주로 낙엽송림)의 땅에 1~2개가 군생한다.

분포 한국(남한 : 지리산), 일본, 유럽

참고 균모는 레몬색이며, 끈적기가 많다. 자루는 약간 황색으로 끈적기가 있는 피막이 덮여있는 것이 특징이다. 종명인 *lucorum*은 '신성한 숲' 이라는 뜻이다.

보라벚꽃버섯 *Hygrophorus purpurascens* (Alb. & Schw. : Fr.) Fr.

용도 및 증상 쓴맛은 없지만 기름에 볶거나, 튀김, 고깃국에 끓여서 먹는다. 시골의 5일장에서 아낙네들이 파는 것을 볼 수 있다.

형태 균모의 지름은 7~14cm 이고 둥근 산모양에서 차츰 거의 편평한 모양이 되며, 가장자리는 다 자란 후 아래로 말린다. 표면은 끈적기가 있고 약간 섬유상이며, 압착된 인편이 있다. 보통 가운데는 포도냄새가 없다. 주름살은 자루에 대하여 바른 또는 내린주름살이고, 간격이 약간 넓어서 조금 성기며, 처음에는 백색의 연한 황색이었다가 점차 적자색으로 물든다. 자루의 길이는 5~10cm이고, 굵기는 3~4cm로 근부는 가늘며 표면처럼 끈적기는 없다. 자루의 위쪽은 백색으로 섬유상이다. 턱받이는 있지만 탈락하기 쉽다.

포자 타원형이며, 크기는 6~7×3~4.5㎛이다. 표면에 미세한 반점을 가진 것도 있다.

생태 여름에서 가을 사이에 침엽수림의 땅에 군생하며 부생 생활을 한다.

분포 한국(남한 : 민주지산, 만뢰산), 북반구 온대 이북

참고 버섯 전체가 백색을 띠는 연한 황색에서 점차 적자색으로 물들기 때문에 다른 버섯과 구분하기가 쉽다. 종명인 *purpurascens*는 '자색으로 변한다' 는 뜻이다.

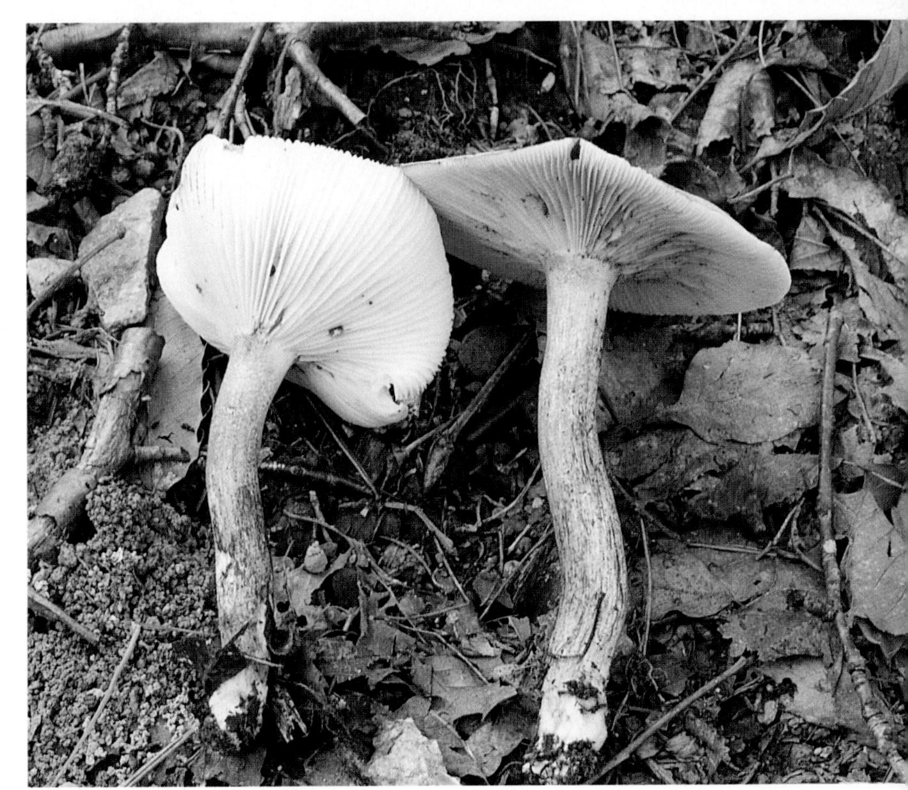

다색벚꽃버섯 *Hygrophorus russula* (Schaeff. : Fr.) Qúel.

용도 및 증상 쓴맛이 있어서 데쳐서 요리한다. 조림, 볶음, 튀김, 전골, 찌개 등에 좋다.

형태 균모의 지름은 5~12cm로 둥근 산모양에서 차차 편평한 모양으로 되지만 가운데는 볼록하다. 표면은 끈적기가 있으나 곧 말라서 없어진다. 가운데와 가장자리는 어두운 적색 또는 포도주 색이다. 가장자리는 어릴 때 아래로 말리며, 약간 검은색의 미세한 인편이 있다. 살은 백색이고, 연한 홍색의 얼룩이 있다. 주름살은 백색 또는 연한 홍색이고, 자루에 대하여 바른 또는 내린주름살이며, 균모와 같은 얼룩이 있고 간격이 좁아서 약간 밀생한다. 자루의 길이는 3~8cm이고, 굵기는 1~3cm로 백색에서 어두운 홍색으로 변색하고 섬유상이며 속은 차 있다.

포자 타원형이고 크기는 6~8×3.5~5㎛이다. 포자문은 백색이다.

생태 여름부터 가을 사이에 활엽수림의 흙에 군생한다.

분포 한국(남한 : 덕유산, 한라산, 가야산. 북한 : 백두산), 북반구 온대 이북

참고 특징은 균모가 포도주색 또는 암적색이고 가장자리는 연한색이라는 것이다. 종명인 *russula*는 '붉은색' 을 뜻한다. 북한명은 붉은무리버섯

새벽꽃버섯 *Hygrocybe calyptraeformis* (Berk. & Br.) Fayod.

용도 및 증상 식용으로 쓰인다.

형태 전체가 연한 장미색의 아름다운 버섯이다. 균모의 지름은 3~10cm, 둥근 산모양에서 차차 편평해지지만, 가운데에 원추상의 돌기가 있고, 표면은 섬유상으로 거의 끈적기는 없으며, 다 자란 후 가장자리는 심하게 찢어진다. 주름살은 자루에 대하여 올린주름살로 폭이 넓고 간격은 넓어서 약간 성기다. 자루의 길이는 6~15cm이고 굵기는 0.5~1cm이고 속은 비었으며, 세로 줄무늬가 조금 있거나 간혹 주름져 있는 것도 있다.

포자 광타원형이며, 크기는 6.5~7.5×4~5μm이다. 측낭상체 및 연낭상체의 크기는 85~90×18~23μm이며 유방추형이다. 무색으로 균사벽은 얇다.

생태 여름과 가을 사이에 풀밭, 삼림, 대나무 숲 등에 군생한다.

분포 한국(남한 : 지리산, 모악산), 일본, 유럽, 북아메리카

참고 종명인 *calyptraeformis*은 '부인의 베레모 모양' 이라는 의미로서, 우아한 분홍색의 균모를 가지고 있다. 북한명은 연분홍고깔버섯

진빨간꽃버섯 *Hygrocybe coccinea* (Schaeff. : Fr.) Kummer

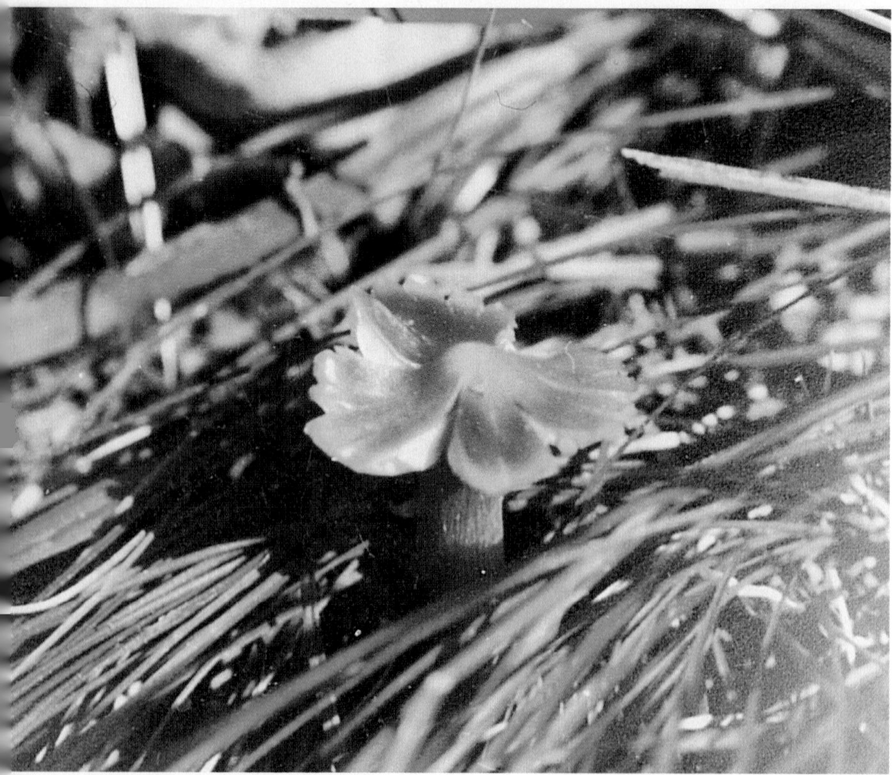

용도 및 증상 식용으로 쓰이며, 맛과 향기는 좋은 편이다.

형태 균모는 지름이 2~5cm로 표면은 끈적기가 없고, 적색에서 황적색으로 변한다. 주름살은 오렌지색을 띤 황색이며 균모의 살에 가까운 부분은 적색이다. 바른 또는 올린주름살이지만, 조금 내린 주름살로 되어있는 것도 있다. 자루의 길이는 2.5~6cm이고, 굵기는 0.5~1.3cm로 매끄럽고 균모와 같은 색인데, 때로는 편평해지기도 한다.

포자 타원형으로 7.5~10.5×4~5㎛이다.

생태 봄에서 가을 사이에 풀밭, 조릿대 밭, 숲 속의 땅에 군생한다. 3~4월에 특히 많이 난다.

분포 한국(남한 : 운장산), 일본, 북반구 일대, 호주

참고 균모는 적색 또는 황적색이고, 주름살은 오렌지 적색 또는 오렌지색이다. 종명인 *coccinea*는 '주홍색'이라는 의미이다. 비슷한 종인 팥배꽃버섯(*Hygrocybe punicea*)은 약간 크고 균모에 끈적기가 있다. 자루에는 오렌지 황색 바탕에 빨강색의 섬유무늬가 있다.

팔배꽃버섯 *Hygrocybe punicea* (Fr.) Kummer

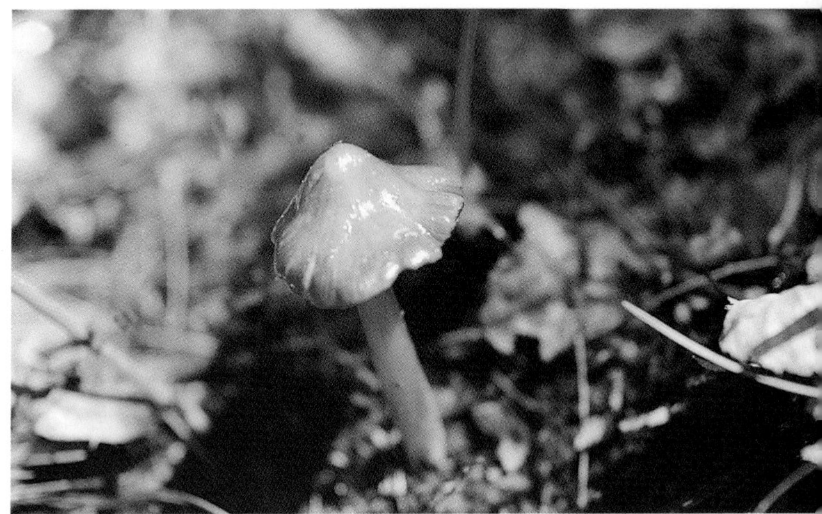

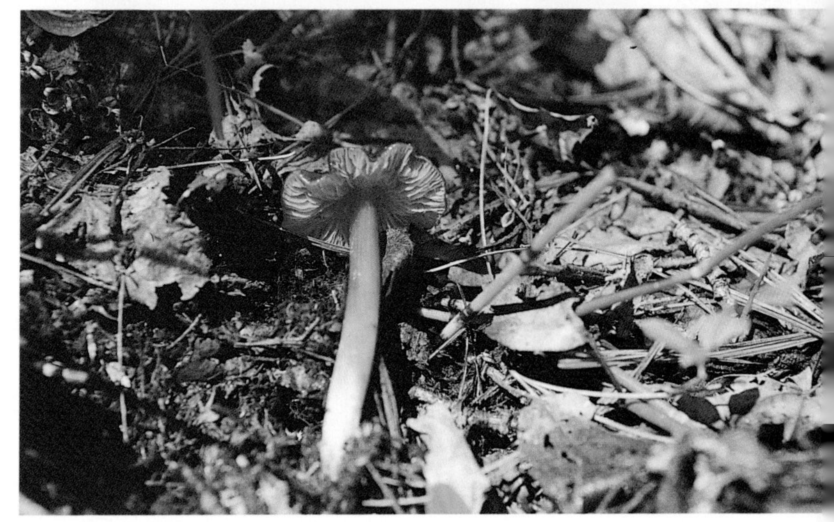

용도 및 증상 식용으로 쓰인다.

형태 균모는 지름 4~7cm, 끝이 둥근 원추형이고 가운데가 볼록한 편평형으로 차츰 변한다. 또한 가장자리는 아래로 말리며 갈라지기도 한다. 표면은 습기가 있을 때 끈적기가 있고, 혈적색에서 차츰 퇴색하여 오렌지색으로 된다. 주름살은 연한 황색 혹은 적색이며 올린주름살이고, 맥으로 서로 연결되어 있다. 자루의 길이는 6~12cm이고 굵기는 1~1.5cm로 위아래의 굵기가 같고 편평하다. 표면은 오렌지색을 띤 황색 바탕에 적색의 섬유무늬가 있으나, 기부는 백색이다. 자루의 속은 처음은 차있다가 오래되면 비게된다.

포자 긴 타원형으로 표면은 매끄럽고 크기는 8.5~11×4~6㎛이다. 포자문은 백색이다.

생태 여름과 가을 사이에 풀밭 또는 숲속에 군생한다.

분포 한국(남한 : 모악산), 일본, 북반구 일대

참고 균모는 혈적색 또는 오렌지색이고, 주름살은 황색 또는 적색이다. 자루는 오렌지황색이고, 적색의 섬유무늬가 있다. 진빨간버섯(*Hygrocybe coccinea*)과 비슷하나 균모의 끈적기와 자루에 섬유무늬가 있는 점이 다르다. 종명인 *punicea*는 '적혈색' 이라는 뜻이다.

눈빛처녀버섯 *Camarophyllus niveus* (Scop.) Wünsche

용도 및 증상 식용으로 쓰인다.

형태 자실체 전체가 상아와 같은 백색이고, 균모는 지름 1~5cm로 가운데가 돌출하나 곧 편평해지며, 한쪽으로 기운다. 표면은 가운데가 약간 회색이고 습기가 있을 때 끈적기가 있으며, 마르면 매끄럽고 가장자리는 고르다. 살은 백색이며 습기가 있을 때 투명하고, 주름살은 백색의 활모양의 내린주름살이며, 폭이 넓고 성기다. 자루의 길이는 4~5cm이고 굵기는 0.2~0.5cm로 백색이며, 아래로 가늘고 건조하며 단단하다.

포자 타원형 또는 파이프모양으로 크기는 8.5×5.0㎛이다. 포자문은 백색이다.

생태 여름과 겨울 사이에 목장, 풀밭, 맨땅 등에 군생한다.

분포 한국(남한 : 지리산), 일본, 유럽, 북아메리카

처녀버섯 *Camarophyllus pratensis* (Pers.:Fr.) Kummer

용도 및 증상 식용으로 쓰인다.

형태 균모는 지름 2~7cm로 둥근 산모양을 거쳐서 차차 가운데가 높은 편평형으로 된다. 표면은 오렌지색을 띤 황색이며 끈적기는 없다. 살은 두껍고 연한 오렌지색을 띤 황색이다. 주름살은 연한 오렌지색을 띤 황색이며, 자루에 대하여 내린주름살인데, 두껍고 간격은 넓어서 성기며, 맥상의 주름으로 서로 연결되어 있다. 자루는 길이는 3~7cm이고, 굵기는 0.6~1.2cm로 연한 오렌지색을 띤 황색을 띠고 있으며, 아래쪽이 가늘다.

포자 난형, 타원형 또는 아구형이고, 크기는 6.5~7.5×4~5㎛이다.

생태 여름에서 늦가을 사이에 풀밭, 숲 속의 땅, 대나무 숲의 땅에 1~2개가 난다.

분포 한국(남한 : 지리산), 일본, 북반구 일대 및 남아메리카

참고 북한명은 귤빛갓버섯

흰색처녀버섯 *Camarophyllus virgineus* (Wulf. : Fr.) Kummer

용도 및 증상 맛이 좋아서 오무라이스, 스프 등을 요리할 때 이용한다.

형태 자실체 전체가 백색이다. 균모의 지름은 2~5cm이며, 둥근 산모양으로 가운데가 볼록하나 나중에는 거의 편평하게 된다. 표면에 끈적기가 없다. 주름살은 간격이 넓어서 성기고 맥상의 주름으로 서로 연결되어 있으며, 자루에 대하여 내린주름살이다. 자루의 길이는 3~4cm이고 굵기는 0.3~0.7cm로 백색이며, 아래쪽으로 갈수록 가늘어 진다.

포자 타원형이며, 크기는 7.5~10×5.5~6.5㎛이고 표면은 매끄럽다.

생태 가을에 숲 속이나 풀밭의 땅에 단생한다.

분포 한국(남한 : 지리산), 전 세계

참고 전체가 하얗고 예쁘기 때문에 흰색 처녀버섯이라고 한다. 균모는 둥근 산모양에서 편평하여지고, 자루는 아래쪽으로 가늘어진다. 종명인 *virgineus*는 '처녀'라는 뜻이다. 북한명은 흰꽃갓버섯

독버섯

붉은산꽃버섯 *Hygrocybe conica* (Fr.) Kummer 일반독

용도 및 증상 독성분은 불분명하나, 먹으면 위장계와 술에 취한 것 같은 신경계 중독을 일으킨다.

형태 균모의 지름은 1.5~4cm이고 처음에는 끝이 뾰족한 원추형에서 둥근 산모양을 거쳐서 편평하게 된다. 표면은 섬유상이고 때때로 미세한 인편이 있고 습기가 있을 때 끈적기가 있다. 또한 적색, 오렌지색, 황색 등으로 다양하여 아름답지만, 손으로 만지거나 오래되면 흑색으로 변한다. 살은 얇고 부서지기 쉽다. 주름살은 연한 황색이며 자루에 끝붙은주름살이고 간격이 넓어서 성기다. 자루의 길이는 5~10cm이고, 굵기는 0.4~1cm로 가늘고 길지만, 아래 쪽으로 갈수록 약간 굵다. 자루의 속은 비었다. 표면은 황색 또는 오렌지색인데 섬유상의 세로줄이 있으며, 차차 흑색으로 변한다.

포자 광타원형이고, 크기는 10~14.5×5~7.5μm이며, 담자기는 2포자성이다.

생태 여름에서 가을 사이에 풀밭, 길가, 숲 속, 대나무밭 등의 흙에 단생 또는 군생한다.

분포 한국(남한 : 한라산, 가야산, 속리산. 북한 : 오가산, 묘향산, 양덕, 금강산), 일본, 중국, 러시아의 극동, 유럽, 북아메리카, 호주

참고 북한명은 붉은고깔버섯

이끼꽃버섯 *Hygrocybe psittacina* (Schaeff. : Fr.) Wünsche 일반독

용도 및 증상 독성분은 실로시빈류를 함유하며, 말똥버섯(Paneolus subbalteatus)의 중독 증상과 비슷하다.

형태 균모의 지름은 1~3.5cm로 처음에는 둥근 산모양 혹은 원추형이었다가 차차 편평하게 된다. 표면은 처음에는 녹색의 두꺼운 끈적액층으로 덮여 있으나, 균모가 커짐에 따라 황록색, 갈색, 황색으로 변색하고, 가장자리는 녹색의 줄무늬선이 나타난다. 주름살은 황색이며, 자루에 대하여 바른 또는 올린주름살이고, 간격은 약간 좁거나 또는 넓어서 조금 밀생하거나 성기다. 자루의 길이는 3~6cm이고 굵기는 0.15~0.4cm로 위아래가 같은 굵기이고 끈적기가 있으며, 처음은 녹색이지만 나중에 아래는 색이 바래고, 위는 녹색으로 남는다.

포자 타원형으로 크기는 7~9×4.5~5㎛이다.

생태 여름에서 가을 사이에 풀밭 또는 숲 속의 땅에 군생한다.

분포 한국(남한 : 지리산), 일본, 북반구 온대

참고 균모가 어릴 때는 초록색 또는 황색을 띤 오렌지색 등이며 끈적액으로 덮여 있고, 가운데는 돌출된 것이 특징이다. 북한명은 노란주름피빛꽃버섯

광대버섯

대부분의 독버섯이 몰려 있어서 분류학적으로 볼 때 광대버섯과에 속하는 버섯은 먹어서는 안 된다. 이 과에서 식용버섯은 맛 좋은 달걀버섯이 대표적이다. 대표적인 독버섯은 맹독 버섯인 회흑색광대버섯, 알광대버섯, 턱받이광대버섯, 흰알광대버섯, 독우산광대버섯 등이며 준맹독 버섯인 광대버섯, 파리버섯, 마귀광대버섯 등 여러 종류가 있다.

식용버섯

흰돌기광대버섯 *Amanita echinocephala* (Vitt.) Qúel.

용도 및 증상 식용으로 쓰인다.

형태 균모는 지름 7~20cm이며 아구형, 반구형, 원추형에서 차차 편평해지거나 가운데가 조금 오목해진다. 표면은 적녹색을 띤 백색 혹은 상아색에서 점차 황갈색으로 변한다. 큰 피라미드형의 사마귀 인편으로 덮이며 가장자리부터 벗겨지고, 가장자리는 내피막의 흔적이 솜털로 남아 있다. 살은 옅은 녹색을 띤 백색이며 연하다. 주름살은 약간 내린 형태의 톱니형의 끝붙은 혹은 바른주름살로 크림색의 솜털로 덮여 있고 황색 또는 청록색으로 변색하며 밀생한다. 자루의 길이는 8~20cm이고 굵기는 2~3cm로 단단하고 위아래로 가늘다. 턱받이는 크고 막질이며 가장자리에 털이 있다. 대주머니는 자루의 거의 반쯤까지 덮여 있는 것도 있다.

포자 황백색을 띠며 타원형이고 표면은 매끄러우며, 크기는 9~12×8~11㎛이다. 아미로이드 반응이다.

생태 여름과 가을 사이에 걸쳐서 활엽수림의 땅에 군생 또는 산생한다.

분포 한국(남한 : 지리산), 중국, 일본

참고 종명인 *echinocephala*는 '머리에 작은 침이 있다' 는 뜻이다.

맛광대버섯 *Amanita esculenta* Hongo & Matsuda

용도 및 증상 식용으로 쓰인다.

형태 균모의 지름은 7~13cm이고 원추형에서 차차 편평하여지고, 표면은 밋밋하다. 회갈색 또는 흑갈색이며 흔히 대주머니의 큰 인편이 있고, 가장자리에 방사선의 줄무늬홈선이 있다. 살은 백색이다. 주름살은 자루에 대하여 끝붙은주름살이고 백색이며, 간격이 좁아서 약간 밀생한다. 가장자리는 회색의 가루가 있다. 자루의 길이는 8~12cm이고 굵기는 0.5~1.2cm정도이다. 또한 회색의 미세한 털의 인편이 있으며 반점 모양을 하고 있다. 턱받이는 윗쪽에 있고, 회색의 미세한 털 인편이 있으며, 반점모양을 하고 있다. 턱받이는 윗쪽에 있고 회색이며 막질이다. 대주머니는 백색이고 대형이다.

포자 광타원형이고, 크기는 0.5~14×7~8μm이다. 비아미로이드 반응이다. 담자기는 방망이모양이고 43~55×8~11μm이다. 낭상체는 방망이형이고 크기는 37.5~45×15~20μm이다.

생태 여름에서 가을 사이에 소나무 숲의 땅에 단생 또는 군생한다.

분포 한국(남한 : 강진의 약산도), 일본

참고 학명의 종명인 *esculenta*는 '먹을 수 있다' 는 뜻이다.

방추광대버섯 *Amanita excelsa* (Fr.) Kummer

용도 및 증상 식용으로 쓰인다.

형태 균모의 지름은 8~15cm로 둥근 산모양에서 차차 편평해지며, 가운데가 오목한 것도 있다. 표면은 습기가 있을 때 끈적기가 있고, 연한 회갈색 혹은 갈색으로 털은 없으며 밋밋하다. 가장자리에 줄무늬홈선이 있고 백색 혹은 유백색의 작은 사마귀 반점이 있으나 쉽게 탈락한다. 살은 균모 아래는 회색, 다른 부분은 백색이며, 오래되어도 적색으로 변하지 않는다. 주름살은 자루에 대하여 끝붙은주름살이고, 색은 백색이며 밀생한다. 자루의 길이는 8~12cm이고 굵기는 2~3cm로 백색의 바탕색에 회갈색 또는 연한 색이고 위아래가 같은 굵기이다. 기부는 약간 구근상이거나 팽대되었으며, 턱받이 아래 미세한 인편이 있으나 나중에 밋밋하여 진다. 또한 땅속의 부분은 약간 회색으로 밋밋하고 약간 홈선이 있으며, 표면에 윤상의 파편이 있다. 약간 냄새가 난다.

포자 타원형이고, 크기는 9~12×6~8μm로 표면은 밋밋하다. 포자문 백색이다.

생태 여름과 가을 사이에 숲 속의 땅에 단생 또는 산생한다.

분포 한국(남한 : 지리산, 내장산, 무등산), 일본

참고 균모는 회갈색 또는 갈색이고 외피막의 파편이 있다. 자루에도 회갈색 인편이 부착한다.

달걀버섯 *Amanita hemibapha* subsp. *hemibapha*

용도 및 증상 빛깔이 화려하여 독버섯으로 잘못 알고 있는 대표적인 버섯이지만 먹을 수 있는 식용버섯이며, 균모는 찌개 등 다방면으로 이용한다. 구으면 쇠고기 같은 맛좋은 구수한 냄새가 난다.

형태 균모의 지름은 5.5~18cm로 둥근 산모양을 거쳐 차차 편평하게 되는데, 가운데가 돌출한다. 표면은 오렌지색을 띤 적색이며, 매끄러우나 끈적기가 조금 있다. 가장자리에는 방사상의 줄무늬홈선이 있고, 백색의 덮개막의 인편이 있는 것도 있다. 살은 연한 황색이고 두껍다. 주름살은 백색에서 차츰 황색이 되며, 자루에 대하여 끝붙은주름살이다. 자루의 길이는 10~17cm이고 굵기는 0.6~2cm로 표면은 황갈색이며, 뱀처럼 굽은 붉은색 또는 오렌지색의 얼룩무늬가 있다. 위쪽에는 황갈색의 막질의 턱받이가 있으며, 대주머니는 백색 막질의 주머니 모양이다. 자루의 속은 비었다.

포자 크기는 7.5~10×6.5~7.5㎛이고, 넓은 타원형 또는 구형이다. 비아미로이드 반응이다.

생태 여름에서 가을 사이에 활엽수, 전나무수림의 흙에 군생하며, 외생균근을 형성하므로 산림, 녹화 등에 이용할 수 있다.

분포 한국(남한 : 방태산, 속리산, 월출산, 한라산, 가야산, 발왕산, 다도해해상 국립공원의 금오도, 소백산, 두륜산, 지리산, 무등산, 모악산. 북한 : 백두산 등 전국), 일본, 중국, 소련, 북아메리카, 스리랑카

참고 학명이 *Amanita caesarea*인 것은 유럽, 북아메리카의 종에 속한다. 종명인 *caresarea*는 '제왕'이라는 의미의 라틴어로 유럽에서는 황제버섯이라 한다. 과거에는 우리나라도 이 학명을 썼다. 현재는 민달걀버섯(*Amanita caesarea*)으로 분류하며, 자루에 무늬가 없어서 구별된다. 북한명은 닭알버섯

자바달걀버섯 *Amanita hemibapha* subsp. *javanica* Corner & Bas

용도 및 증상 식용으로 쓰인다.

형태 어린버섯은 달걀형이다. 균모는 지름 3~15cm로 처음에는 반구형이나 차츰 편평형으로 변하고, 표면은 황색 또는 오렌지색을 띤 황색이며, 균모 둘레에는 방사상의 줄무늬홈선이 있다. 주름살은 떨어진주름살이며 약간 밀생하고 황색을 띠고 있다. 자루의 길이는 8~18cm이고 굵기는 0.4~1.8cm로 표면은 황색이고 오렌지색을 띤 황색의 섬유상 인편이 있다. 황색의 고리가 있고, 기부에는 영구성인 백색의 대주머니가 있다.

포자 크기는 7~9×5~7㎛로 광타원형이며, 표면은 밋밋하고 비아미로이드 반응이며, 포자문은 백색이다.

생태 여름과 가을에 침엽수림 또는 활엽수림 내 땅에 단생 또는 군생한다.

분포 한국(남한 : 광릉, 방태산, 안동), 동남아시아, 보르네오, 말레이시아, 싱가포르, 일본 등

참고 달걀버섯(*Amanita hemibapha*)의 아종으로 드문 종이다. 특징은 버섯 전체가 황색인 것이다.

회색달걀버섯 *Amanita hemibapha* subsp. *similis* (Boed.) Corner & Bas

용도 및 증상 식용으로 쓰인다.

형태 균모의 지름과 모양은 달걀버섯과 비슷하거나 약간 작으며 색깔은 암갈색 또는 올리브색을 띤 갈색이며 주위는 홍색, 황색 또는 꿀색이다. 가장자리에는 방사상의 줄무늬 홈선이 있고 백색의 덮개막이 있는 것도 있다. 살은 연한 황색이다. 주름살은 자루에 대하여 끝붙은 주름살이고 백색에서 황색으로 변색된다. 자루의 길이와 굵기도 달걀버섯과 비슷하며, 표면은 황갈색으로 무늬가 없고 인편으로된다. 위쪽에 백색막질의 턱받이가 있고 대주머니는 백색의 막질로 된다. 자루의 녹은 비었다.

포자 아구형 또는 타원형이며, 속에 기름방울을 가진 것도 간혹 있다. 크기는 7.5~10.5×5.5~7.5㎛이고 비아미로이드 반응이다.

생태 여름과 가을 사이에 숲 속의 땅에 발생하지만, 발생이 드물다.

분포 한국(남한 : 지리산), 일본, 자바, 보르네오, 말레이시아, 싱가포르

참고 달걀버섯(*Amanita hemibapha*)의 아종으로 드문 종이다.

뿌리광대버섯 *Amanita strobiliformis* (Vitt.) Bert.

용도 및 증상 식용으로 쓰인다.

형태 균모의 지름은 6~16cm로 둥근 산모양을 거쳐 점차 편평형으로 되며 가운데가 오목하다. 표면은 백색 혹은 회색이고 각형 또는 각추상의 회색의 사마귀 같은 인편이 부착돼 있지만 벗겨지기 쉽다. 가장자리 끝에 가루 혹은 솜같은 막편이 너덜너덜 달려있다. 살은 백색이며, 주름살은 자루에 끝붙은주름살로 백색 또는 크림색이다. 폭이 넓고 밀생하며 주름살의 끝에는 미세한 털이 있다. 자루의 길이는 7~15cm이고 굵기는 1~3cm로, 기부는 백색을 띤 구형이다. 또한 가근이 있고, 가는 비늘 조각이 있으며 속은 비어 있다. 턱받이는 황백색의 막질로 윗면에 줄무늬선이 있고, 대주머니는 백색 또는 회색이며 가루모양의 인편 고리로 되었다가 없어진다.

포자 타원형이고, 표면은 투명하고 매끄러우며 크기는 9~13×7~9μm로 아미로이드 반응이다.

생태 여름과 가을 사이에 활엽수림, 침엽수림의 땅에 단생한다.

분포 한국(남한 : 지리산), 일본, 중국, 북아메리카, 유럽, 호주

참고 균모는 백색이고 사마귀 같은 인편이 조밀하게 부착하며 벗겨지기 쉬운 것이 특징이다. 가장자리 끝에 가루 또는 솜 같은 막편이 오래 부착한다.

고동색우산버섯 *Amanita vaginata* var. *fulva* (Schaeff.) Gill.

용도 및 증상 연약하여 씹는 맛이 없고 찌개, 된장국, 식초 음식 등에 좋다.

형태 우산버섯의 변종으로 자실체 전체가 적갈색을 나타낸다. 균모는 지름 4~10cm로 종모양에서 점차 가운데가 볼록한 편평형으로 변한다. 표면은 적갈색 또는 다갈색(고동색)이며 가운데는 조금 흑색을 띠며, 습기가 있을 때 끈적기가 있다. 또한 외피막의 잔편이 붙어 있고, 가장자리에는 방사상의 줄무늬홈선이 있다. 살은 백색이며 얇다. 주름살은 백색의 끝붙은 주름살로 밀생한다. 자루의 길이는 7~15cm이고 굵기는 0.5~1cm로 위쪽이 가늘고 백색이며, 가루모양의 비늘조각이 있다. 속은 차 있다가 점차 비게 된다. 대주머니는 백색의 막질로 황갈색의 작은 점이 있으며, 높이는 4~5cm이다.

포자 구형으로서, 표면은 매끄럽고 지름은 12~14μm이다.

생태 여름과 가을 사이에 숲 속의 땅에 산생한다.

분포 한국(남한 : 지리산, 속리산, 발왕산, 방태산, 가야산, 소백산, 다도해해상 국립공원), 일본, 유라시아, 북아메리카

참고 우산버섯(*Amanita vaginata*)의 변종으로 적갈색 또는 다갈색(고동색)인 것이 특징이다. 이 학명은 *Amanita fulva*으로 표기하기도 한다.

큰우산버섯 *Amanita vaginata* var. *punctata* (Cleland et Cheel) Gilb.

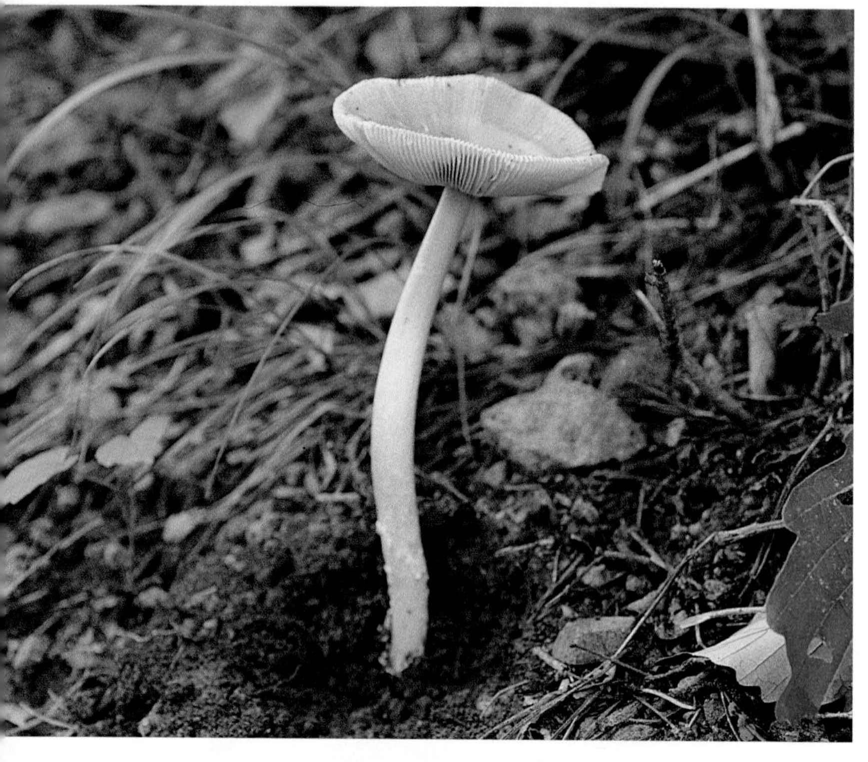

용도 및 증상 식용으로 쓰인다.

형태 균모의 지름은 6~8cm이고 어릴 때는 난형이지만 성숙하면 종모양에서 둥근 산모양으로 되었다가 차츰 편평하여진다. 표면은 진한 회색 또는 회갈색이다. 백색의 인편이 있고 가장자리는 줄무늬 홈선이 있다. 살은 얇고 백색이다. 주름살은 자루에 대하여 끝붙은 주름살이다. 백색으로 약간 밀생하며 가장자리는 암회색이다. 자루의 길이는 10~13cm이고 굵기는 10~15mm로 백색 또는 연한 회색이나 표면은 암회색의 가루조각으로 덮여있어 얼룩 무늬를 나타낸다.

포자 구형이며, 지름은 10~12㎛이다. 비아미로이드 반응이다.

생태 여름과 가을 사이에 낙엽수림의 땅에 단생 또는 군생한다.

분포 한국(남한), 일본, 유럽, 북아메리카

Amanita 속의 신경독(mushimol, iboteic acid)

광대버섯(Amanita)속의 독성분의 증상은 매우 복잡하다. 왜냐하면 독성분의 기능을 하는 성분과 동시에 다른 기능을 하는 많은 성분도 포함되어 있기 때문이다. 이 버섯을 먹고 어떤 사람은 가끔 극심한 흥분 상태의 환각성을 나타내는 경우도 있으므로, 바이킹족들이 싸우러 가기 전에 병사들에게 전투력을 높이기 위하여 이 버섯을 먹였다고 전해진다. 독성분은 광대버섯(Amanita muscaria)의 빨간 껍질에 집중되어 있다. 가끔 담배처럼 껍질과 붉은 껍질을 벗겨서 피우고 마취 상태를 즐기는 행동이 미국의 젊은이들 가운데서 유행한 적이 있다. 이 광대버섯류들은 중금속을 분해하는 물질도 가지고 있다.

무시몰 (mushimol) 은 GABA(가바-아미노-lactic acid)의 수용체로 작용하고, 척추신경계의 전달을 촉진하는 물질로 알려져 있으며, 이보테닉(ibotenic)은 글루타믹산(glutamic acid)의 수용체로 작용하여 신경의 흥분을 전달한다. (Lyophyllum muscarium : 남한에서 발견되지 않음)은 파리를 죽이는 살충제 물질인 트리초로믹(tricholomic)을 함유하는 것으로 알려졌는데, 이것은 이보테닉산 (ibotenic acid) 의 형성을 감소시킨다. 또 Lyophyllum muscarium은 맛좋은 식용균이지만, 파리를 죽이는 치명적인 물질로도 알려져 있다. 이런 버섯의 사람과 파리에 대하여 서로 반대적인 효과를 가지고 있는 것은 재미있는 사실을 알 수 있다. 사람들은 곤충이 먹는 버섯은 사람도 먹을 수 있다고 생각하는데 맞지 않는 정보이다. 민달팽이 등은 독버섯을 먹고 생활하고 있는 것을 보면 알 수 있다.

Amanita 속의 치명적인 독(cyclic peptide)

여름에서 가을 사이에 숲 속에서 간혹 눈처럼 하얀 큰 버섯을 볼 수 있다. 이것들은 대부분 치명적인 독버섯인 독우산광대버섯(Amanita virosa : 백색의 광대버섯), 알광대버섯(Amanita verna : 봄의 광대버섯)인데, 1개만 먹어도 생명에 위협을 가할 수 있다. 그래서 이 버섯들을 죽음의 천사라 한다. 이외에 알광대버섯(Amanita phalloides : 죽음의 모자)은 독이 강하고 90% 이상의 치사률이 있어서 반드시 주의해야 한다. 이 버섯에 의한 사고는 유럽에서는 많았던 반면에 일본에서는 적었으나, 우리나라의 통계는 알려지지 않고 있다.

이 버섯의 중독 증상은 2단계로 나타난다. 첫 단계는 콜레라, 위통, 구토, 설사 등의 증상인데, 버섯 섭취 후 섭취 사실조차 잊을 만할 때 쯤인 6~24시간 후에 증상이 나타나며, 이 상태가 하루 동안 계속된다. 이 증상은 생리적 식염수의 보충으로 회복되는 듯 하지만, 일시적일 뿐이다. 두 번째 단계는 섭취 후 4~7일이 지나 증상이 나타나 간, 탈수, 황달, 출혈이 위장과 장으로부터 이상현상을 보이며, 마침내 죽음에 이른다. 이 버섯에 중독 마취된 사람의 간은 심하게 손상되어 치료하여도 거의 회복이 안 된다.

독버섯

비탈광대버섯

Amanita abrupta Peck 준맹독

용도 및 증상 알리그리신(allyglycine : 마비증상)을 함유하며, 중독 증상은 콜레라와 같은 심한 구토, 설사, 복통의 위장 장애를 일으킨다.

형태 균모의 지름은 6~10cm로 둔한 볼록한 모양, 편평하고 둥근 모양 또는 편평한 모양 등이 있다. 표면은 백색이며 간혹 황색을 나타내기도 한다. 또한 뾰족한 사마귀 점 같은 것이 많이 있고 동심원상으로 배열되어 있으며, 나중에 밋밋하게 되어 빛난다. 가장자리에 인편이 부착 되어 있고 살은 백색이다. 주름살은 자루에 대하여 끝붙은주름살로 밀생하고 있으며, 폭은 보통이고 백색이다. 자루의 길이는 6~12cm이고, 굵기는 0.6~1.5cm로 백색이며 솜과 같은 형태 또는 섬유상의 작은 인편이 있고, 위쪽에 막질의 찢어진 턱받이가 있다. 자루의 밑은 난형으로 급격하게 부풀며 속은 비어 있다. 대주머니는 불분명하지만, 환문으로 된 것도 있다. 때때로 자루의 밑의 일부가 세로로 갈라진 것도 있다.

포자 구형 또는 타원형으로, 벽이 얇고 표면은 밋밋하다. 크기는 9~10.5×7.5~9.5μm로 아미로이드 반응이다. 담자기는 37.5~49.5×7.5~12μm로 방망이형이다. 포자문은 백색이다.

생태 여름에서 가을 사이에 떡갈나무, 침엽수, 혼효림 등에 산생한다.

분포 한국(남한 : 지리산), 일본, 북아메리카

참고 자루의 밑이 공처럼 둥글게 팽대되어 있다.

흰오뚜기광대버섯 *Amanita castanopsidis* Hongo 준맹독

용도 및 증상 독성분은 불분명하지만 먹으면 비탈광대버섯(*Amanita abrupta*)의 증상과 비슷한 증상을 나타낸다.

형태 균모의 지름은 3.5~7.5cm 둥근 산모양에서 차차 편평하게 펴진다. 표면은 백색이며 원추형 또는 각추형의 인편이 있으며 높이는 0.1~0.3cm의 사마귀(대주머니 파편)가 밀집되어 있으며 가장자리는 턱받이의 잔편이 부착한다. 사마귀점은 균모의 가운데에 매우 크고 가장자리는 작으며, 꼭대기는 때때로 회갈색을 나타내며 살(육질)은 백색이다. 주름살은 자루에 대하여 끝붙은주름살이지만, 끝은 줄무늬 선으로 되어 있고, 자루의 꼭대기까지 발달하여 내린주름살이 된다. 주름살은 백색이며, 폭은 약 0.6cm 정도이고, 조금 성긴다. 가장자리는 가루 같은 것이 부착한다. 자루의 길이는 7~8cm이고 굵기는 1~1.5cm이다. 자루의 밑은 둥근 모양으로 부풀고 백색이며, 표면은 솜털상 혹은 분상이고 팽대부에는 솜털상 또는 각추상의 사마귀점이 여러 개가 윤문모양으로 부착한다. 턱받이는 솜 모양 또는 섬유질상이고 거미집 모양으로 균모가 펴지는 사이에 파괴되어 떨어지며, 일부는 자루의 위쪽에 파편의 일부로 남아 있기도 한다.

포자 장타원형으로, 크기는 8.5~12×5.5~7μm이고 멜저액 반응은 비아미로이드 반응을 나타낸다.

생태 여름에서 가을에 걸쳐서 참나무숲의 땅에 군생한다.

분포 한국(남한 : 지리산), 일본

참고 버섯 전체가 백색이고 각추상의 사마귀점을 가진 종이 많이 있지만 독성분과 중독 증상이 확실치 않은 것이 많다.

애광대버섯 *Amanita citrina* var. *citrina* 일반독

용도 및 증상 독성분은 미량의 아마톡신류(amatoxine : 간세포 파괴), 뷰포테닌(bufotenine : 시각, 중독신경계 이상) 등의 인돌알칼로이드(indole alkaloid : 중추, 말초신경계 작용). 용혈성단백로, 중추신경계의 중독증상이 나타난다. 또 미량이지만 아마니타톡신(amanitatoxine : 간세포 파괴)이 검출되기 때문에 주의가 필요하다.

형태 균모의 지름은 3~8cm이고 처음에는 반구형인데 둥근 산모양을 거쳐 차차 편평하게 되며, 황갈색이나 황회색의 파편이 붙어 있다. 주름살은 자루에 대하여 백색의 끝붙은주름살이고, 간격은 좁아서 밀생한다. 자루의 길이는 5~12cm이고 굵기는 0.5~1.5cm로 자루의 밑이 구근상이고 표면은 황색이며, 상부에 연한 황색 막질의 턱받이가 있다. 대주머니는 자루의 밑에 동그랗게 붙어 있고, 탁한 백색이다.

포자 구형이며, 지름은 7.5~10㎛이고 멜저액 반응은 아미로이드 반응이다.

생태 여름에서 가을에 걸쳐서 침엽수와 혼효림의 땅에 단생 또는 군생한다.

분포 한국(남한 : 변산반도 국립공원, 지리산, 월출산, 속리산, 한라산, 방태산. 북한 : 묘향산, 대성산, 금강산, 양덕), 일본, 중국, 러시아의 극동, 유럽, 북아메리카, 북반구 온대 이북, 호주

참고 균모는 녹색에서 황색을 띤 오렌지색으로 변한다. 자루의 표면은 녹색이 된다. 북한명은 작은닭알버섯

노란대광대버섯

Amanita flavipes Imai 일반독

용도 및 증상 독성분은 불분명하며, 위장계와 신경계의 중독을 일으킨다.

형태 균모의 지름은 4~7cm이고 둥근 산모양을 거쳐 차차 편평형으로 된다. 표면은 황색의 사마귀 반점이 있으며 습기가 있을 때는 약간 끈적기가 있고 황갈색이다. 가장자리는 황색이며, 황금색 가루 같은 외피막의 파편이 붙어 있고 줄무늬홈선은 없다. 주름살은 백색 또는 연한 황색이고 자루에 대하여 끝붙은주름살이며, 가장자리는 가루 같은 것이 부착한다. 자루의 길이는 7~11cm이고 굵기는 0.7~1cm로 연한 황색이나, 상부는 백색, 하부는 황색 가루 같은 물질이 덮여 있다. 자루의 위쪽의 턱받이는 연한 황색의 막질이며, 세로줄이 있고 턱받이 아래는 황색의 가루가 있다. 대주머니는 가루 같은 것이 있으며 불완전한 윤문으로 되며, 자루의 밑은 둥근 모양이고 속은 차 있다가 차츰 비게 된다.

포자 광타원형이며, 크기는 8~9×6~7㎛이고 멜저액 반응은 아미로이드 반응이다.

생태 여름부터 가을까지 활엽수림의 흙에 단생한다.

분포 한국(남한 : 지리산, 변산반도 국립공원, 가야산), 일본, 러시아

참고 마귀광대버섯(*Amanita pantherina*)과 비교했을 때 균모에 줄무늬홈선이 없고, 전체가 황색인 점이 다르다. 또 파리버섯(*Amanita melleiceps*)과 비교했을 때 황색인 것은 비슷하나, 버섯이 작고 턱받이가 막질이며 균모에 줄무늬홈선이 없다는 점에서 차이점이 나타난다.

회흑색광대버섯 *Amanita fuliginea* Hongo 맹독

용도 및 증상 독성분은 아마톡신류(amatoxine : 마비), 페로톡신류(ferotoxine : 용혈)를 함유하며, 중독 증상은 알광대버섯(*Amanito phalloides*)에 의한 중독과 같다. 또한 중독 증상은 2단계로 나누어 일어난다. 1단계는 비교적 잠복 기간이 길어서 식후 6~24시간 정도 지나면 콜레라(colrea) 증상인 구토, 설사, 복통이 나타나지만 1일정도 지나면 회복한다. 2단계는 1단계가 지난 4~7일 사이에 간의 비대, 황달, 위장 출혈 등 내장 세포가 파괴되는 증상이 나타나 사망에 이른다.

형태 균모의 지름은 5~7cm로 처음은 난형상의 종모양에서 둥근 산모양으로 변화한다. 표면은 섬유상이고 암회색이며, 가운데는 진한 흑색으로 이루어져 있다. 약간의 미세한 줄무늬선이 있으며 살은 백색이다. 주름살은 자루에 대하여 끝붙은주름살로 백색이고, 주름살들 사이의 간격이 좁아서 밀생한다. 자루는 8~13cm이고 굵기는 0.5~0.9cm로 표면은 백색 혹은 회색으로서 연한 섬유상의 작은 인편으로 덮여 있다. 턱받이는 막질이고 회색이며 자루의 윗쪽에 만든다. 자루 밑에는 백색인 막질의 대주머니가 있다.

포자 아구형이고, 크기는 6.5~9×6~8㎛로 끝이 돌출하며 아미로이드 반응을 나타낸다. 담자기는 20~24×8~9㎛이고 방망이형이다. 균사는 11~14×6~8㎛이고 원통형이다.

생태 여름에서 가을 사이에 혼효림에 1~2개가 단생 또는 군생한다.

분포 한국(남한 : 내장산, 변산반도 국립공원), 일본

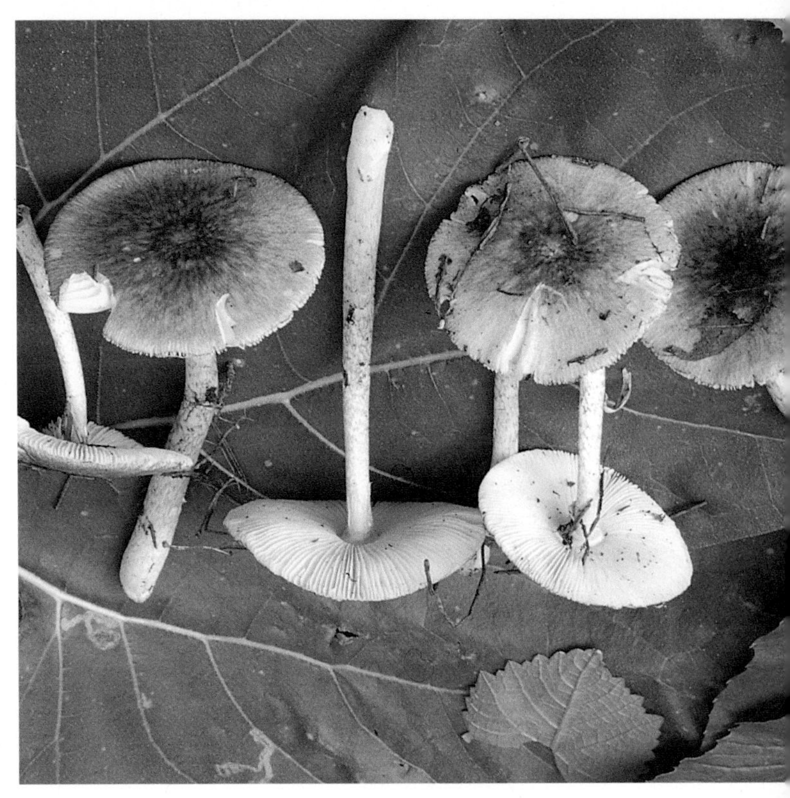

참고 특징은 거의 흑색이고 자루는 회색섬유상의 작은 인편으로 덮여 있어 쉽게 알 수 있다. 중국에서는 이 버섯에 의한 중독 사고가 많고, 사망한 예도 많다. 모양이 비슷한 종으로는 마귀광대버섯(*Amanita pantherina*)인데, 회흑색광대버섯은 균모의 색깔이 짙고, 턱받이가 주머니 모양 되어 있는 특성을 통해서 마귀광대버섯과 구분된다.

잿빛가루광대버섯 *Amanita griseofarinosa* Hongo 일반독

용도 및 증상 독성분은 불분명하며, 신경계 및 위장계의 중독을 일으킨다.

형태 균모의 지름은 3~15cm로 둥근 산모양에서 차차 편평하게 된다. 표면은 연한 회색 바탕에 회색 또는 암회갈색의 가루 같은 것이 있거나, 솜털모양의 외피막의 파편이 덮여 있다. 또한 각추상의 사마귀가 만들어져 분포하지만 탈락하기 쉽다. 가장자리에 줄무늬 홈선은 없고 살은 백색이며, 상처를 받아도 변색하지 않는다. 주름살은 백색이고 가장자리는 가루 같은 것이 부착하며, 자루에 대하여 끝붙은주름살이고, 간격이 약간 좁거나 넓어서 조금 밀생하거나 성기다. 자루의 길이는 7~12cm이고 굵기는 0.3~0.8cm로 균모와 같은 색이고, 자루의 밑은 부풀어 있다. 자루의 표면은 회색의 가루 같은 물질 또는 솜털 같은 물질이 있지만 없어지기 쉬운 성질을 가지고 있다. 자루의 속은 차 있으며, 턱받이는 회색이다.

포자 타원형 또는 구형이며, 크기는 9.5~11.5×7.5~9.5㎛이다. 아미로이드 반응을 나타낸다.

생태 여름에서 가을 사이에 활엽수림의 흙에 군생한다.

분포 한국(남한 : 월출산, 지리산, 만덕산, 변산반도 국립공원), 일본

참고 버섯 전체가 회색 가루 혹은 솜털 같은 것으로 덮여 있고, 손으로 만지면 손에 잘 묻는다.

구근광대버섯 *Amanita gymnopus* Corner & Bas 일반독

용도 및 증상 독성분은 불분명하며, 먹으면 위장계의 중독을 일으킨다.

형태 균모의 지름은 6.0~1.0cm로 둥근 산모양에서 차츰 편평해지며, 가운데는 약간 오목하다. 표면은 크림색에서 황색 또는 황토색이며, 끈적기는 없다. 연한 황색 혹은 연한 갈색의 얇은 막질의 대주머니의 파편이 부착되어 있으며, 가장자리에는 대주머니의 파편이 아래로 부착되어 매달려 있으며, 줄무늬선은 없다. 살은 상처를 받으면 약간 적갈색으로 변색하고 고약한 냄새가 난다. 주름살은 자루에 대하여 떨어진 주름살이고, 주름살의 밀생하거나 약간 성기며, 황색 또는 황토색을 나타낸다. 가장자리는 가루모양이다. 자루의 길이는 9.0~10cm이고 굵기는 2.0~3.0cm로 크림색이고 턱받이의 위쪽은 줄무늬선이 있으며, 가늘게 갈라지고 황백색이며 막질이다. 자루의 밑은 약간 부풀고 황백색이며, 대주머니는 없다. 속은 차 있고 백황색이다.

포자 광타원형이며, 크기는 6.5~9.0×6~7.5μm로 아미로이드 반응을 나타낸다. 담자기는 37.5~42.5×7.5~11.3μm로 방망이모양이며, 부속물을 갖는 것도 있다.

생태 여름에 숲 속의 흙에 산생한다.

분포 한국(남한 : 방태산), 일본, 말레이시아

참고 특징은 살은 상처를 받으면 쉽게 적갈색으로 변색한다. 이때 독특하고 고약한 냄새를 풍긴다.

긴골광대버섯아재비 *Amanita longistriata* Imai 일반독

용도 및 증상 독성분은 불분명하며, 중독 증상은 복통, 구토, 설사 등의 위장계의 중독을 일으킨다.

형태 균모의 지름은 3~7cm이고 어릴 때는 난형 또는 종모양에서 차차 둥근 산모양으로 되었다가, 마침내 가운데가 약간 들어간 모양으로 된다. 표면은 매끈하고, 습기가 있을 때는 약간 끈적기가 있으며, 회갈색 또는 회색으로서 가장자리에 방사상의 줄무늬선이 있다. 살은 얇고 거의 백색이며, 균모의 표피 아래는 약간 회색을 나타낸다. 주름살은 연한 홍색이고, 간격이 약간 좁거나 넓어서 약간 밀생 또는 약간 성기며, 가장자리는 미세한 가루 같은 것이 있다. 주름살은 자루에 대하여 끝붙은주름살이고 끝은 자루의 표면에 세로 줄무늬선을 나타낸다. 자루의 길이는 4~9cm이며 굵기는 0.4~0.8cm이고, 위아래가 같은 굵기이나 위쪽으로 약간 가늘다. 자루의 표면은 거의 백색이고, 턱받이 위는 백색 또는 연한 회색의 막질이 있다. 또한 아래는 매끈하거나 약간 섬유상이다. 자루의 밑은 백색으로 막질이며, 컵모양의 대주머니가 있고 자루 속은 차 있거나 비어 있다.

포자 광타원형이며 크기는 10~14×7.5~9.5μm이고, 포자문은 백색이다.

생태 여름에서 가을 사이에 활엽수림, 혼효림의 흙에 단생한다.

분포 한국(남한 : 한라산, 변산반도 국립공원, 가야산), 일본

참고 우산버섯(*Amanita vaginata* var. *vaginata*)과 비슷하지만 턱받이가 없는 것으로 구분된다. 유사종인 턱받이광대버섯(*Amanita spreta*)과의 차이점은 균모의 턱받이에 긴 주름무늬선이 없고, 홍색인 것으로 구분한다.

파리버섯 *Amanita melleiceps* Hongo 일반독

용도 및 증상 독성분은 불분명하며, 중독 증상은 심한 메스꺼움, 구토, 복통, 설사 등 위장계의 중독을 일으킨다.

형태 균모의 지름은 3~6cm로 둥근 산모양을 거쳐 차차 편평하게 되고 가운데가 오목해진다. 표면은 황갈색 또는 황토색이며, 가장자리는 연한 색이나 줄무늬선이 있고, 표면에 백색 또는 연한 황색 가루 모양의 사마귀 반점이 산재한다. 주름살의 간격은 넓어서 성기며 백색이고 자루에 대하여 끝붙은주름살이다. 자루의 길이는 3~5cm이고 굵기는 0.4~0.7cm로 위쪽으로 가늘어지고 턱받이는 없으며, 표면은 백색 또는 연한 황색의 가루 같은 것이 부착한다. 자루의 밑은 부풀며 자루 속은 비어 있다. 대주머니는 백색의 가루 같은 것이 부착한다.

포자 광타원형이며, 크기는 8.5~12×6~8.5㎛이고 비아미로이드 반응을 나타낸다.

생태 여름에서 가을 사이에 침엽수림 또는 활엽수림의 흙에 군생한다.

분포 한국(남한 : 변산반도 국립공원, 덕유산, 수원, 월출산, 가야산), 일본, 중국

참고 특징은 균모는 황갈색 또는 황토색이고 자루에 턱받이는 없으며 대주머니는 가루처럼 되어 있다. 포자는 광타원형이기 때문에 구분이 된다. 애우산광대버섯(*Amanita farinosa*)과는 전체적으로 색이 다르고 둘다 작은 편에 속하는 버섯이지만, 파리버섯은 칼집 모양의 대주머니는 없고 마귀광대버섯과 광대버섯에 가까운 버섯이다. 옛날에 파리약이 없을 때 이 버섯을 밥알과 함께 짓이겨 놓으면 파리들이 날아와서 짓이긴 밥알을 먹고 중독되어 죽일 수 있었기 때문에 파리버섯이라 이름을 지었다.

광대버섯 *Amanita muscaria* (L. : Fr.) Pers. 일반독

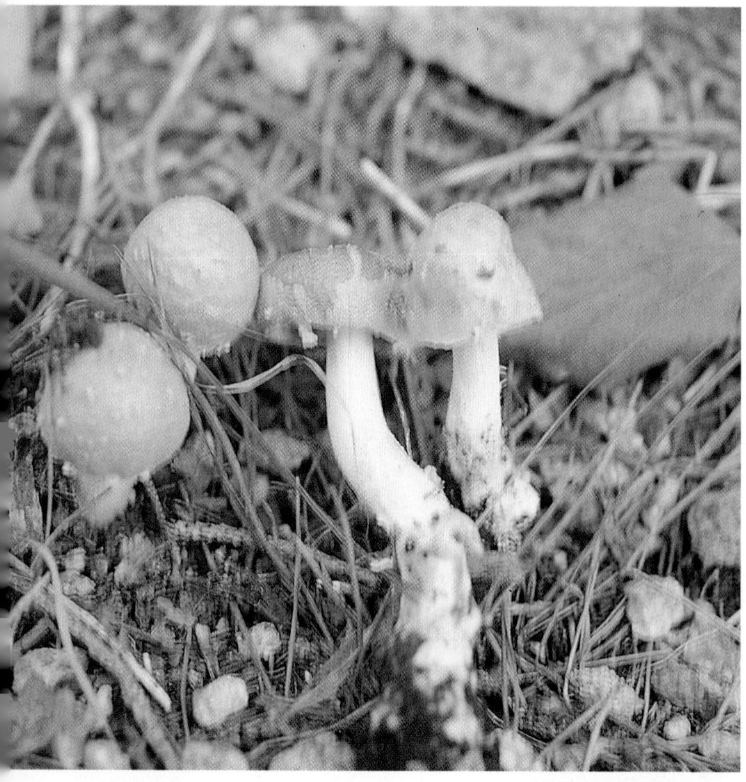

용도 및 증상 무시몰(mucimol : 중추신경계), 이보텐산(ibotennic acid : 중추신경계 파리 죽임), 무스카린류(muscarine : 마비), 아마톡신류(amatoxine : 마비), 용혈성 단백을 함유하며, 중독 증상은 위장계와 신경계에 복잡한 증상이 나타난다. 마귀광대버섯과 비슷한 증상을 나타낸다.

형태 균모의 지름은 6~12cm로 처음은 구형이지만, 둥근 산모양을 거쳐서 차츰 편평하게 된다. 표면은 끈적기가 있고 적색, 오렌지색을 띤 황색이며, 대주머니의 파편조각인 백색의 사마귀 반점이 동심원상으로 배열되어 있다. 살은 백색이고 표피 아래는 연한 황색이다. 가장자리에 줄무늬 홈선이 있다. 주름살은 자루에 대하여 끝붙은주름살이고 백색이며 간격은 좁아서 밀생한다. 자루의 길이는 8~15cm이고 굵기는 1~2cm로 백색이며, 표면은 끈적기가 있다. 자루의 위쪽에 백색의 큰 턱받이가 있고 끝은 옅은 황색이며 백색 가루가 붙어 있고 턱받이 아래는 거칠거칠하다. 자루의 밑은 둥글게 부풀고 백색의 대주머니가 있으며, 그 위에 둥근 모양의 크고, 작은 막질이 계단식으로(마귀광대버섯의 자루의 밑처럼) 부착되어 있다.

포자 타원형이고 10~12.5×6~10㎛이며, 비아미로이드 반응이다.

생태 주로 침엽수림의 양치식물이 자라는 곳에 단생한다.

분포 한국(남한 : 광릉. 북한 : 오가산, 묘향산, 영광, 양덕, 평성, 관모봉, 차일봉), 일본, 중국, 러시아의 극동, 유럽, 북아메리카, 호주, 뉴질랜드

참고 대표적인 독버섯으로 알려져 있지만 독우산광대버섯(*Amanita virosa*)에 비하면 독성은 약하다. 파리 살충용으로 이용한다. 이 버섯은 세계 대부분 나라의 버섯 관련 도감에 빠지지 않고 실려있을 만큼 유명하나, 우리나라에서는 발견이 잘 안 된다. 특징은 균모가 적색이지만 황색이 섞여있다. 어릴 때는 균모의 사마귀 점이 없어서 식용버섯인 달걀버섯(*Amanita hemibapha* subsp. *hemibapha*)과 혼동되므로 주의를 요한다. 북한명은 붉은점갓닭알독버섯(붉은광대버섯)

노란막광대버섯 *Amanita neoovoidea* Hongo 일반독

용도 및 증상 중독 증상은 심한 구토 등 위장계 중독과 환각 등의 신경계 중독을 일으킨다.

형태 균모는 지름 8~14cm로 처음은 반구형에서 둥근 산모양으로 되었다가 차차 편평하게 되지만, 가운데가 약간 들어간다. 표면은 습기가 있을 때 약간 끈적기가 있고 백색의 가루 같은 것이 덮여 있으며, 연한 황토색의 커다란 대주머니의 파편이 있다. 가장자리는 때때로 턱받이의 잔편이 수직으로 매달려 있기도 하며, 줄무늬 홈선은 없다. 살은 백색이고, 상처를 받아도 변색하지 않는다. 주름살은 자루에 대하여 끝붙은주름살이고 백색 혹은 연한 크림색이며 간격은 좁아서 밀생하고 가장자리에 가루가 있다. 자루의 길이는 10~30cm이고 굵기는 1~2cm로 자루의 밑은 거의 곤봉모양 또는 방추상이다. 표면은 가루 혹은 솜털 같은 것이 붙어 있고, 백색이다. 자루의 밑은 대부분 대주머니가 떨어진 뒤에 내층에 남아 있다. 턱받이는 백색의 솜털상 혹은 막질상이고, 균모가 펴지면 가늘게 파괴되어 떨어진다.

포자 광타원형으로 크기는 7.5~9×5.2~6.7μm이며 아미로이드 반응을 나타낸다.

생태 여름에서 가을 사이에 혼효림의 흙에 군생한다.

분포 한국(남한 : 만덕산, 내장산), 일본

참고 유사종으로 큰주머니광대버섯(*Amanita volvata*)이 있다. 대주머니가 영존성이 아닌 것으로 노란막광대버섯과 구분이 된다. 노란막 광대버섯은 상처를 받아도 변색하지 않는다.

광대버섯 (*Amanita muscaria*=Fly agaric)

독버섯을 이야기할 때 빨간 균모의 광대버섯을 떠올린다. 이 버섯은 동화에 나오거나 인기 있는 장난감, 장식과 장신구에 새겨져 있다. 이 전형적인 독버섯은 치명적인 독성분을 가진 것으로 아는데, 사실은 그렇지 않다. 이 버섯은 화려한 색깔 때문에 오해를 하기도 하지만, 실상은 심각한 중독 증상을 일으키지는 않는다. 러시아의 어떤 지방에서는 이 버섯을 알코올에 담가서 약술을 만들어 마시며, 일본에서는 파리약으로 이용하기도 한다. 영어의 보통명인 Fly agaric인 것처럼, 이 버섯의 종명의 musca(Amanita muacaria)는 어원적으로 파리(fly) 또는 날을수 있는 곤충에서 유래되었다. 어린 버섯은 하얀 달걀의 모습이고, 그 버섯이 성숙하면 빨간색의 균모(모자처럼)가 나타난다. 어린 것들은 가끔 식용버섯으로 오인되기도 하여(Lycoperdon gemmatum의 영어명 Puff ball) 섭취 후 취한 상태가 되기도 한다. 이 버섯의 독성분의 특징은 섭취 후 30분 후에 환자는 땀, 눈물, 침이 나오고 혈압이 낮아지고 시력이 악화된다. 이것은 muscarine 독성분에 의하여 일어난다. 무스카린이 처음으로 광대버섯(Fly agaric)에서 분리되었으며 이 버섯의 중요한 독성분이지만 독성분은 땀버섯(Inocybe kobayasii)과 깔때기버섯(Clitocybe gibba)보다는 독성분의 양이 적다.

마귀광대버섯 *Amanita pantherina* (DC. : Fr.) Krombh. 일반독

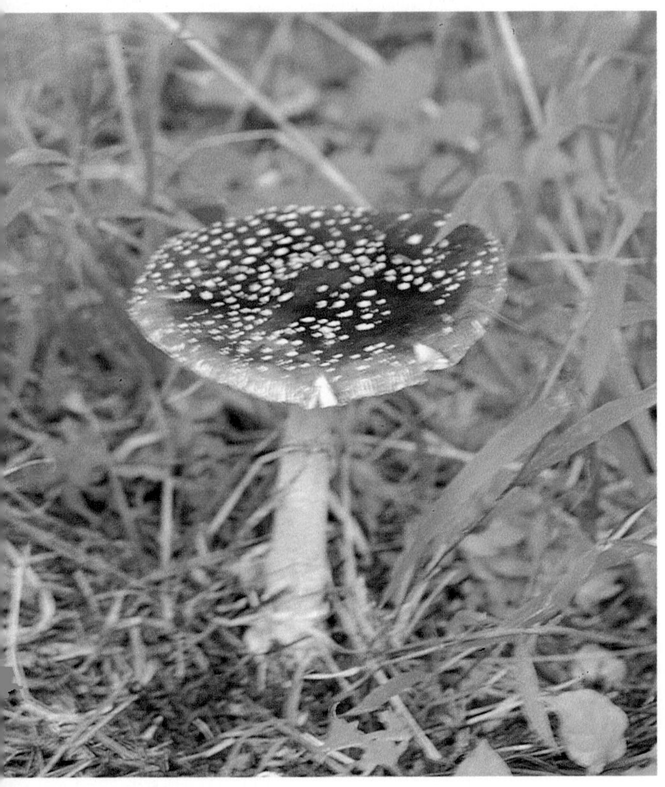

용도 및 증상 독성분은 이보텐산(ibotennic acid : 중추신경), 무시몰(mucimol : 중추신경), 스트조로빅산(stzolobic acid), 스티조로비닉산(stizolobinic acid), 아마톡신류(amatoxine : 마비), 알리그리신(allglycine : 마비), 프로파르질지신(propargylglycine : 마비)을 함유하며, 중독 증상은 섭취 후 30분쯤 지나서 위장계의 증상으로 복통, 구토, 설사가 일어난다. 부교감신경계로서 혈류 속도가 느려지고, 땀이 나며 동공 축소가 일어난다. 교감신경계로는 맥박이 빨라지고, 산공, 심박수 증가, 장폐색 등이 일어난다. 중추신경계로는 현기증, 착란, 운동 장애, 환각, 흥분, 억눌리고 답답함, 현기증 등이 일어난다. 심한 경우는 혼수상태, 호흡곤란이 일어나지만 대개는 하루가 지나면 회복한다. 이런 증상들이 상반되게 일어나는 것은 독성분의 양에 따라 다른 것으로 생각된다. 우리나라에서 흔한 종이고 우리 주위에서도 많이 발생하므로 조심하여야 한다.

형태 균모의 지름 4~25cm로 둥근 산모양에서 차차 편평하게 되나, 가운데는 약간 오목하다. 표면은 약간 끈적기가 있고 회갈색 또는 올리브색을 띤 갈색으로 가장자리는 방사상의 줄무늬선을 나타낸다. 또한 표면에 백색의 외피막의 파편 또는 각추모양으로 산재한다. 주름살은 자루에 끝붙은 주름살이고 간격은 좁아서 밀생한다. 자루의 길이는 5~35cm이고, 굵기는 0.6~3cm로 백색이고 위쪽에는 막질의 턱받이, 아래쪽에는 인편이 있으며, 거칠거칠하다. 자루의 밑은 부풀어 있고 대주머니의 흔적이 윤문상으로 남는다.

포자 광타원형이고 크기는 9.5~12×7~9㎛로 비아미로이드 반응이다.

생태 여름에서 가을 사이에 침엽수 또는 활엽수림의 느티나무 근처에 단생하지만 때로는 군생한다.

분포 한국(남한 : 안마군도, 한라산, 월출산, 지리산, 변산반도 국립공원, 속리산, 가야산, 다도해해상 국립공원의 금오도. 북한 : 백두산, 오가산, 묘향산, 대성산, 금강산, 광릉), 일본, 중국, 러시아의 극동, 유럽, 북아메리카 온대 이북, 아프리카

참고 균모의 표면에는 대주머니의 파편이 반점 또는 각추형으로 부착되어 있으며, 자루에는 가끔 윤문(수레바퀴) 같은 대주머니가 있다. 붉은점박이광대버섯(*Amanita rubescens*)은 균모의 줄무늬가 없고, 전체가 적색을 나타내고 있어서 구별된다. 북한명은 점갓닭알독버섯

알광대버섯 *Amanita phalloides* (Fr.) Link 맹독

용도 및 증상 독성분은 페로톡신류(ferotoxine : 용혈), 아마톡신류(amatoxine : 마비), 무스카린류(muscarine : 마비), 페로리신류(ferorisine : 용혈성단백질)을 함유하며, 중독 증상은 2단계로 나누어 일어난다. 1단계는 비교적 잠복기간이 길어서 식후 6~24시간 정도 지나면 콜레라(colrea) 같은 증상인 구토, 설사, 복통이 나타나지만, 하루 정도 지나면 회복한다. 2단계는 1단계가 지난 4~7일 후에 간의 비대, 황달, 위장, 출혈 등 내장 세포가 파괴되어 사망에 이른다.

형태 균모의 지름은 7~10cm이고, 처음에는 난형이지만, 차츰 편평하게 된다. 표면은 끈적기가 조금 있고 올리브 색 혹은 갈색의 올리브 녹색으로 어두운 색의 미세한 실 무늬로 덮여 있다. 가장자리에 줄무늬 홈선은 없다. 주름살은 자루에 대하여 끝붙은 주름살로 백색이고, 간격이 좁아서 밀생한다. 자루의 길이는 8~12cm이고 굵기는 1.5~2cm로 백색이며, 약간 균모의 색깔을 나타내기도 한다. 표면은 작은 인편으로 거칠거칠한 모양이며, 위쪽에는 백색 막질의 턱받이가 있고 아래쪽에는 인편이 약간 덮여 있다. 자루의 밑은 크게 부풀고 단단한 대주머니가 있다.

포자 좁은 타원형이며, 크기는 8~11×7~9μm이고 아미로이드(전분) 반응이다.

생태 여름에서 가을에 걸쳐서 활엽수 또는 침엽수림의 땅에 단생하는데, 가끔 산생하거나 군생한다.

분포 한국(남한 : 변산반도 국립공원, 가야산, 광릉. 북한 : 묘향산, 금강산, 양덕, 대성산, 경기도 일부), 일본, 중국, 러시아의 극동, 호주, 북아메리카, 유럽, 아프리카

참고 균모는 회녹색이고 올리브색을 띤 녹색으로 다른 종과 구분된다. 이 버섯은 세계적으로도 유명한 독버섯이다. 긴골광대버섯아재비(*Amanita longistriata*)와 비슷하지만, 알광대버섯이 훨씬 크다. 정확히 구별하기 위해서는 현미경으로 포자를 측정하여야 한다. 북한명은 닭알독버섯

암회색광대버섯아재비 *Amanita pseudoporphyria* Hongo 미약독

용도 및 증상 독성분은 알리그리신(allyglycine : 마비)이며, 위장계와 신경계(경련 등)의 중독을 일으킨다.

형태 균모의 지름은 3~11cm로 둥근 산모양을 거쳐 편평하게 되며, 가운데가 약간 오목하다. 표면은 끈적기가 약간 있고 회색 또는 회갈색이며, 약간 잔무늬모양을 가진 것도 있다. 외피막에는 대주머니의 파편이 있다. 가장자리에 줄무늬 홈선은 없다. 살은 백색이다. 주름살은 백색이고 자루에 대하여 끝붙은주름살이며, 가장자리는 가루 또는 솜털모양으로, 간격이 좁아서 밀생한다. 자루의 길이는 5~12cm이고 굵기는 0.6~1.8cm로 백색이며, 가루 또는 인편이 있고 위쪽은 백색 막질의 턱받이가 있지만 부서지기 쉽고 아래는 부푼다. 자루의 밑은 백색이고 뿌리모양이며, 턱받이의 하부는 인편이 약간 덮여 있고 속은 차 있다. 턱받이는 자루의 상부에 있으며 백색의 막질이다. 자루 밑의 대주머니는 칼집모양으로 백색의 막질이다.

포자 난형 혹은 타원형이며, 크기는 7.5~8.5×4.5~5.5㎛로 아미로이드 반응을 나타낸다.

생태 여름에서 가을 사이에 활엽수 또는 침엽수림의 땅에 단생 또는 군생한다.

분포 한국(남한 : 속리산, 방태산), 일본

참고 회색달걀버섯(*Amanita hemibapha* subsp. *smilis*)과 비슷하지만, 이 버섯은 식용균으로 균모에 줄무늬 홈선이 있으며 자루가 오렌지색을 띤 황색이라는 면에서 암회색광대버섯아재비와 구분된다.

뱀껍질광대버섯 *Amanita spissacea* Imai 준맹독

용도 및 증상 독성분은 아마톡신(amatoxine : 마비)류, 용혈성 단백을 함유하며, 중독 증상은 알광대버섯(*Amanita phalloides*)과 비슷하다.

형태 균모의 지름은 4~12cm이고 둥근 산 모양에서 점차 편평하게 되고, 가운데가 약간 오목해진다. 표면은 회갈색 혹은 암회갈색이고 약간 섬유상이며, 흑갈색의 각추형의 사마귀 반점이 있으며 살은 백색이다. 가장자리에 줄무늬 홈선은 없다. 주름살은 백색이고 자루에 대하여 끝붙은 또는 내린주름살로서 밀생하며, 가장자리에 가루가 붙어 있다. 자루의 길이는 3~5cm이고 굵기는 0.4~0.7cm로 회색 혹은 회갈색으로 작은 비늘 조각이 덮여 있다. 자루의 위쪽의 턱받이는 회백색의 막질이고, 윗면에 미세한 줄무늬 홈선이 있다. 자루의 밑은 둥글고 팽대되어 있으며, 그 표면에 흑갈색의 가루 또는 솜 같은 대주머니의 파편이 4~7줄로 환상의 모양을 이룬다. 자루의 속은 차 있다.

포자 광타원형 또는 아구형이며, 크기는 8~10.5×7.5㎛이다. 멜저액 반응은 아미로이드이다.

생태 여름에서 가을 사이에 활엽수 또는 침엽수림의 땅에 단생 또는 군생한다.

분포 한국(남한 : 한라산, 변산반도 국립공원, 모악산, 지리산, 가야산, 월출산. 북한 : 대성산, 칠보산), 일본, 중국

참고 유사종으로 방추광대버섯(*Amanita excelsa*)이 있는 이 버섯은 먹을 수 있고, 대주니(외피막)는 유백색 혹은 회색의 가루가 있고, 자루는 거의 백색이다. 북한명은 나도털자루닭알버섯

턱받이광대버섯 *Amanita spreta* (Peck) Sacc. 맹독

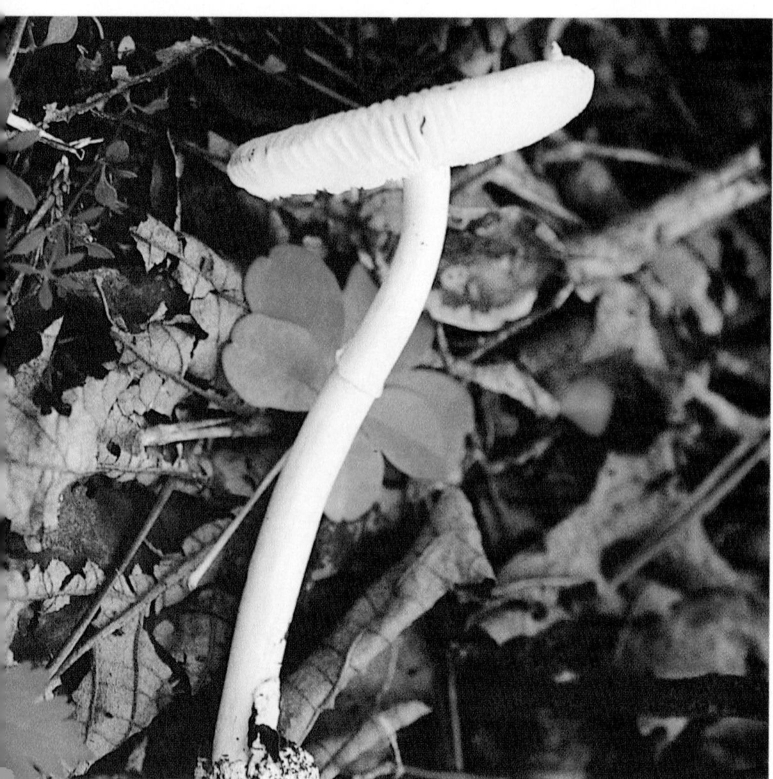

용도 및 증상 독성분은 아마톡신류, 용혈성단백을 함유하며 중독 증상은 알광대버섯(*Amanita phalloides*)에 의한 중독과 똑같다.

형태 균모의 지름은 2~6cm로 난형 또는 종모양에서 둥근 산모양을 거쳐 차차 편평하게 되나 가운데는 조금 오목해진다. 표면은 매끄럽고 습기가 있을 때 끈적기가 있으며, 회갈색 또는 회색으로 가장자리에 방사상의 줄무늬 홈선이 있다. 살은 얇고 백색 균모의 표피 아래는 회색이다. 주름살은 자루에 끝붙은주름살이며, 끝은 자루의 표면에 세로 줄무늬를 나타내고 간격은 약간 좁거나 약간 넓어서 약간 밀생 또는 약간 성기며 백색 또는 황백색이다. 가장자리는 가루 같은 형태가 된다. 자루의 길이는 4~9cm이고, 굵기는 0.4~0.8cm로 위쪽이 조금 가늘고 표면은 백색이며, 턱받이는 위쪽에 백색의 막질이 부착한다. 또한 턱받이 아래는 밋밋하거나 약간 섬유상이다. 자루의 밑은 백색의 막질이 있고, 주머니모양의 백색 대주머니가 있다.

포자 난형이며, 크기는 10.5~14×7.5~9.5μm이고 멜저액 반응은 비아미로이드(비전분) 반응이다.

생태 여름에서 가을 사이에 활엽수림의 땅에 단생한다.

분포 한국(남한 : 한라산, 만덕산, 지리산. 북한 : 양덕), 일본, 중국, 러시아의 극동, 유럽, 북아메리카, 아프리카 등 주로 북반구 일대

참고 특징은 균모는 회갈색이고 주름살은 백색이며, 자루에 인편은 없다. 유사종으로 우산버섯(*Amanita vaginata* var. *vaginata*)과 비슷한데, 턱받이광대버섯은 이름 그대로 자루에 턱받이가 있고 우산버섯은 턱받이가 없어서 구분된다. 또 긴골광대버섯(*Amanita longistriata*)에 비슷하지만 이 버섯은 주름살이 연한 홍색이나, 턱받이광대버섯은 주름살이 백색인 점에서 구별할 수가 있다. 북한명은 나도닭알버섯

알광대버섯아재비 *Amanita subjunquillea* Imai 맹독

용도 및 증상 독성분은 아마톡신류이며, 중독 증상은 알광대버섯(*Amanita phalloides*)과 동일하다.

형태 균모의 지름은 3.5~8.0cm이고 처음은 약간 원추형이나 차차 편평하게 된다. 전체는 황색이나 가운데는 황갈색이다. 약간 방사선의 섬유상의 줄무늬가 있고, 줄무늬 홈선은 없다. 습기가 있을 때는 약간 끈적기가 있다. 백색의 턱받이 파편이 부착한다. 살(육질)은 백색이나 표피의 밑은 황색이다. 주름살은 자루에 떨어진주름살이고 백색이며, 간격은 약간 좁아서 약간 밀생한다. 자루의 길이는 7~11.5cm이고 폭은 0.5~1.5cm로 백황색이고, 황갈색의 미세한 인편이 있어서 거칠거칠하다. 자루의 위쪽에는 백색의 막질인 턱받이가 있으며, 자루의 밑은 부풀어 있다.

포자 거의 구형이고, 크기는 6.5~8.0×5.5~6.5㎛로 아미로이드(전분) 반응을 나타낸다. 담자기의 크기는 25~30×6.3~7.5㎛이고, 곤봉형이다.

생태 여름부터 가을 사이에 침엽수와 활엽수림의 흙에 단생 또는 군생한다.

분포 한국(남한 : 소백산, 오대산, 지리산), 일본, 러시아의 연해주, 중국의 동북부

참고 특징은 균모는 칙칙한 오렌지색을 띤 황색 또는 황토색이고 자루는 백색 또는 황색이며, 황색 또는 황갈색의 작은 인편이 있어서 다른 종과 구분된다. 비슷한 모양인 자바달걀버섯(*Amanita hemibapha* subsp. *javanica*)에 비슷하지만, 이 종은 주름살이 황색을 나타내고, 균모의 가장자리에 줄무늬 홈선이 있는 점에서 알광대버섯아재비와 구분된다. 또 모양과 독성분으로 보면 알광대버섯(*Amanita phalloides*)에 가깝다.

구슬광대버섯 *Amanita sychnopyramis* f. *subannulata* Hongo 준맹독

용도 및 증상 독성분은 불분명하나, 가끔 중독 사고가 일어난다. 정확한 증상은 알려진 바가 없다.

형태 균모는 지름 3~9cm로 반구형이었다가 차츰 가운데가 약간 오목한 편평형이 된다. 습기가 있을 때 약간 끈적기가 있고, 회갈색 또는 암갈색이다. 표면에는 작은 각추형의 백색 또는 연한 회갈색의 대주머니 파편 조각의 사마귀 같은 반점이 부착되어 있으며, 가장자리는 방사선의 줄무늬가 있다. 살은 백색이며 얇다. 주름살은 백색으로 자루에 대하여 끝붙은주름살이며, 간격은 좁아서 밀생한다. 자루는 3.5~12cm이고 굵기는 0.4~1cm로 거의 백색이다. 턱받이는 얇은 백색의 막질로 탈락하기 쉽다. 자루의 밑은 거꾸로 된 난형 또는 구형으로, 백색이며 얇은 대주머니의 파편으로 된 사마귀의 반점이 환상으로 부착하는 것도 있다.

포자 구형 또는 아구형으로 크기는 6.5~9×6~7.5㎛이다. 멜저액 반응은 비아미로이드 반응이다.

생태 여름부터 가을에 걸쳐서 소나무, 참나무 등의 혼효림의 땅에 군생한다.

분포 한국(남한 : 지리산, 한라산), 일본, 싱가포르, 중국 광서

참고 마귀광대버섯(*Amanita pantherina*)과 비슷하지만, 균모의 사마귀점과 자루의 대주머니의 인편이 가는 각추상인 것이 다르다. 마귀광대버섯보다 자실체가 작다.

흰알광대버섯 *Amanita verna* (Bull. : Fr.) Roques 맹독

용도 및 증상 독성분으로 페로톡신류(ferotoxine : 용혈), 아마톡신류(amatoxine : 마비), 용혈성 단백을 함유하며, 중독 증상은 아마니타톡신(Amanitatoxine : 마비) 때문에 알광대버섯과 똑같다. 이 버섯은 다 자란 것을 2~3개만 먹어도 죽음에 이르게 된다.

형태 균모의 지름은 5~8cm로, 둥근 산모양이 되지만 가운데가 오목하다. 표면은 매끈하며 습기가 있을 때 끈적기가 있고 순백색이며, 가운데는 황색이고 살은 백색이다. 가장자리에 줄무늬 홈선은 없다. 주름살은 자루에 끝붙은주름살로 백색이고 주름들 사이의 간격이 좁아서 밀생한다. 자루의 길이는 7~10cm이고 굵기는 1~1.5cm로 백색이고 매끈하다. 위쪽에 백색의 막질로 된 턱받이가 있고 윗면에 줄무늬 선이 있다. 턱받이의 아래쪽에 솜털모양의 가루가 있다. 자루의 위쪽은 가늘고 밑은 둥근 모양이며, 속은 처음은 차 있다가 나중에 비게 된다. 자루 밑의 대주머니는 백색의 주머니 모양으로 반은 떨어져 있다.

포자 구형이고, 지름이 7~10㎛이다.

생태 여름에서 가을 사이에 활엽수와 침엽수의 혼효림의 땅에 단생, 군생 또는 산생한다. 외생균근으로 식물과 공생한다.

분포 한국(남한 : 오대산, 변산반도 국립공원, 지리산, 만덕산, 속리산, 소백산, 발왕산, 월출산, 소백산, 한라산, 안동. 북한 : 묘향산, 대성산, 금강산, 경기도 일부), 일본, 중국, 유럽, 북아메리카, 호주

참고 특징은 버섯 전체가 백색이고 표면은 거의 밋밋하며, 가끔 민달팽이가 갉아 먹은 흔적과 곤충들이 우글거리는 것을 볼 수가 있다. 민달팽이나 곤충이 먹는다고 독이 없는 것으로 알고 먹으면 화를 당하게 될 수 있다. 이는 민달팽이와 곤충의 소화기관은 사람의 것과는 다르며, 특히 소화 흡수 구조가 다르기 때문이다. 이런 생물들은 독성분을 분해하는 효소가 있거나 독성분을 흡수하기 전에 배설하는 기구가 있다. 예를 들면, 진딧물이 담뱃잎을 먹으면서 살지만 니코틴의 해를 받지 않고 사는 것과 같은 이치이다. 비슷한 종으로 독우산광대버섯(*Amanita virosa*)이 있는데, 이 버섯은 자루에 인편이 불규칙하게 발달하고, 흰알광대버섯은 인편이 없어서 매끈하고 약간 작다. 또 흰알광대버섯은 균모의 가운데가 약간 황색이 된다. 이 버섯과 유사한 식용버섯인 흰주름버섯(*Agaricus arvensis*)은 처음에 균모가 둥글고 주름살이 흰색이어서 비슷하지만, 시간이 지나면 주름살은 분홍색을 거쳐 흑자색으로 된다. 흰알광대버섯은 대주머니(*volva*)가 있지만, 흰주름버섯은 대주머니가 없고 자루가 짧다. 북한명은 흰닭알독버섯

독우산광대버섯 *Amanita virosa* (Fr.) Bertillon 맹독

용도 및 증상 독성분은 페로톡신류(ferotoxine : 마비), 아마톡신류(amatoxine : 마비)를 함유하며, 중독 증상은 아마니타톡신 때문에 알광대버섯과 똑같은 증상을 일으킨다. 다 자란 것 2~3개만 먹어도 사망에 이를 수 있다.

형태 균모는 지름 6~15cm로 원추형을 거쳐 편평하게 되지만 가운데는 볼록해진다. 표면은 습기가 있을 때 끈적기가 있으며, 백색으로 가운데는 홍갈색이며 살은 백색이다. 가장자리에 줄무늬 홈선은 없다. 주름살은 자루에 대하여 끝붙은주름살이고 백색이며, 간격은 좁아서 밀생한다. 자루의 길이는 14~24cm이고 굵기는 1~2.3cm로 백색이며, 표면은 작은 인편 또는 갈라진 상태이다. 턱받이는 백색의 막질로 위쪽에 있고, 아랫부분은 섬유상의 비늘이 있다. 자루의 밑에는 백색의 둥근 대주머니가 있다.

포자 구형 또는 아구형이며, 크기는 지름이 7~12㎛이고 멜저액 반응은 아미로이드(전분) 반응이다.

생태 여름에서 가을에 걸쳐서 숲속의 땅에 군생한다.

분포 한국(남한 : 한라산, 변산반도 국립공원, 지리산, 오대산, 속리산, 가야산. 북한 : 영광, 천내, 묘향산, 대성산, 금강산, 개성, 경기도의 일부), 중국, 러시아의 극동, 일본, 유럽, 북아메리카, 호주

참고 특징은 전체가 백색이며, 유사종인 흰알광대버섯은 작고 자루에 거친 인편이 있다. 시간이 지나면 균모의 가운데가 약간 연한 황색으로 되는 것도 있다. 북한명은 학독버섯

큰주머니광대버섯 *Amanita volvata* (Peck) Martin 맹독

용도 및 증상 독성분은 불분명하나, 먹으면 구토, 설사, 언어 장애 등 위장계 및 신경계의 중독을 일으키며, 콩팥, 간 등의 장기에 장애가 나타난다.

형태 균모의 지름은 5~8cm이고 종 모양을 거쳐 차차 편평하게 된다. 표면은 흰 갈색이며 백색 또는 홍갈색의 가루 또는 솜털 같은 인편이 덮여 있다. 대주머니 색의 파편 조각이 남아 있는 것도 있다. 가장자리에 줄무늬 홈선은 없다. 살은 백색이나 상처를 입으면 홍색으로 변색된다. 주름살은 자루에 끝붙은주름살인데 백색에서 홍갈색으로 변색하며, 간격은 좁아서 밀생한다. 자루의 길이는 6~14cm이고 굵기는 0.5~1cm로 백색이고, 표면에는 인편 있거나 거칠거칠하다. 자루의 밑은 굵고 대주머니는 두꺼운 막질이며, 백색 또는 연한 홍갈색이다.

포자 장타원형이며, 크기는 7.5~12.5×5~7㎛이고, 멜저액 반응은 아미로이드(전분) 반응이다.

생태 여름에서 가을 사이에 활엽수림의 땅에 단생 또는 산생한다.

분포 한국(남한 : 한라산, 지리산, 속리산, 만덕산), 일본, 중국, 러시아, 북아메리카

참고 특징은 살은 홍색으로 변하고, 균모는 백색 혹은 갈색이며, 표면에는 백색 또는 연한 홍갈색의 분상 또는 솜털상의 작은 인편 또는 커다란 대주머니의 파편이 부착한다. 이 버섯의 다른 학명은 *Amanita agglutinata*이다. 비슷한 종으로 노란막광대버섯(*Amanita neoovidea*)이 있는데, 이 버섯의 살은 변색되지 않아서 구별된다.

식용이나 독성분을 가지고 있는 버섯

점박이광대버섯 *Amanita ceciliae* (Berk. et Br.) Bas 미약독

용도 및 증상 독성분은 불분명하며, 중독 증상은 복통, 구토, 설사 등 위장계의 중독을 일으킨다. 식용도 가능하며, 약용으로도 쓰인다.

형태 균모는 지름 약 7~10cm로 반구형에서 점차 편평하게 된다. 표면은 황갈색 또는 암갈색이 있으며, 끈적기가 있고 회흑색의 가루모양의 사마귀(외피막의 파편)가 부착한다. 가장자리에는 방사상의 줄무늬선이 있다. 주름살은 백색, 가장자리는 회색 가루 같은 것이 있다. 자루는 길이 11~13cm이고 굵기는 0.8~1.2cm이며, 표면은 회색의 솜털상 또는 섬유상의 인편로 덮이고 턱받이는 없다. 자루의 대주머니는 회흑색의 부서지기 쉬운 대주머니가 있다. 대주머니는 보통의 대주머니 모양이 아니고 불완전한 윤문상으로 되어 있다.

포자 포자는 구형이며, 지름은 11~15㎛로 속에 1개의 큰 기름방울을 가졌고 멜저액 반응은 비아미로이드 반응이다.

생태 여름에서 가을 사이에 숲 속, 정원의 땅에 단생 또는 군생한다.

분포 한국(남한 : 전주, 월출산, 속리산, 방태산. 북한 : 묘향산, 대성산), 일본, 중국, 러시아의 극동, 북아메리카, 호주 등, 북반구 온대

참고 특징은 대주머니가 분명한 칼집모양 또는 주머니모양으로 떨어지지 않고 불분명한 상태로 남아 있다. 북한명은 검은점갓주머니학버섯

애우산광대버섯 *Amanita farinosa* Schw. 미약독

용도 및 증상 독성분은 불분명하며, 위장계와 신경계의 중독을 일으킨다. 식용도 가능하다.

형태 균모의 지름은 3~3.5cm이고 둥근 산모양을 거쳐 차츰 편평하게 되며 가운데는 조금 오목해진다. 표면은 건조하고 회갈색이며 회색의 가루 또는 솜털로 덮여 있고, 가운데에는 미세한 바늘 조각이 있으며, 가장자리에는 깊은 줄무늬 홈선이 있다. 주름살은 백색이고 자루에 대하여 끝붙은주름살이며, 간격은 약간 넓어서 성기다. 자루의 길이는 5~8cm이고 굵기는 0.4cm정도로 백색이고, 표면은 약간 가루 같은 것이 있고, 턱받이는 없다. 자루의 밑은 굵고 회황색인데, 속은 차 있거나 비어 있다. 대주머니는 자주회색의 가루 같은 것이 부착하지만, 나중에 없어진다.

포자 난형 또는 타원형이고, 크기는 6~7×5.5~6.5μm이다. 표면은 매끄럽고 멜저액은 비아미로이드 반응이다.

생태 여름에서 가을 사이에 소나무 숲의 흙에 군생한다.

분포 한국(남한 : 변산반도 국립공원, 두륜산, 지리산, 월출산, 소백산), 일본, 중국, 뉴질랜드, 북아메리카

참고 특징은 버섯 전체가 회색 또는 회백색의 가루가 부착한다. 손으로 만지면 손에 가루가 잘 붙는다.

암회색광대버섯 *Amanita porphyria* (Alb. et Schw. : Fr.) Secr. 미약독

용도 및 증상 독성분은 뷰포테닌(bufotenie), 인돌알칼로이드(indole alkaloid), 용혈성 단백을 함유하며, 중독 증상은 날것으로 먹으면 위장계 중독을 일으킨다. 인돌알칼로이드를 함유하기 때문에 중추신경계 이상도 나타난다. 검은띠말똥버섯(*Panaeolus subbalteatus*)의 증상과 비슷하다.

형태 균모의 지름은 3~6cm이고 종모양 또는 둥근 산모양이다. 표면은 회색 또는 회갈색이며, 암회색의 외피막 조각이 붙어 있다. 살은 백색이며, 주름살은 자루에 백색의 올린 또는 끝붙은주름살이고 간격은 좁아서 밀생한다. 자루의 길이는 7~9cm이고 굵기는 1cm 정도로서, 근부는 부풀고 턱받이 위쪽은 백색, 아래쪽에는 연한 회색의 섬유상의 얼룩무늬가 있다. 또한 턱받이는 회색 또는 흑갈색의 막질이고, 윗면에 미세한 줄무늬선이 있다. 대주머니는 백색 또는 암회색으로 자루의 밑에 유착하나 윗부분은 떨어져 있다.

포자 구형으로, 크기는 7.5~10㎛이고 멜저액 반응은 아미로이드(전분) 반응이다.

생태 여름에서 가을 사이에 침엽수림의 땅에 단생한다.

분포 한국(남한 : 한라산, 변산반도 국립공원, 지리산, 방태산, 속리산, 가야산. 북한 : 평성, 상원), 일본, 중국, 러시아의 극동, 유럽, 북아메리카를 비롯하여 북반구 온대 이북

참고 북한명은 검은닭알버섯

붉은점박이광대버섯 *Amanita rubescens* Pers. : Fr. 미약독

용도 및 증상 독성분은 루베스센스리신(rubescenslysine : 용혈성 단백), 아마톡신류(amatoxin : 마비)을 함유하며, 중독 증상은 날것으로 섭취 후 수십 분에서 24시간 정도 지나서 매스꺼움, 설사 등의 위장계의 중독을 일으킨다. 맹독 성분인 아마톡신을 함유하고 있지만 알광대버섯(*Amanita phalloides*)에 비하면 그 양은 적은 편이다.

형태 균모의 지름은 6~18cm로 둥근 산 모양을 거쳐 차차 편평하게 되며 가장자리가 위로 올라간다. 표면은 적갈색 또는 암적갈색에서 회백색 또는 연한 갈색으로 되고, 가루모양인 외피막의 파편이 붙는다. 가장자리에는 줄무늬선이 없다. 살은 백색인데, 상처를 입으면 적갈색으로 변색한다. 주름살은 자루에 끝붙은주름살로 연한 적갈색이며, 위쪽은 백색이고 막질의 턱받이가 있고, 턱받이 아래는 적갈색의 얼룩이 생긴다. 자루의 길이는 8~24cm이고 굵기는 0.6~2.5cm로 연한 적갈색이다. 또한 상부에 백색 막질의 턱받이가 있다. 자루의 밑은 부풀며 대주머니의 파편이 윤문상으로 붙어 있다가 차츰 떨어진다.

포자 타원형 또는 난형으로 크기는 8~9.5×06~7.5㎛이다. 아미로이드(전분) 반응이다.

생태 여름에서 가을 사이에 침엽수 또는 활엽수림의 땅 위에 단생 또는 산생한다.

분포 한국(남한 : 지리산, 한라산, 가야산, 월출산. 북한 : 오가산, 묘향산, 대성산, 금강산), 일본, 중국, 러시아의 극동, 소아시아, 유럽, 북아메리카, 아프리카, 호주, 남아메리카 등 전 세계

참고 살은 상처가 났을 때 적색으로 변하고, 균모는 적갈색 혹은 암적갈색이며 표면에는 회백색 혹은 연한 갈색의 가루 같은 것이 있다. 또한 대주머니의 파편이 부착한다. 유사종인 마귀광대버섯(*Amanita pantherina*)이 있는데 균모에 줄무늬선이 있고 전체가 적색을 나타내지 않으며 변색하지 않는 점이 붉은점박이광대버섯과 다르다. 북한명은 색깔이닭알버섯

붉은주머니광대버섯 *Amanita rubrovolvata* Imai 미약독

용도 및 증상 독성분은 불분명하며, 먹으면 위장계 및 신경계의 중독을 일으킬 수 있다.

형태 균모는 지름 2.5~3.5cm로 둥근 산모양을 거쳐 편평하게 되며, 가운데는 조금 오목하다. 표면은 선명한 적색 또는 붉은색인데, 가장자리는 황색이고 표면 전체에 적색 혹은 붉은색의 가루 모양의 사마귀 반점이 산재하여 분포한다. 가장자리는 방사상의 줄무늬 홈선을 나타내며, 살은 백색 또는 연한 황색이다. 주름살은 연한 황백색이고, 자루에 대하여 끝붙은주름살이며, 간격이 좁아서 밀생한다. 자루는 길이 4.5~11cm이고 굵기는 0.4~0.6cm로 연한 황색 또는 오렌지색을 띤 황색인데, 가루모양의 작은 인편이 덮여 있고 가운데에 막질의 턱받이가 있다. 자루의 밑은 부풀고 황색 또는 적황색 가루모양의 대주머니의 파편이 불완전한 윤문으로 되어 있다.

포자 아구형이며, 크기는 6~8.5㎛로 멜저액 반응은 비아미로이드 반응이다.

생태 여름에서 가을 사이에 활엽수림, 낙엽수림, 소나무 숲 등의 땅에 단생 또는 군생한다.

분포 한국(남한 : 지리산), 일본, 말레이시아

참고 광대버섯(*Amanita muscaria*)은 작고 균모의 사마귀점과 자루의 대주머니가 적색 또는 황색이다.

흰우산버섯 *Amanita vaginata* var. *alba* Gill. 미약독

용도 및 증상 독성분은 불분명하나, 위장계와 신경계의 중독을 일으킨다.

형태 우산버섯의 1변종인데, 전체가 백색으로 균모의 지름은 5~7cm이고 종모양에서 둥근 산모양을 거쳐 편평형으로 된다. 표면은 백색이고 가끔 백색의 대주머니 파편이 붙어 있다. 가장자리에 방사선의 줄무늬 홈선이 있으며, 살은 백색이다. 주름살 또한 백색이며 자루에 대하여 끝붙은주름살이다. 자루의 길이는 9~12cm이고 굵기는 1.0~1.5cm로 위쪽이 가늘고 백색이며, 매끄럽거나 약간 인편이 있다. 턱받이는 없고 자루의 밑에 백색의 칼집 같은 막질의 대주머니가 있다.

포자 구형이고, 지름은 11~12㎛이다. 멜저액 반응은 비아미로이드 반응이다.

생태 여름부터 가을에 걸쳐서 혼효림의 땅에 단생한다.

분포 한국(남한 : 전주 수목원, 연석산, 소백산, 한라산, 월출산, 가야산, 속리산, 두륜산), 일본, 북반구 일대

참고 유사종인 우산버섯(*Amanita vaginata* var. *vaginata*)과 고동색우산버섯(*Amanita vaginata* var. *fulva*)에 비하여 흰우산버섯은 크기가 작고 흰색인 점에서 구분된다. 독우산광대버섯(*Amanita virosa*)이 순백색인데 비하여 흰우산버섯은 그 색이 덜하며, 자루에 턱받이가 없다. 북한명은 흰학버섯

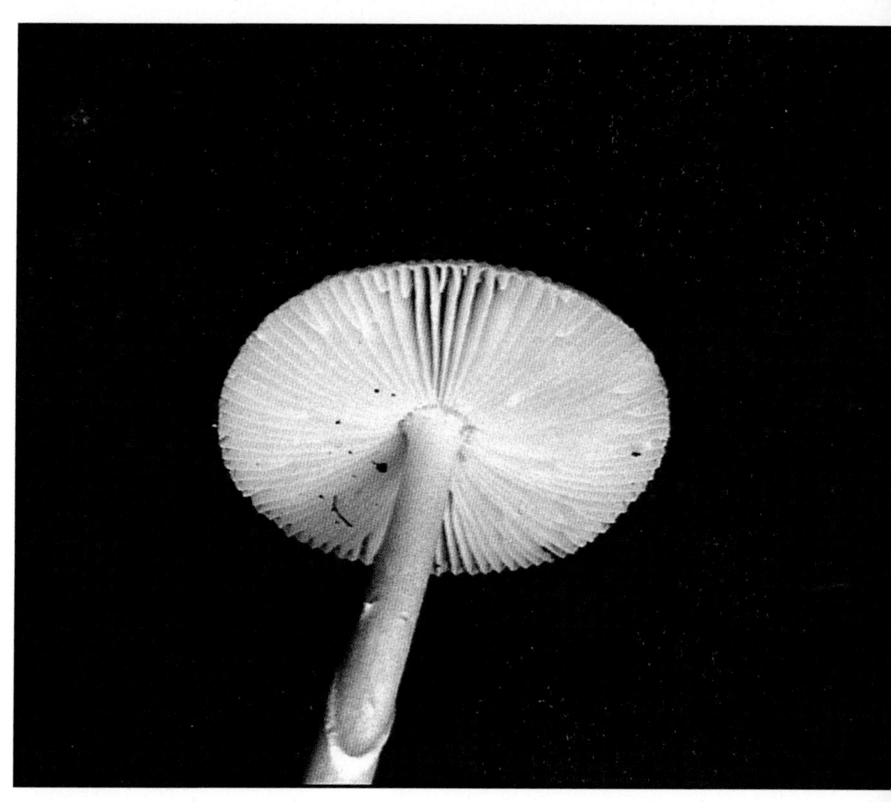

우산버섯 *Amanita vaginata* var. *vaginata* 미약독

용도 및 증상 독성분은 용혈성 단백이며, 중독 증상은 섭취 후 수십 분에서 24시간 후에 복부 팽만감, 복통, 구토, 설사, 맥박의 느림, 불안감 등 위장계 신경계의 중독을 일으킨다. 날것으로 먹으면 심한 용혈현상을 일으킨다.

형태 균모의 지름은 5~7cm이고 종모양에서 둥근 산모양을 거쳐 편평형으로 된다. 표면은 회색 또는 회갈색인데 백색의 대주머니 막편이 분포하고 가장자리에는 방사선의 줄무늬 홈선이 있다. 살은 얇고 백색이다. 주름살은 백색이며 자루에 대하여 끝붙은주름살로서, 간격은 약간 좁아서 약간 밀생한다. 자루의 길이는 9~12cm이고 굵기는 1.0~1.5cm로 위쪽이 가늘고, 백색 또는 연한 회색이며, 표면은 매끄럽거나 솜털 같은 연한 인편이 약간 있다. 턱받이는 없고, 자루의 밑에 백색 막질의 칼집 같은 대주머니가 있다.

포자 구형이며, 지름은 10~12㎛이고 멜저액에서는 비아미로이드(비전분) 반응이다.

생태 여름에서 가을 사이에 침엽수 또는 활엽수림의 땅에 단생 또는 산생한다.

분포 한국(남한 : 광릉, 월출산, 가야산, 속리산, 한라산, 발왕산, 방태산, 변산반도 국립공원, 소백산, 지리산, 만덕산, 안동 등 전국. 북한 : 백두산, 오가산, 묘향산, 대성산, 금강산, 관모봉, 차일봉), 일본, 중국, 러시아의 극동, 유럽, 북아메리카, 호주 등 전 세계

참고 북한명은 학버섯

흰가시광대버섯 *Amanita virgineoides* Bas 미약독

용도 및 증상 독성분은 불분명하나, 먹으면 위장계 및 신경계의 중독을 일으킨다.

형태 균모의 지름은 9~20cm로 둥근 산모양에서 차차 편평하게 되며, 가장자리에 턱받이의 파편이 부착한다. 표면은 백색이고 미세한 가루가 분포하며, 높이 0.1~0.3cm의 대주머니의 파편인 원추상 사마귀가 많이 붙어 있지만 쉽게 탈락한다. 살은 백색이고, 마르면 고약한 냄새가 난다. 주름살은 백색 또는 크림색이며, 자루에 대하여 끝붙은주름살이고 간격이 약간 좁아서 약간 밀생한다. 가장자리는 가루가 있다. 자루의 길이는 12~22cm이고 굵기는 1.5~2.5cm로 백색이며, 아래는 곤봉모양으로 부풀고 표면은 솜털 같은 인편이 덮여 있다. 자루의 밑의 팽대부에는 균모와 같은 사마귀가 윤문상으로 많이 부착한다. 턱받이는 크고 솜털 또는 막질이며, 윗면에 줄무늬선이 있고 아랫면에는 각추상의 사마귀 반점이 붙어 있지만 균모가 펴지면 파괴되어 없어진다. 자루의 속은 비었다.

포자 타원형이고, 크기는 8~10.5×6~7.5㎛이며 멜저액 반응은 아미로이드 반응이다.

생태 여름에서 가을 사이에 숲 속의 땅에 단생 또는 간혹 산생한다.

분포 한국(남한 : 변산반도 국립공원, 지리산, 만덕산, 오대산, 한라산, 속리산, 월출산, 가야산, 다도해해상 국립공원, 두륜산, 방태산), 일본

참고 일부 지방에서 식용하지만, 대형버섯이기 때문에 많이 먹게 된다는 점을 주의하여야 한다.

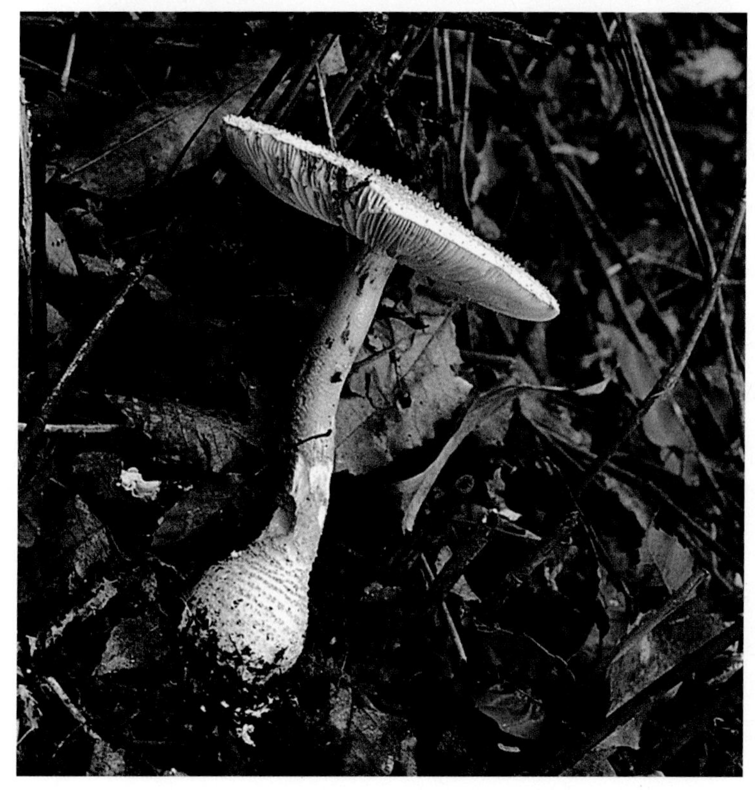

요주의 버섯

암적색광대버섯 *Amanita rufoferruginea* Hongo

용도 및 증상 독성분은 파리를 죽이는 독성분을 가진 것으로 알려졌지만, 자세한 것은 밝혀지지 않았다.

형태 균모의 지름은 4.5~9cm로 처음에는 구형에서 둥근 산모양으로 되었다가 편평형으로 되며, 가장자리에 줄무늬선을 나타낸다. 균모나 자루는 황갈색의 가루 같은 물질로 밀집되어 덮이고, 손으로 만지면 손에 묻는다. 가루로 표면이 덮여 있기 때문에 균모가 펴지기 전에는 확인하기가 어렵다. 주름살은 자루에 대하여 끝붙은주름살이고 간격이 좁아서 밀생하며 백색이다. 자루의 길이는 9~12cm이고 굵기는 0.4~0.9cm이며, 균모처럼 가루물질로 덮여 있다. 윗쪽이 가늘고 상부에 백색의 턱받이가 있으나 탈락하기 쉽다. 자루의 밑은 둥글게 부풀고 균모와 같은 모양의 가루가 있으며, 대주머니가 둥글게 조금 남는다.

포자 구형 또는 아구형으로 지름은 7.5~9.2μm로 멜저액 반응은 비아미로이드(비전분) 반응이다.

생태 가을에 걸쳐서 주로 소나무나 상수리나무 숲의 땅에 군생한다.

분포 한국(남한 : 모악산), 일본, 중국 광서

참고 균모에 황적갈색 또는 오렌지 갈색의 가루가 밀집되어 있다는 것이 특징이어서 손으로 만지면 손에 잘 묻는다. 종 명인 *rufoferruginea*는 '진한 적갈색' 이라는 뜻이다.

난버섯과

주로 나무에 발생하는 식용버섯이다. 아직까지는 독버섯이 없는 것으로 알려졌다.

식용버섯

흰비단털버섯 *Volvariella bombycina* (Schaeff. : Fr.) Sing.

용도 및 증상 식용으로 쓰인다.

형태 균모의 지름은 8~20cm이고, 구형 또는 난형에서 종모양 또는 둥근 산모양으로 되었다가 점차 편평하게 된다. 표면은 백색 또는 연한 황색으로 미세한 비단같은 털이 있고 미세한 인편이 있으나, 끈적기는 없다. 살은 백색이다. 주름살은 떨어진주름살이고 밀생하며, 백색에서 살색으로 변색한다. 자루의 굵기는 6~20cm, 굵기는 1~2cm이며, 백색이고 속은 살로 차 있다. 밑은 부풀어 있으며 막질의 큰 대주머니가 있다.

포자 구형 또는 난형으로 크기는 6.5~8×4.5~6μm이다.

생태 여름과 가을 사이에 활엽수의 고목에 단생 또는 군생하며 목재부후균이다.

분포 한국(남한 : 지리산, 전주. 북한 : 백두산,묘향산), 전 세계

참고 대형의 대주머니가 균모 근처까지 발달하여 벌어져 있어서 풀버섯과는 구별이 된다. 필자가 백두산(장백산)에서 살아 있는 나무의 껍질에 중층으로 발생하는 것을 조사한 적이 있다. 종명인 *bombycina*는 '비단같은 털' 이라는 뜻이다. 북한명은 노란주머니버섯

예쁜털버섯아재비 *Volvariella speciosa* (Fr. : Fr.) Sing.

용도 및 증상 식용으로 쓰인다.

형태 자실체는 대형으로 균모는 지름 6~12cm로 종모양이다가 차츰 가운데가 약간 볼록해지거나 편평한 모양이 된다. 일반적으로 순백색 혹은 엷은 백색이나, 간혹 그을린 회색 또는 엷은 회갈색을 나타낸다. 살은 백색에서 살색으로 변하며 포자의 성숙 때문에 분홍빛으로 보이기도 한다. 주름살은 자루에 대하여 떨어진주름살로 간격은 좁아서 밀생하며, 흰색에서 차츰 분홍빛으로 변색된다. 자루의 길이는 8~15cm이고 굵기는 0.7~1.5cm로 백색이며 섬유상으로, 기부에서 위쪽까지 약간 황갈색을 나타낸다. 자루는 아래로 내려가면서 굵어지고, 근부는 둥근 모양을 하고 있으며 속은 차 있다. 대주머니는 백색 혹은 연한 회색의 막질이다.

포자 난형 또는 타원형이고, 크기는 12~18×7.5~11㎛이다. 측낭상체는 방추형이고 크기는 40~105×18.5~35㎛이며, 꼭대기가 돌기로 되어 있다. 연낭상체는 방추형이고 크기는 33~69×14~27.5㎛이다.

생태 혼효림의 기름진 땅에 단생 또는 군생한다.

분포 한국(남한 : 지리산, 북한 : 백두산), 중국, 유럽, 북아메리카

참고 버섯 전체가 거의 백색이고 기부에 백색의 대주머니가 있다.

난버섯 *Pluteus atricapillus* (Batsch) Fayod

용도 및 증상 튀김요리, 기름에 볶는 요리 또는 조림 등의 요리에 이용한다.

형태 균모는 지름 5~9cm로 종모양에서 차츰 산모양을 거쳐서 가운데가 높은 편평형으로 변한다. 표면은 회갈색이며, 방사상의 섬유무늬 또는 가는 인편으로 덮여있다. 살은 백색이다. 주름살은 자루에 대하여 끝붙은주름살이며, 간격은 좁아서 밀생하고, 백색에서 살색으로 변한다. 자루의 길이는 6~12cm이고, 굵기는 0.6~1.2cm로 표면은 백색 바탕에 균모와 같은 섬유무늬가 있으며, 속이 차 있다.

포자 협타원형이며, 크기는 7~9.5×5~7μm이고, 포자문은 살색이다. 연낭상체는 곤봉형으로서 박막이고, 크기는 26~ 45×15~19μm이다. 측낭상체는 방추형이고 막이 두꺼우며, 끝에 소수의 쇠스랑모양의 돌기가 있고, 크기는 57~77×12.5~22μm이다.

생태 봄과 가을 사이에 활엽수의 고목이나 그루터기 겹쳐서 군생하는 목재부후균이다. 표고를 재배하는 원목에 잡균으로 난다.

분포 한국(남한 : 오대산. 북한 : 백두산), 전 세계

참고 종명인 *atricapillus*는 '검은 털' 이라는 뜻이다.

노랑난버섯 *Pluteus leoninus* (Schaeff. : Fr.) Kummer

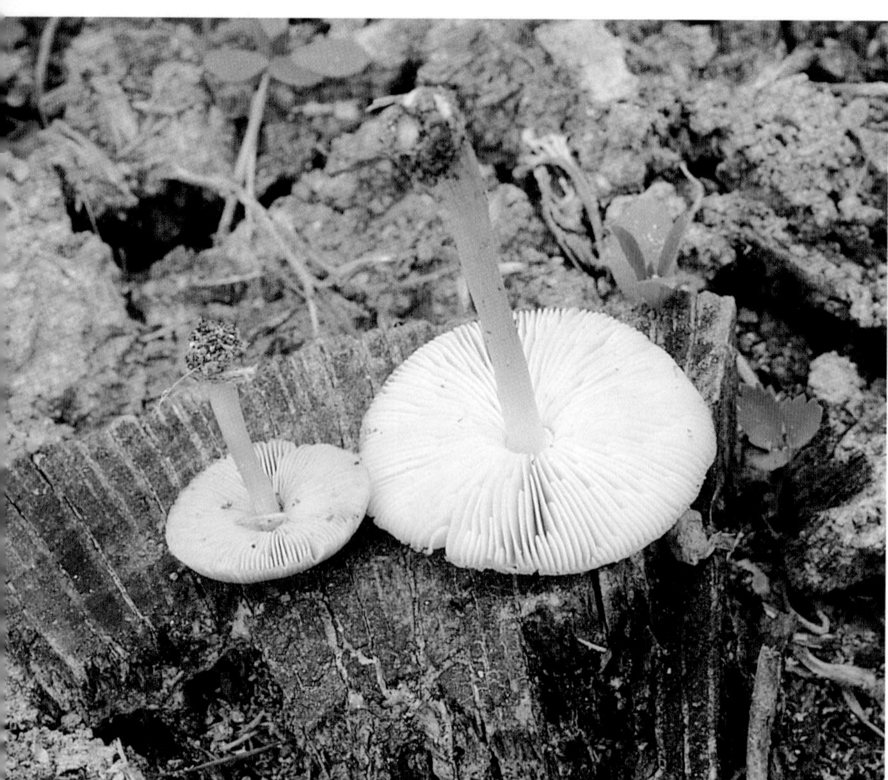

용도 및 증상 야채 볶음, 불고기에 이용한다.

형태 균모의 지름은 2~6cm로 둥근 산모양을 거쳐 차차 편평하게 된다. 표면은 매끄럽고 황색이며, 습기가 있을 때 가장자리에 줄무늬선이 나타난다. 주름살은 백색에서 차츰 살색으로 변색하고, 자루에 대하여 끝붙은주름살이다. 자루의 길이는 3~7cm이고 굵기는 0.3~1.2cm로 위아래의 굵기가 같거나 위쪽이 가늘다. 표면은 황백색의 섬유상이며 속은 차 있거나 비어 있다. 아래에는 어두운 색의 가느다란 섬유무늬가 있다. 균모의 살은 연한 황색으로 얇으며, 자루의 살은 거의 백색이다.

포자 아구형이며, 크기는 5.5~6.5×4.5~.5μm이다. 측낭상체는 방추형이고 끝은 원형이며, 크기는 46~62×15~22μm이다. 포자문은 살색이다.

생태 초여름에서 초겨울에 걸쳐서 활엽수의 죽은 줄기나 톱밥 위에 군생하거나 속생한다.

분포 한국(남한 : 지리산, 변산반도 국립공원, 어래산, 선운산), 북반구온대 일대

참고 균모가 노란색으로, 주름살과 자루도 노란색을 많이 띠며, 고목에 난다는 것이 특징이다. 북한명은 노란갓노루버섯

갈색비늘난버섯 *Pluteus petasatus* (Fr.) Gill.

용도 및 증상 냄새와 맛이 좋은 식용 버섯이다.

형태 균모는 지름 5~15cm로 둥근 산모양에서 차츰 편평형으로 변한다. 표면은 백색 또는 크림색 바탕에 갈색 비늘조각이 있으나, 주변부는 연한 색이다. 주름살은 자루에 대하여 떨어진 주름살이고 폭은 넓으며, 주름살 간격이 좁아서 밀생한다. 또한 백색에서 점차 살색으로 변한다. 자루의 길이는 6~8.2cm이고, 굵기는 1.0~2.0cm로 표면은 백색의 섬유상인데, 기부에 갈색 비늘조각이 있다.

포자 광타원형으로 표면은 매끄럽고 분홍색이다. 크기는 6~7.6×4~5μm이다. 연낭상체는 후막이며, 끝에 고리가 있다. 포자문은 적갈색이다.

생태 봄부터 가을에 걸쳐서 썩는 고목 등에 단생 또는 군생한다. 목재부후균이다.

분포 한국(남한 : 서울의 남산), 북반구 온대

참고 균모는 백색 또는 크림색 바탕에 미세한 갈색의 인편이 분포한다.

주름버섯과

주름버섯과에는 식용버섯과 독버섯이 함께 있으며, 주름버섯속의 버섯은 대부분이 식용버섯으로 양송이가 대표적이다. 약용버섯으로는 아가리쿠스(신령)버섯이 있다. 갓버섯속 중 밤색갓버섯은 맹독버섯으로 식용할 수 없으며, 식용버섯들은 맛이 없어서 관심이 적다.

식용버섯

두엄큰갓버섯 *Macrolepiota alborubescens* (Hongo) Hongo

용도 및 증상 식용으로 쓰이지만 맛은 없고 밀가루 냄새가 난다.

형태 균모는 지름 2.5~8cm로 난형 또는 둥근 산모양에서 가운데가 볼록한 편평형으로 변한다. 표면은 황색 또는 백색으로 밋밋하며, 표피는 째어져서 인편이 되어 여기저기 분포하여 섬유상의 바탕색을 나타낸다. 살은 백색으로 상처를 입으면 적색으로 변색한다. 주름살은 자루에 대하여 떨어진주름살로 간격은 좁아서 밀생한다. 자루의 길이는 3.5~10cm이고, 굵기는 0.4~0.6cm로 기부는 부풀고 표면은 백색에서 갈색으로 된다. 턱받이는 백색의 막질이며, 위아래로 이동이 가능하다.

포자 광타원형으로, 크기는 8.5~12×6~8.5μm이다. 연낭상체는 곤봉형 또는 원주형이고 크기는 37~60×5~7μm이다.

생태 여름부터 가을에 걸쳐서 퇴비, 짚더미, 밭 등에 군생하거나 속생한다.

분포 한국(남한 : 서울의 창덕궁, 만덕산), 일본

큰갓버섯아재비 *Macrolepiota. rhacodes* (Vitt.) Sing.

용도 및 증상 식용으로 쓰인다.

형태 균모의 지름은 7~14cm로 처음에는 둥근 모양에서 둥근 산모양으로 좀 편평하게 펴지고 가운데 부분은 납작해진다. 표면은 건조하고 어릴 때에는 매끈하고 잿빛 밤색이며, 균모가 펴지면서 가운데 부분을 제외한 다른 부분은 대단히 조잡한 큰 인편으로 갈라져서 기와장을 덮은 것처럼 된다. 살은 흰색이고 상처가 나서 공기와 접촉하면 붉은색으로 변색하는데, 그 정도가 가운데 부분과 자루에서 심하게 나타난다. 맛과 냄새는 좋다. 주름살은 밀생하고 자루에 끝붙은 주름살이거나 떨어진 주름살로, 처음에는 백색이지만 점차 분홍색으로 되었다가 또다시 밤색으로 변화된다. 자루의 길이는 7~20cm이고, 굵기는 1~1.5cm로 위아래 굵기는 같거나 위쪽으로 가늘며, 기부는 둥근 뿌리 모양으로 심하게 부푼다. 표면은 백색으로 엷은 붉은색을 띠고 매끈하며, 인편이 없고 속은 비었다. 턱받이는 자루의 위쪽 부분에 있고, 위아래로 움직인다.

포자 타원형이고 매끈하며 크기는 9~12×6~7μm이다. 포자문은 흰색이다.

생태 가을철에 흔히 침엽수림의 땅에 한 개씩 단생 또는 군생한다.

분포 한국(남한 : 지리산. 북한 : 묘향산, 금강산, 장진), 중국, 러시아의 극동, 일본, 유럽, 북아메리카, 호주

낭피버섯 *Cystoderma amianthinum* (Scop. : Fr.) Fayod

용도 및 증상 식용으로 쓰인다.

형태 균모는 지름 2~5cm이며, 원추형에서 차츰 가운데가 높은 편평형으로 변한다. 표면은 황토색인데, 가는 알맹이를 밀포하고 방사상의 쭈글쭈글한 주름이 있다. 살은 황색이다. 주름살은 백색이며, 다소 간격이 좁아서 밀생하고, 자루에 대하여 올린주름살이다. 자루의 길이는 3~6cm이고 굵기는 0.3~0.8cm이며, 속은 비었고 위쪽에 턱받이가 있으나 쉽게 탈락한다. 턱받이 아래의 색은 균모와 같으며, 위쪽은 백색 가루 모양이다.

포자 타원형 또는 난형이고, 5~6×2.8~3.5μm이다. 아미로이드(전분) 반응이며, 포자문은 백색이다. 균모의 표피는 구형 또는 타원형이고, 크기는 14~42×12~31μm이다.

생태 여름에서 가을 사이에 침엽수림의 땅에 군생한다. 잣나무, 혼효림과 전나무, 가문비나무 숲, 활엽수림의 땅에 산생한다. 변이가 많고 변종, 품종 등이 있다.

분포 한국(남한 : 모악산. 북한 : 양덕), 중국, 러시아의 극동, 일본, 북아메리카, 유럽, 호주, 북반구 일대

참고 균모의 표면은 황토색이고 방사상의 주름이 특징이다. 북한명은 주름우산버섯

흰분말낭피버섯 *Cystoderma carcharias* (Pers.) Fayod

용도 및 증상 식용으로 쓰인다.

형태 균모의 지름은 2~6cm이고, 둥근 산모양에서 점차 가운데가 볼록한 편평형 혹은 우산형으로 변하며, 가장자리는 톱니모양이다. 분홍색을 띤 베이지색에서 차츰 살색으로 변색한다. 주름살은 백색의 끝붙은 주름살이다. 자루의 길이는 6~9cm이고 굵기는 0.5~0.7cm로 균모와 같은색이다. 턱받이는 살색의 막질이며, 자루의 위쪽에 돌출하여 있다.

포자 난형이며, 크기는 4~5.5×3~4μm이고 아미로이드 반응이다. 포자문은 백색이다.

생태 여름에서 가을 사이에 침엽수림의 땅에 군생 또는 단생한다.

분포 한국(남한 : 전국), 일본, 유럽

귤낭피버섯 *Cystoderma fallax* A.H. Smith et Fayod

용도 및 증상 식용으로 쓰인다.

형태 균모는 지름 2.5~5cm로 원추형에서 점차 편평하게 된다. 표면은 녹슨 갈색에서 차츰 황갈색으로 변하고, 많은 알맹이가 붙어 있다. 주름살은 백색의 바른주름살이며, 좁으나 밀생한다. 자루의 길이는 2.5~7.5cm이고, 굵기는 0.5~1.0cm로 때로는 아래쪽이 조금 부푼다. 또한 표면은 매끄러우며, 턱받이 위쪽은 탁한 백색인데, 피막은 자루를 칼집처럼 싸고, 표면은 적갈색이며 알갱이가 붙어 있고 영존성이다.

포자 타원형이며, 3.5~5.5×2.8~3.6μm이다. 표면은 매끄럽고 아미로이드 반응이다. 포자문은 백색이다.

생태 여름과 가을 사이에 침엽수의 낙엽 위나 이끼에 군생한다.

분포 한국(남한 : 방태산. 북한 : 백두산), 북아메리카

가루낭피버섯 *Cystoderma granulosum* (Fr.) Fayod

용도 및 증상 식용으로 쓰인다.

형태 균모의 지름은 1.5~5.0cm로 원추형에서 볼록한 모양을 거쳐 차차 편평해지는데, 가운데는 볼록하다가 곧 펴진다. 황토색으로 가끔 불분명한 방사선 주름이 있고, 분말과 알갱이가 있으며, 가장자리에 인편이 너덜너덜 부착되어 있다. 균모의 살은 백색이고 변색하지 않으며, 맛과 냄새는 불분명하다. 주름살은 자루에 대하여 내린 또는 바른주름살로 간격은 좁아서 밀생하며, 백색이다. 자루의 길이는 2.5~6cm이고, 굵기는 0.2~0.6cm로 위쪽에 턱받이가 있으며 그 아래로 균모와 같은 작은 알갱이로 덮여 있다. 위쪽은 백색 또는 연한 갈색으로 거의 밋밋하다. 턱받이는 쉽게 탈락하며 균모와 같은 색깔이다.

포자 타원형이고 표면은 밋밋하며, 크기는 4.5~ 5.5(6.7)×3.0~3.7μm이다. 비아미로이드 반응이다. 담자기는 방망이형이며, 크기는 6~7.5×21~30μm로 균사에 꺾쇠가 있다. 포자문은 백색이다.

생태 초여름부터 가을 사이에 침엽수, 혼효림 숲의 땅에 군생하거나 산생한다.

분포 한국(남한 : 지리산), 일본, 유럽, 북아메리카

황갈낭피버섯 *Cystoderma terreii* (Berk. et Br.) Harmaja

용도 및 증상 식용으로 쓰인다.

형태 균모는 지름 2~6cm이고, 둥근 산모양에서 가운데가 볼록한 편평형으로 변한다. 표면은 오렌지색을 띤 황색 바탕에 적갈색 혹은 오렌지색을 띤 갈색의 작은 알맹이가 밀생한다. 살은 백색이며, 주름살은 백색 혹은 크림색의 바른 또는 올린주름살이다. 자루의 길이는 1.5~5cm이고 굵기는 0.3~ 0.6cm로 연한 오렌지색을 띤 황색이고, 턱받이 아래는 적갈색의 알맹이로 덮여 있다. 턱받이는 탈락하기 쉽다.

포자 타원형이며, 크기는 3~5.5×2.2~3μm로 비아미로이드 반응이다.

생태 가을에 숲 속의 땅에 군생한다.

분포 한국(남한 : 지리산), 일본, 북반구 일대

등색주름버섯 *Agaricus abruptibulbus* Peck

용도 및 증상 튀김 등을 만들 때 쓰인다.

균모 지름 5~11cm로 계란형 또는 둥근 산모양을 거쳐 편평하게 된다. 표면은 비단빛이 나고 백색 또는 담황색으로 손으로 세게 만진 부분에는 황색 얼룩이 생긴다. 살은 백색이고 공기에 노출되면 약간 황색을 띠게 된다. 주름살은 자루에 대하여 떨어진 주름살이고 간격은 좁아서 밀생하고, 백색이었다가 홍색을 띠고 후에 자갈색이 된다. 자루의 길이는 9~13cm이고 굵기는 1~1.5 cm로 밑동은 부풀고 백색 또는 오렌지색을 띠며 속이 비었다. 턱받이는 백색 또는 연한황색으로 대형이며, 막질로서 솜털모양의 부속물이 있다.

포자 타원형으로, 크기는 6.5~7.5×3.5~5.2μm이다.

생태 여름부터 가을에 걸쳐서 활엽수림, 대밭 등의 혼효림의 땅에 군생한다.

분포 한국(남한 : 지리산, 선운산, 모악산), 일본

참고 종명인 *abruptibulbus*는 '기부가 부풀어 있다'는 뜻이다. 기부가 급격히 부푼 것이 특징이다. 한국명인 등색주름버섯의 등색은 '오렌지 같은 색'을 의미한다.

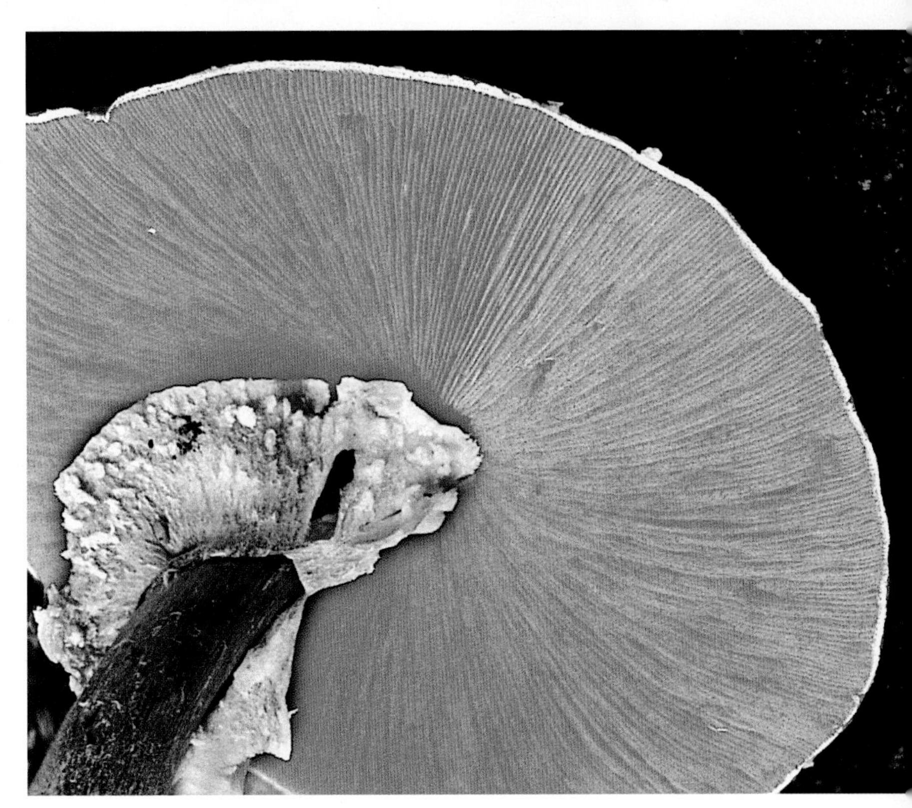

흰주름버섯 *Agaricus arvensis* (Schaeff.) Fr.

용도 및 증상 양송이처럼 이용하며, 약용과 항암의 기능을 가지고 있다.

형태 균모의 지름은 8~20cm로 둥근 산모양에서 차차 편평하게 된다. 표면은 매끄럽고, 크림 백색 또는 연한 황백색이며, 손으로 만지면 만진 부분은 황색으로 변색한다. 가장자리에는 턱받이의 파편이 부착한다. 살은 두껍고, 백색에서 황색으로 변한다. 주름살은 자루에 대하여 떨어진주름살이고, 간격은 좁아서 밀생하며, 백색에서 회홍색을 거쳐 흑갈색이 된다. 자루의 길이는 5~20cm이고, 굵기는 1~3cm로 속은 비었다. 자루의 근부는 부풀어 있으며 표면은 밋밋하고 크림 백색이나, 만지면 황색으로 변색한다. 턱받이는 위쪽에 있고 백색의 막질이며, 주름살을 덮고 있는 것을 흔히 볼 수 있다. 이것은 균모에서 떨어져서 일부가 균모의 가장자리에 부착되거나 자루에 너털너털하게 붙는다.

포자 타원형이고, 표면은 매끄러우며 크기는 7.5~10×4.5~5μm이다. 포자벽은 두껍고 포자문은 자갈색이다.

생태 여름에서 가을 사이에 숲 속, 대나무밭 등의 흙에서 단생 또는 군생한다.

분포 한국(남한 : 만덕산, 주왕산, 지리산, 다도해해상 국립공원의 금오도, 발왕산, 어래산, 가야산, 방태산, 속리산, 월출산 등 전국. 북한 : 백두산, 묘향산, 양덕, 대성산, 금강산,마식령, 신양), 일본, 중국, 러시아의 극동, 유럽, 북아메리카, 아프리카, 호주

참고 버섯 전체가 백색이고 턱받이가 균모에 붙어 있는 경우가 많아 쉽게 알 수 있다. 북한명은 큰들버섯

실비듬주름버섯 *Agaricus augustus* Fr.

용도 및 증상 식용으로 쓰인다.

형태 균모의 지름은 10~20cm로 반구형에서 차차 편평하게 되지만 가운데가 돌출한다. 연한 황갈색이며 다색의 비늘로 덮여있고, 가운데에 밀집하여 분포한다. 살은 두껍고 백색으로, 자르면 황색으로 변한다. 주름살은 백색에서 점차 갈색으로 되며, 자루에 대하여 끝붙은주름살로 폭은 넓고 간격은 좁아서 밀생한다. 자루의 길이는 10~ 20cm이고 굵기는 2~4cm이고 표면은 비늘로 덮여 있으며, 상부에 백색 막질의 턱받이가 부착한다. 기부가 부푼 것도 간혹 있다.

포자 타원형이며, 크기는 8.5×5.0μm이다. 포자문은 초콜릿 갈색이다.

생태 여름에서 가을 사이에 숲, 공원, 퇴비 근처, 풀밭, 과수원 등에 단생한다.

분포 한국(남한 : 덕유산), 일본, 중국, 유럽, 북아메리카

참고 살이 두껍고 표면에 다갈색의 인편이 밀집되어있다. 유럽이나 미국에서는 왕자(*The prince*)버섯이라고 불리우는 버섯으로, 송이나 표고처럼 귀하게 여긴다. 종명인 *augustus*는 '두께가 큰' 뜻이라는 뜻으로 라틴어이다.

양송이 *Agaricus bisporus* (J. Lange) Imbach

용도 및 증상 전골, 스프, 볶음, 산적 등으로 이용한다. 양송이라는 이름은 서양의 송이라는 뜻이다. 그만큼 우리의 송이처럼 서양에서 즐기고 좋아하는 버섯으로 널리 이용한다.

형태 균모의 지름은 5~12cm로 구형에서 차차 편평하게 된다. 표면은 회갈색 또는 백색이며, 매끄럽고 비늘조각이 있는 것도 있으며, 상처를 입으면 적갈색의 얼룩이 생긴다. 살은 백색에서 나중에 연한 홍색이 된다. 주름살은 백색에서 갈색을 거쳐서 홍색으로 되었다가 나중에는 검은색으로 변한다. 자루에 대하여 끝붙은주름살이며, 간격은 좁아서 밀생한다. 자루의 길이는 4~8cm이고 굵기는 1~3cm로 속은 차 있으며 백색이다. 턱받이는 백색의 막질이다.

포자 크기는 6.5~9×4.5~7μm이고, 넓은 타원형이며 담자기에 2개의 포자를 만든다.

생태 여름에 풀밭에 군생한다.

분포 한국(남한 : 모악산, 무등산), 북반구 온대지역, 전 세계

참고 특징은 2포자성이며, 원래 소나 말의 배설물에서 자라던 것을 현재와 같이 볏짚을 이용해서 재배하게 되었다. 인공재배는 연중 재배사, 지하실, 터널 등 음습한 장소에서 마분, 짚, 퇴비로 균상을 만들고 흙을 덮어 재배한다. 유럽에서는 폐광의 동굴에서 재배하기도 한다. 품종이 많다. 종명인 *bisporus*는 '2개의 포자'라는 뜻으로, 담자기에 2개의 포자를 만드는 것이 특징이다. 대부분의 단자균류는 담자기에 4개의 포자를 만든다. 북한명은 벼짚버섯

신령버섯(아가리쿠스) *Agaricus blazei* Murr.

용도 및 증상 식용으로 쓰인다. 약용으로도 이용되며 인공재배도 가능하다.

형태 균모는 지름 6~11cm로 반구형 또는 둥근 산모양을 거쳐서 편평형으로 변한다. 표면은 회갈색 또는 갈색의 섬유상의 인피로 덮이고, 가장자리에는 턱받이의 파편이 있다. 살은 백색인데 자르면 오렌지색을 띤 황색으로 변색한다. 주름살은 자루에 대하여 끝붙은진주름살로 간격이 좁아서 밀생하고, 백색에서 살색을 거쳐 흑갈색으로 변색한다. 자루의 길이는 6~13cm이고 굵기는 1~2cm로 위아래의 굴기가 같으나 기부가 굵은 것도 있다. 표면은 백색으로 만지면 황색으로 변하며, 턱받이 아래는 가루 혹은 솜모양의 인편이 있으나 쉽게 떨어져서 밋밋하게 되며, 속은 비어 있다. 턱받이는 위쪽에 있고 막질이며, 백색에서 차츰 갈색이 되고, 아랫면에 솜모양의 부속물이 부착한다.

포자 타원형 또는 난형으로, 표면은 매끄러우며 크기는 5.2~6.6×3.7~4.4μm이다.

생태 여름부터 가을에 걸쳐서 숲 속의 나무 밑, 풀밭 등에 1~2개가 난다.

분포 한국(남한 : 덕수궁, 모악산), 일본, 북아메리카

참고 미국의 레이건 대통령이 이 버섯으로 암을 치료했다고 하여 유명해진 버섯이다.

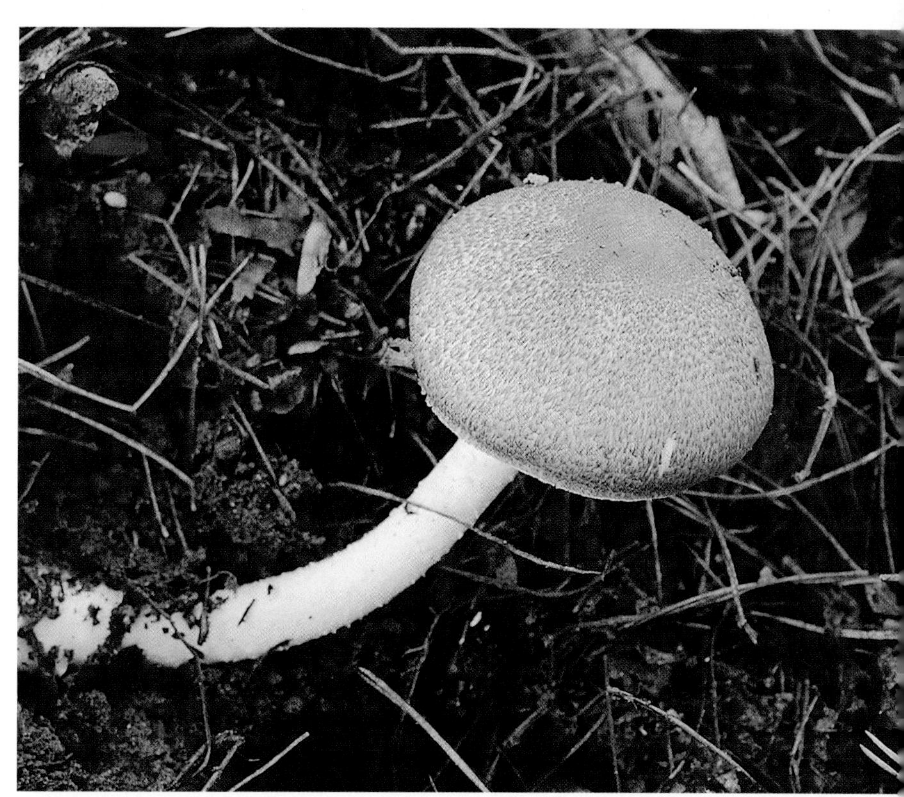

주름버섯 *Agaricus campestris* (L.) Fr.

용도 및 증상 주름살이 흑색으로 변색하기 전에 이용한다. 양송이처럼 이용하며 인공재배도 가능하다.

형태 균모의 지름은 5~10cm로 둥근 산모양에서 차차 편평하게 된다. 표면은 백색에서 황적색으로 되고 비늘조각이 있으며, 가장자리는 어릴 때 아래로 말린다. 살은 백색이고 상처를 입으면 홍색으로 변한다. 주름살은 백색에서 분홍색을 거쳐서 자갈색 또는 흑갈색으로 되며, 자루에 대하여 끝붙은 주름살이고 간격이 좁아서 밀생한다. 자루의 길이는 5~10cm이고 굵기는 0.7~2cm로 근부는 가늘고 백색이며 속은 처음은 차 있다가 나중에 비게 된다. 턱받이는 백색의 얇은 막질로서 떨어지기 쉽다.

포자 크기는 6~8×3.8~5μm이고 자갈색의 난형 또는 광타원형이다. 표면은 매끄러우며 연한 회갈색이고 포자막이 두껍다. 포자문은 암갈색이다.

생태 여름에서 가을 사이에 혼효림, 풀밭, 잔디밭, 밭 등에 군생하며, 균륜을 형성한다.

분포 한국(남한 : 한라산, 다도해해상 국립공원, 지리산, 소백산, 변산반도 국립공원, 안동. 북한 : 백두산, 금강산, 묘향산, 대성산, 룡성, 영광), 전 세계

참고 남한에서 전에는 들버섯이라고 하였으나 현재는 주름버섯으로 개칭하여 부른다. 북한명은 들버섯

뿔껍질갓버섯 *Lepiota hystrix* Lange

용도 및 증상 식용으로 쓰인다.

형태 지름 4~5cm로 둥근 산모양으로서, 피라미드 모양의 흑갈색이며 인편으로 덮여 있다. 섬유상과 가장자리는 인편이 작다. 주름살은 치밀하고 밀생하며, 분지하지 않고 가장자리는 흑색이다. 자루의 길이는 5~6cm이고, 굵기는 0.6~1.0cm로 위아래가 같은 굵기이다. 턱받이 위쪽에 백색으로 암갈색의 액체를 분비하고, 턱받이 아래는 직립된 갈색 인편이 있으며 균모와 같은 색이다.

포자 협타원형이고, 크기는 6.5~2.5㎛이며 표면은 밋밋하다. 담자기는 4포자성으로 크기는 17~22×5.5㎛이다.

생태 여름부터 가을에 걸쳐서 숲 속 땅에 군생한다.

분포 한국(남한 : 광릉), 일본, 유럽

참고 표면은 흑갈색의 피라미드 모양이고, 가장자리와 자루에 백색의 막질이 붙어있다. 가시갓버섯(*Lepio-ta acutesguamosa*)의 균모의 표면은 다갈색으로서 뿔껍질갓버섯과 구분된다.

방패비늘광대버섯 *Squamanita umbonata* (Sumst.) Bas

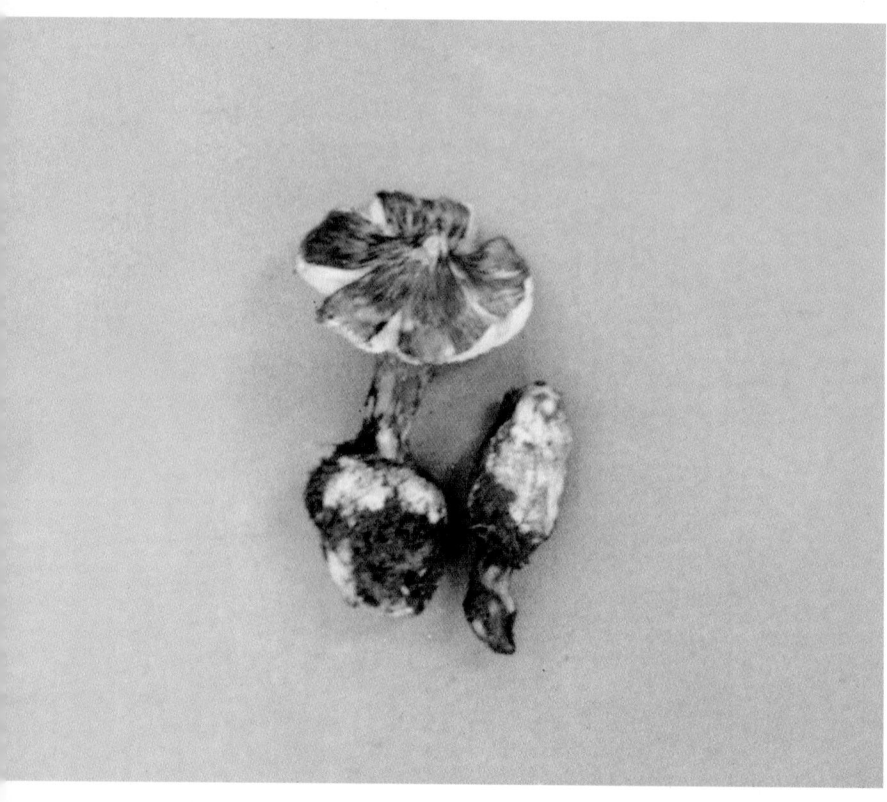

용도 및 증상 기름에 볶거나 조림으로 요리할 때 쓰인다.

형태 균모는 4.6~6cm로 원추형 또는 종모양에서 둥근 모양으로 변하지만 가운데는 볼록하다. 표면은 갈색이며 가운데는 진한 갈색이고, 솜털 같은 비늘이 있다. 살은 백색이며 얇다. 주름살의 폭은 0.6~0.8cm로 자루에 대하여 바른 또는 약간 내린주름살로 백색이며, 간격은 좁아서 밀생하고 칼모양을 하고 있다. 자루의 길이는 5~8cm이고 굵기는 1~1.5cm로 뒤틀리고, 거의 백색 바탕색에 황토 갈색의 섬유 또는 인편이 있다. 턱받이의 아래는 갈색이고 위쪽은 백색으로 쉽게 탈락하며, 기부는 부푼다. 기부에는 곤봉상의 백색의 덩어리 줄기가 있고 크기는 3~7×2~4cm이며, 자루와 덩어리 줄기의 경계에 갈색의 뾰족한 인편이 윤상으로 나란히 배열한다. 턱받이는 불완전하며, 그 흔적이 자루의 위쪽에 있다.

포자 광타원형이고 크기는 6.7~7.4×4.2~4.8㎛로 비아미로이드 반응이다. 연낭상체의 크기는 52.5~72.5×10~15㎛로 방망이 또는 방추형이다.

생태 여름에 소나무숲 또는 혼효림의 흙에 단생 또는 군생한다.

분포 한국(남한 : 완주의 삼례), 일본, 북아메리카

참고 근부가 땅속 깊숙히 들어가 있으며, 일부는 땅속에 균괴를 형성하기도 한다.

독버섯

흰갈대버섯 *Chlorophyllum molybdites* (Meyer : Fr.) Massee 준맹독

용도 및 증상 독성분은 마우스 치사성 성분과, 스테로이드류(세포독)을 함유하며, 중독 증상은 오한, 두통, 구토, 설사, 때로는 혈변 등이 나타나는 등 심한 위장계의 중독을 일으킨다.

형태 균모는 지름 7~30cm로 어릴 때는 반구형에서 종모양으로 차츰 변화하며, 둥근 산모양을 거쳐 가운데가 높은 편평형이 된다. 표면은 매끄럽고 회갈색인데, 가운데 이외는 성장함에 따라 불규칙하게 갈라진다. 백색 바탕에 인편이 있다. 섬유상 무늬가 있으며, 가장자리는 어릴 때 아래로 말린다. 살은 백색 혹은 살색이고 처음은 치밀하지만 해면질로 되며 밀가루 냄새가 난다. 주름살은 자루에 떨어진주름살이고, 간격은 좁아서 조금 밀생한다. 어릴 때는 백색이지만 성숙하면 녹색이 되었다가 차츰 올리브색이 된다. 자루의 길이는 10~25cm이고 굵기는 1~2.5cm로 아래가 조금 굵으며, 회백색의 섬유상으로 속은 차 있다. 턱받이는 두껍고 위쪽에 있고 위아래로 움직일 수 있다.

포자 난형 혹은 타원형으로 크기는 8~11.5×6~7.5μm이며, 포자벽은 두껍고 꼭대기에 발아공이 있다. 연낭상체는 18~44×12~20μm로 곤봉형이다.

생태 봄에서 가을 사이에 풀밭, 초원 및 유기질이 풍부한 땅에 군생한다.

분포 한국(남한 : 한라산), 열대에서 아열대에 걸쳐 분포, 일본, 필리핀, 남북 아메리카, 북반구 온대

참고 이 버섯의 독성은 기후나 발생지에 따라 다르며 어떤 나라에서는 식용하는 곳도 있다고 한다. 열대 혹은 아열대 지방의 특산종이 지구 온난화의 영향으로 온대 지방으로 귀화한 것으로 추측된다. 북한명은 풀빛큰우산버섯(흰큰우산버섯)

독큰갓버섯 *Macrolepiota neomastoidea* (Hongo) Hongo 일반독

용도 및 증상 독성분은 불분명하며, 섭취 후 구토, 설사 등 위장계의 중독을 일으킨다.

형태 균모는 지름 8~10cm으로 구형이다가 나중에 가운데가 볼록한 편평형이 된다. 표면에는 끈적기가 없고, 표면의 가운데에 연한 황갈색의 대형 비늘조각이 붙어 있으며, 주위에는 소형의 비늘조각이 간혹 산재되어 있다. 바탕은 백색 섬유상인데, 끝이 가늘게 쪼개진다. 살은 백색으로 만지면 적색으로 변한다. 주름살은 자루에 대하여 떨어진주름살 이고 주름살의 간격은 좁아서 밀생하며 백색이다. 자루의 길이는 10~12cm이고 굵기는 0.4~0.8cm로 자루의 밑은 부풀어 있고, 백색에서 차츰 오갈색으로 변하며 속은 비었다. 턱받이는 백색으로 위아래로 움직인다.

포자 난형 또는 타원형이고 표면은 매끄럽고 발아공이 있다. 크기는 7.5~9×5~6μm이다. 연낭상체는 19.5~40×10~22μm이고 서양배모양 또는 곤봉형이다.

생태 가을에 대나무 밭이나 숲 속의 땅에 군생한다. 균륜을 형성한다.

분포 한국(남한 : 광릉), 일본, 싱가포르, 중국의 광서

참고 황갈색 또는 회갈색의 인편이 균모 가운데에 크게 부착하는 것이 특징이다.

밤색갓버섯 *Lepiota castanea* Quél. 맹독

용도 및 증상 독성분은 불분명하나, 먹으면 아마니타톡신(마비)에 의한 중독 증상을 나타낸다.

형태 균모의 지름은 1.5~4cm로 원추상의 둥근 산모양으로 가운데가 볼록한 편평형이 된다. 표면은 미세한 황갈색, 적갈색, 흑갈색의 거칠거칠한 작은 인편으로 덮여 있다. 또 표면은 가늘게 갈라져서 백색바탕이 나타난다. 살은 백색에 가깝고, 맛은 없다. 주름살은 자루에 끝붙은주름살로, 처음에 백색의 크림색에서 차츰 다갈색이 되었다가 마침내 적색을 나타내며, 주름살의 간격은 좁아서 밀생한다. 자루의 길이는 3~5.5cm이고, 굵기는 0.25~0.4cm이고 위아래가 같은 굵기이지만, 아래쪽이 약간 부푼다. 턱받이는 실이엉킨 거미집모양이며, 백색이고 탈락하기 쉽다. 턱받이 아래는 적갈색, 암갈색의 섬유상 인편을 가지고 있다. 자루의 속은 비었고, 표면은 연한 오렌지색을 띤 갈색의 바탕에 균모와 같은 색의 작은 인편이 점점이 존재한다.

포자 쐐기모양의 포탄형으로 크기는 9~13×4~5μm이고 표면은 매끄럽고 투명하다. 멜저액 반응은 거짓아미로이드(pseudoamyleid)반응이다. 낭상체는 35.8~38.6×15.7~20μm로 타원형이다.

생태 여름부터 가을에 걸쳐서 숲 속의 흙에 단생 또는 군생한다.

분포 한국(남한 : 가야산, 만덕산), 일본, 유럽

참고 특징은 균모는 구리빛 갈색 혹은 오렌지색을 띤 갈색으로 작은 인편이 있고, 주름살은 크림색에서 적색으로 변하며, 자루는 연한 오렌지색을 띤 갈색의 바탕에 균모와 같은 인편이 분포한다.

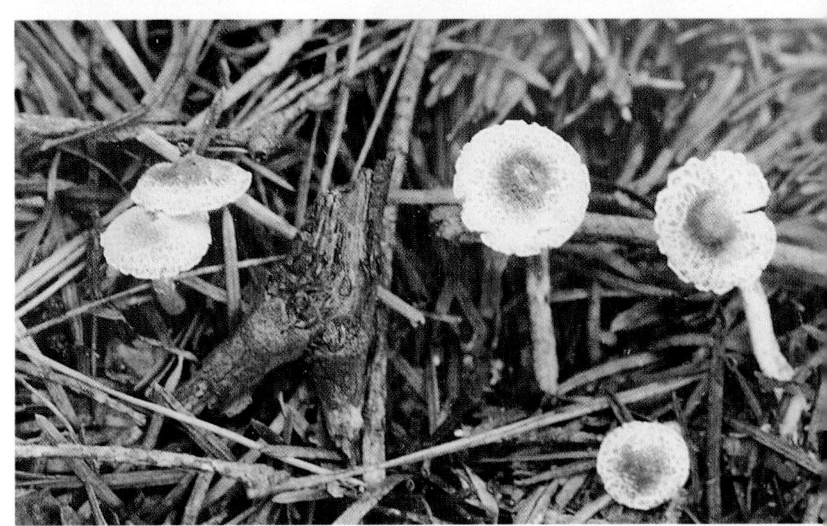

갈색고리갓버섯

Lepiota cristata (Bolt. : Fr.) Kummer 일반독

용도 및 증상 독성분은 불분명하며, 중독 증상은 밤색갓버섯(*Lepiota castanea*)과 비슷하다. 맹독버섯으로 취급하는 나라도 있다.

형태 균모의 지름은 2~4cm이고 종모양 또는 둥근 산모양에서 차차 편평하게 되지만 가운데는 볼록하다. 표피는 연한 갈색 또는 적갈색이다. 다 자라면 가운데 이외의 부분은 쪼개져서 인편으로 되어 백색 섬유상 바탕 위에 산재하는데, 가운데는 적갈색을 나타낸다. 살은 백색 또는 적갈색이다. 주름살은 백색이거나 크림색이며, 자루에 대하여 끝붙은주름살이다. 자루의 길이는 3~5cm이고 굵기는 0.2~0.5cm로 비단빛이 나며 백색 또는 살색이다. 턱받이는 백색 비단 모양이나 탈락하기 쉽다.

포자 마름모꼴의 포탄형이며, 표면은 매끄럽고 투명하다. 크기는 5.5~8×3.5~4.5μm이며, 거짓아미로이드 반응이다.

생태 여름에서 가을 사이에 숲 속이나 정원, 잔디밭, 쓰레기장 등의 땅에 군생한다.

분포 한국(남한 : 지리산, 모악산, 오대산, 발왕산, 한라산, 소백산. 북한 : 대성상, 금강산, 묘향산), 일본, 중국, 러시아의 극동, 유럽, 북아메리카 등 전 세계

참고 맹독버섯인 밤색갓버섯(*Lepiota castanea*)과는 균모와 자루의 인편으로 구분이 가능하다. 북한명은 애기우산버섯

숲주름버섯 *Agaricus silvaticus* Schaeff. : Fr. 준맹독

용도 및 증상 독성분인 아마톡신류(마비)가 미량 검출되며, 알광대버섯(*Amanita phalloides*)의 중독 증상과 비슷하게 2단계를 거쳐 일어난다. 잠복 기간이 길고 식후 6시간에서 24시간 사이에 구토, 설사, 복통이 나타나다가 하루 쯤 지나면 회복한다. 그 후 4~7일 지나서 간의 비대, 황달, 위장의 출혈 등 내장의 세포가 파괴되어 사망하는 수도 있다.

형태 균모의 지름은 4~8cm로 둥근 산모양에서 차차 편평해진다. 가운데는 갈색이며 가장자리로 청백색의 비늘이 방사상으로 분포한다. 표면은 연한 적갈색의 얼룩을 이루고, 살은 백색이나 자르면 적색으로 변한다. 주름살은 백색에서 분홍색을 거쳐 흑갈색이 되고, 자루에 끝붙은주름살이며 간격은 좁아서 밀생한다. 자루의 길이는 6~10cm이고 굵기는 0.8~1.5cm로 위아래의 굵기가 같고 백색이며, 하부는 굵은 비늘로 덮여 있다. 자루의 속은 비어 있다. 자루의 상부에 줄무늬선이 있는 턱받이가 있고 아래에는 솜털이 있다.

포자 자갈색의 타원형이며, 크기는 $4.5 \sim 6 \times 3 \sim 3.5\mu m$이고 표면은 매끄럽다.

생태 여름에서 가을 사이에 침엽수림의 낙엽층의 땅에 군생한다.

분포 한국(남한 : 한라산, 발왕산, 두륜산. 북한 : 묘향산, 금강산, 대성산), 일본, 중국, 러시아의 극동, 영국, 유럽, 북아메리카

참고 북한명은 숲들버섯

식용이나 미량의 독성분을 가지고 있는 버섯

큰갓버섯 *Macrolepiota procera* (Scop. : Fr.) Sing. 미약독

용도 및 증상 독성분은 불분명하며, 날것으로 먹으면 소화기 계통의 약한 중독을 일으킨다. 또 두드러기, 천식, 설사, 쇼크, 알레르기를 일으키기도 한다. 식용할 때는 튀김, 고기 조림 등의 요리를 할 때 이용하며, 자루는 말려서 오징어처럼 구워 먹는다.

형태 균모의 지름은 8~20cm로 난형에서 차차 편평하게 되나, 가운데가 약간 볼록하다. 표피는 끈적기가 없고 갈색 또는 회갈색인데 터져서 인편으로 된다. 바탕은 연한 갈색 또는 연한 회색으로 갯솜질이며, 가운데는 갈색의 커다란 인편이 있다. 가장자리는 미세한 인편이 많이 분포하며, 살은 백색의 솜 모양이다. 주름살은 백색이며 자루에 대하여 떨어진 주름살이고 간격이 좁아서 밀생한다. 살이나 주름살은 상처를 받으면 적갈색으로 변색한다. 자루의 길이는 15~30cm이고 굵기는 1.2~2cm로 표면은 탁한 백색이었다가 점차 오갈색으로 변색한다. 표면은 인편이 있어서 얼룩모양이다. 자루의 밑은 부풀고 속은 비었다. 턱받이는 반지 모양이며 두껍고, 윗면은 백색이다. 또한 아랫면은 회백색이고, 위아래로 움직일 수 있다.

포자 난원형이고, 크기는 13~16×9~12μm로 멜저액 반응은 거짓아미로이드이다.

생태 여름에서 가을 사이에 숲 속, 대나무밭, 풀밭의 땅에 단생한다.

분포 한국(남한 : 광릉, 소백산, 한라산, 모악산, 발왕산 등 전국. 북한 : 오가산, 묘향산, 영광, 장진, 송진산, 대성산, 룡성, 원산,금강산), 일본, 중국, 러시아의 극동, 유럽, 북아메리카, 아프리카, 호주 등 전 세계

참고 특징은 자루의 턱받이가 위아래로 이동이 가능하다. 이 버섯은 성장 단계에 따라 색과 모양의 변화가 있으며, 어린 버섯은 주의를 하여야 한다. 유사종인 큰갓버섯아재비(*Macrolepiota rhacodes*)는 본종에 비하여 자루가 짧고 굵으며, 살은 적색으로 변색한다. 북한명은 큰우산버섯

턱받이금버섯 *Phaeolepiota aurea* (Matt. : Fr.) Maire 미약독

용도 및 증상 독성분은 불분명하나, 먹으면 복통, 구토, 설사 등의 위장계의 중독을 일으킨다. 먹을 때는 균모에 붙은 가루를 깨끗이 씻고 프라이나 볶음 요리에 이용한다. 항암 작용도 한다.

형태 균모의 지름은 5~15cm로 원추형 또는 둥근 산모양을 거쳐 편평하게 되나, 가운데는 볼록하다. 방사상의 주름이 있다. 표면은 황토색 또는 황금색인데 똑같은 색의 가루 인편이 분포한다. 살은 연한 황색이며, 심한 냄새가 난다. 주름살은 황토색에서 황갈색으로 되며 자루에 끝붙은주름살이고, 간격은 좁아서 밀생한다. 자루의 길이는 8~ 15cm이고 굵기는 1.2~3.5cm로 표면이 황토색 또는 황금색인데 같은 색의 가루 인편이 부착한다. 자루 위에는 세로줄의 주름무늬가 있다. 턱받이는 크고 막질이며, 윗면은 황백색이지만 포자가 성숙하면 포자가 떨어져 갈색으로 변색하며, 아랫면은 가루 같은 인편이 분포하고 주름이 있다.

포자 방추상의 타원형이고, 크기는 $9\sim13\times4\sim5\mu m$이며, 표면에 미세한 반점이 있다.

생태 여름에서 가을 사이에 숲 속, 길가, 뜰, 밭두렁, 대나무밭 등에 군생한다. 희귀종이다.

분포 한국(남한 : 담양의 대나무밭. 북한 : 오가산, 묘향산, 평양), 일본, 중국, 러시아의 극동, 유럽, 북아메리카 등의 북반구 일대, 호주

참고 북한명은 노란녹쓴우산버섯

가시갓버섯 *Lepiota acutesquamosa* (Weinm. : Fr.) Gill. s. lat. 미약독

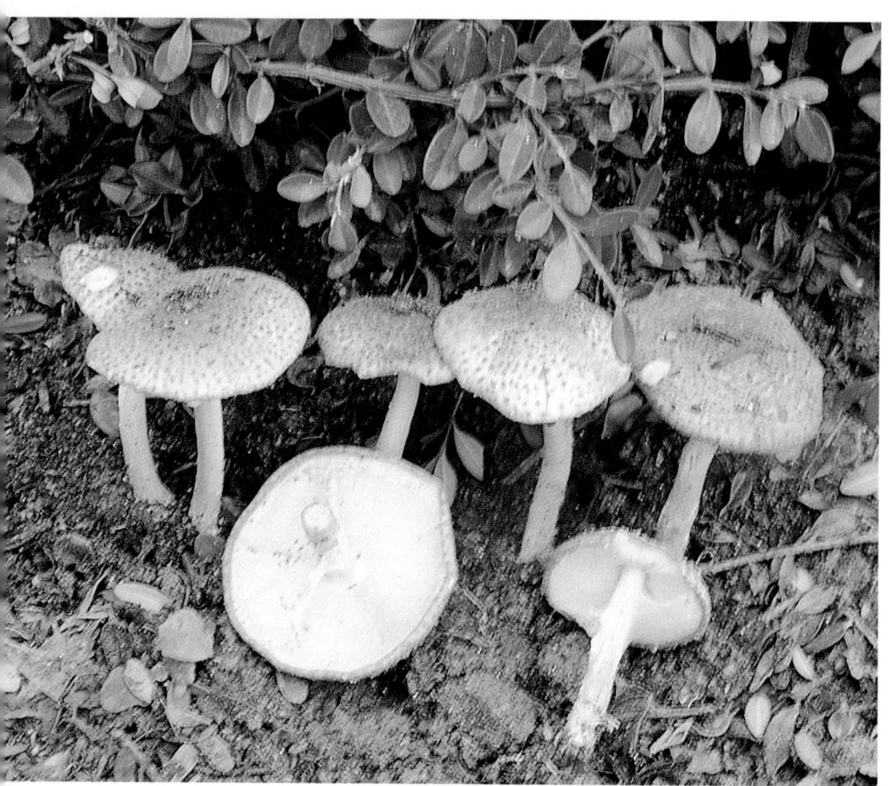

용도 및 증상 독성분은 불분명하며, 먹으면 위장계의 중독을 일으킨다.

형태 균모의 지름은 7~10cm로 원추형 또는 둥근 산모양을 거쳐 가운데가 볼록한 편평형이 된다. 표면은 황갈색 또는 적갈색이며, 암갈색의 돌기로 덮여 있다. 살은 백색이고 약간 두꺼우며 불쾌한 냄새가 난다. 주름살은 자루에 대하여 떨어진주름살로 백색이며, 약간 폭이 넓고 분지를 한다. 자루의 길이는 8~10cm이고 굵기는 0.8~1.2cm로 위아래의 굵기가 같고 자루의 밑은 부풀다. 또한 속은 비었으며, 상부는 백색이고 하부는 연한 갈색인데 갈색의 인편이 있다. 턱받이는 자루의 위쪽에 있고 백색의 막질이며, 가장자리는 갈색이다.

포자 타원형 또는 원주형이고 크기는 5.5~7.5×2.5~3μm이다.

생태 여름에서 가을 사이에 숲 속, 정원 내, 쓰레기장, 길가의 땅에 군생한다.

분포 한국(남한 : 변산반도 국립공원, 백양사), 전 세계

참고 특징은 표면에 침같은 돌기를 가졌다는 것이다. 유사종인 뿔껍질갓버섯(*Lepito hystrix*)은 균모 및 자루의 턱받이 아래에 거친 커다란 인편이 있고, 자루의 윗부분에서 암색의 물방울이 분비된다. 비슷한 모양인 귀신그물버섯(*Strobilomyces strobilaceus*)은 살이 변색하고 균모의 비늘이 눌린 느낌이기 때문에 가시갓버섯과 구분할 수 있다. 북한명은 소름우산버섯

솜갓버섯 *Lepiota clypeolaria* (Bull. : Fr.) Kummer 미약독

용도 및 증상 독성분은 불분명하며, 먹으면 이상 증상이 나타난다.

형태 균모의 지름은 4~7cm로 원주형을 거쳐 둥근 산모양으로 변하지만, 나중에 편평하게 된다. 표면은 황색 또는 황토색이며 모피상이었다가 차츰 표피가 쪼개져 입상의 인편이 밀포한다. 살은 백색이며, 주름살은 백색 또는 황색이고 자루에 대하여 끝붙은주름살로서, 간격이 좁아서 밀생한다. 자루의 길이는 5~10cm이고 굵기는 0.3~0.8cm로 속은 비어 있으며, 상부는 백색의 비단모양이다. 턱받이의 하부는 균모처럼 섬유상 또는 솜털모양이다. 턱받이는 탈락하기 쉽다.

포자 협방추형이고, 크기는 14~22.5×4.5~6μm이다.

생태 여름에서 가을 사이에 숲 속의 땅에 단생 또는 군생한다.

분포 한국(남한 : 가야산, 변산반도 국립공원, 방태산, 어래산, 무등산. 북한 : 평성), 일본, 중국, 러시아의 극동, 유럽, 남 · 북아메리카, 호주 등 전 세계

참고 갓버섯속에는 맹독성인 아마톡신류를 포함하는 것이 많으므로 주의를 요한다. 솔방패버섯이라고도 한다. 특징은 턱받이 아래로 솜 찌꺼기 모양의 털이 두껍게 부착한다. 북한명은 솜우산버섯

주름버섯아재비 *Agaricus placomyces* Peck 미약독

용도 및 증상 독성분은 불분명하나, 섭취 후 이상한 증상이 나타난다. 유럽과 미국에서 독버섯으로 취급한다. 식용도 가능하다.

형태 균모의 지름은 5~15cm로 둥근 산모양을 거쳐 차차 편평하게 된다. 표면은 갈색 또는 암갈색의 섬유상이나 표피가 터져서 인편으로 되며, 연한 갈색의 바탕을 나타낸다. 살은 백색이고 주름살은 백색에서 분홍색을 거쳐 흑갈색으로 되며, 자루에 끝붙은 또는 떨어진주름살이다. 자루의 길이는 4~15cm이고, 굵기는 0.6~1.5cm로 하부는 굵으며, 백색의 비단실모양으로 갈색을 띤다. 턱받이는 크고 백색의 막질이며, 하면에 솜털의 인편이 부착한다.

포자 초콜릿색의 광타원형이며, 표면은 매끄럽고 크기는 4.5~5.5 × 3~3.5μm이다. 포자문은 흑갈색이다.

생태 여름에서 가을 사이에 숲 속의 땅에 군생한다.

분포 한국(남한 : 광릉, 한라산, 지리산. 북한 : 묘향산, 신양, 금강산), 일본, 중국, 러시아의 극동, 북아메리카

참고 균모의 표면에 갈색 또는 암갈색의 인편이 가운데에 밀집하는 것이 특징이다. 북한명은 모양들버섯

광비늘주름버섯 *Agaricus praeclaresquamosus* Freeman 미약독

용도 및 증상 독성분은 불분명하나, 먹으면 복통, 설사 등의 위장계의 중독을 일으킨다.

형태 균모의 지름은 6~11cm이며 처음은 둥근형이나 차차 편평한 모양으로 변한다. 하지만 가운데는 약간 평편하다. 표면은 백색 바탕에 회갈색 혹은 흑갈색의 섬유상의 인편이 분포한다. 간혹 황갈색 또는 회갈색의 인편이 있는 것도 있으나, 가운데는 밀포하여 검은색을 나타내며 비단 같은 광택이 있다. 가장자리는 표피가 너덜너덜하게 부착한다. 살은 백색으로 얇고 상처를 받으면 적갈색으로 되며, 냄새가 난다. 주름살은 자루에 끝붙은주름살이고, 간격은 좁아서 밀생한다. 색깔은 백색에서 적갈색으로 변하였다가 흑색으로 변색한다. 자루의 길이는 8~13cm이고 굵기는 6~1.2cm 정도로 비교적 가는 원통형이고, 백색 또는 황백색으로 비단 같은 광택이 있다. 자루의 밑은 둥글고 굵으며 약간 섬유상으로 상처를 받으면 황갈색으로 변색되는 것도 있다. 턱받이는 백색으로 대단히 크고 처음은 주름살 전면을 덮고 있다가 하향의 턱받이로 된다. 자루의 속은 비었다.

포자 타원형이고, 크기는 5.8~6.8×3.5~4.3cm이며 끝이 뾰족하고 2중막이다. 멜저액에서 비아미로이드 반응을 나타내며, 기름방울을 하나 또는 2개를 가지는 것도 있다. 연낭상체의 크기는 5~30×10~12.5μm로 곤봉형이고 막이 두껍다.

생태 여름에서 가을에 걸쳐서 혼효림의 땅에 군생한다.

분포 한국(남한 : 두륜산, 방태산, 발왕산, 지리산, 만덕산), 일본, 유럽, 북아프리카

참고 이 종과 유사한 것으로 주름버섯아재비(*Agaricus placomyces*)가 있는데 이 종은 균모의 표면이 엷은 황갈색이고, 연낭상체가 없는 것이 차이 점이다.

담황색주름버섯 *Agaricus silvicola* (Vitt.) Sacc. 미약독

용도 및 증상 독성분은 알려지지 않았으나 섭취 후 불분명한 중독 증상이 나타난다. 유럽과 미국에서는 독버섯으로 취급한다. 맛과 냄새가 향기롭고 식용도 하지만, 날것으로 많이 먹어서는 안 된다.

형태 균모의 지름은 5~12cm이고 종모양에서 차차 편평하게 되며, 가장자리는 아래로 말린다. 크림 백색에서 황백색으로 변색되며, 오래되거나 건조하면 진한 황색이 된다. 표면에는 광택이 있고, 가장자리는 외피막의 잔편이 부착하는 것도 있다. 살은 갈색이다. 주름살은 회백색에서 흑갈색으로 변하며, 자루에 대하여 끝붙은주름살이고, 간격은 좁아서 밀생한다. 자루의 길이는 6~15cm이고 굵기는 0.6~1.5cm로 황백색이며 자루의 밑은 부푼다. 턱받이는 두겹이고 자루의 위쪽에 부착한다. 자루의 속은 차 있거나 빈다.

포자 자갈색의 타원형이며, 크기는 6~7×3~4μm이다.

생태 여름에서 겨울 사이에 침엽수림의 땅에 군생한다.

분포 한국(남한 : 광릉, 지리산. 북한 : 묘향산, 신양, 금강산), 일본, 중국, 러시아의 극동유럽, 북아메리카

참고 북한명은 숲긴대들버섯

진갈색주름버섯 *Agaricus subrutilescens* (Kauffm) Hots. et Stun. 미약독

용도 및 증상 섭취 후 위장 장애를 일으킨다.

형태 균모는 지름 7~20cm로 둥근 산모양을 거쳐 편평하게 된다. 표면은 자갈색의 섬유로 덮여 있다가 차차 인편으로 되며, 연한 홍백색의 바탕이 나타나고 가운데는 어두운 갈색이 된다. 살은 백색에서 자갈색으로 변색된다. 주름살은 처음 백색에서 홍색을 거쳐서 흑갈색으로 되며, 자루에 대하여 떨어진 주름살로서, 간격은 좁아서 밀생한다. 자루의 길이는 9~20cm이고 굵기는 1~2cm이며, 아래쪽은 굵고 백색이나, 위쪽은 연한 홍색이다. 또한 아래에는 솜털의 인편이 있다. 턱받이는 자루의 가운데 또는 위쪽에 부착하며 백색이고, 아랫면에는 솜털의 인편이 있다.

포자 암갈색의 타원형이며, 크기는 5.5~6.5×3~3.5μm이다. 포자문은 흑갈색이다.

생태 여름 혹은 가을에 숲 속의 땅에 단생 또는 군생한다. 흔한 종이다.

분포 한국(남한 : 지리산, 발왕산, 월출산, 두륜산, 가야산, 변산반도 국립공원), 일본, 중국, 북 아메리카(서부)

참고 암자갈색의 인편이 가운데에 밀집되어 있다는 것이 특징이다. 종명인 *subrutilescens*는 '약간 적색을 띤다'는 뜻이다.

과립각시버섯 *Leucocoprinus bresadolae* (Schulz) S. Wasser 미약독

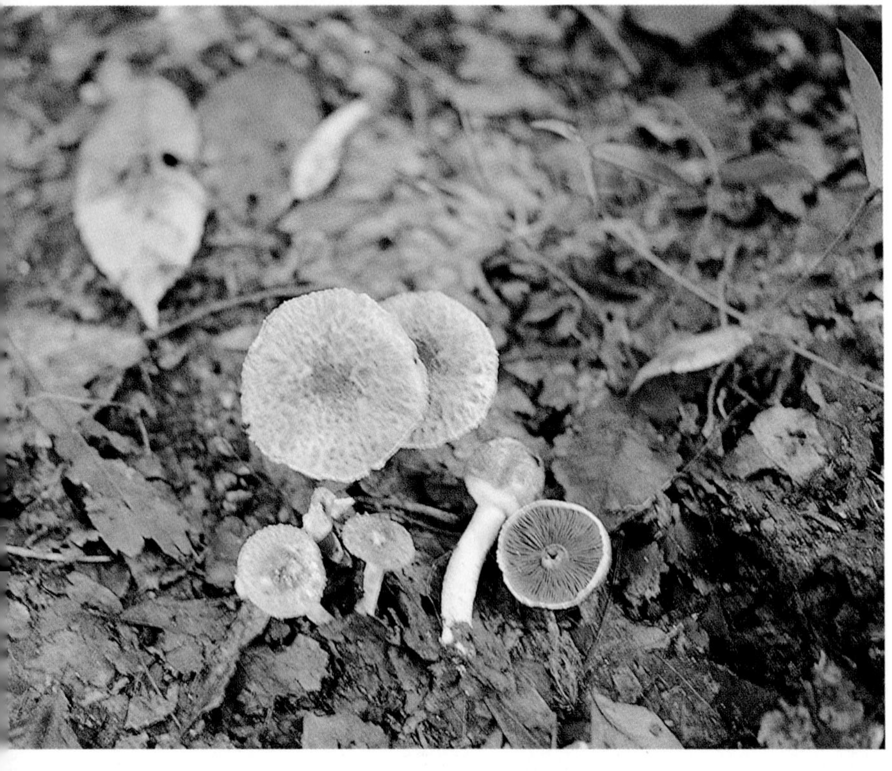

용도 및 증상 독성분은 불분명하나, 먹으면 위장계의 이상이 나타난다.

형태 지름은 5~10cm로 난형에서 둥근 산모양을 거쳐 차차 편평하게 된다. 표면은 흰바탕에 갈색의 알맹이가 인편으로 덮여 있고, 가운데에 밀생하며, 가장자리는 방사상 줄무늬 홈선이 희미하게 있다. 살은 백색이나 상처를 입으면 적색으로 변한다. 주름살은 자루에 대하여 떨어진주름살이고, 백색 또는 크림색이다. 주름살의 간격은 좁아서 밀생한다. 자루의 길이는 5~13cm이고 굵기는 1~3cm로 근부는 백색의 방추형이고, 가루 같은 인편으로 덮여 있으며 속은 비어 있다. 턱받이는 암갈색의 막질이다.

포자 광난형이고, 크기는 9~10.5×6.5~7.5μm이다. 연낭상체는 방추형 또는 곤봉형이고 꼭대기에 돌기가 있고 크기는 52~67×11.5~16.5μm

생태 여름에서 가을에 걸쳐서 톱밥, 짚더미 또는 죽은 나무의 그루터기에 군생 또는 속생한다.

분포 한국(남한 : 전국), 일본, 유럽

참고 상처를 받으면 흰색의 살이 적색으로 변색하는 특징이 있다.

먹물버섯과

어릴 때는 식용하지만 성숙하면 검게 액화되므로 먹을 수 없다. 또 술과 함께 먹으면 중독 증상이 나타나는 두엄먹물버섯, 갈색먹물버섯이 있다. 말똥버섯속의 버섯들은 환각 증상을 일으킨다.

식용버섯

재먹물버섯 *Coprinus cinereus* (Schaeff. : Fr.) S. F. Gray

용도 및 증상 어릴 때 식용으로 쓰인다.

형태 균모의 지름은 2~5cm이고 균모의 높이는 1.5~4.5cm이며 난형 또는 긴 난형에서 종모양으로 변한다. 표면은 어릴 때 백색 혹은 갈색의 솜털 같은 부스러기 또는 섬유상의 피막으로 덮여 있지만, 성장하면 탈락하여 회갈색의 바탕색이 나타난다. 방사상의 줄무늬선이 있고, 가장자리는 불규칙하며, 위로 말리고 액화한다. 주름살은 자루에 대하여 끝붙은 주름살이고, 처음은 백색에서 차츰 검은색으로 변색되며, 간격은 좁아서 밀생한다. 자루의 길이는 3~10cm이고 굵기는 0.3~ 0.6cm로 백색이고 근부는 조금 부풀었으며, 땅 속으로 3~5cm 들어가 있다.

포자 타원형으로 발아공이 있으며, 크기는 11~15×6~8μm이다. 측낭상체는 원주형 또는 플라스코형으로 크기는 48~89×26~37μm이다. 연낭상체는 난형이고 크기는 30~55×11~18.5μm이다.

생태 봄에서 가을 사이에 퇴비 또는 소똥에 군생한다.

분포 한국(남한 : 어래산, 다도해해상 국립공원, 한라산), 북반구 일대, 호주

좀밀물버섯 *Coprinus plicatilis* (Curt. : Fr.) Fr.

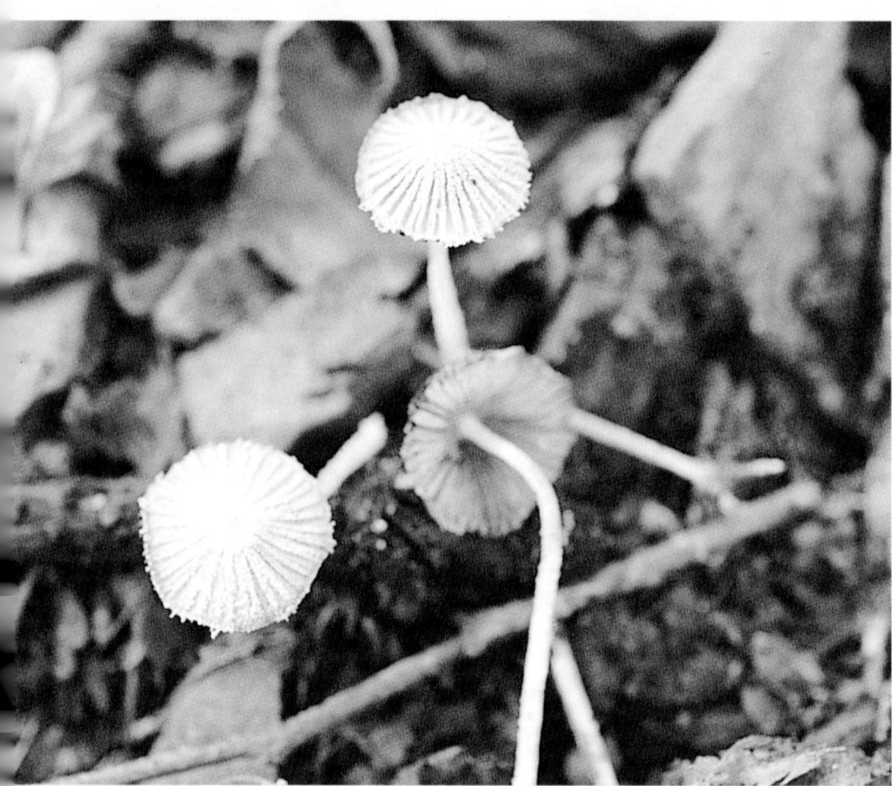

용도 및 증상 어릴 때 식용으로 쓰인다.

형태 버섯갓의 지름은 0.9~1.3cm이고 둥근 부채모양이며, 후에 편평하게 펴진다. 겉면은 처음에 약간 노란색을 띠지만 후에 노란빛이 도는 재빛색이 되고, 특히 가운데 부분은 갈색을 띤다. 얇은 막질로서 가운데 부분에서부터 부채살 모양의 주름이 잘 나타난다. 살은 흰색 혹은 연한색이고 대단히 얇다. 주름살은 흰색이나 곧 흑색으로 된다. 주름살 간격은 넓어서 성기며, 폭은 간격이 좁아서 밀생한다. 지루는 길이 4~7cm, 굵기는 0.1~0.2cm이고, 위아래의 굵기는 같거나 위가 점차적으로 약간 가늘고 매끈하기도 한다. 위쪽은 흰색을 띠고 아래쪽은 갈색이며, 밑 부분에는 약간 부드러운 털이 있고 부서지기 쉽고, 속은 빈다.

포자 구형으로, 표면은 매끈하고 검은 갈색으로 발아공이 있으며, 크기는 9~11×7~9μm이다. 낭상체는 주머니모양이다. 포자문은 흑색이다.

생태 봄부터 가을 사이에 잔디밭, 들, 길가, 퇴비장에 단생, 군생한다.

분포 한국(남한 : 전국. 북한 : 묘향산, 양덕, 오가산) 중국, 러시아의 극동, 일본, 유럽, 북아메리카, 아프리카, 호주

참고 균모의 가운데가 약간 편평하고 홈파진 부채살처럼 된다.

노랑먹물버섯 *Coprinus radians* (Desm. : Fr.) Fr.

용도 및 증상 어릴 때 식용으로 쓰인다.

균모 지름은 2~3cm로 난형에서 종모양 또는 원추형을 거쳐 편평하게 되며, 가장자리는 위로 말린다. 표면은 황갈색이고 솜털모양 또는 껍질모양의 인편으로 덮이며, 가장자리는 방사상의 줄무늬 홈선을 나타낸다. 주름살은 백색에서 흑자색으로 변색된다. 자루의 길이는 2~5cm이고, 굵기는 0.3~0.4cm로 백색이며, 근부에는 황갈색의 균사 덩어리가 있다.

포자 콩팥모양의 타원형이고, 발아공이 있으며 크기는 6.5~8.5×3.5~4.5μm이다. 표면은 매끄럽고 포자벽은 두껍다.

생태 여름에서 가을에 걸쳐서 나무의 이끼류, 활엽수의 썩은 나무 위에 군생 또는 속생하는 목재부후균이다. 특히 황갈색의 양탄자같은 이끼류에 발생한다.

분포 한국(남한 : 월출산, 한라산, 모악산, 안동), 북반구 일대

참고 비슷한 종인 갈색먹물버섯(*Coprinus micaceus*)과는 황갈색의 균사 덩어리의 유무로 쉽게 구별할 수 있다.

다람쥐눈물버섯 *Psathyrella piluliformis* (Bull. : Fr.) P. D. Orton

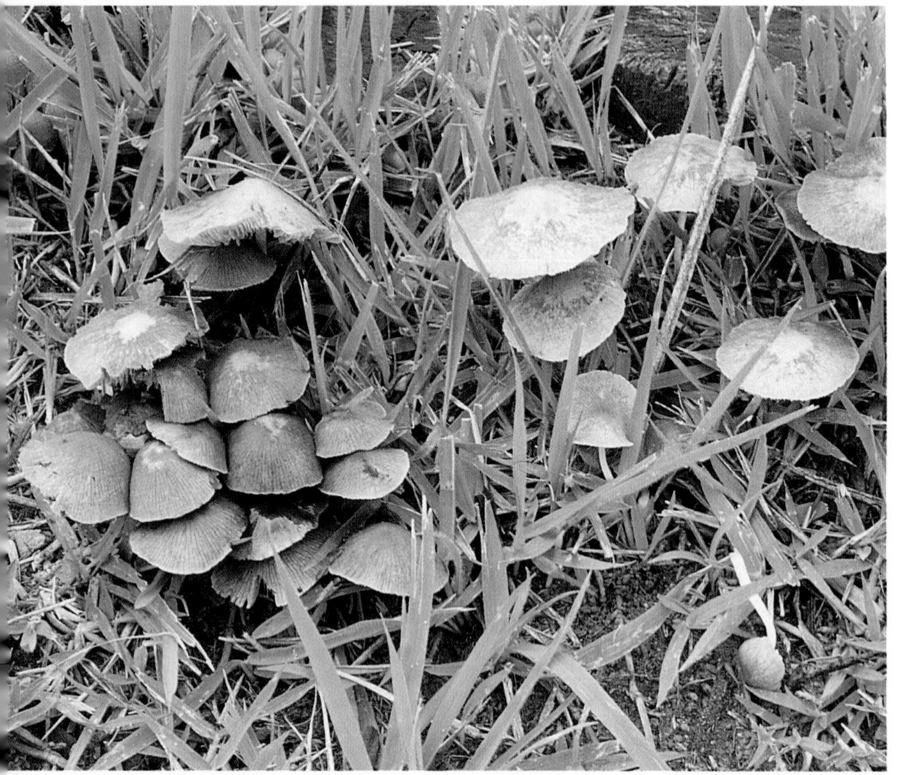

용도 및 증상 식용으로 쓰인다.

형태 균모의 지름은 2.5~5cm로 반구형 또는 둥근 산모양을 거쳐 편평하게 된다. 표면은 습기가 있을 때 방사상의 주름이 있고 어두운 갈색 또는 계피색이며, 마르면 연한 황토색으로 변색된다. 가장자리는 습기가 있을 때 줄무늬선을 나타낸다. 주름살은 자루에 대하여 올린주름살이고 간격은 좁아서 밀생하며, 가끔 물방울을 분비하고 연한 회갈색에서 점차 흑갈색으로 변색한다. 자루의 길이는 3~6cm이고, 굵기는 0.3~0.5cm로 백색이며, 속은 살이 없어서 비어 있다. 내피막은 백색인데 턱받이는 없다.

포자 타원형 또는 난형이며, 크기는 5~6×3~3.5㎛이고, 자갈색 또는 흑색이며 발아공이 있다. 낭상체는 곤봉형으로 27~33×11.5~13㎛이다.

생태 여름에서 초겨울 사이에 활엽수의 썩은 나무 또는 그 부근에 속생하거나 군생하는 목재부후균이다.

분포 한국(남한 : 변산반도 국립공원, 월출산, 가야산, 다도해해상 국립공원 방태산, 발왕산, 만덕산, 방태산, 속리산, 오대산, 지리산), 유럽, 북반구 일대, 아프리카

참고 족제비눈물버섯(*Psathyrella candolliana*)은 균모의 방사상의 줄무늬선의 유무로 구별할 수 있는데, 족제비눈물버섯은 줄무늬 선이 없다.

회갈색눈물버섯 *Psathyrella spadiceogrisea* (Schaeff.) Maire

용도 및 증상 식용으로 쓰인다.

형태 균모의 지름은 4.5~5.5cm으로 종모양에서 차차 둥글게 되고, 어두운 갈색 또는 황갈색이며, 방사상의 주름이 있다. 또한 건조하면 색이 바래고, 가장자리에는 습기가 있을 때 줄무늬 선이 생긴다. 어릴 때는 백색의 비단 같은 섬유가 부착한다. 주름살은 자루에 대하여 바른주름살이고, 간격은 좁아서 밀생한다. 처음은 백색이나 어두운 자갈색이 된다. 자루의 길이는 4.5~9.0cm 이고 굵기는 0.4~0.6cm로 원통형이며 백색으로 속은 비었다.

포자 타원형이며, 크기는 7.0~9.0×4.0~5.0μm이고 이중막이다. 불명료한 발아공을 가지고 있다. 담자기는 20~22.5×7.5~8.8μm으로 방망이형이다. 측낭상체의 크기는 27.5~40×15~17.5μm, 연낭상체는 22~37×12~15μm로 둘 다 방추형이다.

생태 봄에 활엽수의 고목 부근에 군생한다.

분포 한국(남한 : 방태산, 모악산), 북반구 일대

참고 균모가 암갈색이고 방사상의 주름이 특징이다. 종명인 *spadiceogrisea*는 '적갈색과 회색'이라는 뜻의 합성어다.

독버섯

두엄먹물버섯 *Coprinus atramentarius* (Bull. : Fr.) Fr. 술독

용도 및 증상 독성분은 코프린(coprin)이며, 술과 함께 먹으면 금방 얼굴이 빨갛게 달아올라 화끈거리고 두통, 발한, 호흡 곤란, 경련, 맥박의 저하 등의 상태가 계속되다가 수시간이 지나면 회복된다. 어릴 때는 맛있는 버섯에 속하며, 재배도 가능하다.

형태 균모의 지름은 5~8cm로 난형에서 종모양 또는 원추형에서 차차 편평해 지며, 가장자리는 위로 말린다. 표면은 회색 또는 연한 황갈색으로 갈색의 가는 인편으로 덮여 있고, 나중에 탈락하여 매끄러워진다. 또한 줄무늬 홈선이 나타나고 방사상으로 갈라진다. 자루만 남아 건조된 것도 있다. 하지만 어릴 때에 건조하면 버섯모양 그대로 남는다. 주름살은 백색에서 자갈색을 거쳐 흑색으로 된 후 액화되어 없어진다. 자루의 길이는 7~20cm이고 굵기는 0.8~1.8cm로 백색이고 자루의 속은 비어 있으며, 표면 중턱에 불완전한 턱받이의 흔적이 있다.

포자 타원형이고 발아공이 있으며, 크기는 8~11×5.5~6.5μm이다.

생태 봄에서 가을 사이에 정원과 밭, 특히 썩은 나무 근처에 군생한다. 도시에서는 포장도로를 뚫고 나오기도 한다.

분포 한국(남한 : 광릉, 지리산의 칠선계곡, 한라산, 광주의 무등산. 북한 : 묘향산, 오가산, 대성산, 금강산), 일본, 중국, 러시아의 극동, 유럽, 북아메리카, 아프리카, 호주

참고 비슷한 모양을 한 먹물버섯(*Coprinus commatus*)과 모양 · 크기가 비슷하지만 순백색이어서 두엄먹물버섯과 구별이 되며, 균모가 원주상으로 분명한 거친 인편이 있다. 북한명은 먹물버섯이며, 남한의 먹물버섯의 학명은 *Coprinus commatus*이다.

술과 함께 먹으면 중독 (*Coprinus atramentarius* : 잉크 모자)

어릴 때는 식용이 가능하다. 어떤 사람들은 버섯을 담은 접시의 물까지 마실 정도로 맛있는 버섯이다. 하지만 이 버섯은 술과 같이 먹으므로써 중독 증상이 일어난다. 술과 함께 먹으면 가슴은 심하게 뛰고, 현기증, 배멀미, 호흡 고통 등의 증상과 모래 씹는 금속성의 맛이 느껴지는 등 많은 고통이 따른다. 균모는 영국 버킹검 근위병 모자처럼 보이며, 접은 우산을 편 것같이 생겼다. 또한 균모는 오직 밤에만 펴지는 특징이 있으며, 결국 검은 잉크처럼 되어 녹아 내린다. 그래서 하루밤 버섯이라고 불리고, 유럽에서는 잉크 모자라 불린다. 과거에는 이 버섯의 녹은 균모를 껌, 아라빅, 페놀을 섞어서 잉크를 만들어 썼다. 이 균은 가끔 도시의 포장도로에 침투하여 아스팔트를 뚫고 발생하기도 하므로, 사람들은 그러한 강한 생명력에 대하여 무한한 신비를 느껴왔다. 연하고 약하며 부드러워 보이기만 하는 버섯이 포장도로를 부수고 아스팔트를 들어 올리는 힘이 있기 때문이다. 이 버섯은 맛이 좋고, 술과 함께 먹지 않는다면 중독 증상은 없다. 그러나 술과 함께 마시면 섭취 후 2~3일 후에 중독 증상이 나타난다. 이 독의 증상은 황화합물을 해독하기 위하여 의학적 치료를 할 때 알코올에 의하여 일어나는 증상과 꼭 같다. 황화합물은 알데히드-디하이드로게나제를 억제하고 효소가 알코올로 분해하여 혈액에 아세트알데히드 작용을 저해하는 것으로 알려졌다.

갈색먹물버섯

Coprinus micaceus (Bull. : Fr.) Fr. 술독

용도 및 증상 독성분은 트립타민(tryptamine)이며, 중독 증상은 술과 함께 먹으면 여러 증상(얼굴이 화끈거리고 붉어지며 두통, 맥박의 느려짐)이 나타난다. 인돌알칼로이드를 함유하기 때문에 많이 먹으면 중독 증상이 나타난다. 어릴 때는 식용이 가능하다.

형태 균모의 지름은 1~4cm로 난형에서 종모양 또는 원추형으로 되어 펴지면 가장자리는 위로 말린다. 표면은 연한 황갈색이고, 처음에는 가는 운모상의 인편으로 덮였으나 나중에 떨어져서 매끄러워지며, 가장자리에 방사상의 줄무늬 홈선이 있다. 주름살은 백색에서 흑색으로 되어 액화하지만, 두엄먹물버섯이나 먹물버섯처럼 심하지는 않다. 자루의 길이는 3~8cm이고 굵기는 0.2~0.4cm로 백색이며, 속은 비어 있고 아래쪽에 불완전한 턱받이의 일부가 남아 있다.

포자 타원형이며, 발아공이 있으며 크기는 7~10×4.5~6μm이고 한쪽 끝이 뾰족하고 납작하다.

생태 여름에서 가을 사이에 활엽수의 그루터기나 땅에 군생 또는 속생한다. 목재부후균이다.

분포 한국(남한 : 소백산, 한라산, 대도해 해상국립공원, 방태산, 지리산, 내장산의 백양사. 북한 : 묘향산, 오가산, 대성산, 모란봉, 룡악산, 금강산, 광릉), 일본, 중국, 러시아의 극동, 유럽, 북아메리카, 호주 등 전 세계

참고 균모의 피막은 거의 구형의 세포이고, 자루의 밑에 황갈색의 균사 덩어리가 없어서 다른 종류와 구별된다. 북한명은 반들먹물버섯

말똥버섯 *Panaeolus papilionaceus* (Bull. : Fr.) Quél. 환각

용도 및 증상 독성분은 콜린(colin), 아세틸콜린(acetylcolin), 5-히도록시트립타민(5-hydroxytryptamine)등의 인돌알카로이드(indole alkaloid) 계통이며, 중독 증상은 중추와 말초신경계에 작용하는 물질이 있다. 실로시빈 외 인돌알카로이드 등에 의한 증상과 무스카린의 증상을 일으킨다. 신경계를 해치는 독성분도 있어서 먹으면 술에 취한 것처럼 환각이 보이기도 한다. 그러나 하루 정도 지나면 회복되며 후유증은 없다. 약하고 부서지기 쉽기 때문에 살짝 데쳐서 요리한다. 기름에 볶거나 야채와 볶으며 무, 식초를 이용한 요리에 좋다.

형태 균모의 지름은 2~4cm로 반구형 혹은 종모양 또는 둥근 산모양이며, 가운데가 볼록하다. 표면은 연한 회색 혹은 회갈색인데 가운데는 황토색 또는 갈색이고 매끄러우나, 가끔 갈라져서 거북등처럼 된다. 가장자리는 안쪽으로 말리고 주름살의 끝보다 돌출하며 백색 피막의 잔편이 부착한다. 주름살은 자루에 대하여 바른주름살로 청색이 가미된 회색에서 포자가 성숙하면 흑색으로 변색되며, 가장자리는 백색이다. 자루의 길이는 5~10cm이고 굵기는 0.2~0.3cm로 표면에는 미세한 가루가 있고, 백색 또는 연한 홍갈색이며, 단단하나 부러지기 쉽다. 자루의 속은 차 있다가 점차 비게 된다.

포자 레몬형 또는 타원형으로 흑갈색이고, 발아공이 있으며 크기는 12~15.5×8.5~11μm이다.

생태 봄에서 가을 사이에 목장, 잔디밭, 소나 말의 똥에 군생한다.

분포 한국(남한 : 한라산), 전 세계

참고 말똥버섯과 좀말똥버섯(*Panaeoluo sphinctrinus*)의 외부형태가 다른 것은 환경 조건이나 기후 조건으로 생각되고 있으며, 이 버섯들이 같은 것으로 보고한 학자도 있다.
북한명은 웃음버섯

좀말똥버섯 *Panaeolus sphinctrinus* (Fr.) Qúel. 환각

용도 및 증상 독성분은 이보테닉산(ibotennic acid : 파리 죽임), 무시몰(mucimol : 신경), 실로시빈-실로신(psilocybin-psilocyin : 환각)을 함유하며, 중독 증상은 섭취 후 20분에서 2시간 후에 증상이 나타난다.

형태 균모의 지름은 1~3cm로 반구형 또는 종 모양이며, 가운데가 조금 볼록하다. 표면은 매끄럽고 암회색이며, 마르면 연한 회색으로 변색된다. 가운데는 황토색 또는 갈색이고 가장자리는 주름살의 끝보다 돌출하며, 나중에 가늘게 갈라져서 톱니상으로 변한다. 주름살은 자루에 대하여 바른주름살로 회색에서 흑색으로 변색되며, 가장자리는 희다. 간격은 약간 좁거나 넓어서 조금 밀생하거나 성기다. 자루의 길이는 5~15cm이고 굵기는 0.15~0.35cm로 자루의 속은 비었고, 암회색 또는 암적갈색이며, 상부는 연한색이고 미세한 가루가 분포한다.

포자 레몬형 또는 타원형으로 발아공이 있으며, 크기는 13~17×9~11.5×7~9μm이다.

생태 봄에서 가을 사이에 소나 말의 똥이나 기름진 밭에 군생한다.

분포 한국(남한 : 한라산), 전 세계

참고 말똥버섯(*panaeolus papilionaceus*)과 비슷하며, 학자에 따라서는 이 두 종을 같은 종으로 취급하기도 한다.

검은띠말똥버섯 *Panaeolus subbalteatus* (Berk. et Br.) Sacc. 환각

용도 및 증상 독성분은 불분명하며, 먹으면 두통, 오한, 평형 감각의 상실, 현기증, 혈압 저하, 환상, 정신착란, 폭력 등 중추신경계의 이상 증상을 일으킨다.

형태 균모의 지름은 3~10cm이고 처음 원추형의 종모양에서 점차 약간 편평하게 펴지며, 가운데가 약간 올라간다. 표면은 습기가 있을 때 암적갈색이고, 마르면 가운데에서부터 연한 황토 갈색으로 변색되며 섬유상의 인편으로 덮여 있고, 가장자리는 흑색으로 내피막의 흔적인 섬유상의 털이 붙어 있다. 주름살은 자루에 대하여 홈파진주름살이고, 간격은 좁아서 밀생하며, 처음에 암자갈색에서 거의 흑색으로 변색되고, 검은 반점이 생기며, 가장자리는 흰가루 같은 것이 부착한다. 자루의 길이는 3~10cm이고 굵기는 0.3~1.0cm로 가늘고 길며, 균모와 같은 색의 섬유로 덮여 있고, 상부는 백색의 가루가 있다. 턱받이는 불완전하고 솜털모양 또는 섬유상인데, 포자가 붙어 있는 것들은 흑색이 된다. 자루의 밑은 백색의 균사가 부착하며, 속은 비어 있다.

포자 레몬형이며, 사마귀점으로 덮여 있고 발아공이 있다. 크기는 9~11.5×6~7.5μm이다.

생태 여름에서 가을 사이에 숲 속, 길가 등에 군생한다.

분포 한국(남한 : 변산반도 국립공원, 지리산, 다도해해상 국립공원, 만덕산, 방태산, 속리산, 서울의 남산, 모악산, 완주의 송광사. 북한 : 녕원, 오가산), 일본, 중국, 시베리아, 북반구 일대

참고 북한명은 테두리웃음버섯

흰계란모자버섯 *Anellaria antillarum* (Fr.) Hongo 일반독

용도 및 증상 독성분은 실로시빈(psilocybin)이고, 중독 증상은 설사, 복통 등 위장계의 중독과 중추신경계의 중독 증상 등이 있다.

형태 균모는 지름 2~4cm로 반구형 또는 종모양이고, 약간 벌어지는 형태지만 편평하게 되지는 않는다. 습기가 있을 때 끈적기가 있고, 백색 또는 연한 진흙색으로 방사상의 주름이 있으며, 마르면 표피가 가늘게 째진다. 살은 두껍고 백색이다. 주름살은 자루에 대하여 바른주름살이고, 간격은 약간 좁아서 밀생한다. 색은 처음에 암갈색에서 다 자라면 흑색으로 변색하며, 가장자리는 백색의 가루 같은 것이 있다. 자루의 길이는 5.5~10cm이고, 굵기는 0.35~0.8cm이며, 가늘고 길다. 표면은 거의 백색 혹은 연한 황갈색의 세로로 된 섬유상의 줄무늬선이 생기고, 미세한 가루 같은 것으로 덮인다. 자루의 속은 차 있다가 점차 비게 된다. 턱받이는 없다.

포자 광난형으로 약간 6각형이고 발아공이 있으며, 크기는 13~18×10~12.5×8~10μm이다. 측낭상체의 크기는 34~50×11~17μm로 방추형 또는 곤봉형이다.

생태 봄부터 가을에 걸쳐서 소똥이나 말똥 등의 비옥한 땅에 군생한다.

분포 한국(남한 : 광릉, 만덕산), 일본, 열대 또는 아열대의 일부 온대 지역

참고 계란모자(*Anellaria semiovata*)는 본 종처럼 똑같은 장소에서 발생하고, 언뜻 보면 비슷하지만 턱받이의 유무로 구별된다. 소나 말의 배설물에 흔히 나는 특징이 있다.

식용이나 미량의 독성분을 가지고 있는 버섯

먹물버섯 *Corprinus comatus* (Muller : Fr.) Pers. 미약독

용도 및 증상 독성분을 가진 것으로 알려져 있지만 어릴 때는 식용하는데, 주름살이 검게 되기 전에 기름에 볶아 요리하여야 한다. 약용, 항암의 작용도 한다.

형태 균모의 지름은 3~5cm이고, 균모의 높이는 5~10cm로 원주형 또는 긴 난형으로 자루의 반 이상이 균모로 덮여 있다. 표면은 연한 회황색 또는 연한 황토색의 갈라진 인편으로 덮여 있다. 주름살은 자루에 대하여 떨어진주름살이고, 간격은 좁아서 밀생한다. 표면은 백색이나 연한 홍색을 거쳐 흑색으로 되고 가장자리 부근부터 검은 잉크처럼 녹는다. 자루의 길이는 15~25cm이고 굵기는 0.8~1.5cm로 백색이며, 속은 살이 없어서 비었다. 또한 위아래로 움직이기 쉬운 턱받이가 있으며, 근부는 방추형으로 부푼다.

포자 타원형이며, 발아공이 있고 크기는 12~15×7~8μm이다. 연낭상체는 구형으로 크기는 26~56×13~26μm이다.

생태 봄에서 가을 사이에 풀밭, 밭, 정원, 길가 등에 군생한다.

분포 한국(남한 : 한라산, 방태산, 지리산의 칠선계곡 등 전국. 북한 : 묘향산, 대성산, 모란 봉, 오가산), 전 세계

참고 어릴 때는 균모가 원주형이고 흰색의 털이 덮여 있는 것이 특징이다. 북한명은 비늘먹물버섯

족제비눈물버섯 *Psathyrella candolliana* (Fr. : Fr.) Maire 미약독

용도 및 증상 독성분으로는 실로시빈류가 미량 함유한다. 신경계의 중독이 있으며, 검은띠말똥버섯의 증상과 비슷하다. 식용도 가능한데, 맛은 담백하며 기름과 버터를 사용하여 야채와 함께 볶아 먹는다.

형태 균모의 지름은 3~7cm로 종모양에서 차츰 편평하게 된다. 표면은 연한 황색 또는 연한 황갈색이며, 가장자리는 탁한 갈색이고 백색의 피막이 붙어 있으며 쉽게 탈락한다. 습기가 있을 때 황갈색이며, 줄무늬선이 있고 마르면 백색이 된다. 살은 얇고 부서지기 쉽다. 주름살은 자루에 대하여 올린 또는 바른주름살이며, 백색에서 연한 홍자색을 거쳐 자갈색으로 변색하고, 간격은 좁아서 밀생하고 백색이다. 자루의 길이는 4~8cm이고 굵기는 0.4~0.8cm로 위아래가 같은 굵기이고, 아래쪽으로 약간 굵으며 백색이다. 위는 가루 같은 것이 있으며, 자루의 속은 비어 있다.

포자 타원형이고 발아공이 있으며, 크기는 6.5~7.5×3.5~4㎛이다.

생태 여름에서 가을 사이에 활엽수의 그루터기나 죽은 나무줄기 혹은 그 부근의 땅에 군생한다. 목재를 썩히는 목재부후균이다.

분포 한국(남한 : 광릉, 만덕산, 모악산, 가야산, 다도해해상 국립공원, 오대산, 한라산, 발왕산, 변산반도 국립공원, 소백산, 월출산, 지리산, 방태산. 북한 : 양덕, 창성, 영광, 대성산, 묘향산, 금강산), 일본, 중국, 러시아의 극동, 유럽, 북아메리카, 아프리카, 호주 등 전 세계

참고 눈물버섯속의 버섯은 포자문이 암갈색 혹은 흑색인 것이 특징이다. 두엄먹물버섯(*Coprinus atramenatrius*)과는 액화하는 점에서 구분이 된다. 북한명은 울타리버섯

큰눈물버섯 *Psathyrella velutina* (Pers.) Sing. 미약독

용도 및 증상 독성분은 불분명하지만, 먹으면 중독 증상으로 간혹 알레르기 반응(두드러기, 두통, 복통)을 일으킨다. 주름살이 검게 되기 전에 야채와 볶거나 기름에 볶는 요리나 튀김 요리 등에 이용한다.

형태 균모의 지름은 3~10cm이고, 종모양이지만 가운데가 편평하다. 표면은 다갈색 또는 황갈색이며, 섬유상의 인편으로 덮여 있고, 가장자리는 내피막의 흔적인 섬유상의 털이 붙어 있다. 주름살은 암자갈색인데 검은 반점이 생기며, 가장자리는 흰 가루 같은 것이 부착한다. 자루의 길이는 3~10cm이고 굵기는 0.3~1.0cm로 표면은 균모와 같은 색의 섬유로 덮여 있고, 상부는 백색의 가루가 있다. 자루의 속은 비었다. 턱받이는 불완전하고 솜털모양 또는 섬유상인데, 포자가 붙어 흑색이 된다.

포자 레몬형이고 발아공이 있으며, 크기는 9~11.5×6~7.5㎛이고, 표면은 사마귀점으로 덮여 있다.

생태 여름에서 가을 사이에 숲 속, 길가 등에 군생하며, 특히 초봄에 도로변 고원 등의 풀밭에서 흔히 집단으로 발생한다.

분포 한국(남한 : 변산반도 국립공원, 지리산, 만덕산, 다도해해상 국립공원, 만덕산, 방태산, 속리산, 남산, 모악산, 완주의 송광사), 일본, 중국, 시베리아, 북반구 일대

참고 먹는 버섯으로 되어 있는 문헌도 있지만, 위험하다는 것을 숙지해야 한다. 특징은 균모의 가장자리가 암자갈색의 피막의 잔편이 뭉쳐서 부착하며, 포자의 표면이 사마귀점이 많다는 점이다. 잿빛만가닥버섯(*Lyo-phyllum decastes*) 등과 같은 장소에서 발생하기도 한다.

소똥버섯과

식용버섯인 버들볏짚버섯이 있으며, 인공재배도 한다. 독버섯은 극소수이다.

식용버섯

버들볏짚버섯(버들송이) *Agrocybe cylindracea* (DC. : Fr.) Maire

용도 및 증상 식용하며, 항암 물질을 가지고 있다.

형태 균모의 지름 5~10cm로 둥근 산모양에서 차츰 편평하게 되며, 표면은 매끄럽고 황토갈색(가장자리는 연한 색)이고 얕은 주름이 있다. 살은 백색이고 밀가루 냄새가 난다. 주름살은 갈색이며, 자루에 대하여 바른주름살의 내린주름살이지만, 균모가 완전히 펴지면 자루에서 떨어진다. 주름살의 간격은 좁아서 밀생한다. 자루는 길이 3~8cm이고, 굵기는 0.5~1.2cm이고 속은 차 있다. 표면은 섬유상의 줄무늬를 나타내고 백색이며, 근부는 탁한 갈색으로 간혹 방추형이다. 턱받이는 막질이며, 자루의 위쪽에 있다.

포자 타원형이고 크기는 8.5~11×5.5~7㎛로 표면은 매끄럽고, 발아공은 분명치 않다. 연낭상체는 곤봉형 또는 방추형이고, 크기는 19~30×7.5~14㎛이다. 측낭상체는 방추형, 곤봉형 등이며, 크기는 28~33×9~15㎛이다. 포자문은 암갈색이다.

생태 봄에서 가을에 걸쳐서 활엽수(특히, 버드나무류, 단풍나무류)의 죽은 줄기나 살아 있는 나무의 썩은 부분에 군생한다.

분포 한국(남한 : 모악산. 북한 : 장강, 양덕), 중국, 러시아의 극동, 일본, 유럽, 아프리카, 북반구 일대

참고 인공재배를 한다. 북한명은 버들밭버섯

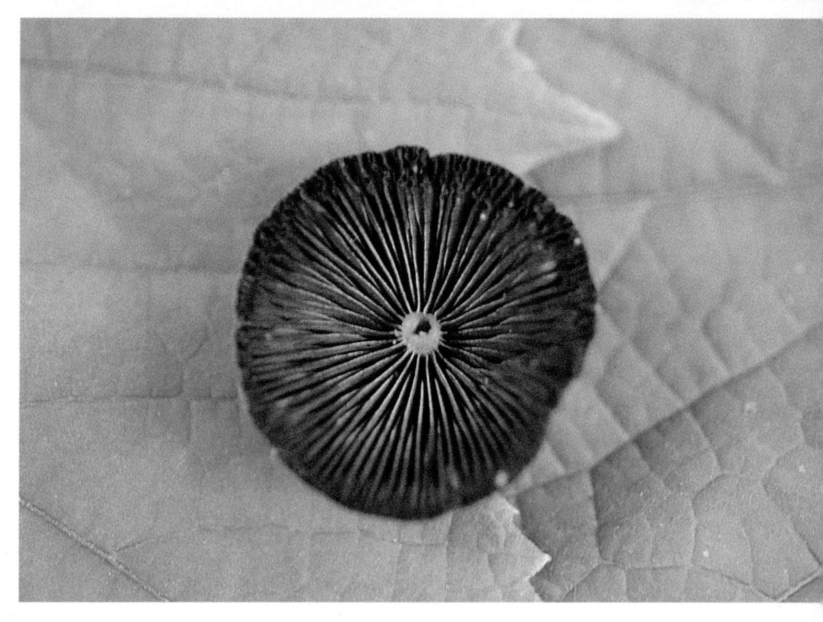

보리볏짚버섯 *Agrocybe erebia* (Fr.) Kühn.

용도 및 증상 점액이 나와서 혀에 촉감이 좋고, 약간 흙냄새가 난다. 기름으로 볶아서 요리한다.

형태 균모의 지름은 2~7cm로 둥근 산모양에서 차차 편평해지나 가운데는 볼록하다. 표면은 습기가 있을 때 끈적기가 있고, 가장자리에는 줄무늬가 나타나며 회백색이나, 마르면 줄무늬는 없어지고 연한 계피색으로 된다. 주름살은 자루에 대하여 바른 또는 내린주름살로 간격은 넓어서 성기다. 자루의 길이는 3~6cm이고 굵기는 0.4~1.0cm로 속이 차 있거나 비어 있으며, 표면은 약간 섬유상인데, 위쪽은 백색이고 아래는 탁한 갈색이다. 턱받이는 막질이며 자루의 위쪽에 있다. 자루의 속은 차 있는 것도 있고 빈 것도 있다.

포자 타원형이고, 표면은 매끄럽고 갈색이며, 발아공은 분명하지 않고 크기는 10.5~15×6~7㎛으로서, 2포자성이다. 연낭상체는 방추형이고, 크기는 27~40×11~19㎛이다. 측낭상체는 플라스코형이다. 포자문은 어두운 갈색이다.

생태 여름에서 가을 사이에 숲 속, 정원 내의 땅에 군생 또는 속생한다.

분포 한국(남한 : 방태산, 담양), 북반구 온대 일대, 호주

이끼볏짚버섯 *Agrocybe paludosa* (J. Lange) Kühn. : Romagn.

용도 및 증상 식용으로 쓰인다.

형태 균모의 지름은 1.5~4cm로 반구형 또는 둥근 산모양에서 차츰 가운데가 볼록한 편평형으로 되고, 가장자리는 위로 말린다. 표면은 습기가 있을 때 끈적기가 있고, 밋밋하며, 황색이지만 가운데는 갈색이다. 살은 약간 얇고 연한 황색이며 밀가루 냄새가 난다. 주름살은 올린 또는 홈파진주름살로 백색에서 회갈색으로 되고, 가장자리는 흰 가루 모양이다. 자루의 길이는 6~10cm이고 굵기는 0.25~0.4cm로 기부는 부풀고 백색의 균사속이 있으며, 표면은 균모와 같은 색이며 섬유상이다. 턱받이는 자루의 위쪽에 있고, 막질로 방사상의 줄무늬가 있다.

포자 광타원형 또는 난형으로 발아공이 있으며, 크기는 9.5~12.5×6~8.5㎛이다. 포자문은 암갈색이다.

생태 봄부터 가을에 걸쳐서 늪지의 이끼 사이에 군생한다.

분포 한국(남한 : 광릉, 방태산), 일본, 유럽, 북아메리카

참고 늪 근처나 습지에 발생하며, 종명인 *paludosa*는 '저습지 또는 습지' 라는 뜻이다.

볏짚버섯 *Agrocybe praecox* (Pers. : Fr.) Fayod

용도 및 증상 식용으로 쓰인다.

형태 균모는 지름 4~8cm로 둥근 산모양을 거쳐 점차 편평하게 된다. 표면은 크림색 혹은 짚색이며 매끄럽고, 가장자리 작은 막편이 붙어 있다. 오래되고 건조하면 표면에 작은 균열이 생기기도 한다. 살은 백색이며 두껍다. 주름살은 자루에 대하여 바른주름살이고 황백색이지만 차츰 암갈색으로 변색되며, 간격은 좁아서 밀생한다. 자루의 길이는 5~10cm이고, 굵기는 4~8mm로 위쪽은 백색이고 아래는 균모와 같은 색이다. 위쪽에 턱받이가 있다.

포자 난형 또는 타원형이고 발아공이 있으며, 크기는 7.5~9×4.5~5㎛이다.

생태 초여름에서 늦가을까지 황무지, 맨땅, 풀밭 등에 군생 또는 속생한다. 비교적 흔한 종이다.

분포 한국(남한 : 모악산, 북한 : 대성산), 중국, 러시아의 극동, 시베리아, 일본, 유럽, 아프리카, 북아메리카, 북반구 온대 일대

참고 노쇠하면 균모가 갈라지는 것이 특징이다. 북한명은 가락지밭버섯

독버섯

가루볏짚버섯 *Agrocybe farinacea* Hongo 일반독

용도 및 증상 실로시빈(psilocybin)을 함유하기 때문에 중추신경계의 중독 증상이 나타난다. 검은띠말똥버섯과 비슷한 중독 증상을 나타낸다. 식용할 수 있다는 문헌도 있지만 식용 시 대단히 위험할 수 있으므로 먹어서는 안 된다.

형태 균모의 지름은 2~4cm이고 처음에 둥근 산모양에서 차차 편평하여 진다. 끈적기가 없고 표면은 밋밋하고 주름무늬선이 있다. 연한 황토색이고, 가장 자리는 어릴 때 아래로 말린다. 살은 두껍고, 연한 황토색 또는 백색이며, 밀가루 냄새가 난다. 주름살은 균모와 같은 색이고, 나중에 포자가 성숙하면 암갈색으로 되며, 자루에 바른주름살이다. 또한 이 주름살은 처음에 연한 갈색이었다가 차츰 검은 갈색이 된다. 가장 자리는 미세한 하얀 가루가 있고, 폭은 0.2~0.4cm 정도이며, 주름살의 간격은 좁아서 밀생한다. 자루의 길이는 2.5~6.5cm이고, 굵기는 0.3~0.6cm이다. 자루의 밑은 부풀고 균모와 같은 색이고, 위쪽은 가루가 있으며, 턱받이는 없다. 주름진 섬유상의 줄무늬선이 있으며, 백색의 균사 다발이 부착한다.

포자 난형 또는 타원형이고, 크기는 10~11.5×5.5~6.5㎛이며, 포자문은 퇴색한 갈색이다. 담자기의 크기는 25~40×5~8.8㎛로 방망이모양이다. 연낭상체의 크기는 60×10~18㎛로 방추형, 플라스크 모양이고, 위쪽은 둥글다. 측낭상체의 크기는 40~60×18~22.5㎛로 연낭상체와 비슷하다.

생태 여름에 기름진 숲 속의 흙에 단생 또는 군생한다.

분포 한국(남한 : 완주의 오봉산), 일본

독청버섯과

비늘버섯속의 맛비늘버섯이 대표적인 식용버섯이고, 맹독버섯은 노란다발로 중독 사고가 많다. 처음에 발생할 때 색깔이 노란색이어서 구미를 당기기도 하는데 이는 무더기로 발생하며 발생량 또한 많기 때문으로 사료된다. 좀환각버섯은 환각 증상을 나타내지만 희귀종이다.

식용버섯

독청버섯아재비 *Stropharia rugosoannulata* Farlow in Murr.

용도 및 증상 맛좋은 버섯이며 기름으로 볶는 요리에 좋다. 기름으로 볶는 요리 외에 전골 요리에도 주로 이용된다.

형태 균모의 지름은 1~5cm로 둥근 산모양에서 차차 편평하게 된다. 표면은 적갈색에서 어두운 갈색으로 변색되며, 오래되면 갈색 혹은 회갈색이 된다. 표면은 매끄럽거나 가는 섬유상 인편으로 덮여 있고, 습기가 있을 때는 끈적기가 있다. 살은 두껍고 백색이다. 주름살은 바른주름살로 백색에서 어두운 자회색이 된다. 자루의 길이 는 9~15cm이고 굵기는 1~2cm로 기부가 굵고, 속은 비었거나 차 있다. 표면은 매끄러우며 비단빛이 나고, 백색에서 점차 황갈색으로 변색된다. 턱받이는 두꺼운 막질이고, 윗면에 줄무늬 홈선이 있으며, 별모양으로 갈라져 위로 말린다. 턱받이는 탈락하기 쉽다.

포자 타원형이며 발아공이 있고, 크기는 12~15×6.5~9㎛이다.

생태 봄에서 가을 사이에 풀밭, 밭, 쓰레기장, 우마분 위에 군생하거나 단생한다.

분포 한국(남한 : 방태산, 두륜산, 만덕산, 한라산. 북한 : 대성산, 양덕, 판교), 일본, 중국, 북반구 온대

참고 북한명은 별가락지버섯

검은비늘버섯 *Pholiota adiposa* (Fr.) Kummer

용도 및 증상 우수한 식용균으로, 인공재배를 하기도 한다.

형태 균모의 지름은 5~10cm로 반구형에서 둥근 산모양을 거쳐 차츰 편평형이 된다. 표면은 가운데가 황갈색이며, 주변은 황색이고, 갈색의 떨어지기 쉬운 인피가 있으며, 습기가 있을 때는 심한 끈적기가 있다. 가장자리는 처음에 아래로 처지고 섬유상의 인편이 부착한다. 살은 연한 황색 혹은 백색으로 두껍다. 주름살은 자루에 대하여 바른주름살로 황색에서 갈색으로 변색된다. 자루의 길이는 5~10cm이고, 굵기는 0.5~1.0cm로 균모와 같은 색이며, 표면에는 갈색 인편이 있다. 위아래가 같은 굵기이지만 아래쪽으로 약간 가늘어 진다. 턱받이는 연한 황색이며, 얇은 막질로서 자루의 위쪽에 있다. 자루의 속은 차있다.

포자 타원형으로 표면은 매끈하고 크기는 6~7.5×3.5~4.5㎛이다. 포자문은 녹슨 갈색이다.

생태 봄에서 가을 사이에 그루터기, 활엽수의 죽은 줄기, 쓰어진 나무 등에 속생한다.

분포 한국(남한 : 지리산, 소백산), 일본, 북반구 일대

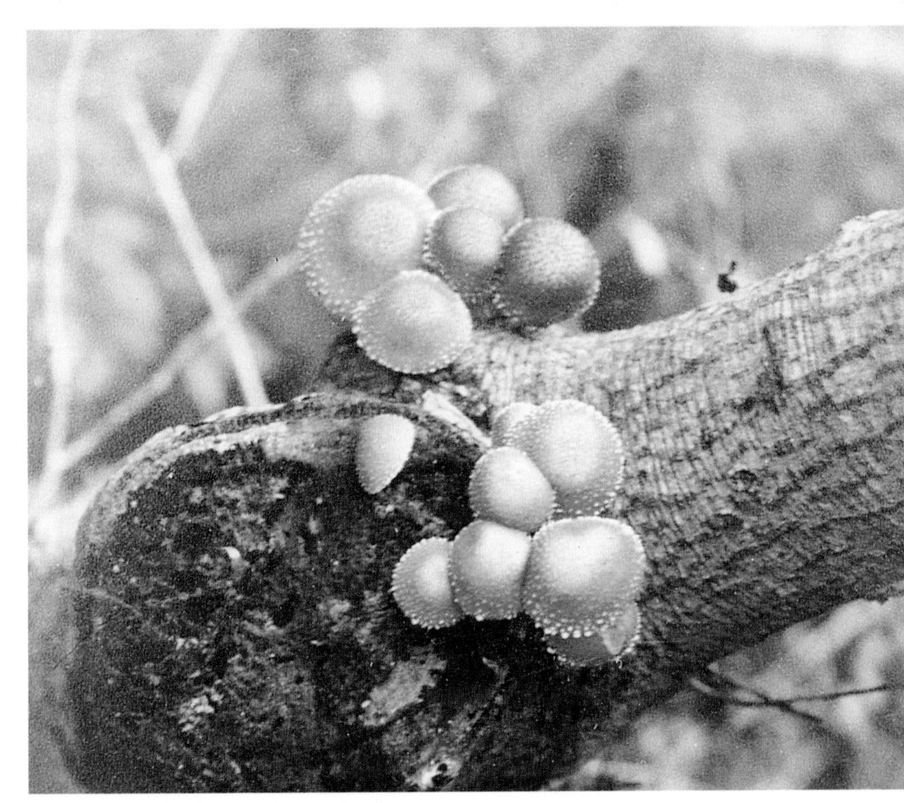

금빛비늘버섯 *Pholiota aurivella* (Batsch. : Fr.) Kummer

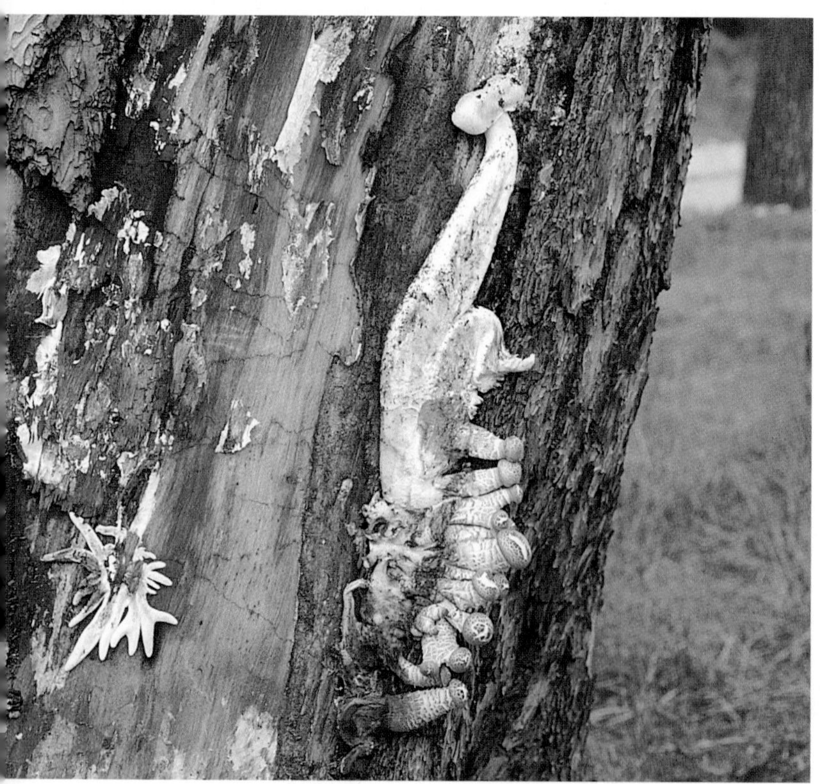

용도 및 증상 육질은 두껍고 쫄깃쫄깃하여 먹기에 좋다.

형태 균모의 크기는 4.0~8.0cm이고 처음은 둥근모양이나, 차차 평편하여지며 가운데는 약간 돌출한다. 표면은 젤라틴질로 황색이고, 나중에 적황색(가운데는 짙은색)이 되며, 삼각형모양의 압착된 크고 작은 갈색의 인편이 산재(가운데는 밀포)하지만, 인편은 빗물 등에 쉽게 탈락한다. 육질은 두껍고 황색이다. 주름살은 자루에 대하여 바른 또는 올린주름살이고 간격은 좁아서 밀생한다. 처음은 연한 황색 혹은 올리브색이 되었다가 결국 적갈색으로 변색된다. 주름의 폭은 비교적 넓다. 자루의 길이는 3.5~10cm이고, 굵기는 0.4~0.8cm로 원통형이다. 기부는 부풀고 하얀 균사가 부착하는 것도 있다. 표면은 끈적기는 없고 위쪽은 황색이며 아래쪽은 적갈색이다. 위쪽에 섬유상의 불완전한 턱받이 흔적이 있지만, 곧 없어진다. 턱받이 밑에는 섬유상의 미세한 인편이 있지만, 나중에 거의 밋밋하게 된다.

포자 약간 원주형이고 발아공이 있으며 막이 두꺼우며, 크기는 6.0~7.5×4.0~4.5㎛이다. 담자기의 크기는 25~35×5.0~6.3㎛로 곤봉형이다. 연낭상체의 크기는 30~32.5×6.3~7.5㎛이고, 가운데가 불룩하다. 측낭상체의 크기와 모양은 연낭상체와 비슷하지만, 가끔 대형인 것도 있는데, 그 크기는 97.5~110×10~18.8㎛이다. 주름살의 균사는 크기는 65.6~110×7.5~16.3㎛이고 가운데가 불룩한 것도 있다.

생태 봄과 가을에 활엽수의 고목에 군생하는 목재부후균이다.

분포 한국(남한 : 소백산, 오대산, 지리산), 일본, 중국, 러시아의 극동, 유럽, 북아메리카

흰비늘버섯 *Pholiota lenta* (Pers. : Fr.) Sing.

용도 및 증상 약간 흙냄새가 나고, 찌개, 볶음 요리 등에 주로 쓰인다.

형태 균모의 지름은 3~9cm로 둥근 산 모양에서 편평하게 펴진다. 표면에는 분명한 끈적기가 있고, 오백색 혹은 백다색(白茶色)이며, 가운데는 회갈색이다. 또한 백색의 솜털상의 인편이 점점이 분포하지만 소실하기 쉽다. 살은 백색 혹은 연한 황색이다. 주름살은 자루에 대하여 바른주름살이고 밀생하며, 폭은 넓고 처음에 거의 백색에서 차츰 계피 갈색으로 된다. 자루의 길이는 3~9cm이고 굵기는 0.4~1.5cm이며, 위아래가 같은 굵기이지만 기부쪽으로 굵다. 백색이며, 기부에서 위쪽으로는 갈색이다. 표면에는 끈적기는 없고, 섬유상 또는 약간 인편상(꼭대기는 분상)이며, 피막은 소실하기 쉽다. 또한 턱받이는 없다.

포자 타원형 혹은 원주형이고, 크기는 6~7.5×3.5~4.5㎛이다. 낭상체는 긴방추형 또는 플라스코형이며, 40~67×13~19㎛이다. 연낭상체는 약간 작으며, 36~50×12~17㎛이다. 포자문은 계피색을 띤 갈색이다.

생태 가을에 혼효림의 땅에 군생 또는 썩는 고목에 소수가 군생 또는 속생하며 목재를 썩힌다.

분포 한국(남한 : 지리산, 광릉), 일본, 북반구 온대

참고 균모가 백다색이며, 백색의 작은 솜털 인편이 분포하는 것이 특징이다.

꽈리비늘버섯 *Pholiota lubrica* (Pers. : Fr.) Sing.

용도 및 증상 야생의 향기가 있고, 점액이 있어서 혀의 촉감이 좋다.

형태 균모의 지름은 5~10cm로 둥근 산모양에서 차츰 편평하여지며, 특히 가운데는 넓게 위로 올라간다. 표면은 끈적기가 있고, 벽돌색과 비슷한 적색 혹은 황갈색이며 가장자리는 연한 색으로 변색된다. 또한 백색 혹은 황색의 솜털 같은 작은 인편이 여기저기 분포한다. 살은 백색이며, 주름살은 자루에 대하여 바른 또는 홈파진주름살이고, 간격은 좁아서 밀생한다. 처음은 거의 백색에서 점토 갈색으로 변색된다. 자루의 길이는 5~10cm이고, 굵기는 0.6~1.0cm이며, 기부는 때때로 백색털이 있고 약간 부풀다. 표면은 거의 백색으로 아래는 갈색을 띠고, 섬유상 혹은 약간 갈라진 상태이다. 턱받이는 없다.

포자 타원형이며, 발아공은 불분명하고 크기는 6.5~7.5×3.5~4㎛(또는 7~8.5×3.5~4.5㎛)이다. 낭상체는 방추형으로 크기는 50~75×13~17㎛(또는 48~70×15~21㎛)이다. 포자문은 녹슨 갈색이다.

생태 가을 숲 속의 땅, 반쯤 묻힌 고목에 또는 그 주위에 군생하거나 단생한다. 특히 소수가 뭉쳐서 나기도 한다.

분포 한국(남한 : 지리산, 무등산), 일본 등 북반구 온대

참고 균모가 벽돌 적색 혹은 황갈색이며 끈적기가 많은 것이 특징이다.

맛비늘버섯 *Pholiota nameko* (T. Ito) S. Ito et Imai

용도 및 증상 향이 좋은 버섯으로 어떤 음식에 사용해도 좋다. 항암과 약용 성분을 가지고 있으며, 일본에서는 인공재배도 하여 판매하기도 하는 인기 상품이다.

형태 균모는 지름 3~8cm로 반구형 혹은 원추형에서 둥근 산모양을 거쳐 차차 편평하게 된다. 표면은 심한 끈적액으로 덮이고 가운데는 갈색이다. 가장자리는 황갈색이며, 나중에 끈적액이 연한 색으로 변색된다. 균모의 아랫면은 처음에 젤라틴질의 내피막으로 덮여 있다. 살은 연한 황색 혹은 백색의 나무색이다. 주름살은 자루에 바른주름살로 연한 황색에서 연한 갈색이며, 간격은 좁아서 밀생한다. 자루의 길이는 2.5~8cm이고 굵기는 0.3~1.3cm로 위쪽에 젤라틴질의 융기 같은 턱받이가 있다가 차츰 없어진다. 아래는 끈적액으로 덮여 있다.

포자 타원형 혹은 난형이며, 4~6×2.5~3㎛이고 발아공은 불분명하다. 포자문은 진한 갈색이다.

생태 가을에 낙엽활엽수의 그루터기에 군생 또는 흔히 속생한다.

분포 한국(남한 : 광릉. 북한 : 양덕), 일본, 중국, 대만

참고 균모가 어릴 때 심한 끈적기가 있고, 밝은 갈색 혹은 황갈색으로 속생한다는 특징이 있다. 북한명은 진득기름갓버섯

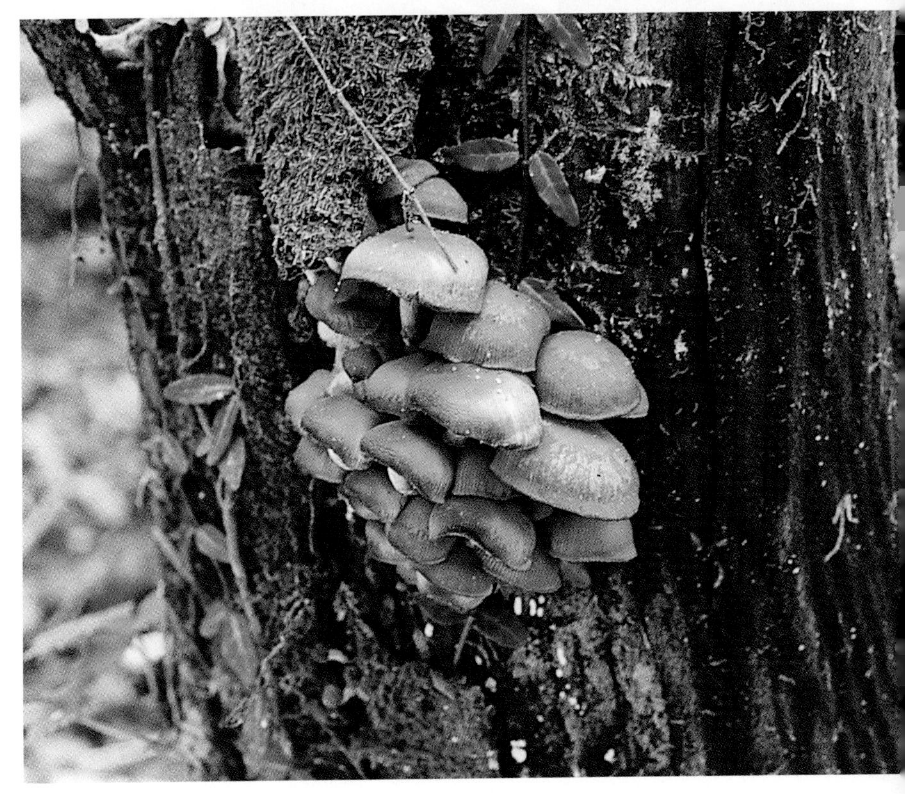

독버섯

노란다발 *Naematoloma fasciculare* (Hudson : Fr.) Karst. 맹독

용도 및 증상 독성분은 파스시쿠롤(fasciculol : 마우스 치사성 독), 무스카린류(muscarine : 마비), 네마토린(nematorin : 맛 물질, 세포 독성 물질, 항균 물질), 파스시쿠로라레리시스(fasciulolarelysis : 용혈성 단백)의 성분을 함유하며, 항암 성분도 가지고 있다. 중독 증상은 섭취 후 수십 분에서 3시간 후에 복통, 구토, 오한, 설사 등을 일으키며, 심한 경우는 산혈증, 경련, 쇼크 등을 거쳐서 사망하게 된다. 항암 성분도 가지고 있다.

형태 균모의 지름은 1~5cm이고, 둥근 산모양에서 차차 편평하여지며, 표면은 매끈하고 습기를 가진다. 처음에는 노란색인데 차차 황갈색으로 변색된다. 가장자리에 내피막의 인편이 거미집처럼 부착하는 것도 있지만 곧 탈락한다. 주름살의 영향으로 약간 회청색을 띄우기도 한다. 살은 황색이고 매우 쓴맛이 난다. 주름살은 자루에 대하여 홈파진 또는 올린 주름살이고, 노란색에서 올리브색을 띤 녹색으로 되었다가 검은 자갈색으로 변한다. 주름살의 폭은 좁고 간격은 좁아서 밀생한다. 자루의 길이는 2~12cm이고, 굵기는 0.2~0.7cm로 가늘고 긴 원통형이고 균모와 같은 색깔이지만 아래쪽은 오렌지색을 띤 갈색이다. 표면은 섬유상의 비단 같은 광택이 있고, 거미집 같은 불완전한 턱받이가 있지만 쉽게 탈락하며, 턱받이의 흔적이 검고 뚜렷하게 남는 것도 있다.

포자 타원형이고, 크기는 6~7.5×3.5~4.5μm이다. 발아공이 있고, 비아미로이드 반응을 나타낸다. 포자문은 자갈색이다.

생태 봄에서 가을 사이 특히, 가을에 고목 또는 대나무의 그루터기에 속생하며 목재를 썩히는 부생 생활을 한다.

분포 한국(남한 : 지리산, 가야산, 변산반도 국립공원, 발왕산. 북한 : 금강산, 묘향산, 송진산, 오가산, 대성산, 경기도의 일부), 중국, 러시아의 극동, 일본, 유럽, 북아메리카, 아프리카, 호주

참고 처음봤을 때 친숙한 노란색이어서 먹는 버섯으로 오인하기 쉽다. 우리나라에서 보고된 독버섯에 의한 피해 가운데 제일 많은 피해가 발생한 버섯이다. 특징은 균모가 황갈색, 황토색, 오렌지색 또는 녹색이며 주름살은 처음 유황색에서 검은 녹색으로 변색된다. 자실체 전체가 황색이다. 개암버섯아재비(*Naematoloma sublateritium*)와 비슷하며, 자실체가 황색이고 살이 심하게 쓴맛이 있는 점에서 구별된다. 북한명은 쓴밤버섯

좀환각버섯 *Psilocybe coprophila* (Bull. : Fr.) Kummer 일반독

용도 및 증상 독성분은 실로시빈을 미량 함유하며, 중추신경계의 증상이 나타난다. 검은띠말똥버섯의 증상과 비슷하다.

형태 균모의 지름은 0.5~2.5cm로 원추상의 종모양, 반구형 또는 편평한 둥근 산 모양에서 차차 펴지지만, 완전히 펴지지는 않아서 가운데가 돌출한 것도 있다. 표면은 습기가 있을 때 끈적기가 있고, 껍질은 얇고 벗겨지기 쉽다. 투명한 연한 갈색 또는 적갈색이고 가장자리에 줄무늬가 있지만 마르면 연한 황갈색으로 변색되고 줄무늬도 없어진다. 살은 얇고 균모와 같은 색이다. 주름살은 자루에 대하여 바른 또는 내린주름살로 오래되면 때때로 자루에서 떨어진다. 주름살의 폭은 넓고 간격은 좁아서 밀생하고, 연한 회갈색에서 차츰 흑색으로 변색되며, 가장자리는 미세한 가루가 있다. 자루의 길이는 2.5~4cm이고 굵기는 0.1~0.3cm로 가늘고 길며, 위아래가 같은 굵기이고 균모보다 연한 색이다. 아래쪽으로 미세한 세로줄의 섬유상의 무늬가 있고, 자루의 밑은 조금 부풀며 긴털이 부착한다. 자루의 속은 비었으며, 턱받이는 없고 균모도 자루도 상처를 받아도 변색하지 않는다.

포자 6각형의 다각형이며, 크기는11.5~13.5×6.5~8.5μm로 벽이 두껍다.

생태 여름에서 가을 사이에 말, 토끼의 똥에 속생한다.

분포 한국(남한 : 영주), 전 세계

참고 환각성 성분인 실로시빈 물질이 있어서 붙여진 이름이다.

환각버섯

멕시코 원주민들은 환각버섯을 종교적 의식으로 사용하며 신의 고기(gods meat)라 이름 지었다. 의식을 행하는 족장들은 이 버섯을 먹고 무아지경으로 빠지며, 이 버섯을 신, 죽은 예언자와 연결시키는 중개자로 생각하였다. 죽은 사람들의 영혼을 위한 의식에서 이 버섯을 먹고 쉽게 흥분하며 영혼들을 위로하였다. 헤임(Heim), 싱거(Singer), 왓슨(Watson)과 그의 아내들은 멕시코에서 이 의식을 조사하였다. 이 버섯들이 환각버섯속(Psilocybe), 독청버섯속(Stropharia), 종버섯속(Conocybe)에 속하는 것들이다. 이 버섯들은 작고 볼품 없고 식욕을 돋우지 못할 정도의 버섯들이다. Hoffman은 화학구조를 연구하여 환각버섯속(Psilocybe)을 배양하고, 실로시빈(psilocybin)과 실로신(psilocin) 물질을 분리하였다. 이 성분들의 뚜렷한 기능은 동물실험에서는 나타나지 않았다. 실로시빈(psilocybin) 4mg의 섭취만으로도 환각을 일으키고, 많이 마시면 도덕적으로 불안정한 상태가 된다. 어떤 사람은 웃으며 돌아다니고 몹시 화를 내고, 우울증 증세를 보이거나 날뛰는 등 중독 증상은 사람에 따라 다르다. 실로시빈(psilocybin)은 가수분해 되면 실로신(psilocin)으로 된다. 이 성분은 쉽게 산화되어 청색으로 변하지만 아직 그들의 분자 구조는 결정되지 않았다. 이 버섯들을 찢어서 공기에 노출시키면 그들은 청색으로 변색되므로 환각 물질이 있다는 것을 알 수가 있다. 이 버섯들은 색의 변화가 다양하며, 아마추어들은 이런 독소의 존재를 알아내기가 어렵다.

무리우산버섯 *Kuehneromyces mutabilis* (Schaeff. : Fr.) Sing. & A. H. Smith 일반독

용도 및 증상 독성분은 불분명하나, 먹으면 중독 증상이 있다. 육질은 단단하고 쫄깃쫄깃하며, 자루는 쓴맛이 있다.

형태 균모는 지름 1.5~3cm로 둥근 산모양을 거쳐 차츰 편평하게 되고 중앙부는 높다. 표면은 강한 흡수성이며, 습기가 있을 때 끈적기가 있다. 황갈색, 계피색 또는 다갈색인데, 가장자리에 뚜렷한 줄무늬를 나타낸다. 마르면 균모의 가운데부터 가장자리로 황토색 혹은 연한 황색으로 변색되고, 끈적기는 없어진다. 또한 줄무늬도 없어진다. 가장자리에 미세한 인편이 있지만 역시 결국 없어진다. 살은 균모와 같은 색이며, 균모의 가운데 이외에는 얇다. 주름살은 자루에 대하여 바른 또는 내린주름살로 계피색이고, 간격은 좁아서 밀생한다. 주름의 폭은 넓고, 다 자라면 계피색으로 변색된다. 자루의 길이는 4~7cm이고, 굵기는 0.25~0.35mm로 속이 비어 있으며, 위쪽에 막상 또는 섬유상의 턱받이가 있다. 위쪽은 백색의 가루가 있으며 아래는 황갈색 혹은 어두운 갈색이다. 가늘게 갈라진 인편이 있다.

포자 난형이고, 5.5~7.5×4~4.8㎛로 꼭대기에 발아공이 있다. 연낭상체는 방추형이고, 19~24×5.5~7㎛이며 측낭상체는 없다. 포자문은 녹슨 갈색이다.

생태 봄에서 가을 사이에 각종 나무의 죽은 줄기나 그루터기에 군생 또는 속생한다.

분포 한국(남한 : 경주, 내장산, 변산반도 국립공원. 북한 : 양덕, 원산, 묘향산), 중국, 일본, 러시아의 극동, 시베리아, 유럽, 아메리카 등 전 세계

참고 북한명은 자루비늘버섯

식용이나 미량의 독성분을 가지고 있는 버섯

독청버섯 *Stropharia aeruginosa* (Curt. : Fr.) Qúel. 미약독

용도 및 증상 독성분은 불분명하나, 먹으면 약간 이상 증상이 있다. 하지만 식용도 가능하다.

형태 균모는 지름 3~7cm로 둥근 산모양에서 차차 편평하게 된다. 표면은 끈적액으로 덮여 끈적기가 있고, 백색 솜털모양의 인편이 산재하며, 청록 혹은 녹색에서 황록색으로 변색되어 마르면 빛이 난다. 살은 백색이다. 주름살은 바른주름살로 회백색에서 차츰 자갈색이 되며, 가장자리는 백색이다. 자루의 길이는 4~10cm이고 굵기는 0.4~1.2cm로 위아래의 굵기가 같으나, 간혹 위쪽으로 가늘다. 또한 속이 비었으며, 기부에 흰 균사다발이 있다. 표면의 위쪽은 백색이고 아래는 녹색이지만, 턱받이 아래는 백색의 백색 솜털 모양의 인편이 생긴다. 턱받이는 막질이며, 쉽게 탈락한다.

포자 난형 혹은 타원형이고, 7~9×4~5μm이며 불분명한 발아공이 있다. 포자문은 어두운자갈색이다. 연낭상체는 곤봉형이고 28~55×4.5~9.5μm이다.

생태 여름부터 초겨울 사이에 숲 속의 습한 땅이나 풀밭에 홀로 또는 무리지어 난다.

분포 한국(남한 : 대둔산), 시베리아, 유럽, 북아메리카, 북반구 일대

참고 균모는 어릴 때 청록색이나 나중에 황색으로 되며, 큰 막질의 턱받이가 있다. 종명인 *aeruginosa*는 '녹청색'이라는 뜻이다. 북한명은 풀빛가락지버섯

반구독청버섯 *Stropharia semiglobata* (Batsch : Fr.) Qúel. 미약독

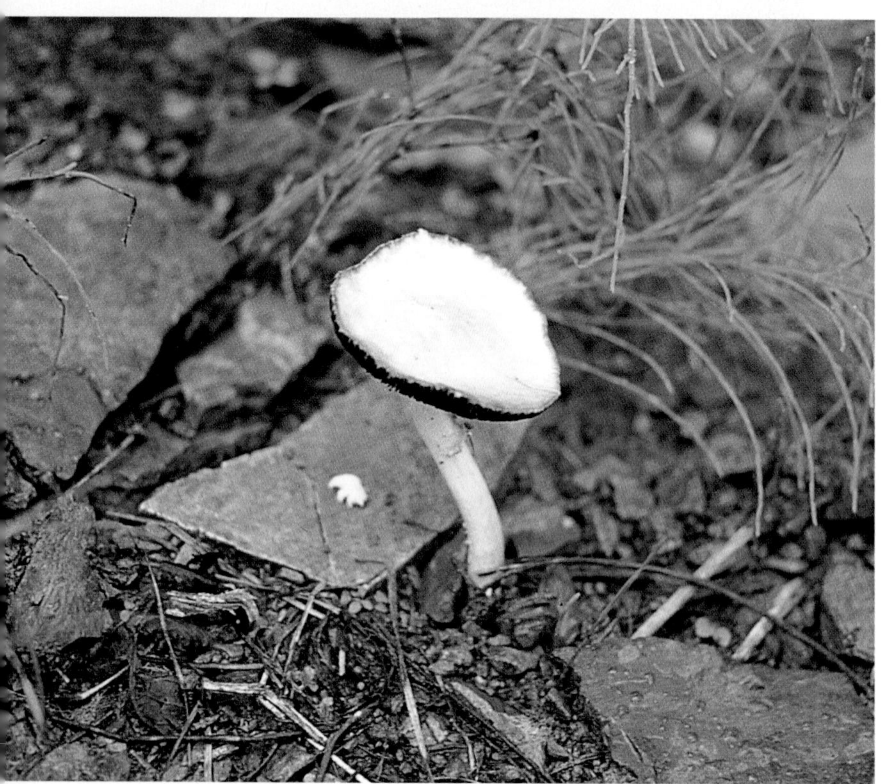

용도 및 증상 독성분은 불분명하나, 먹으면 약간 이상 증상이 나타난다. 하지만 식용도 가능하다.

형태 균모의 지름은 1~4cm로 반구형 혹은 둥근 산모양으로 편평해지지 않으며, 표면은 습기가 있을 때 끈적기가 있고 매끈하며 레몬색 혹은 짚색이다. 살은 약간 황색 혹은 거의 백색이고, 얇다. 주름살은 자루에 대하여 바른주름살이고, 폭은 넓으며, 백색 또는 회색에서 암자갈색으로 변색된다. 가장자리는 백색의 가루가 있다. 자루의 길이는 5~10cm이고 굵기는 0.2~0.4cm로 가늘고 길며, 자루의 밑은 부풀고 표면은 황백색이다. 턱받이 아래는 약간 거칠거나 거의 매끈하며, 습기가 있을 때 끈적기가 있다. 턱받이는 좁고 때로는 불분명하며, 자루의 속은 비었다.

포자 타원형이며, 크기는 15~18×8.2~9.0μm로 표면은 밋밋하고 끝에 발아공이 있다. 포자문은 자갈색이다. 담자기는 12~15×29~40μm로 방망이형이다.

생태 여름에 말의 배설물에 단생 또는 산생한다.

분포 한국(남한 : 지리산), 일본, 북아메리카, 유럽

참고 균모가 레몬색 혹은 밀짚색이고 반구형이며 펴지지 않는다는 특징이 있다. 유럽과 미국에서 독버섯으로 취급한다.

비늘개암버섯아재비 *Naematoloma squamosum* var. *tharaustum* Imazeki & Hongo 미약독

용도 및 증상 독성분은 불분명하나, 먹으면 위장계의 중독 증상이 나타난다. 식용도 가능하다

형태 균모는 지름 1.5~10.5cm으로 처음에 반구형 또는 약간 원추형에서 차츰 편평하여져서 둥근 산모양이 된다. 특히, 가운데가 볼록해진다. 표면은 습기가 있을 때 약간 끈적기가 있고, 주황색 혹은 적갈색이며, 가운데는 매끈하다. 가장자리는 처음에 황백색의 작은 인편이 산재하지만 탈락하기 쉽다. 살은 약간 두껍고 거의 백색 혹은 황백색이다. 주름살은 처음에 거의 백색이지만 암자갈색 혹은 흑갈색으로 변한다. 하지만 가장자리는 거의 백색이고, 자루에 대하여 바른 또는 홈파진주름살이다. 주름살의 폭은 넓고 간격은 좁아서 밀생한다. 자루의 길이는 5~13cm이고 굵기는 0.2~1.0cm로 가늘고 길며, 섬유질로 단단하고 자루의 속은 비었다. 표면은 끈적기가 없고, 턱받이보다 위쪽은 백색 혹은 황백색으로 가루가 같은 것이 있고, 아래쪽은 가는 섬유상의 거친 비듬이 생긴다. 표면은 균모와 거의 같은 색이고 턱받이는 황백색이며, 폭은 좁고 비교적 부서지기 쉬운 막질로 탈락하기 쉽다.

포자 타원형이고, 크기는 9~14×6~7μm로 발아공이 있다. 포자문은 암갈색이다. 연낭상체는 50~75×4~8μm이고, 실모양 또는 좁은 원주상으로 하부는 때때로 파도처럼 굴곡된 것도 잇다.

생태 봄에서 가을 사이에 숲 속의 땅 또는 밭에 군생한다.

분포 한국(남한 : 담양의 대나무 숲), 일본, 중국, 유럽, 북아메리카

참고 우리나라에서는 거의 발견이 안되는 종이다.

개암버섯 *Naematoloma sublateritium* (Fr.) Karst. 미약독

용도 및 증상 독성분은 네마토론(nematorin : 쓴 물질, 세포독, 항균물질)을 함유하며, 위장계의 중독을 일으킨다. 하지만 식용도 하는 우수한 버섯으로서 맛국물을 내어서 국물에 이용한다.

형태 균모의 지름은 3~8cm로 반구형 또는 둥근 산모양에서 차차 편평하게 된다. 표면은 습기가 있을 때 끈적기가 있고, 선명한 다갈색 또는 진한 벽돌적색이다. 가장자리는 연한 색이며, 처음에 백색의 얇은 섬유상의 내피막 인편이 붙어있다. 살은 치밀하고 단단하며, 황백색으로 맛은 온화하다. 주름살은 자루에 대하여 바른 또는 홈파진주름살이고, 황백색에서 올리브색을 띤 암색을 거쳐 자갈색이 된다. 자루의 길이는 5~10cm이고 굵기는 0.8~1.5cm로 가늘고 길며, 위쪽은 백색 또는 황백색이고 아래쪽은 녹슨 갈색이다. 섬유상의 무늬를 나타내며, 턱받이는 없다.

포자 난형 또는 타원형이고 발아공이 있으며, 크기는 5~7×3.5~4.5㎛이다. 포자문은 암자갈색이다.

생태 우수한 식용균으로 인공재배도 한다. 늦가을에 활엽수의 넘어진 나무나 그루터기 또는 흙에 묻혀있는 나무에 뭉쳐서 난다. 목재부후균이다.

분포 한국(남한 : 광릉, 모악산, 한라산, 가야산, 다도해해상 국립공원, 두륜산, 방태산, 변산반도 국립공원. 북한 : 묘향산, 삼석, 금강산), 일본, 중국, 러시아의 극동, 유럽, 북아메리카 등 북반구 온대 이북

참고 오래 전부터 한국에서는 식용버섯으로 취급하여 왔다. 비교적 맛이 좋으나, 외국에서는 독버섯으로 취급한다. 독성분이 검출되므로 식용에 주의 할 필요가 있다. 북한명은 밤버섯

개암비늘버섯 *Pholiota astragalina* (Fr.) Sing. 미약독

용도 및 증상 독성분은 불분명하나, 먹으면 이상 증상이 약간 나타난다. 식용도 가능하지만, 독성분 때문에 대부분의 나라에서 먹지 않는다.

형태 균모의 지름은 3~8cm, 처음은 원추상의 둥근 산모양에서 가운데가 약간 융기된 둥근 산모양으로 차츰 변한다. 표면은 붉은 적색이고, 가장자리는 연한 색이며, 습기가 있을 때 끈적기가 있지만 건조하면 끈적기가 없어진다. 매끈하고 가장자리는 처음에 거의 백색의 막편(피막의 잔재)이 부착하지만 곧 소실된다. 살(육질)은 오렌지색이고 쓴맛이 있다. 주름살은 자루에 대하여 바른주름살로 간격은 좁아서 밀생하며, 황색이다. 균모의 살에 가까운 부분은 붉은 적색이나, 나중에 갈색으로 변색된다. 자루는 길이 5~10cm이고 굵기는 0.4~0.8cm로 위아래가 같은 굵기이며, 황백색 또는 붉은 적색을 띤다. 특히 하부의 표면은 끈적기는 없고, 솜털상 혹은 섬유상이며, 턱받이가 없다.

포자 타원형이며, 표면은 매끄럽고 연한 황갈색이다. 크기는 6~7×3.5~4μm이고 포자문은 연한 녹슨 갈색이다.

생태 봄에서 가을 사이에 숲 속의 침엽수의 고목 또는 절주에 홀로 또는 뭉쳐서 난다.

분포 한국(남한 : 지리산, 광릉. 북한 : 신양), 일본, 중국, 러시아의 극동, 유럽, 북아메리카

참고 이 버섯의 균모는 붉은 적색으로 털이 없고 밋밋하며, 표면은 끈적기가 없다. 그러나 습할 때는 끈적기가 있다. 비늘버섯속의 버섯은 외국에서는 일반적으로 식용에 부적합하다고 주의를 요한다. 북한명은 붉은기름갓버섯

노랑비늘버섯 *Pholiota flammans* (Fr.) Kummer 미약독

용도 및 증상 독성분은 불분명하나, 먹으면 중독 증상이 약간 나타난다. 하지만 식용도 가능하며, 항암 작용도 한다.

형태 균모의 지름은 2~10cm, 처음은 원추상의 둥근 산모양에서 차츰 둥근 산모양으로 편평하게 된다. 특히, 가운데가 볼록하게 된다. 표면은 끈적기가 없지만, 습기가 있을 때 약간 끈적기가 있다. 맑은 황색, 레몬색 또는 오렌지색을 띤 황색 혹은 주황색이다. 처음은 황색 또는 유황색의 갈라진 섬유상 인편으로 밀집되어 덮여 있지만 나중에 인편은 차차 탈락한다. 살은 황색이며 쓴맛이 있다. 주름살은 자루에 대하여 바른 또는 올린주름살로 간격은 좁아서 밀생하며, 처음은 황색에서 녹슨 갈색으로 변색된다. 자루의 길이는 5~8cm이고, 굵기는 0.4~1.0cm로 위아래가 같은 굵기이고, 표면은 건조 시 황색 또는 아래는 약간 오렌지색을 띤 황색이 된다. 균모와 같은 갈라진 인편이 덮여 있고, 위에는 섬유상의 불완전한 턱받이가 있다.

포자 타원형이고 발아공은 불분명하며 연한 황색이다. 크기는 3.5~4.5×2.5~3μm이다. 포자문은 녹슨 갈색이다.

생태 여름과 가을에 숲 속의 침엽수의 고목에 군생하거나 속생한다.

분포 한국(남한 : 오대산), 일본, 중국, 러시아의 극동, 유럽, 북아메리카

참고 종명인 *flammans*는 '불꽃'이라는 뜻이다.

재비늘버섯 *Pholiota highlandensis* (Peck) A. H. Smith et Hesler 미약독

용도 및 증상 독성분은 불분명하나, 먹으면 복통, 설사 등의 위장계의 중독을 일으킨다. 식용도 가능하다.

형태 균모의 지름은 1.5~5cm로 둥근 산모양에서 차차 편평하게 된다. 표면은 황갈색 또는 다갈색이며, 끈적기가 있고 매끄럽다. 가장자리는 황백색의 얇은 내피막이 붙어 있다가 없어진다. 주름살은 연한 황색에서 탁한 갈색이 되고, 자루에 바른 또는 올린주름살이며 주름살의 간격은 좁아서 밀생한다. 자루의 길이는 3~7cm이고, 굵기는 0.3~0.5cm로 가늘고 길며, 상하가 같은 굵기로서 황백색 또는 황색이고 하부는 갈색이다. 표면은 끈적기가 없고 섬유상이며 미세한 인편이 있다. 또한 어릴 때는 섬유상의 불확실한 턱받이를 가졌으나 쉽게 없어진다. 다 자라면 표면은 매끈하여 턱받이의 흔적을 찾아 볼 수가 없다.

포자 난형 또는 타원형이며 발아공이 있다. 크기는 6.5~7×4~5μm이며, 포자문은 회갈색이다.

생태 봄에서 가을 사이에 불에 탄 자리의 땅 위나 숯 위에 군생 또는 속생한다.

분포 한국(남한 : 지리산, 무등산, 완주. 북한 : 장진, 산양), 일본, 러시아의 극동, 유럽, 북아메리카, 남아메리카, 아프리카 등 전 세계

참고 북한명은 탄자리기름갗버섯

비늘버섯 *Pholiota squarrosa* (Mull. : Fr.) Kummer 일반독

용도 및 증상 독성분은 불분명하며, 먹으면 복통, 설사 등의 소화 장애를 일으킨다. 또 술과 함께 먹으면 악취 냄새가 난다. 식용도 가능하며, 항암 성분도 가지고 있다.

형태 균모의 지름은 5~10cm로 처음은 약간 원추형 또는 반구형에서 가운데가 볼록한 둥근 산모양을 거쳐 편평하게 된다. 표면은 연한 황색 또는 연한 황갈색이고, 적색 또는 적갈색의 거칠게 갈라진 인편으로 덮여 있으며 끈적기는 없다. 살은 연한 황색이다. 주름살은 자루에 대하여 바른주름살로 녹황색에서 갈색으로 변색된다. 자루의 길이는 5~12cm이고 굵기는 1~1.5cm로 위아래의 굵기가 비슷하며, 하부는 가늘고 상부에 섬유질의 갈라진 턱받이가 있고 균모와 같은 색이며 인편으로 덮여 있다.

포자 타원형이며, 크기는 6~8×3.5~5μm이고, 포자문은 녹슨 갈색이다.

생태 가을에 살아 있는 나무의 껍질이나 고목의 줄기 밑동 또는 그루터기에 군생하거나 속생한다. 목재부후균으로 목재를 분해하여 자연으로 되돌려 주는 역할을 한다.

분포 한국(남한 : 지리산, 안동), 북반구 온대

참고 땅비늘버섯(*Pholiota terrestris*)과 비슷하지만, 땅에서 발생한다는 점이 다르다. 균모에 침 같은 비늘이 있고 고목에 무리지어 발생하므로 쉽게 알 수 있다. 북한명은 비늘갓버섯

침비늘버섯 *Pholiota squarrosoides* (Peck) Sacc. 미약독

용도 및 증상 독성분은 불분명하나, 먹으면 구토, 설사 등의 위장계의 중독을 일으킨다. 하지만 식용을 하기도 한다.

형태 균모의 지름은 3~13cm이고 어릴 때는 1.5~6cm로 처음에 거의 구형이었지만 차츰 둥근 산모양으로 변한다. 표면은 연한 황색이며, 직립의 비늘이 균모 주위에서 가운데로 분포한다. 성숙하면 가운데가 십자형으로 갈라지는 것도 있으며, 살은 질기고 백황색이며, 비늘은 황색이고 표면에 끈적기가 있다. 주름살은 처음은 백색에서 계피색으로 변하고, 자루에 대하여 바른주름살이며, 간격은 좁아서 밀생한다. 자루의 길이는 2.5~6cm이고 굵기는 0.3~1.0cm이며, 백황색으로 비늘이 거칠게 분포한다. 턱받이는 솜털상으로 흔적만 있고, 위쪽으로는 비늘이 없지만 아래는 균모와 같은 색으로 뒤집힌 인편이 거칠게 덮여 있다. 자루의 속은 차 있고 표면과 같은 색이며, 세로로 잘 갈라진다.

포자 광타원형 또는 유원주형이며, 크기는 5.9~7.6×3.5~4.7μm이다. 발아공의 유무는 분명하거나 불분명한 것이 있다.

생태 여름에서 가을 사이에 고목에 속생한다.

분포 한국(남한 : 지리산, 소백산, 한라산), 일본, 중국, 북아메리카, 유럽

참고 곧게 선 가시모양의 인편이 빽빽히 덮여 있어서 다른 종과 구분 된다.

땅비늘버섯 *Pholiota terrestris* Overholts 미약독

용도 및 증상 독성분은 불분명하나, 중독 증상은 구토나 설사 등의 위장계의 중독을 일으킨다. 식용도 하지만 이용 가치가 떨어진다.

형태 균모의 지름은 2~6cm로 둥근 산모양에서 차차 편평하게 된다. 표면은 습기가 있을 때 끈적기가 있고, 색은 크림색, 계피색, 백갈색으로 여러 가지이며, 암갈색의 인편이 있으나 없는 것도 있다. 가장자리는 안쪽으로 말리고 내피막의 인편이 붙어 있다. 살은 연하며 연한 황색이다. 주름살은 연한 녹황색에서 계피색 또는 암갈색이고, 폭이 0.3~0.8cm이며 밀생한다. 자루에 대하여 바른 또는 올린주름살이다. 자루의 길이는 3~7cm이고 굵기는 0.3~1.3cm로 균모와 같은 색이며, 섬유상의 갈라진 인편으로 덮여있다. 턱받이는 솜털모양의 막질로 불분명한 형태이다.

포자 타원형이고, 크기는 5.5~6.5×3.5~4㎛이다.

생태 봄에서 가을 사이에 숲 속, 밭, 길가 등의 땅에 군생하거나 또는 속생한다.

분포 한국(남한 : 한라산), 일본, 북아메리카

참고 특징은 균모 및 자루는 연한 황색 혹은 연한 황갈색으로 둔한 갈색의 섬유상 인편이 밀집하여 덮여 있다. 종명인 *terrestris*는 '땅에서 자란다'는 뜻이다.

끈적버섯과

끈적버섯속은 대부분 끈적기가 있으며 식용버섯이지만, 식용 가치는 떨어지는 버섯들이다. 땀버섯속의 버섯들은 전부 독성분을 가지고 있으며 먹으면 땀이 나는 것이 특징이다. 미치광이버섯속은 독버섯들로서, 독황토버섯은 맹독버섯의 일종으로 희귀종이다.

식용버섯

솜끈적버섯 *Cortinarius claricolor* var. *turmalis* (Fr.) Moser

용도 및 증상 혀의 감촉이 좋고, 씹는 느낌이 좋다. 밤 같은 맛이 나며, 모든 요리에 이용할 수 있다.

형태 균모의 지름은 5~10cm로 둥근 산모양에서 차츰 편평하게 펴지며, 가장자리는 영구히 아래로 말린다. 표면은 끈적기가 있고 갈색 혹은 오렌지색을 띤 갈색이고 밋밋하다. 주름살은 처음 백색에서 나중에 황토 갈색으로 변색되며, 약간 밀생한다. 자루의 길이는 7~15cm이고 굵기는 3~5cm이며, 거의 원주형으로 백색이다. 처음에는 백색 솜털 모양의 균사(외피막)가 밀집되어 덮여 있다.

포자 크기는 8~10×3~5μm이다.

생태 여름과 가을에 침엽수림의 땅에 군생한다.

분포 한국(남한 : 지리산, 광릉), 일본, 북반구

참고 균모가 미끈하고, 자루는 굵고 단단하다.

흰보라끈적버섯 *Cortinarius alboviolaceus* (Fr.) Fr.

용도 및 증상 식용으로 쓰인다.

형태 지름은 3.6~6cm로 자실체는 중형에 속하며 반구형에서 차츰 편평해지고 중앙이 볼록 나온 것도 있다. 끈적기는 없으며, 은빛의 엷은 자주빛 또는 푸른빛을 가진 자주빛을 띠고 있다. 다 자라면 엷은 황토 갈색이 전체에 걸쳐 나타나거나 엷게 나타난다. 주름살은 바른주름살에 가깝고, 넓이는 0.4~0.6cm로 약간 좁은 편이며, 자주색에서 차츰 갈색이 된다. 버섯자루는 거의 아래로 내려가면서 커지고, 근부는 구근모양을 이루기도 한다. 색은 균모와 같으며, 윗부분에 흰색의 거미줄 막질이 있다가 차츰 없어진다. 육질은 흰색에 가깝다.

포자 장타원형으로, 돌기들이 나와 있으며, 크기는 7~10.5×4.5~6μm이다. 포자문은 황색 계열의 녹슨 갈색이다.

생태 참나무와 소나무 숲의 혼효림의 땅에 산생한다.

분포 한국(남한 : 만덕산, 모악산. 북한 : 백두산), 북반구 온대 이북

참고 균모가 연한 회자색 또는 백색인 것이 특징이다. 종명인 *alboviolaceus*는 '흰색과 보라색'이라는 뜻의 합성어이다.

적갈색끈적버섯 *Cortinarius allutus* Fr.

용도 및 증상 식용으로 쓰인다.

형태 균모는 지름 4~10cm로 둥근 산모양에서 차차 편평하게 된다. 표면은 끈적기가 있고 연한 황토색 혹은 오렌지색을 띤 황갈색이다. 처음에는 백색의 비단광택이 나는 섬유상 피막으로 덮여 있다가 차츰 없어진다. 살은 백색 또는 살색이다. 주름살은 자루에 대하여 홈파진주름살로 백색에서 계피색으로 변색되며, 간격이 좁아서 밀생하고, 가장자리는 약간 물결모양이다. 자루의 길이는 5~10cm이고, 굵기는 0.7~1.8cm로 근부는 덩어리 줄기처럼 부풀기도 한다. 표면에 적갈색의 거미줄 모양의 외피막 파편의 섬유상으로 되어있다. 색깔은 백색에서 황토 갈색이 되며, 속은 차 있다.

포자 타원형 혹은 아몬드형이며, 가는 사마귀 반점이 있지만, 그 유무가 불분명한 것도 있다. 크기는 7.5~9.5×4.5~5μm이다.

생태 가을에 침엽수림의 땅에 군생한다.

분포 한국(남한: 지리산, 북한: 백두산), 일본, 중국, 유럽

참고 균모의 표면이 연한 황토색 또는 적갈색이고, 거미줄 막 같은 외피막의 섬유상이 특징이다.

차양끈적버섯 *Cortinarius armillatus* (Fr.) Fr.

용도 및 증상 가루 같은 것이 있으므로 참기름에 볶거나 진한 간장으로 끓인다. 소금에 절이는 것이 좋다.

형태 균모의 지름은 5~10cm로 둥근 산모양에서 차츰 편평하게 펴지며, 표면은 밋밋하고 벽돌색의 적갈색이지만, 가운데는 암색이 된다. 살은 오백색이다. 주름살은 자루에 대하여 바른 혹은 홈파진주름살이며, 연한 계피색에서 암 녹슨 갈색으로 변색된다. 주름살의 폭은 넓고 성기다. 자루의 길이는 9~13cm이고, 굵기는 1~1.5cm이며 근부는 부푼다. 표면은 섬유상이고 연한 회갈색이며, 중간쯤에 적색의 외피막의 얼룩덜룩한 잔재가 턱받이로 되어 남아 있다. 그 아래에 1~3개의 불완전한 연한 적색의 수레바퀴무늬가 있다.

포자 타원형 혹은 아몬드형이고, 크기는 10.5~12.5×6~7㎛로 표면은 사마귀점같은 반점이 있다.

생태 가을에 활엽수림의 땅에 군생 또는 산생한다.

분포 한국(남한 : 무등산), 일본, 북반구 온대 이북

참고 균모가 벽돌색과 같은 적갈색이고, 자루에 적색 외피막의 잔재가 턱받이로 되어 있으며, 불완전한 적색 무늬이다.

노란띠버섯 *Rozites caperata* (Pers. : Fr.) Karst.

용도 및 증상 맛이 좋아서 식용하며, 항암 기능도 있다. 요리는 불고기, 전골 등 진한 맛을 낼 때 좋다.

형태 균모는 지름 4~15cm로 반구형 또는 난형에서 거의 편평하게 된다. 표면은 황토색 또는 황토갈색(드물게 자주색)이다. 백색 혹은 자주색 비단빛이 있는 섬유로 덮였다가 없어지며, 방사상의 주름을 나타낸다. 살은 백색 혹은 황토색이다. 주름살은 백색에서 녹슨 색이며 자루에 대하여 바른-올린-끝붙은주름살이다. 자루의 길이는 6~15cm이고, 굵기는 0.7~2.5cm로 속이 차 있다. 표면은 섬유상인데 균모보다 연한 색이며, 위쪽에 유백색 막질의 턱받이가 있다. 대주머니는 불완전하며 곧 없어진다.

포자 아몬드형이며, 표면은 가는 사마귀로 덮이고 크기는 11.5~15.5×6.5~8㎛이다. 간혹 18×9㎛가 되는 것도 있다.

생태 늦가을에 각종 숲 속의 땅에 군생한다.

분포 한국(남한 : 지리산), 북반구 일대

참고 균모가 황토색 또는 황토 갈색이고, 유백색의 턱받이가 있는 것이 특징이다. 북한명은 주름띠버섯

진흙끈적버섯 *Cortinarius collinitus* (Sow. : Fr.) Fr.

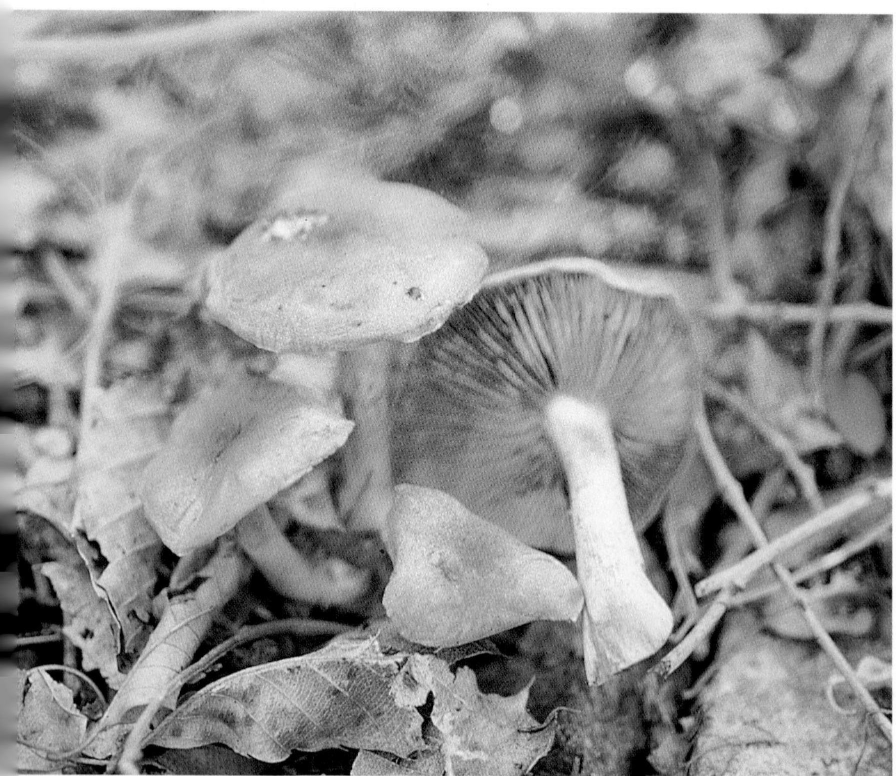

용도 및 증상 혀의 감촉이 좋고, 된장국, 우동에 넣으면 좋다. 맛과 냄새는 없다.

형태 균모는 지름 4~7cm로 종모양에서 중앙이 높은 편평형으로 변하며, 표면은 진흙갈색 혹은 오렌지색을 띤 황갈색으로 강한 끈적액이 덮여 있다. 살은 백색에서 갈색으로 변색되고, 주름살은 자루에 대하여 바른 또는 올린주름살이며, 간격이 좁아서 약간 밀생하고 차츰 계피색으로 변색된다. 자루의 길이는 5~8cm이고 굵기는 1~1.5cm로 위아래의 굵기가 같으나, 아래가 조금 가늘다. 백색 또는 연한 청자색의 끈적물질이 내피막에 덮여 있으나, 나중에 터져서 황갈색의 바탕색이 나타낸다.

포자 타원형 혹은 아몬드형이며, 크기는 12.5~15.5×7~8μm이다. 표면은 사마귀 같은 반점으로 덮여 있다.

생태 가을에 침엽수림 내 땅에 군생한다.

분포 한국(남한 : 무등산. 북한 : 백두산), 북반구 온대 이북

참고 균모는 오렌지색을 띤 황갈색이고, 자루의 내피막에 끈적액이 덮인 것이 특징이다. 종명인 *collinitus*는 '끈적기가 많다' 는 뜻이다.

키다리끈적버섯 *Cortinarius elatior* Fr.

용도 및 증상 찌개, 전골, 된장국을 요리할 때 주로 쓰인다.

형태 균모의 지름은 5~10cm로 종 모양 또는 끝이 둥근 원추형에서 차츰 편평형으로 변하지만 가운데는 볼록하다. 표면은 심한 끈적액이 덮여 있고, 올리브색을 띤 갈색 또는 자갈색이며, 마르면 진흙 갈색 또는 황토색으로 변색되고 가장자리에 줄무늬 홈선 모양의 주름이 생긴다. 살은 백색 또는 황토색이다. 주름살은 자루에 대하여 바른 또는 올린주름살로 진흙 갈색이며, 표면에는 세로선이 있다. 자루의 길이는 5~15cm이고 굵기는 1~2cm로 아래로 가늘고 백색 또는 연한 자주색이며, 심하게 끈적기가 있다.

포자 아몬드형이고, 크기는 14~16.5×6.5~9μm이며, 표면은 사마귀 같은 반점으로 덮여 있다.

생태 가을에 활엽수림의 땅에 1~2개가 난다.

분포 한국(남한 : 지리산), 북반구 온대 이북

참고 종명인 *elatior*는 '키가 크다'는 뜻이다. 버섯의 자루가 균모에 비하여 길어서 키다리끈적버섯이라 이름 지었다. 북한명은 기름풍선버섯

가지색적버섯 *Cortinarius largus* Fr.

용도 및 증상 식용으로 쓰인다. 맛은 달콤하며, 냄새는 없지만 싱싱할 때 과일 냄새가 나기도 한다.

형태 균모의 지름은 3~12cm이고 라일락 색에서 점차 자색으로 변색되며, 가운데에서부터 황토 갈색, 적갈색으로 변색된다. 살은 치밀하고 두꺼우며, 백색으로 껍질 아래는 보라색을 나타낸다. 주름살은 처음에 라일락색이나 점차 진흙색으로 변색된다. 그러나 결국 녹슨 진흙색이 된다. 자루의 길이는 5~10cm이고 굵기는 1~2cm로 부풀고, 자색에서 백색으로 변색되며 퇴색한다. 거미집막은 위에 있고 기부에 백색털로 덮여 있다. 살은 라일락색에서 자색이 되며 자랐을 때 자루와 균모의 가운데에서는 백색을 나타낸다.

포자 아몬드 또는 레몬모양으로, 표면에는 가늘고 사마귀 같은 반점이 있다. 크기는 11~13×5.5~6.5μm이다.

생태 여름에 참나무와 자작나무의 활엽수림의 땅에 군생한다.

분포 한국(남한 : 지리산, 운장산), 유럽

참고 어릴 때는 균모와 자루가 자색이라는 것이 특징이다. 종명인 *largus*는 '풍부하고 많다'는 뜻이다.

헤진풍선끈적버섯 *Cortinarius pholideus* (Fr. : Fr.) Fr.

용도 및 증상 식용으로 쓰인다.

형태 균모의 지름은 4~8cm로 반구형 또는 종모양에서 차차 편평해지나 가운데는 볼록하며, 황토색 또는 적갈색을 나타내나 가운데는 어두운 색깔을 나타낸다. 가장자리는 물결형으로 흑적색의 갈색 섬유상과 인편이 있다. 주름살은 자루에 대하여 올린주름살로 폭은 보통이며, 자색 또는 진흙 황토색이다가 바랜 적갈색으로 변색된다. 자루의 길이는 3.5~7.0cm이고 굵기는 0.5~1.2cm로 위쪽은 자색이고 밑은 부풀어 있으며, 흑황토색으로 흑갈색의 인편과 띠모양의 바랜 갈색의 턱받이가 있다. 살은 바랜 황토색으로 위쪽은 엷은 자색이고 아래쪽은 검으며, 냄새와 맛이 있다.

포자 광타원형이며, 크기는 7~8×4.5~5μm이다. 표면에는 사마귀점 같은 것이 있다. 담자기는 22.5~37.5×7.5~9.0μm로 방망이형이다. 포자문은 적색이다.

생태 여름부터 가을에 걸쳐 침엽수림과 활엽수림의 땅에 산생한다.

분포 한국(남한 : 무등산, 지리산), 일본, 유럽, 북아메리카

참고 균모는 황갈색이고 암갈색의 작인 인편이 가운데를 중심으로 밀집하는 것이 특징이다. 종명인 *pholi-deus*는 '인편'이라는 그리스어에서 유래한 말이다.

가지색끈적버섯아재비 *Cortinarius pseudosalor* J. Lange

용도 및 증상 점액이 나와서 혀에 닿는 촉감이 좋다. 그래서 어떤 요리에 사용하여도 좋다.

형태 균모는 지름 3~8cm로 반구형에서 둥근 산모양을 거쳐 편평하게 된다. 표면은 강한 끈적액으로 덮이며 올리브색을 띤 갈색 혹은 회갈색이다. 가장자리는 청자색을 띤다. 살은 균모에서는 살색이고, 자루 위쪽에서는 자주색이다. 주름살은 자루에 대하여 바른 또는 올린 주름살이고 간격이 좁아서 약간 성기다. 어릴 때는 자색이었다가 차츰 진흙색에서 녹슨 색으로 변색된다. 자루의 길이는 6~12cm이고 굵기는 1.0~1.2cm로 연한 청자색의 원주형이며, 끈적기가 있는 거미집막 같은 것이 있고 아래쪽은 끈적액으로 덮여 있다.

포자 아몬드형 혹은 레몬형이며, 11.5~ 14×7~8.5μm이다. 표면은 사마귀 같은 반점으로 덮여 있다. 연낭상체는 22~33×8~25μm로 곤봉형 또는 주머니모양이다.

생태 가을에 활엽수및 침엽수림의 땅에 군생한다.

분포 한국(남한 : 담양, 월출산. 북한 : 묘향산, 금강산, 백두산), 일본, 유럽

참고 균모는 끈적 물질이 덮여 있고, 올리브색 계열의 갈색 또는 회갈색이며, 자루는 연한 청자색이고 끈적기의 거미줄 막이 있다. 푸른끈적버섯(*cortinarius salor*)과는 균모의 색깔이 연하고 자루가 길어서 쉽게 구별된다. 종명인 *pseudosalor*는 '가짜 푸른 색' 이라는 뜻으로, 약간 푸른색을 가지고 있다는 의미이다. 북한명은 나도풍선버섯

풍선끈적버섯 *Cortinarius purpurascens* (Fr.) Fr.

용도 및 증상 된장국 등을 요리할 때 주로 쓰인다.

형태 균모의 지름은 3~13cm로 둥근 산모양에서 차차 편평하게 된다. 표면은 섬유상인데 습기가 있으면 끈적기가 있고, 가운데는 갈색 또는 황토갈색이다. 가장자리는 연한 색에서 차츰 자주색이 된다. 살은 연한 자색이고, 맛과 냄새는 없다. 주름살은 자루에 대하여 올린주름살인데, 자주색에서 계피 갈색으로 변색되며, 상처를 입으면 자색으로 변색한다. 자루의 길이는 3~10cm이고 굵기는 0.8~1.3cm로 기부는 부풀어 있고 표면은 섬유상으로 자주색이다.

포자 타원형 또는 아몬드형이며, 크기는 9.5~10.5×5~6.5μm이다. 표면은 사마귀점으로 덮여 있다.

생태 여름에서 가을 사이에 숲 속의 땅에 군생한다.

분포 한국(남한 : 변산반도 국립공원, 지리산, 가야산, 속리산, 오대산, 모악산 등 전국. 북한 : 대성산, 묘향산, 판교), 일본, 중국, 러시아의 극동, 유럽, 북아메리카

참고 종명인 *purpurascens*는 '보라색으로 된다' 는 뜻이다. 주름살과 자루가 보라색인 점이 특징이다. 북한명은 풍선버섯

푸른끈적버섯 *Cortinarius salor* Fr.

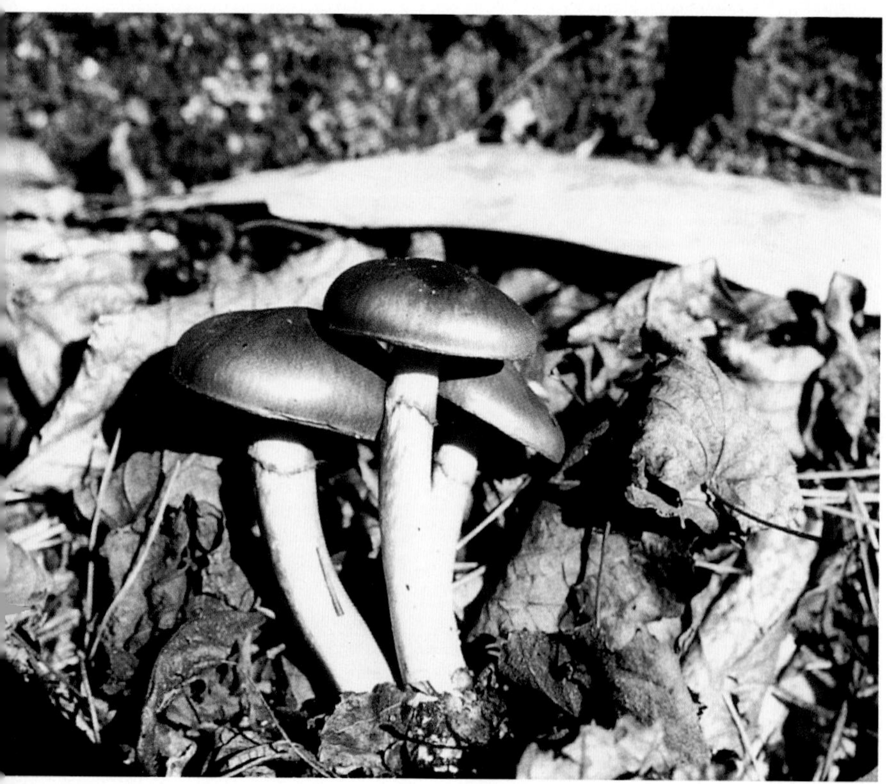

용도 및 증상 약간 쓴맛이 나지만, 두부찌개 등에 주로 이용된다.

형태 균모의 지름은 2.5~5cm로 둥근 산모양에서 차차 편평하게 된다. 표면은 청자색이며, 가운데는 갈색으로 심한 끈적액이 덮여 있다. 어릴 때는 흰색의 거미줄 막이 연하게 균모와 자루 사이에 붙어있다. 살은 연한 자색이고 부드럽다. 주름살은 자루에 대하여 바른 또는 올린주름살로 연한 자색에서 계피 육계갈색으로 변색되며, 폭은 0.5~0.6cm로 약간 성기다. 자루의 길이는 4~7cm이고, 굵기는 0.5~1.0cm로 곤봉모양이고, 표면은 끈적액으로 덮여 있으며, 연한 자색이다. 그러나 오래되면 아래쪽은 탁한 황색이 되며, 꼭대기는 가루 같은 것이 생긴다.

포자 난형이며 표면에 미세한 사마귀 반점이 있고 크기는 8~9×7~7.5㎛이다.

생태 가을에 활엽수가 섞인 소나무 숲의 땅에 군생한다.

분포 한국(남한 : 지리산, 가야산), 일본, 중국, 러시아의 극동, 유럽

참고 균모와 주름살이 청자색 또는 적자색이고, 자루가 연한 자색인 점이 특징이다.

노랑끈적버섯 *Cortinarius tenuipes* (Hongo) Hongo

용도 및 증상 우수한 식용균이며, 향기가 좋고 쫄깃쫄깃하여 혀의 촉감이 좋다. 식초요리, 찌개, 조림 등 어떤 요리에도 즐겨 사용된다.

형태 균모의 지름은 4~8cm, 둥근 산모양에서 차차 편평하여지나, 가운데가 볼록하다. 표면은 오렌지색을 띤 황토색이고, 가운데는 갈색이며, 가장자리는 백색의 비단실 같은 피막의 잔편이 부착하지만 곧 없어진다. 습기가 있을 때는 약간 끈적기가 있다. 살은 백색이고, 거의 무미무취이다. 주름살은 바른 또는 올린주름살로 밀생하고, 폭은 0.3~0.4cm, 유백색에서 점토색을 거쳐서 계피갈색으로 변색된다. 자루의 길이는 6~10cm이고 굵기는 0.7~1.1cm로 위아래의 굵기가 같고 간혹 아래쪽으로 가늘다. 표면은 촘촘한 섬유상이며, 백색에서 약간 점토색을 나타낸다. 턱받이는 거미집막으로 되어 있고, 비단털 같은 턱받이가 자루의 위쪽에 부착한다.

포자 방추상의 타원형이고, 크기는 7~9.5×3.5~5μm로 표면은 불분명한 미세한 사마귀점이 있거나 거의 밋밋하다.

생태 가을에 혼효림의 땅에 군생한다.

분포 한국(남한 : 지리산), 일본

참고 균모가 오렌지색을 띤 황색이고 균모와 자루 사이에 거미줄막이 연결된다.

다색끈적버섯 *Cortinarius variecolor* (Pers. : Fr.) Fr.

용도 및 증상 식용으로 쓰인다.

형태 균모는 지름 6~13cm로 둥근 산모양에서 차차 편평하게 된다. 표면은 갈색이고 가장자리는 자주색이며, 아래로 말린다. 습기가 있을 때는 끈적기가 있으나 마르면 섬유상이 된다. 살은 두껍고 청자색이나 나중에 퇴색한다. 주름살은 청자색에서 계피색으로 변색되며, 자루에 대하여 바른주름살인데 간격이 좁아서 밀생하고, 가장자리는 약간 물결모양이다. 자루의 길이는 8~9cm이고 굵기는 1.5~2cm로 근부는 부풀고, 표면은 섬유상이며 연한 청자색이나 나중에 갈색을 나타낸다.

포자 아몬드형이고, 크기는 9~10.5×5~6μm로 표면은 사마귀 반점 같은 것으로 덮여 있다.

생태 가을에 침엽수림이 자라는 땅에 군생한다.

분포 한국(남한 : 지리산), 북반구 일대

참고 종명인 *variecolor*는 '여러 가지 색깔'이라는 뜻이다. 이 버섯은 균모의 색깔이 황토 갈색, 적색 계통의 갈색, 회갈색 등 다양하다.

끈적버섯 *Cortinarius violasceus* (L. : Fr.) Fr.

용도 및 증상 약간 특유한 냄새가 있어서 탕 요리에 좋다. 또한 불고기, 기름에 볶거나 야채 볶음에 즐겨 사용된다.

형태 균모의 지름은 5~12cm로 처음은 둥근 산모양에서 약간 가운데가 볼록한 편평형으로 변한다. 표면은 끈적기가 없으며 암자색으로 미세한 털이 있지만 나중에 미세한 갈라진 인편을 만든다. 살은 두껍고, 연한 청자색이다. 주름살은 바른 또는 올린주름살이며, 폭은 넓고 성기며, 균모와 같은 암자색이지만, 나중에 포자의 때문에 녹슨 갈색으로 변색된다. 자루의 길이는 7~ 12cm, 굵기는 1~2.5cm이고 아래는 부푼다(2~4cm). 표면은 암자색으로 처음 벨벳상에서 차츰 섬유상으로 변하고, 때때로 인편을 만든다. 거미집막은 암자색으로 나중에 포자가 낙화하여 부착되며 녹슨 색으로 된다.

포자 타원형 혹은 아몬드형이고, 크기는 10~10.5×6.5~9μm로 표면에 사마귀 반점이 덮여있다. 연낭상체 및 측낭상체가 있고, 40~117×12.5~20.5μm이며, 방추형이다.

생태 가을에 활엽수림의 땅에 군생한다.

분포 한국(남한 : 전국), 일본, 북반구 온대 이북

참고 버섯 전체가 진한 보라색 계열의 암자색으로 되어있다.

독버섯

백색꼭지땀버섯 *Inocybe albodisca* Peck 일반독

용도 및 증상 먹으면 부작용이 있다. 하지만 식용이 가능하다.

형태 균모의 지름은 1.5~3.5cm이며 원추형에서 차차 편평형으로 변한다. 표면은 넓은 혹이 있고 끈적기가 있으며, 가운데는 매끄러우나 다른 부분은 섬유상 또는 방사상으로 갈라진다. 가운데는 백색에서 크림색으로 변색되며 다른 부분은 회색인데, 나중에는 분홍 갈색이 된다. 주름살은 자루에 대하여 바른주름살로 밀생하고, 폭은 좁고 백색에서 회갈색으로 변색되며, 가장자리는 너덜너덜한 성질이 있다. 자루의 길이는 2.5~5cm이고 굵기는 1.5~2mm로 아래는 부풀고 회색, 분홍색 또는 백색 털로 덮여 있다.

포자 각진 형태이고, 크기는 6~8×4.5~6μm이며, 표면에 사마귀 같은 반점이 있고 갈색이다.

생태 여름과 가을에 침엽수림, 낙엽수림의 땅 위에 군생한다.

분포 한국(남한 : 지리산, 운장산), 일본, 북아메리카

참고 종명인 *albodisca*는 '균모의 가운데가 백색으로 편평하다' 는 뜻이다.

삿갓땀버섯 *Inocybe asterospora* Qúel. 일반독

용도 및 증상 무스카린을 함유하기 때문에 발한, 혈액의 느림, 동공의 축소, 맥박의 느림 등의 증상이 나타난다.

형태 균모는 지름 2.5~6.5cm로 종모양 혹은 둥근 산모양에서 차차 편평하게 되고 오목해지나, 가운데는 돌출한다. 표면은 방사상으로 갈라지며 가장자리는 위로 말리고 건조하다. 또한 암갈색의 섬유가 있으며, 미세한 인편으로 덮여있다. 주름살은 자루에 대하여 올린 또는 끝붙은주름살로 연한 갈색이고 간격은 좁아서 밀생한다. 자루의 길이는 5~6cm이고, 굵기는 0.3~0.6cm로 위아래의 굵기가 같으며, 균모와 같은 색이고 자루의 밑은 둥근 공모양이다. 전체는 백색 또는 연한 황토색이고, 속은 차 있다.

포자 연한 회갈색의 다각형의 타원형으로, 크기는 9~11.5×8~10㎛이고 표면에는 사마귀 같은 반점이 있다.

생태 여름에서 가을 사이에 숲 속, 정원의 땅에 군생한다.

분포 한국(남한 : 지리산, 북한 : 차일봉), 일본, 중국, 러시아의 극동, 유럽, 북아메리카, 북반구 일대, 호주

참고 균모에 섬유상의 줄무늬선이 방사상으로 갈라진다는 특징이 있다. 북한명은 별포자땀버섯

털실땀버섯 *Inocybe caesariata* (Fr.) Qúel. 일반독

용도 및 증상 독성분은 불분명하나, 먹으면 몸에 이상 증상이 나타난다.

형태 균모의 지름은 2.5~5cm로 넓은 원추형에서 차차 편평하게 되며, 가장자리는 처음에 아래로 말린다. 표면은 건조하고 털모양의 섬유가 밀포하며 비늘로 되기도 한다. 또한 황토색에서 차츰 황갈색으로 변색된다. 주름살은 바른주름살로 넓고 밀생하며, 황토갈색에서 녹슨 황토색으로 변색되고, 가장자리는 흰 줄을 이룬다. 자루의 길이는 1.5~4cm로 솜털섬유 혹은 비늘이 밀생하며, 황토색에서 나중에 갈색으로 된다. 부분적으로 남은 턱받이는 얇게 존재하지만 곧 없어진다.

포자 타원형이며, 9~12×5~7μm로 표면은 매끄럽고 갈색이다.

생태 여름과 가을에 풀밭, 길가 낙엽수림의 땅에 군생한다.

분포 한국(남한 : 지리산), 일본, 중국, 북아메리카

참고 균모의 표면에 털이 촘촘히 덮여 있고, 색깔은 황토 갈색이다. 주름살과 자루도 황토 갈색인 점이 특징이다.

곱슬머리땀버섯 *Inocybe cincinnata* (Fr. : Fr.) Quél. 일반독

용도 및 증상 독성분은 불분명하나, 중독 증상은 땀, 혈류의 지연 등의 무스카린 중독의 증상과, 설사 등의 위장장애 등의 증상을 일으킨다.

형태 균모의 지름 1~3cm, 처음 원추형 혹은 둥근 산모양을 거쳐서 거의 편평하게 펴진다. 표면은 자색 또는 적갈색이고 가장자리는 섬유상이며, 가운데는 거친 인편이 밀집하여 있다. 살은 연한 자색이다. 주름살은 자루에 바른 또는 올린주름살이고, 처음에 자색 또는 적갈색에서 오갈색으로 변색되며 간격은 좁아서 밀생한다. 자루의 길이는 3~5cm이고 굵기는 0.2~0.3cm로 위아래의 굵기가 거의 같고, 어릴 때는 거의 백색 혹은 연한 자색을 나타낸다. 하지만 성숙하면 갈색으로 변색되는데, 이때 위쪽은 자색이 남아 있고, 아래쪽은 연한 색이지만 섬유상의 작은 인편이 존재한다. 자루의 밑은 약간 부푼다.

포자 난형으로 방추형이고, 크기는 9~11×5~6μm로 표면은 밋밋하다. 연낭상체는 40~60×13~18μm으로 방추형 혹은 플라스크형이며 막이 두껍다. 측낭상체도 같은 모양으로 길고 막은 두껍다.

생태 여름에서 가을 사이에 소나무 숲의 모래땅에 군생한다.

분포 한국(남한 : 지리산), 일본 등 북반구 일대

참고 애기흰땀버섯(*Inocybe geophylla*)과 비슷하지만, 자루는 자색이라는 점과, 포자의 크기가 작다는 점에서 이 버섯과 차이를 보인다.

단발머리땀버섯 *Inocybe cookei* Bres. 준맹독

용도 및 증상 독성분은 무스카린이며, 중독 증상은 섭취 후 30분에서 4시간 안에 땀, 눈물, 혈류, 동공 축소, 맥박 느림, 구토, 설사, 시각 장애, 기관지 천식 등의 증상이 나타난다. 심한 경우는 사망에 이른다.

형태 균모의 지름은 2~4.5cm이고 원추형에서 거의 편평하게 펴지나 가운데는 돌출한다. 표면은 황토색 혹은 갈황토색을 띠우며, 가장자리에 섬유상의 방사상 균열이 생겨서 바탕색(땅색)이 나타난다. 살(육질)은 얇고 백색 혹은 황백색이며 냄새는 약하다. 주름살은 자루에 대하여 올린 또는 거의 끝붙은 주름살로 회갈색이며, 주름살의 폭은 0.15~0.5cm이고 간격이 약간 좁거나 넓어서 조금 밀생하거나 성기다. 가장자리는 백색이고 가루 같은 것이 있다. 자루의 길이는 2~6cm이고 굵기는 0.2~0.5cm이며 위아래의 굵기가 같다. 자루의 표면은 섬유상으로 연한 황토색이고, 밑은 둥글게 부풀어 있으며 속은 차 있다.

포자 타원형이고 크기는 7~9.9×5~6μm이며, 표면은 매끈하다. 연낭상체는 16~27×8~12μm이고, 곤봉형 또는 서양배모양이다.

생태 여름에서 가을에 걸쳐서 주로 침엽수림의 땅에 단생 또는 군생한다.

분포 한국(남한 : 지리산, 모악산), 일본 등 북반구 일대

참고 유사종인 솔땀버섯(*Inocybe fastigiata*)은 자루의 밑이 둥글게 부풀어 있지 않다.

솔땀버섯 *Inocybe fastigiata* (Schaeff.) Qúel. 일반독

용도 및 증상 독성분은 무스카린이고, 중독 증상은 땀의 분비, 호흡 곤란 등이 있다. 섭취 후 30분에서 4시간 안에 땀, 눈물, 혈류의 지연, 동공 축소, 맥박 느림, 구토, 설사, 시각 장애, 기관지 천식 등의 증상이 나타난다. 심한 경우는 사망에 이른다.

형태 균모의 지름은 2~6.5cm로 원추형이며 가장자리는 편평하게 되어 위로 뒤집히는데,. 가운데는 항상 돌출한다. 표면은 황토색 또는 황토 갈색이나 가운데는 갈색이고 섬유상이다. 하지만 나중에 방사상으로 쪼개진다. 살은 백색의 섬유질이다. 주름살은 황백색에서 나중에 올리브색을 띤 갈색이 된다. 자루의 길이는 3.5~8cm이고 굵기는 0.3~0.9cm로 아래쪽이 굵다. 표면은 섬유상인데 백색 또는 황색이고 속은 차 있다.

포자 포자의 크기는 8.5~11.5×5.5~6.5㎛이고 타원형 또는 콩모양이며 표면은 매끄럽다. 연낭상체는 곤봉형 또는 원주형이고, 크기는 24~45×9×23㎛이다.

생태 여름부터 가을까지 활엽수림의 땅에 군생한다.

분포 한국(남한 : 지리산, 가야산, 소백산, 오대산, 한라산), 전 세계

참고 유사종인 단발머리땀버섯(*Inocybe cookei*)과는 자루의 밑이 둥글게 부푼 점에서 솔땀버섯과 구분된다.

애기흰땀버섯 *Inocybe geophylla* (Sow. : Fr.) Kummer 일반독

용도 및 증상 독성분인 무스카린을 가졌기 때문에 먹으면 땀, 혈류 지연, 동공 축소, 맥박 느림의 증상이 나타난다.

형태 전체가 백색으로 때로는 자색을 띠고 비단모양의 광택이 난다. 균모는 지름 1~2cm로 원추형에서 차차 편평해지지만, 가운데가 산처럼 올라간다. 주름살은 자루에 대하여 올린 주름살 또는 끝붙은 주름살로 황토색 또는 진흙색이다. 가장자리는 백색이며, 간격은 좁아서 밀생한다. 자루의 길이는 2.5~5cm이고 굵기는 0.2~0.4cm로 자루의 밑동은 조금 부풀고, 어릴 때 거미줄 막 같은 것이 붙어있지만 곧 없어지며, 자루의 속은 차 있다.

포자 타원형이고 크기는 7.5~9.5×4.5~5μm로 타원형이다. 연낭상체와 측낭상체는 45~60×11~15μm로 방추형이고, 벽은 두껍다.

생태 여름부터 가을에 걸쳐서 침엽수 및 활엽수림의 땅에 군생한다.

분포 한국(남한 : 지리산), 일본, 북반구일대, 호주

참고 유사종은 보라땀버섯(*Inocybe geophylla* var. *lilacina*)으로, 균모가 보라색이어서 구분된다. 북한명은 흰땀버섯

보라땀버섯 *Inocybe geophylla* var. *lilacina* (Fr.) Karst. 일반독

용도 및 증상 독성분으로 무스카린을 가졌기 때문에 땀, 혈류 지연, 동공 축소, 맥박의 느림 등의 증상이 나타난다.

형태 균모의 지름은 1~2cm, 원추형 또는 종모양에서 차차 둥근 산모양으로 변하며 가운데는 돌출한다. 표면은 방사상의 줄무늬가 있고, 가장자리는 위로 약간 말린다. 색은 오렌지색 혹은 황토색이고 가운데는 연한 자색 또는 라일락 색이며, 가운데는 약간 황색으로 비단 같은 광택이 있다. 살은 부드럽다. 주름살은 자루에 대하여 바른주름살이고, 처음은 회색이나 나중에 회갈색으로 변색되며 간격은 좁거나 약간 넓어서 밀생 또는 약간 성기며, 가장자리는 백색의 털이 있다. 자루의 길이는 2~3.5cm이고 굵기는 0.15~0.3cm이며, 위아래가 같은 굵기이고 자루의 밑은 굵다. 균모와 같은 색으로 연한 색이고 섬유상이며, 자루의 속은 차 있다.

포자 타원형 또는 난형이고 크기는 8~9×4.4~5μm로 표면은 매끈하며 갈색이다. 담자기는 18~21×7~8μm이고 방망이형이다.

생태 가을에 숲 속의 땅에 군생한다.

분포 한국(남한 : 지리산), 일본, 북아메리카

참고 애기흰땀버섯(*Inocybe geophylla*)은 전체가 백색으로 크기가 조금 크고, 포자는 혹모양의 돌기를 가졌다. 이 두 종류의 버섯이 같은 지역에 발생하는 예가 많으므로 종 구분의 주의를 하여야 한다.

땀버섯 *Inocybe kobayasii* Hongo (Bull. : Fr.) Kummer 일반독

용도 및 증상 독성분은 무스카린이며, 중독 증상은 섭취 후 20분에서 2시간 후에 땀을 많이 흘리게 되지만 얼마 안 있어 곧 회복된다.

형태 균모의 지름은 2~4cm, 원추상의 종모양으로부터 점차 가운데가 볼록한 편평형이 된다. 표면은 연한 황토색에서 짙은 색으로 변색되며, 가운데는 갈색으로 끈적기는 없다. 또한 섬유상이고 때때로 거친 인편이 덮여 있다. 살은 백색이며 냄새가 있다. 주름살은 자루에 대하여 홈파진 주름살 또는 끝붙은 주름살이고 간격은 좁아서 밀생하며, 황토색이 섞인 계피색이다. 자루의 길이는 2.5~5cm이고 굵기는 0.3~0.7cm로 위는 거의 백색이고, 아래는 연한 황토색이다. 표면은 섬유상으로 약간 거칠다. 자루의 속은 차 있다.

포자 난상의 타원형이며, 크기는 6.5~9.5×4~5μm이다. 연낭상체와 측낭상체의 막은 두꺼우며, 크기는 40~56×11~19μm이다.

생태 여름에서 가을 사이에 침엽수림 또는 활엽수림의 땅에 단생 또는 군생한다.

분포 한국(남한 : 지리산), 일본

참고 이 버섯에 의한 중독은 땀이 나므로 땀버섯이라는 이름이 붙여졌다. *Inocybe rimosa*라는 학명도 쓰인다.

비듬땀버섯 *Inocybe lacera* (Fr. : Fr.) Kummer 일반독

용도 및 증상 독성분은 무스카린류이고, 중독 증상은 땀, 혈류 지연 등의 무스카린 중독에 의한 증상과 설사 등의 위장 장애 등을 일으킨다.

형태 균모는 지름 1~4cm이며, 둥근 산모양에서 차츰 가운데가 볼록한 편평형이 된다. 표면은 섬유상이고 작은 인편으로 덮여 있으며 암갈색이다. 주름살의 간격은 넓어서 성기고, 백색에서 황토색 혹은 회갈색으로 변색되며, 자루에 대하여 바른 주름살이다. 또한 가장자리는 백색 또는 연한 갈색이다. 자루의 길이는 2~6cm이고 굵기는 0.2~ 0.5cm로 위아래의 굵기가 같으며 섬유상이다. 균모와 같은 색이며, 상부는 연한 암갈색이다. 자루의 밑은 약간 부풀어 있다.

포자 원추상의 방추형이고, 크기는 11.5~15×5~6μm이다.

생태 여름에서 가을 사이에 모래밭, 소나무 숲의 땅에 군생한다.

분포 한국(남한 : 만덕산, 가야산, 소백산, 방태산), 일본, 유럽, 북아메리카, 북반구 일대

참고 암갈색 바탕에 섬유상의 인편이 있다. 종명인 *lacera*는 '불규칙하게 찢어졌다'는 뜻이다.

털땀버섯 *Inocybe maculata* Boud. 일반독

용도 및 증상 무스카린을 가졌기 때문에 신경계의 이상이 나타나며 땀, 혈류 지연, 동공 축소, 맥박의 느림 등의 증상이 있다.

형태 균모는 지름 2.5~5.5cm로 원추형에서 차츰 둥근 산모양으로 변하였다가 나중에 거의 편평하게 되며 가운데는 돌출한다. 표면은 암적갈색의 섬유상으로 가운데에 백색의 외피막이 반점모양으로 부착한다. 나중에 표피는 방사상으로 갈라진다. 살은 거의 백색 혹은 연한 갈색을 띤다. 주름살은 자루에 대하여 올린주름살로 점토 갈색이며, 가장자리는 백색의 가루가 부착하고 주름살의 폭은 0.3~0.5cm로 간격은 약간 좁아서 조금 밀생한다. 자루의 길이는 3~9cm이고, 굵기는 0.3~0.8cm로 위아래가 같은 굵기이지만 아래쪽으로 약간 굵다. 표면은 거의 백색이고 아래쪽으로 갈색이며, 때로는 거칠고 자루의 속은 차 있다.

포자 광타원형이고, 크기는 8~11×5~6μm이며 표면은 매끈하다. 연낭상체는 31~50×11.5~18.5μm이고 곤봉형 혹은 유방추형이며, 약간 막이 두껍거나 얇다.

생태 여름 혹은 가을에 주로 활엽수의 땅에 군생한다.

분포 한국(남한 : 영주), 일본, 러시아의 극동 지방, 유라시아의 온대

참고 건조하여 마르면 전체가 적갈색을 나타낼 때도 있다.

팽이땀버섯 *Inocybe sororia* Kauff. 일반독

용도 및 증상 독성분과 중독 증상은 불분명하지만 외국에서는 독버섯으로 취급한다.

형태 균모의 지름은 3.7~4.5cm로 원추형에서 종형으로 되었다가 차츰 편평해지며, 솜털과 비늘이 있고 갈색이며 황갈색의 섬유상이 방사선으로 배열되어 있다. 가장자리는 약간 톱니꼴로 주름살의 폭은 0.2~0.3cm이며, 황백색 또는 갈색으로 가장자리는 하얀 수술모양이다. 주름살의 간격은 좁아서 밀생한다. 자루의 길이는 6~9cm이고 굵기는 0.5~0.6cm로 백색이며 원통형으로 비늘이 있고 섬유상이다. 또한 가루 같은 것이 있으며 오래되면 검게 된다. 자루의 속은 차 있고 백색이다.

포자 종자형이며, 크기는 7.6~10.3×5~6.1μm로 황색이고 멜저액 반응은 비아미로이드 반응이다. 포자문은 갈색이다.

생태 침엽수림 및 활엽수림의 부식토에 단생 또는 군생한다.

분포 한국(남한 : 무등산), 북아메리카

참고 균모는 솔땀버섯(*inocybe fastigiata*)과 비슷하나 가운데가 젖꼭지 모양이고 색깔이 연한 것이 특징이다.

흰땀버섯 *Inocybe umbratica* Qúel. 일반독

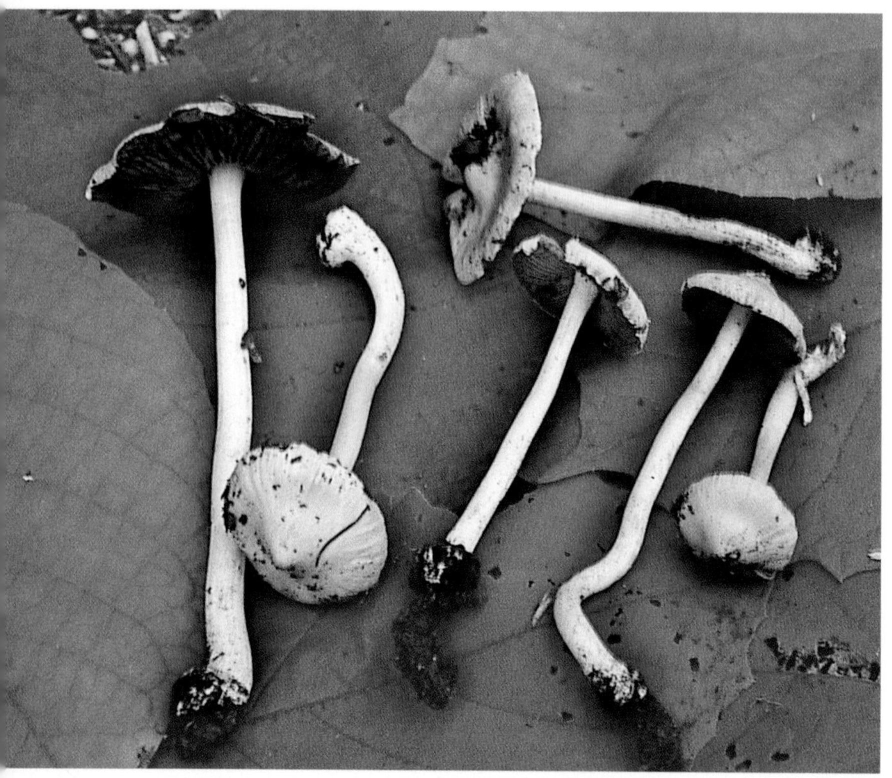

용도 및 증상 섭취 시 불분명한 중독 증상이 나타난다.

형태 균모나 자루가 모두 백색이며 비단 같은 광택이 난다. 균모는 지름 2~3cm로 원추형이나, 차차 펴지면서 편평해지고 가운데는 돌출한다. 주름살은 자루에 대하여 올린 또는 끝붙은주름살이며, 포자가 익으면 회갈색으로 변색되고 간격은 좁아서 밀생한다. 자루의 길이는 2.5~5cm이고 굵기는 0.4~0.8cm로 자루의 밑은 둥글게 부풀며 자루의 속은 차 있다.

포자 다각형으로 각이져 있으며, 황갈색이다. 크기는 7.5~9×5.5~6.5μm로 표면에는 5~8개의 혹모양의 돌기가 있다. 측낭상체와 연낭상체는 50~67×11~25μm이고 방추형이거나 주머니 모양이다. 포자문은 진한 갈색이다.

생태 여름에서 가을 사이에 침엽수림의 땅에 군생한다.

분포 한국(남한 : 지리산), 일본, 북반구 온대 이북

참고 애기흰땀버섯(*Inocybe geophylla*)은 약간 크고 자루의 밑이 둥글게 부풀며, 섬유상의 피막이 없기 때문에 다른 버섯과 구별된다. 균모와 자루가 백색이고 비단같은 광택이 나는 것이 특징이다.

피즙전나무끈적버섯 *Dermocybe sanguinea* (Wulf. : Fr.) Wünsche 일반독

용도 및 증상 독성분은 에모딘(emodin : 유전자독, 세포 독, 색소)을 가지고 있으며, 중독 증상은 구토, 설사 등 위장계의 중독을 일으킨다.

형태 균모의 지름은 3~5cm로 둥근 산모양에서 차츰 거의 편평하게 된다. 표면은 끈적기 가 없고 암적색이며, 매끄럽거나 미세한 인편이 있다. 살은 혈황색이고 누르면 빨간 즙이 나온다. 주름살은 자루에 바른 또는 홈파진주름살로 암적색에서 녹슨 갈색이 되며, 주름살의 간격은 넓어서 성기다. 자루의 길이는 5~10cm이고 굵기는 0.3~0.7cm로 가늘고 길며, 균모와 같은 색이거나 더 짙은 색이다. 표면은 균모와 같은 색의 섬유무늬가 있다.

포자 포자의 크기는 6.5~8×4~5㎛이고 타원형이며, 미세한 사마귀 점이 있다. 포자문은 적갈색이다.

생태 여름에서 가을 사이에 침엽수림의 땅이나 나무 그루터기 부근에 무리지어 난다.

분포 한국(남한 : 한라산), 북반구 온대 이북에서 아한대까지

참고 버섯은 선명한 녹슨 쇠붙이색이고 살을 누르면 빨간 즙이 나오는 특징 때문에 다른 것과는 쉽게 구별이 가능하다. 종명인 *sanguinea*는 '붉은 분홍색 또는 피와 같은 색' 이라는 뜻이다.

녹색미치광이버섯 *Gymnopilus aeruginosus* (Peck) Sing. 일반독

용도 및 증상 실로시빈(psilocybin)을 함유하며 중독 증상은 쓴맛이 강하기 때문에, 먹으면 현기증, 오심 등의 증상이 나타난다. 쓴맛이 강하고 냄새는 기분이 좋지 않으며, 그릇에 넣어 놓으면 자극적인 냄새가 난다.

형태 균모의 지름은 2~10cm로 둥근 산 모양에서 차츰 거의 편평형이 된다. 표면은 녹색, 황색 자갈색 등인데, 표면은 매끄럽거나 나중에 많은 인편이 생기고 불규칙하게 갈라지기도 하며, 때때로 녹색의 얼룩이 생긴다. 살은 오렌지색을 띤 황색이며 쓴맛이 있다. 주름살은 자루에 바른 또는 올린주름살로 연한 황토색에서 오렌지색을 띤 갈색으로 변색되고 간격은 좁아서 밀생한다. 자루의 길이는 3~8cm이고, 굵기는 0.3~1.0cm로 중심성 또는 편심성이며, 균모와 같은 색깔로 위쪽은 균모보다 연한색이고 아래쪽은 흑자색이다. 또한 녹색의 얼룩이 있으며 세로줄의 섬유무늬가 있다. 턱받이는 약간 두껍고 진한 오렌지색이고 막질로서 쉽게 탈락한다.

포자 타원형이며, 크기는 7.5~8.5×4~5 μm이고 미세한 사마귀 점으로 덮여 있다.

생태 봄에서 가을 사이에 침엽수와 활엽수의 고목, 살아 있는 나무의 밑동의 껍질 등에 군생하거나 속생하며 목재를 썩히는 목재부후균이다.

분포 한국(남한 : 한라산, 모악산. 북한 : 신양), 일본, 중국, 러시아의 극동, 유럽, 북아메리카

참고 균모의 색깔이 다양하고 매끄럽다가 작은 인편이 생겨서 균열이 된다는 특징이 있다. 북한명은 풀빛벗은갓버섯

미치광이버섯 *Gymnopilus liquiritiae* (Pers. : Fr.) Karst. 일반독

용도 및 증상 실로시빈을 미량 함유하기 때문에 중독 증상은 검은띠말똥버섯과 비슷하게 증상을 나타낸다.

형태 균모의 지름은 1.5~4cm로 원추상의 종 모양에서 차츰 둥근 산모양을 거쳐서 거의 편평형으로 변한다. 표면은 매끄럽고 오렌지색을 띤 황갈색 또는 오렌지색을 띤 갈색이며, 가운데는 짙은 색깔이고 가장자리에 약간의 줄무늬가 나타난다. 살은 균모와 같은 색이고 보통 버섯과 같은 냄새가 나며 쓴맛이 조금 있다. 주름살은 자루에 대하여 바른주름살이고, 황색에서 녹슨 갈색으로 변색되며 간격이 좁아서 밀생한다. 자루의 길이는 2~5cm이고, 굵기는 0.2~0.4cm로 위아래가 같은 굵기이고 위쪽으로 가늘다. 표면은 섬유상으로 녹슨 갈색이지만, 위쪽은 연한 갈색이고, 아래쪽은 암갈색으로 백색의 솜털 같은 거친 것이 있다. 턱받이는 없으며, 자루의 속은 비어 있다.

포자 아몬드형이고, 크기는 8.5~10×4.5~6μm이며 표면에 미세한 사마귀 점 같은 것으로 덮여 있다.

생태 가을에 침엽수의 썩은 나무 위에 군생하거나 속생한다. 나무를 썩히는 목재부후균이다.

분포 한국(남한 : 오대산, 지리산), 일본 등 온대 이북

참고 유사종으로 침투미치광이버섯(*Gymnopilus penetrans*)은 균모가 황금색으로 가장자리에는 줄무늬 홈선이 없다. 팽이버섯(*Flamulina velutipes*)과 뽕나무버섯(*Armillariella mella*)의 색이나 형태가 비슷하다. 또 발생 상태가 비슷하여 오인하기 쉽다.

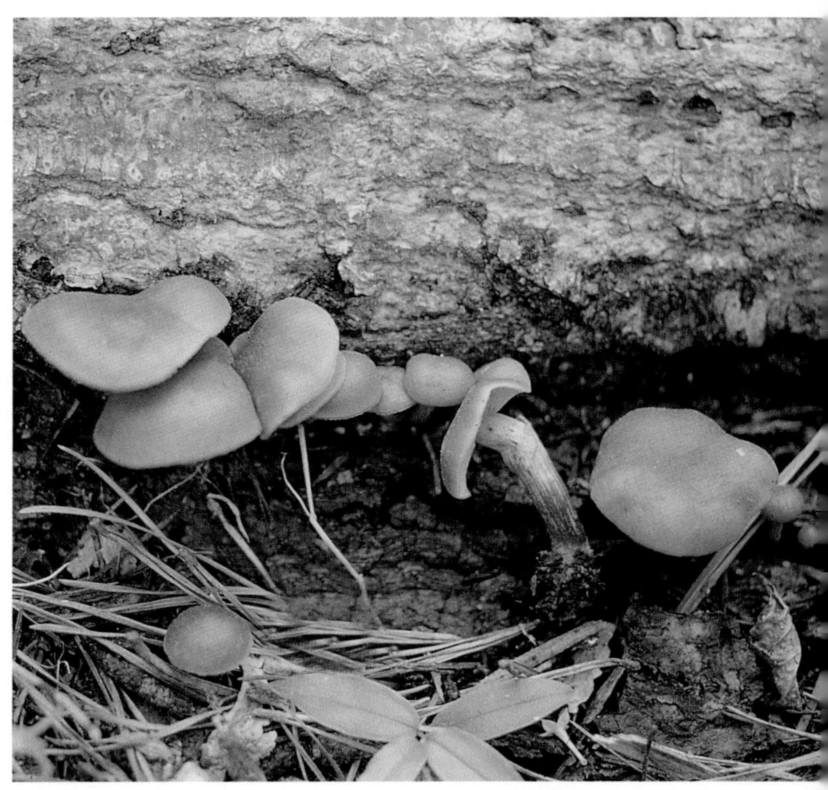

침투미치광이버섯 *Gymnopilus penetrans* (Fr. : Fr.) Murr. 일반독

용도 및 증상 독성분은 불분명하나, 먹으면 중독 증상이 나타난다.

형태 지름 2~4.5cm로 종모양에서 차츰 둥근 산모양을 거쳐 거의 편평하게 되며, 가장자리는 물결모양이다. 밝은 적오렌지색 또는 황금색, 황색, 황갈색이었다가 오래되면 퇴색하고 끈적기가 없어지며 밋밋하고 가장자리가 고르게 된다. 맛은 쓰고 냄새는 분명치 않다. 살은 백색이고 자루는 황갈색이다. 주름살은 올린 또는 바른주름살로 밀생하며, 폭은 보통이며, 황금색의 황색이었다가 오래되면 점점의 황갈색이 된다. 버섯자루는 3~5×0.3~0.5cm로 위쪽은 황색 또는 갈색이고 백색 섬유상으로 되어 있다. 또한 아래쪽은 섬유상으로 백색 털이 있으며, 하얀 표피를 가지고 있다.

포자 포자문은 갈색의 적색이고, 포자는 아몬드형 또는 타원형이며, 7.5~9(~9.7)×5.2~6μm로 사마귀점이 있다. 담자기는 7.5~9×18~22.5μm로 방망이형이며, 아미로이드 반응이다. 측낭상체는 25~35×4~6.7μm로 배불뚝이형이며, 연낭상체는 25~38×4~7.5μm로 배불뚝이형임과 동시에 꺾쇠가 있다. 균모의 낭상체는 30~50×6~9μm로 방망이형이다.

생태 여름에 자작나무 또는 절주의 밑에 밀집하여 군생한다.

분포 한국(남한 : 지리산, 무학산), 일본, 북아메리카

웃음버섯(Big laughing mushroom : Gymnopilin)

우리는 LSD처럼 실로시빈(psilocybin)을 포함하는 환각버섯뿐만 아니라 더 많은 이상한 버섯이 있다. 일본에서 내려오는 이야기 속에는 수녀들이 산속에서 버섯을 채집하여 먹은 후, 웃음과 춤을 멈추지 못했다는 이야기가 전해지고 있다. 어느 날 나무꾼이 숲 속에서 길을 잃고 헤매고 있었는데 우아하게 춤을 추면서 산속에서 내려오는 수녀들을 만났다. 수녀들은 나무꾼에게 지금 길을 잃고 배가 고파서 버섯을 먹고 여기까지 왔다고 했다고 한다. 그들은 춤을 멈추지 않았다. 이야기를 듣고 나무꾼도 남은 버섯을 먹었으며 그 역시 춤을 추고 웃기를 시작하였다는 것이다. 이런 이상한 현상에서 벗어난 후 그들은 마을을 떠났다. 이야기에 나오는 버섯은 잎새버섯(Griflora frondosa : hen of the woods head, Sheep's)이었다고 전해지지만 사실은 말똥버섯 (Panaeolus papilonaceus) 이었다. 갈황색미치광이버섯(Gymnopilus spectabilis)은 실로시빈(psilocybin)을 함유하지 않는다. 실험으로 독성분을 분리하여 안전성을 입증하였지만, 사람들은 이 버섯을 먹기 싫어하고 후유증이 두렵다고 생각한다. 쥐에게 주사한 결과 뚜렷한 증상은 없었다. 쥐의 등뼈를 제거하고 행동을 관찰하였다. 만약 쥐가 환각된다면 그것은 등뼈의 어디에서 이상이 시작되어 행동으로 나타나는 것으로서, 매운맛 성분인 짐노피린(gymnopilin)은 자극제로 신경을 매우 흥분시킨다.

갈황색미치광이버섯 *Gymnopilus spectabilis* (Fr.) Sing. 일반독

용도 및 증상 독성분은 짐노피린류(gymnopilin : 마우스중추신경의 분극 작용), 오스토파닉산(ostopanic acid : 지방산, 세포독), 콜린을 함유하며 중독 증상은 환각, 시력 장애 등의 중추신경계의 중독을 일으킨다. 미국에서는 실로시빈이 검출된 보고가 있어서 주의를 요한다. 짐노피린류는 마우스의 중추신경계에 작용하여 피부를 건조시키는 기능이 있다.

형태 균모의 지름은 5~15cm로 반구형에서 둥근산모양을 거쳐 결국 거의 편평하게 된다. 표면은 황금색 또는 오렌지색을 띤 황갈색이며, 미세한 섬유무늬를 나타낸다. 살은 연한 황색 또는 황토색이며, 치밀하고 땀 냄새가 나며 쓴맛이 있다. 주름살의 폭은 넓고 자루에 바른 또는 내린주름살이며, 간격은 좁아서 밀생하고 황색에서 밝은 녹슨 색으로 변색된다. 자루의 길이는 5~15cm이고 굵기는 0.6~3cm로 위아래가 같은 굵기이다. 표면은 균모보다 연한 색으로 섬유상이며, 상부에 연한 황색이고 검게 녹슨 적색의 두껍고 막질인 턱받이가 있다. 자루의 밑은 부풀고 융합하는 것이 많다.

포자 타원형 또는 난형으로 크기는 7.5~9.5×5~6μm이고, 표면에 미세한 사마귀 점으로 덮여 있다.

생태 여름에서 가을 사이에 활엽수 드물게 침엽수의 살아 있는 나무에 속생하는 목재부후균이다.

분포 한국(남한 : 변산반도 국립공원, 무등산, 모악산. 북한 : 대성산), 일본, 중국, 러시아의 극동, 유럽, 북아메리카, 아프리카, 호주 등 전 세계

참고 북한명은 웃음독벗은갓버섯인데, 이 버섯을 먹으면 웃음이 나오기 때문에 붙여진 이름이라 생각된다. 웃음은 시간이 지나면 멈추게 되고, 후유증도 없으며 생명에 지장을 주지 않는다. 우리나라에서는 이 버섯을 먹고 어떤 중독 사고가 있었다는 보고는 없다.

연자색끈적버섯 *Cortinarius traganus* (Fr. : Fr.) Fr. 일반독

용도 및 증상 독성분은 불분명하지만, 위장계의 중독을 일으킨다. 자세한 것은 밝혀지지 않았다.

형태 균모의 지름은 3~10.5cm로 구형에서 둥근 산모양을 거쳐서 다시 가운데가 높은 편평형이 된다. 전체가 연한 자색이지만 오래되면 황토색으로 변색된다. 표면은 섬유상이고, 끈적기는 없다. 살은 계피색으로 불쾌한 냄새가 난다. 주름살은 자루에 대하여 바른 또는 올린주름살인데, 간격이 넓어서 성기며, 연한 황토색에서 녹슨 갈색으로 변색된다. 버섯의 자루는 길이는 6~10cm이고, 굵기는 1~3.2cm로 자루의 밑으로 갈수록 부푼다. 자루의 표면에는 거미줄 막이 있고, 그 아래 부분은 섬유상의 피막으로 쌓여 있다.

포자 포자는 7~9×4.5~5.8μm로 타원형 또는 아몬드형이고, 표면은 사마귀 반점으로 덮여 있다.

생태 가을에 아고산대 또는 침엽수림의 땅에 무리지어 난다.

분포 한국(남한 : 지리산, 모악산), 일본, 북반구의 아한대 지역

참고 버섯 전체가 연한 보라색이고 어릴 때는 균모와 자루가 보라색 거미줄 막으로 연결되어 있는 것이 특징이다.

독황토버섯 *Galerina fasciculata* Hongo 맹독

용도 및 증상 독성분으로서 아마니타톡신(amanitatoxine : 마비)의 독성분을 함유하기 때문에 알광대버섯(*Amanita phalloides*)에 의한 중독과 동일한 증상이 일어난다.

형태 균모의 지름은 3~4cm로 둥근 산 모양에서 차차 편평하게 펴지며 가운데는 볼록한 것도 있고 아닌 것도 있다. 끈적기는 없고 밋밋하며, 습기가 있을 때 어두운 계피색이며, 가장자리는 줄무늬 홈선이 있지만 건조하게 되면 가운데에서부터 연한 황색이 된다. 주름살은 자루에 대하여 바른 또는 내린주름살이고, 크림색에서 계피색으로 변색되며, 가장자리는 미세한 가루가 있고 조금 밀생한다. 자루의 길이는 7~8cm이고 굵기는 0.2~0.4cm로 황토색이며, 하부는 오갈색이고 외피막의 인편이 있다. 자루의 위쪽에 불완전한 턱받이가 있고 속은 비었다.

포자 포자의 크기는 5.5~8×3.5~5μm이고 타원형이다. 낭상체는 15~21×4~5μm이며, 곤봉형이다.

생태 여름에서 늦가을 사이에 고목에 군생하는 목재부후균이다.

분포 한국(남한 : 만덕산), 일본

참고 균모가 연한 황색이고 표면은 밋밋하며 주름살은 계피색이고 자루는 연한 황토색인 점이 특징이다. 종명인 *fasciculata*는 '속생, 다발' 이라는 의미이다.

식용이나 독성분을 가지고 있다고 추측되는 버섯

뿌리자갈버섯 *Hebeloma radicosum* (Bull. : Fr.) Ricken

용도 및 증상 독성분은 불분명하나, 독을 가진 것으로 알려졌다. 하지만 중국에서는 식용한다.

형태 균모는 지름 8~15cm로 둥근 산모양을 거쳐 차츰 가운데가 높은 편평형이 된다. 표면은 어릴 때는 거의 백색이고, 성장하면 황토 갈색으로 되며 가운데는 짙은 색으로 갈색의 인편이 붙어 있다. 가장자리는 연한 색이고 매끄러우며, 습기가 있을 때 끈적기가 있다. 살은 단단하고 백색이며, 독특한 냄새가 있다. 주름살은 갈색이고 자루에 대하여 올린주름살이며, 간격은 좁아서 밀생한다. 자루의 길이는 8~15cm이고 굵기는 0.1~0.2cm로 자루의 밑은 부풀며, 땅속에 길게 들어가 두더지의 배설물이 있는 곳까지 뻗어 있다. 표면은 백색으로 막질의 턱받이가 있고, 턱받이 아래는 갈색의 인편이 부착한다.

포자 부정의 방추형으로, 크기는 7.5~10×4.5~5.5μm이다. 표면에 미세한 사마귀 반점이 있다.

생태 가을에 활엽수림의 땅에 나지만, 두더지 집 부근의 배설물이 있는 곳에서 군생한다.

분포 한국(남한 : 광릉), 일본, 유럽

외대버섯과

식용버섯도 있으나 식용 가치는 없으며, 미량의 독성분을 가지고 있는 것도 있지만 생명에 지장을 줄 정도는 아니다.

식용버섯

그늘버섯 *Clitopilus prunulus* (Scop. : Fr.)

용도 및 증상 식용으로 쓰인다.

형태 균모의 지름은 3.5~9cm로 둥근 산모양에서 차차 접시모양으로 변하면서 가운데가 편평하여지며, 가장자리는 약간 위로 말린다. 표면은 습기가 있을 때 끈적기가 있고, 회백색이며 가는 가루 같은 것이 있으며 가장자리는 아래로 말린다. 살은 백색이며, 밀가루 같은 맛과 냄새가 난다. 주름살은 자루에 대하여 내린주름살이고, 색은 백색에서 연한 살색으로 된다. 자루의 길이는 2~5cm이고 굵기는 0.3~1.3cm로 백색 혹은 회백색으로 속은 차 있다.

포자 타원상의 방추형인데, 6개의 세로줄 융기가 있고 황단면은 육각형이다. 크기는 10~13×5.5~6μm이다.

생태 여름과 가을 사이에 활엽수림의 땅에 군생한다.

분포 한국(남한 : 지리산, 무등산), 일본, 북반구 일대

참고 균모는 연한 회색이고 주름살은 연한 살색으로 자루에 대하여 심한 내린주름살인 것이 특징이다.

외대덧버섯 *Entoloma crassipes* Imaz. & Toki

용도 및 증상 식용으로 쓰인다.

형태 균모의 지름은 7~12cm로 원추형에서 편평하게 되나 가운데가 볼록해진다. 표면은 매끄러우며 갈회색인데, 백색의 비단 같은 섬유가 덮여 있고 나중에 미세한 백회색의 얼룩이 생긴다. 살은 가운데는 두껍고, 가장자리는 얇으며 밀가루 냄새가 난다. 주름살은 백색이지만 차츰 붉은 살색이 되고, 자루에 대하여 바른주름살의 홈파진주름살이다. 자루의 길이는 10~18cm이고 굵기는 1.5~2cm로 백색이며, 위쪽과 아래쪽으로 굵거나 가늘고 표면은 매끄러우며 속은 차있다.

포자 광타원상의 다각형으로 크기는 9.5~12.5×7~3.5μm이다.

생태 가을에 활엽수림의 땅에 군생하거나 단생한다.

분포 한국(남한 : 변산반도 국립공원, 가야산), 일본

참고 처음은 학명의 속명으로 *Rhodophyllus*를 사용하였는데, 지금은 *Entoloma*로 바뀌었다. 비슷한 종인 삿갓외대버섯(*Entoloma rhodopolium*)에 비하여 균모 표면이 다르며, 자루가 굵고 단단한 점에서 구분된다. 균모에 백색의 비단 같은 섬유가 있는 것이 특징이다.

독버섯

노란꼭지외대버섯 *Entoloma murraii* (Berk. et Curt.) Sing. 일반독

용도 및 증상 독성분은 불분명하나, 먹으면 위장계의 중독 증상을 일으킨다.

형태 균모의 지름은 1~6cm로 원추형 또는 원추상의 종모양에서 차차 펴지면 얕은 원추형이 된다. 가운데에 연필심과 같은 돌기가 있고, 습기가 있을 때 가장자리는 물결형으로 갈라지는 것도 있으며 습기가 있을 때 줄무늬를 나타낸다. 표면은 선명한 황색 혹은 약간 탁한 황색이다. 주름살은 처음에 백색에서 붉은 살색으로 변색되며, 폭이 넓고 자루에 바른 또는 올린주름살이다. 간격은 약간 넓어서 조금 성기다. 자루의 길이는 3~10cm이고 굵기는 0.2~0.4cm로 표면은 섬유상인데, 황색이고 비뚤어진 세로줄이 있으며, 자루의 속은 비었고 밑쪽은 솜털상의 균사가 있다.

포자 포자의 크기는 대각선의 길이가 10~12.5μm인 4각형(6면체)이다.

생태 여름에서 가을에 걸쳐서 숲 속의 땅에 군생한다.

분포 한국(남한 : 변산반도 국립공원, 지리산, 발왕산, 다도해해상 국립공원, 방태산, 가야산, 월출산, 모악산), 일본, 러시아, 보르네오, 북아메리카(동부)

참고 북한명은 노란활촉버섯

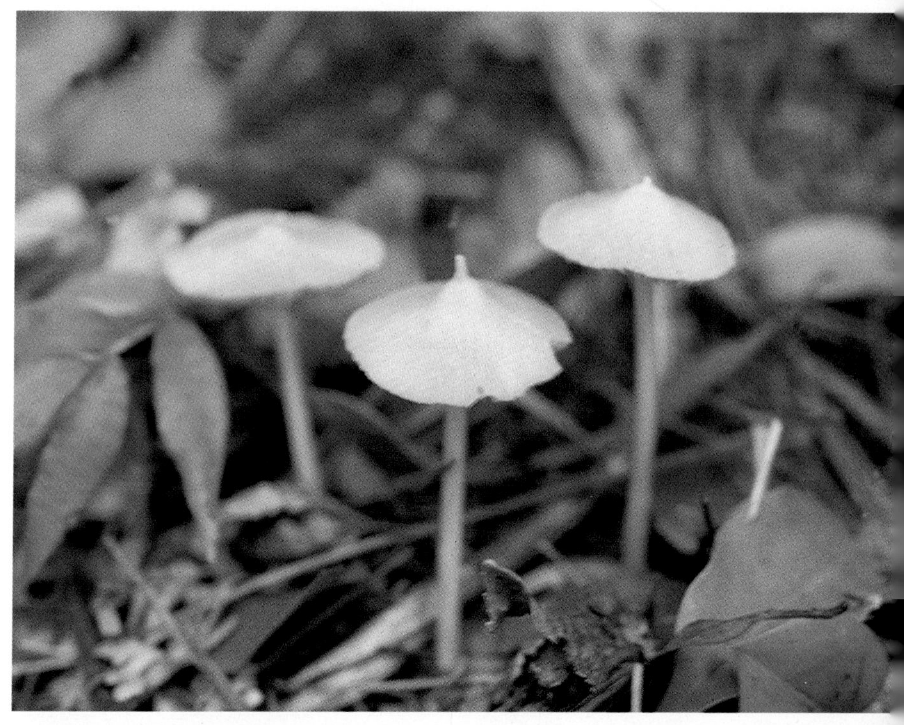

흰꼭지외대버섯 *Entoloma murraii* f. *album* (Hiroe) Hongo 일반독

용도 및 증상 독성분은 무스카린을 함유하며, 중독 증상은 땀, 혈류 지연, 동공 축소, 혈류 느림 등이 있다.

형태 균모의 지름은 1~6cm로 원추형 또는 원추상의 종모양이며, 가운데에 연필심과 같은 돌기를 가진 것도 있다. 표면은 습기가 있으면 가장자리에 줄무늬를 나타낸다. 또한 황백색을 나타내며, 살은 얇고 맛과 냄새가 없다. 주름살은 거칠며 자루에 바른 또는 올린주름살이고 간격은 넓어서 성기며, 백색이지만 포자가 성숙하면 엷은 분홍색이 된다. 자루의 길이는 3~10cm 이고 굵기는 0.2~0.4cm로 황백색이며, 표면은 섬유상인데 비뚤어져 있으며 세로줄무늬가 있다. 자루의 밑은 솜털상의 털모양의 균사가 있고 속은 비었다.

포자 포자의 크기는 대가선의 길이가 9.2~11.7μm이고, 4각형(6면체)이다.

생태 여름에서 가을 사이에 숲 속의 땅에 홀로 또는 무리지어 난다.

분포 한국(남한 : 발왕산, 다도해해상 국립공원의 금오도, 방태산, 모악산, 만덕산), 일본

참고 전체가 거의 황백색이라는 특징이 있다. 균모와 자루에 인편이 없는 것이 이 버섯의 특징이다. 유사종인 노란꼭지외대버섯(*Entoloma murraii*)은 전체가 황색이기 때문에 구분된다. 청초한 느낌과 애처로운 감을 주는 버섯이다.

붉은꼭지외대버섯 *Rhodophyllus quadratus* (Berk. et Curt.) Hongo 일반독

용도 및 증상 독성분은 불분명하나, 먹으면 위장계의 중독 증상을 일으킨다. 맛과 향기가 좋지만 먹어서는 안 된다.

형태 균모의 지름은 1~5cm로 원추형 또는 종모양에서 차츰 얕은 원추형으로 변하고, 가장자리는 때에 따라서 물결 모양으로 갈라지기도 한다. 가운데에는 연필심과 같은 돌기가 있고, 습기가 있을 때 가장자리에 줄무늬를 나타낸다. 표면은 주황색 또는 오렌지색을 띤 주홍색을 나타낸다. 주름살은 조금 거칠며 균모와 같은 색으로 갈라져 있다. 간격은 넓어서 성기고 자루에 바른 또는 올린주름살이다. 자루의 길이는 5~11cm이고, 굵기는 0.2~0.4cm로 균모와 같은 색깔이며, 비틀어진 세로줄이 있다. 자루의 밑은 솜털상의 균사가 있다. 자루의 속은 비어 있다.

포자 포자의 크기는 대각선의 길이가 10~12.5μm이고, 네모꼴(정육면체)이다.

생태 여름에서 가을 사이에 숲 속의 땅에 군생한다.

분포 한국(남한 : 발왕산, 방태산, 만덕산. 북한 : 묘향산, 오가산, 평성), 일본, 중국, 러시아의 극동, 북아메리카, 동남아시아, 뉴기니, 마다가스카르섬

참고 전체가 붉은색 혹은 주홍색인 특징 때문에 쉽게 알 수 있다. 북한명은 붉은활촉버섯

삿갓외대버섯 *Entoloma rhodopolium* (Fr.) Kummer 준맹독

용도 및 증상 독성분으로 용혈성 단백, 콜린(colin), 무스카린을 함유한다. 중독 증상은 복통, 구토, 설사 등 위장계와 신경계 등의 중독 증상 등이며, 심한 경우 사망하기도 한다.

형태 균모의 지름은 3~8cm로 종 모양에서 점차 편평하게 되며, 가운데는 볼록하게 된다. 표면은 매끄럽고 흡수성이 있으며, 습기가 있을 때 끈적기가 있고 회색 또는 황토색으로 건조하면 비단 같은 광택이 있다. 살은 암백색이고 밀가루 냄새가 난다. 주름살은 백색에서 차츰 살색이 되며, 자루에 대하여 바른주름살에서 홈파진주름살로 변한다. 자루의 길이는 5~10cm이고, 굵기는 0.5~1.5cm로 하부가 조금 굵고 백색이며, 광택이 있고 속은 비어 있다.

포자 5~6각형으로서 다각형이며, 크기는 8~10.5×7~8μm이다.

생태 여름에서 가을 사이에 활엽수림의 땅에 군생한다.

분포 한국(남한 : 만덕산, 가야산), 북반구 일대

참고 유사종으로 땅지만가닥버섯(*Lyophyllum shimeji*)이 있는 데 이 버섯은 맛이 좋은 식용균으로 차이점은 주름살이 분홍색으로 변색하지 않는다는 것이다. 외대대버섯(*Entoloma crassipes*)은 식용균이며, 차이점이 없어서 포자 관찰 등을 하여야 정확히 구별할 수가 있다. 북한명은 검은활촉버섯

외대버섯 *Entoloma sinuatum* (Bull. : Fr.) Kummer 일반독

용도 및 증상 독성분은 불분명하나, 먹으면 구토, 설사 등 위장계 중독을 일으킨다.

형태 균모의 지름 7~12cm로 비뚤어진 둥근 산모양에서 가운데가 높은 편평형으로 변한다. 표면은 다소 끈적기가 있고, 연한 회색를 띤 연한 회황토색이며, 표면은 매끄럽고 가장자리는 불규칙하게 굴곡한다. 살은 백색으로 두껍고 다소 밀가루 냄새가 난다. 주름살은 백색에서 살색이 되며, 자루에 올린 또는 바른주름살에서 대부분 끝붙은주름살로 변한다. 자루의 길이는 9~11.5cm이고 굵기는 1~1.5cm이다. 표면은 백색의 섬유상이고, 상부는 가루 같은 것이 있다.

포자 크기는 8~11×7.5~9μm이고 5~6각형으로 다각형이다.

생태 가을에 활엽수림의 땅에 군생한다.

분포 한국(남한 : 가야산. 북한 : 백두산, 평성, 묘향산), 일본, 중국, 유럽, 북아메리카

참고 땅지만가닥버섯(*Lyophyllum shimeiji*)와 외대버섯(*Entoloma crassipes*)에 닮았으며, 이 둘 다 식용버섯인 점이 다르므로 구별하는 데는 많은 경험과 지식이 필요하다. 북한명은 활촉버섯

식용이나 미량의 독성분을 가지고 있는 버섯

방패외대버섯 *Entoloma clypeatum* (L.) Kummer 미약독

용도 및 증상 먹으면 구토, 설사 등의 증상을 일으킬 수 있다. 식용도 하는데, 씹는 맛이 좋고 맛도 좋은 편이다. 튀김 요리에 좋다.

형태 균모는 지름 5~8cm로 종모양 또는 둥근 산모양을 거쳐 가운데가 높은 편평형이 된다. 표면은 매끄럽고 회색이며 섬유상 무늬를 나타내고 가장자리는 어릴 때 아래로 말린다. 살은 어두운 색이지만 마르면 백색으로 변색되고 밀가루 냄새가 난다. 주름살은 백색에서 차츰 살색이 되며, 자루에 대하여 올린 또는 홈파진주름살로서 간격은 넓어서 성기다. 자루의 길이는 4~8cm이고 굵기는 0.5~1.5cm로 위아래의 굵기가 같거나 아래가 조금 굵다. 표면은 백색에서 회색으로 되고 섬유상이며, 속은 차 있다.

포자 5~6각형으로 다각형이며, 크기는 8~10×7.5~8.5μm이다. 포자문은 분홍색을 띤 갈색이다.

생태 봄(4~5월경)에 숲 속, 길가, 정원, 과수원 등의 땅 위에 난다. 사과, 배, 복숭아, 매화, 산버찌나무 아래에 무리지어 나는데, 이들 식물에 균근을 형성한다.

분포 한국(남한 : 만덕산, 한라산), 북반구 온대

참고 종명인 *clypeatum*은 '방패'라는 의미다.

우단버섯과

이 과의 버섯들은 거의 다 독성분을 가지고 있으며, 우단버섯은 준맹독버섯이다. 이 과 전체는 발견이 좀처럼 잘 안되는 종류들로 구성되어 있다.

독버섯

좀우단버섯 *Paxillus atrotomentosus* (Batsch : Fr.) Fr. 일반독

용도 및 증상 독성분은 불분명하나, 중독 증상은 초기에 위장계의 중독으로 보여지지만, 알레르기 반응에 의한 면역성 용혈을 일으키기도 한다. 심한 경우는 황달, 부전증을 일으킨다. 우단버섯속의 중독 증상은 자세히 알려지지 않았지만 유독종으로 생각되어진다. 식용도 가능하다고 하지만 먹지 않는 것이 좋다. 항암 성분도 가지고 있다.

형태 균모의 지름은 5~20cm로 편평형을 거쳐 차츰 가운데가 오목해지며 질기고 단단해진다. 표면은 매끄럽거나 벨벳상의 연한 털이 있으며 녹슨 갈색 또는 흑갈색이지만, 오래되면 거의 털이 없어지고, 가장자리는 연한 색이 되며 안쪽으로 말린다. 살은 갯솜모양으로 백색 또는 연한 황색이며 냄새가 난다. 주름살은 자루에 바른 또는 내린주름살로 크림 갈색 또는 황갈색이며, 간격은 좁아서 밀생하고 그물모양으로 연결된다. 자루의 길이는 3~12cm이고 굵기는 1~3cm로 처음에 크림색이 섞인 갈색에서 황갈색으로 된다. 자루는 편심성 또는 측생이며 단단하고 표면에 흑갈색의 연한 털이 밀포하며 헛뿌리(가근)가 있다. 자루의 속은 차 있고 질기다.

포자 난형 또는 타원형이고 크기는 5~6×3~4μm로 표면은 매끄러우며 황색이다. 멜저액에서 거짓아미로이드(pseudoamyloid) 반응이다.

생태 여름에서 가을 사이에 침엽수의 썩은 나무 및 근처의 땅에 군생한다.

분포 한국(남한 : 속리산, 선운산), 일본, 유럽, 북아메리카

참고 북한명은 호랑나비버섯

대나무우단버섯 *Paxillus atrotomentosus* var. *bambusinus* Baker & Dale 일반독

용도 및 증상 독성분은 불분명하나, 먹으면 우단버섯과 똑같은 중독 증상을 일으킨다.

형태 균모의 지름은 3~9cm로 가운데는 편평하거나 오목하며 부채모양이다. 연한 갈색에 자황색이 섞여 있다가 흑갈색으로 변색되고 주름이 진다. 살은 백색의 섬유질이고 가장자리는 안쪽으로 말린다. 주름살은 자루에 대하여 내린주름살로 오렌지색에서 회청색 또는 청황갈색이며, 곱슬머리 모양이고 간격이 넓어서 성기다. 자루의 길이는 4~6cm이고 굵기는 2~3cm로 측생하고 갈색털로 덮여 있으며, 자루의 속은 차 있다. 살은 백색이며 단단하다.

포자 타원형이며 연한 황색이고 크기는 4.5~5.8×3.6~4.3μm로 멜저액에서는 거짓아미로이드(거짓전분) 반응이다.

생태 여름에 썩은 대나무 위에 단생 또는 군생한다.

분포 한국(남한 : 담양, 경주), 일본, 유럽, 쿠바

참고 좀우단버섯(*Paxillus atrotomentous*)의 변종으로 서식 장소로 쉽게 구별된다. 특징은 대나무에서만 발생한다는 것이다.

꽃잎우산버섯 *Paxillus curtisii* Berk. 일반독

용도 및 증상 독성분은 불분명하지만, 먹으면 위장계의 중독을 일으킨다. 사람에 따라서 심한 알레르기를 일으킬 수도 있다.

형태 균모는 지름 2~5cm로 반원형, 심장형 또는 부채모양이고 자루는 없으며 가장자리는 안쪽으로 말린다. 표면은 황색이고 밋밋하며, 털은 없거나 조금 있는 것도 있다. 살은 연한 황색이고 싱싱하며, 특유의 불쾌한 냄새가 난다. 주름살의 폭은 0.2~0.3cm이며, 균모의 색보다 진하고 오렌지색을 띤 황색이며, 오래되면 약간 올리브색을 나타낸다. 주름살의 간격이 약간 좁아서 밀생하고, 방사상으로 배열된다. 또 주름살은 심하게 오그라들거나 규칙적으로 여러 번 분지하여 측면에 뚜렷한 주름진 세로줄의 선이 있다.

포자 타원형 또는 원주형으로 구부러지고, 크기는 3~4×1.5~2μm이다. 멜저액 반응은 비아미로이드 반응이고 포자문은 올리브 황색이다.

생태 여름부터 가을에 걸쳐서 침엽수의 고목에 겹쳐서 군생하며 갈색부후를 일으킨다.

분포 한국(남한 : 연석산), 일본, 중국, 러시아의 극동, 북아메리카

참고 균모는 반원형, 부채형이고, 주름은 진한 황색이며 매우 쭈글쭈글하다. 자루가 없다.

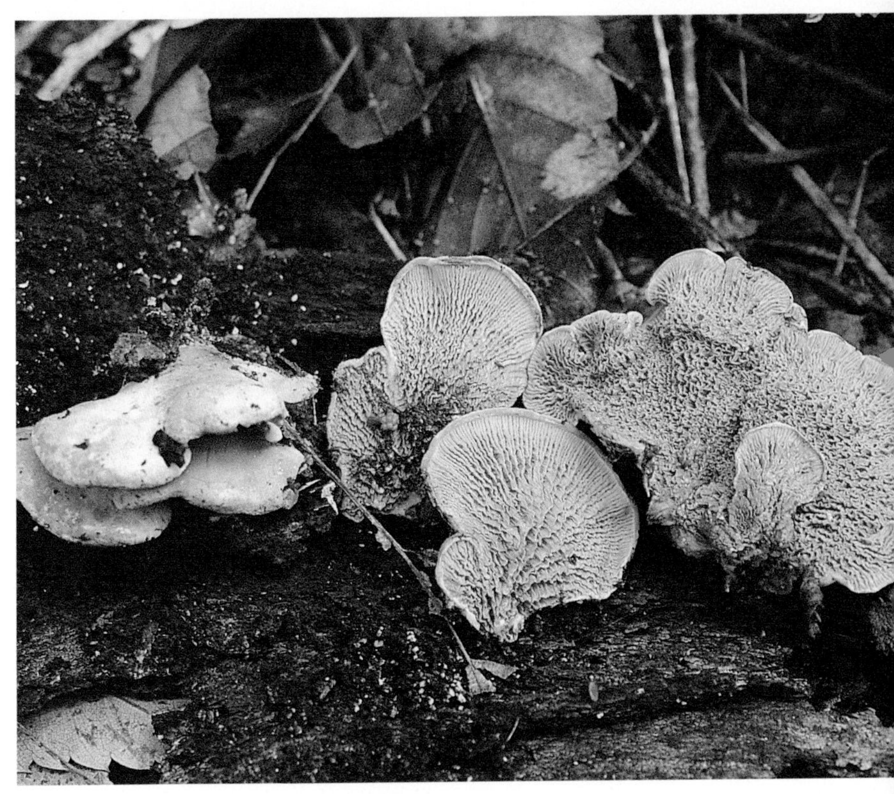

우단버섯 *Paxillus involutus* (Batsch. : Fr.) Fr. 준맹독

용도 및 증상 독성분은 무스카린류이며, 중독 증상은 섭취 후 1~2시간 후에 복통, 구토, 허탈, 설사가 일어나고, 심한 경우는 용혈에 의한 황달, 오줌이 안 나오는 증상, 콩팥의 통증 등으로 사망한다. 사람에 따라 감수성이 다르다. 무스카린 때문에 신경계의 이상 증상도 나타난다. 충분히 가열하여 조리하면 먹을 수 있다고 하지만 먹지 않는 것이 좋다.

형태 균모의 지름은 4~10cm로 둥근 산모양에서 차차 편평형으로 되었다가 깔때기모양으로 변한다. 표면은 매끄럽고, 회갈색 혹은 황갈색에서 약간 올리브색으로 변색된다. 습기가 있을 때 끈적기가 조금 있으며 가장자리는 안쪽으로 말리고 미세한 털이 있다. 살은 연한 황색인데 상처를 입으면 갈색으로 변색한다. 주름살은 자루에 대하여 내린주름살로 연한 황색에서 차츰 황토 갈색이 되며, 불규칙하게 한 개 또는 여러 개로 분지하여 그물모양처럼 된다. 손으로 만진 부분은 갈색의 얼룩이 생긴다. 자루의 길이는 3~8cm이고, 굵기는 0.6~1.2cm로 황색이며 갈색의 얼룩이 생긴다.

포자 타원형이며, 크기는 7.5~10.5×4.5~6μm이다.

생태 여름에서 가을 사이에 숲, 풀밭 등의 땅에 군생한다.

분포 한국(남한 : 지리산), 일본, 소아시아, 유럽, 북아메리카, 아프리카

참고 주름살, 자루, 살은 상처를 받으면 갈색으로 변색한다. 북한명은 말린은행버섯

은행잎우단버섯 *Paxillus panuoides* (Fr. : Fr.) Fr. 일반독

용도 및 증상 독성분은 불분명하나, 먹으면 위장계의 중독을 일으킨다. 우단버섯속의 버섯 중독은 사람에 따라서 심한 알레르기를 일으키는 경우도 있다. 좀우단버섯의 증상과 비슷하다.

형태 균모의 지름은 2~10cm이고 균모는 자루가 없으며 거의 거꾸로 된 난형이나, 기주의 밑을 향해 브이(V)모양으로 좁아진다. 표면은 탁한 황토색이며, 어릴 때는 가는 털이 있으나 나중에 매끄럽게 된다. 가장자리는 안쪽으로 말린다. 살은 크림 백색이다. 주름살은 탁한 황색으로 가지를 치며, 주름진 맥상으로 연결되며 폭은 좁다. 주름살의 간격이 좁아서 밀생한다. 곱슬머리모양이고 기주의 밑에서는 그물 모양이다. 자루는 없다.

포자 협타원형이고, 표면은 매끄러우며 크기는 4~6×3~4μm이다. 거짓아미로이드반응으로 포자문은 황토색이다.

생태 여름에서 가을 사이에 소나무의 그루터기나 목조 건물 등에 다수가 겹쳐서 발생하며, 목재를 썩히는 부후균으로 갈색부후를 일으킨다.

분포 한국(남한 : 방태산, 변산반도 국립공원, 지리산, 만덕산. 북한 : 대성산, 금강산), 일본, 중국, 러시아의 극동, 시베리아, 유럽, 북아메리카, 호주, 아프리카 등 전 세계

참고 북한명은 은행버섯

못버섯과

대부분이 식용버섯이며, 독버섯이 있다는 보고는 아직 없다.

식용버섯

못버섯 *Chroogomphus rutilus* (Schaeff. : Fr.) O. K. Miller

용도 및 증상 된장국, 전골 등에 사용하면 좋다.

형태 균모의 지름은 1.5~6.5cm로 원추형에서 차츰 둥근 산모양이 되며, 가운데는 뾰족하거나 둥근 산모양으로 돌출한다. 표면은 습기가 있을 때 끈적기가 있고 비단실모양의 섬유로 얇게 덮였으나 나중에 매끄러워지며, 진흙 갈색에서 차츰 적갈색이 된다. 살은 오렌지색을 띤 황색에서 연한 황갈색으로 변색된다. 주름살은 자루에 대하여 내린주름살이고, 간격은 넓어서 성기며 연한 갈색에서 암적갈색 또는 흑갈색으로 변색된다. 자루의 길이는 3~8cm이고 굵기는 0.5~2.0cm로 근부가 가늘며, 표면은 연한 황갈색 또는 적갈색의 섬유상이다. 턱받이는 솜털모양으로 쉽게 없어진다.

포자 타원형 또는 방추형이며, 크기는 15.5~22×5.5~7μm이다. 낭상체의 크기는 90~175×12~20μm로 얇은 막이다. 포자문은 흑색이다.

생태 여름에서 가을 사이에 소나무 숲의 땅에 단생 또는 군생한다.

분포 한국(남한 : 변산반도 국립공원, 무등산), 북반구 온대 이북

솜털갈매못버섯 *Chroogomphus tomentosus* (Murr.) O. K. Miller

용도 및 증상 맛은 없지만 씹는 맛은 좋다. 기름을 사용하는 요리나 끓이는 것에 좋다.

형태 균모의 지름은 2~6cm로 둥근 산모양에서 차차 편평하게 되지만 가운데는 오목해진다. 표면은 인편 또는 솜털모양의 부드러운 털로 덮이며, 연한 오렌지색을 띤 황색 또는 황토색이다. 살은 오렌지색이다. 주름살은 자루에 대하여 내린주름살이고 간격은 넓어서 성기며, 균모와 같은 색을 하고 있지만 나중에 흑갈색이 된다. 자루의 길이는 4~17cm이고 굵기는 0.9~1.4cm로 위아래로 가늘며 속이 차 있거나 비어 있다. 표면은 솜털이 있는 것도 있지만 대부분은 없으며, 균모와 같은 색이다. 자루 속은 오렌지색 또는 황토색이며, 한가운데는 연한 색이다. 자루의 위쪽은 섬유상이며, 내피막의 잔편이 얼룩으로 붙어 있으나 곧 없어진다.

포자 장타원형 또는 유방추형이며, 크기는 15~25×6~8μm이다. 낭상체는 긴원주형으로 크기는 120~250×10~20μm이다.

생태 가을에 침엽수림의 땅에 단생 또는 군생한다.

분포 한국(남한 : 지리산), 일본, 북아메리카

마개버섯 *Gomphidius glutinosus* (Schaeff. : Fr.) Fr.

용도 및 증상 식용으로 쓰인다.

형태 균모의 지름은 5~12cm이고 자회색이며 끈적기가 있다. 자루의 길이는 3.5~10cm이고 굵기는 1~2cm로 위쪽은 백색이고 아래쪽은 회갈색이다. 가끔 기부에 레몬색 또는 황색이고 끈적기가 있다. 자루와 균모의 가장자리의 연결 부위는 자루의 위쪽에 검은 끈적기로 이루어져 있고, 살은 백색으로 균모에 적포도주색 또는 심한 레몬색 또는 황색이며 맛과 냄새는 불분명하다. 주름살은 자루에 내린주름살로 밀생하거나 성기다. 가장자리는 백색에서 포도주색을 띤 회색이고 가장자리는 검은색이다.

포자 유방추형이고 크기는 17~20×5.5~6μm이다. 포자문은 검은색이다.

생태 여름에 혼효림에 군생하나 희귀종이다.

분포 한국(남한 : 지리산), 일본, 유럽

점마개버섯 *Gomphidius maculatus* (Scop.) Fr.

용도 및 증상 점액 물질이 있어서 볶거나 전골 등의 요리에 좋다. 무와 궁합이 잘 맞는다.

형태 균모의 지름은 2~5cm로 원추형 또는 둥근 산모양을 거쳐 편평형으로 된 후 다시 얕은 깔때기모양이 되며, 가장자리는 물결모양이다. 표면은 습기가 있을 때 젤라틴질이며, 백색에서 살구색 또는 연한 갈색이 되고 검은 얼룩이 생긴다. 살은 백색이다. 주름살은 자루에 대하여 내린주름살이고 간격은 넓어서 성기며 백색에서 회색으로 변색된다. 자루의 길이는 5~10cm이고 굵기는 0.4~0.8cm로 위아래의 크기가 같으며, 끈적기는 없고 가는 알갱이 모양 혹은 줄무늬모양의 얼룩을 형성하며 턱받이는 없다. 표면에 가루 또는 인편 같은 것이 있는데, 섬유상으로 백색 바탕색에 흑색이며 근부는 황색이다.

포자 타원형 또는 방추형이고, 크기는 15~23×6~7μm이다. 낭상체의 크기는 100~135×15~25μm이다. 포자문은 회흑색 또는 흑색이다.

발생 가을에 낙엽송림의 땅에 단생 또는 군생한다.

분포 한국(남한 : 운장산, 어래산), 일본, 중국, 러시아의 극동, 유럽, 북아메리카 등 북반구 온대 이북

참고 균모에 얼룩이 있고 자루에는 가는 알갱이가 있으며, 줄무늬 모양의 얼룩이 있다.

큰마개버섯 *Gomphidius roseus* (Fr.) Kauff.

용도 및 증상 볶거나 전골 요리에 좋은 버섯이다.

형태 균모의 지름은 4~6cm로 둥근 산모양에서 차츰 편평형으로 변색된다. 표면은 연한 홍색 또는 적색이며, 간혹 암자 갈색 혹은 암갈색인 것도 있다. 검은 반점이 있으며 매끄럽고 끈적기가 많다. 살은 백색이고, 자루의 살은 황색이며, 쓴맛이 있다. 주름살은 자루에 대하여 내린주름살로 폭이 넓고 2분지로 되며, 백색에서 회색으로 변색하고 성기며 끈적기가 있다. 자루의 길이는 3~6cm이고 굵기는 0.6~1.0cm로 기부가 조금 가늘고 섬유상이며, 흑색의 인편이 있고 백색으로 끈적기가 있으며, 기부는 황색이다. 턱받이는 거미집 막이며, 곧 없어진다.

포자 방추형이며, 크기는 15~24×4~7.5μm이고 표면은 매끄럽다. 포자문은 올리브색이다.

생태 여름과 가을에 걸쳐서 침엽수림의 땅에 군생한다. 희귀종이다.

분포 한국(남한 : 지리산), 일본, 북반구 일대

참고 종명인 *roseus*는 '장미색'이라는 뜻이다. 균모가 적색을 나타내는 특징이 있다.

장미마개버섯 *Gomphidius subroseus* Kauff.

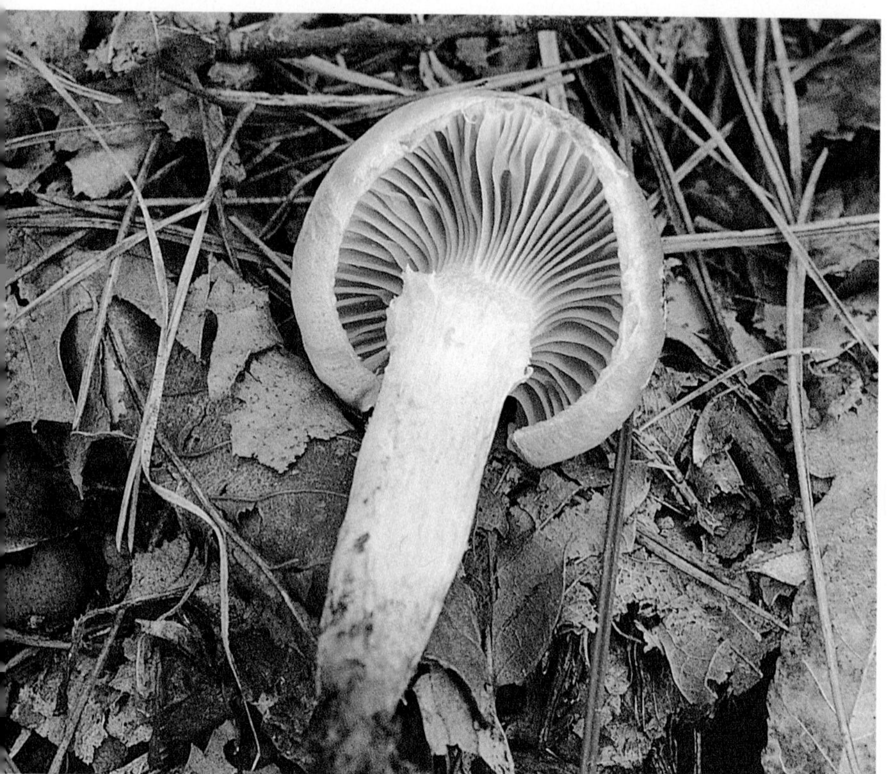

용도 및 증상 식용으로 쓰인다.

형태 균모의 지름은 4~6cm로 못 모양이며, 원추형에서 차차 편평해지면서 가운데가 오목하게 된다. 표면은 끈적기가 있고 매끄러우며 분홍색에서 차츰 적색으로 된다. 주름살은 내린주름살로 폭이 넓고, 백색에서 차차 그을린 색으로 변색된다. 자루의 길이는 3.5~7.5cm로 기부가 가늘며, 백색에서 차츰 호박색으로 된다. 내피막은 부분적이고 끈적기가 있으며 백색이고 자루의 위쪽은 포자에 의하여 흑색으로 변색된다.

포자 장타원형이고, 크기는 15~20×4.5~7.5μm로 표면은 매끄럽다. 포자문은 흑색이다.

생태 여름과 가을에 침엽수림의 땅에 단생한다.

분포 한국(남한 : 전국), 일본, 북아메리카

참고 종명인 *subroseus*는 '장미색과 비슷하다'는 뜻이다. 균모가 분홍색 혹은 적색이고, 주름살은 백색에서 회색으로 변색되며, 자루가 백색인 것이 특징이다.

무당버섯과

이 과의 버섯들은 색깔이 화려하고 매운맛을 가진 것들이 많아서 독버섯으로 알고 있는 사람이 많다. 반면에 매운맛이 치명적인 것이 아니라는 사실을 알고 식용버섯으로 취급하는 사람도 있다. 매운맛 성분은 소금에 절이거나 말리면 많이 중화 되고 끓여도 중화된다. 맹독버섯으로는 절구버섯아재비가 있는데 간혹 발견되며, 준맹독버섯으로 애기무당버섯, 절구버섯이 있다.

식용버섯

흙갈색무당버섯 *Russla adusta* (Fr.) Fr.

용도 및 증상 식용으로 쓰이며, 항암버섯으로 이용한다.

형태 지름 5~12cm로 둥근 산모양을 거쳐 편평형으로 되고 가운데가 오목해진다. 표면은 습기가 있을 때 끈적기가 조금 있고 백색에서 회갈색 또는 흑색이 된다. 살은 단단하나 부서지기 쉽다. 처음에는 백색인데, 공기에 닿으면 회갈색이 되었다가 차츰 흑색으로 변색된다. 주름살은 내린주름살로 백색이고 밀생하며, 상처를 입으면 흑색의 얼룩이 생긴다. 자루는 길이는 3~6cm이고 굵기는 1~3cm로 하부가 가늘고 속이 차 있다.

포자 아구형이고, 크기는 7~9.5×5.5~6.5μm이며, 표면에 사마귀점과 그물눈이 있다.

생태 여름과 가을에 침엽수림의 땅에 단생 또는 군생한다.

분포 한국(남한 : 지리산, 모악산), 일본, 중국, 유럽, 북아메리카, 호주

참고 비슷한 종인 절구버섯(*Russula nigricans*)에 비하여 주름살의 폭이 좁고 밀생한다.

구리빛무당버섯 *Russula aeruginea* Lindbl. apud Fr.

용도 및 증상 식용으로 쓰인다.

형태 균모의 지름은 5~8.5cm로 방석모양 또는 원추형에서 가운데가 오목한 편평형으로 된다. 가장자리는 방사상의 줄무늬가 있으며 부서지기 쉽다. 표면에 끈적기가 있는 것도 있으며, 벨벳모양이거나 매끄럽고, 갈라지기도 한다. 올리브회색 혹은 황청색이며 황색 얼룩이 있다. 주름살은 끝붙은 주름살로 서로 맥상으로 연결된다. 또한 황백색을 띠고 있으며, 폭은 넓고 밀생한다. 살은 백색이며 잘 부서진다. 자루의 길이는 4~6cm이고 굵기는 0.7~1.5cm로 황백색이고, 표면은 매끄러우며 아래쪽은 암색이고 가늘다.

포자 타원형, 난형 또는 구형이며, 크기는 6.2~8.3×5.1~6.8μm로 표면에 사마귀 같은 반점이 있고 소수의 미세한 연락사가 있다. 아미로이드 반응이며, 포자문은 오렌지색을 띤 황색이다.

생태 여름과 가을 사이에 숲 속의 땅에 군생한다. 북반구 온대 이북

분포 한국(남한 : 지리산), 일본, 중국, 북아메리카

참고 종명 *aeruginea*는 '녹청색'이라는 뜻으로, 버섯 이름과 달라 혼동을 일으키기 쉽다.

검은무당버섯 *Russula albonigra* (Krombh.) Fr.

용도 및 증상 식용하며 약리작용도 한다.

형태 균모의 지름은 5~9cm이고, 어릴 때 반구형에서 원추형으로 되었다가 편평하여지며 가운데는 오목해진다. 간혹 물결형인 것도 있으며, 표면은 고르지 못하고 약간 끈적기가 있고 지저분한 백색이지만 (맥상으로 혹이 있는 그물꼴로서) 건조하면 황갈색이 된다. 습기가 있을 때 미끈거리고, 어릴 때는 흑갈색에서 흑색으로 변색되며 바탕색에 투명한 백색 껍질은 벗겨지기 쉬운 성질을 가지고 있다. 가장자리는 날카롭다. 살은 백색이고 상처를 받으면 1~3초 후에 흑자색으로 변색하였다가 나중에는 흑색이 된다. 냄새가 약간 있으나 분명하지 않다. 맛은 온화하다. 주름살은 박하 냄새가 나고, 주름살은 어릴 때 백색에서 밝은 크림색으로 되며 약간 내린주름살이다. 자루의 길이는 3~5cm이고 굵기는 1~2.5cm로 원통형이다. 표면은 약간 흑색의 반점이 있고 어릴 때는 백색이며, 곧 회색으로 되었다가 검은 색으로 된다.

포자 난형상의 타원형이며, 크기는 7~9×7~8μm으로 표면에는 사마귀반점이 있고 미세한 그물눈이 있다.

생태 혼효림에 단생 또는 군생하며 희귀종이다.

분포 한국(남한 : 지리산, 모악산), 유럽, 북아메리카, 아시아, 호주

참고 상처를 입으면 1~2분 후 검게 되지만, 시간이 흐르면 차츰 없어진다.

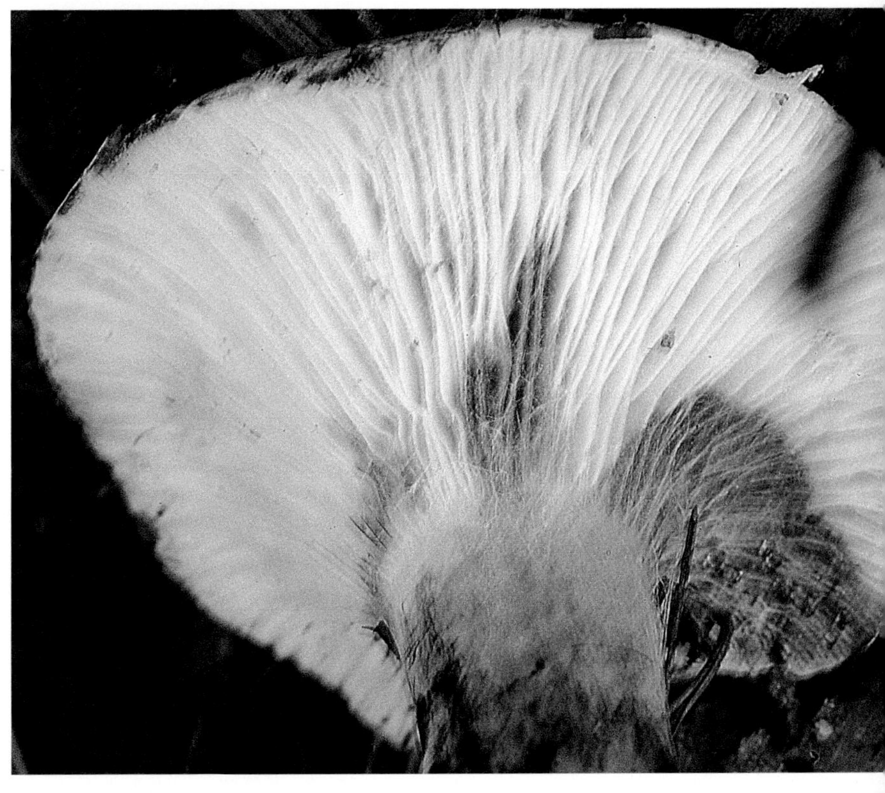

참무당버섯 *Russula atropurpurea* (Krombh.) Britz.

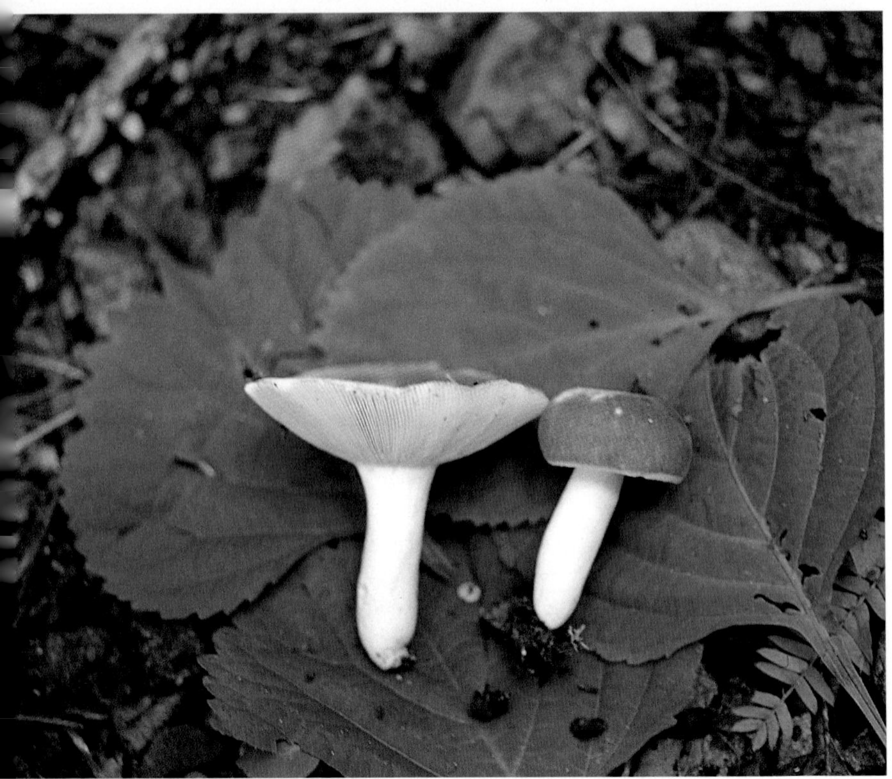

용도 및 증상 식용으로 쓰인다.

형태 균모는 지름 4~12cm로 반구형 또는 둥근 산모양을 거쳐 편평하게 되고 가운데가 오목하게 된다. 표면은 혈적색, 암자색이었다가 점차 퇴색하며, 가장자리에 줄무늬에 선이 있는 것도 있다. KOH는 양성으로 적갈색을 나타낸다. 살은 백색이며 단단하고 맵기도 하다. 주름살은 자루에 대하여 올린 또는 끝붙은주름살로 백색이지만 차츰 짚색으로 변색하고 흰 가루가 붙어 있으며 결국 황갈색으로 변색된다. 자루는 길이 2~8cm이고 굵기는 1~2cm로 백색, 황색, 갈색, 회색 등으로 다양하며, 속은 차 있다.

포자 구형이며 표면에 사마귀 점과 기름방울이 있다. 지름은 9×8μm이며, 포자문은 백색 또는 크림색이다.

생태 여름~가을에 숲 속의 땅에 산생하며 소나무, 참나무류 등 수목에 외생균근을 형성한다.

분포 한국(남한 : 지리산. 북한 : 묘향산, 신양, 추애산, 금강산), 일본, 중국, 유럽, 북아메리카, 시베리아

참고 종명인 *atropurpurea*는 '암자색'이라는 뜻이다. 외생균근이란 버섯의 균사가 나무뿌리 겉에 둘러싸여 서로 도와가며 사는 균을 말한다. 버섯 균사는 수분, 무기염류를 땅에서 흡수하여 나무에 제공하고, 나무는 광합성 산물인 포도당 등을 제공한다. 북한명은 보라갓버섯

금무당버섯 *Russula aurata* (With.) Fr.

용도 및 증상 식용으로 쓰인다.

형태 균모는 지름 5~9cm로 둥근 산모양에서 편평형이 되며 가운데가 오목해진다. 표면은 혈적색, 황적색 또는 오렌지색을 띤 황색 등이 섞여 있고 습기가 있을 때 끈적기가 있으며, 가장자리에 알맹이 모양으로 된 줄무늬가 있다. 표피는 가장자리로부터 잘 벗겨지며 살은 백색이다. 주름살은 자루에 대하여 끝붙은주름살로 백색에서 연한 황색이다. 가장자리는 진한 황색이며, 맥으로 연결되어 있다. 자루는 길이 6~9cm이고 굵기는 1~2cm로 표면은 주름모양의 세로선이 있으며, 백색이었다가 차츰 레몬색으로 된다.

포자 구형이고, 지름은 8~9.5×6.5~8μm이며 표면에 거친 그물눈이 있다. 포자문은 황토색이다.

생태 여름에서 가을 사이에 활엽수, 침엽수림의 땅에 단생 또는 군생한다.

분포 한국(남한 : 소백산), 일본, 중국, 유럽

참고 학명을 *Russula aurea*로 기록한 것도 있다. 종명인 *aurate*는 '금빛나는 색' 이란 뜻이다. 북한명은 감빛노란갓버섯

기와무당버섯 *Russula crustosa* Peck

용도 및 증상 식용으로 쓰인다.

형태 균모의 지름은 5~11cm로 아구형에서 둥근 산모양을 거쳐 차차 편평하게 되며, 가운데가 오목해진다. 표면은 습기가 있을 때 끈적기가 있고, 황토색 또는 갈황토색이다. 하지만 가운데는 어두운 색이며, 가장자리는 솜털조각으로 갈라지고 알맹이 모양의 선이 있다. 살은 백색이며 치밀하고 맛이 온화하다. 주름살은 자루에 대하여 올린 또는 끝붙은주름살로 백색에서 황색으로 되며 기부가 2분지된다. 자루의 길이는 4~7cm이고, 굵기는 5~9×2~2.5cm로 아래쪽이 가늘고 백색에서 차츰 황토색이 되며, 속은 차 있다.

포자 난형의 아구형이고, 크기는 6~6.5×5~5.5μm이고 표면에는 혹과 그물 눈무늬가 있다. 아미로이드(전분) 반응이다. 포자문은 백색이다.

생태 여름에서 가을 사이에 활엽수림의 땅에 군생한다.

분포 한국(남한 : 한라산), 일본, 북아메리카

참고 이 버섯과 비슷한 이름으로는 기와버섯(*Russula virescens*)이 있으며, 혼동하기 쉽다. 둘 다 식용버섯이다. 차이점은 기와버섯은 청색의 인편이 기와처럼 분포한다는 점에서 기와무당버섯과 차별된다.

청머루무당버섯 *Russula cyanoxantha* (Schaeff.) Fr.

용도 및 증상 식용으로 쓰인다.

형태 균모는 지름 6~10cm로 둥근 산모양을 거쳐 편평한 모양으로 되지만 가운데가 오목해진다. 표면은 끈적거리고 자색, 연한 자색, 녹색, 올리브색 등이 섞여 있어서 색깔에 변화가 많다. 주름살은 자루에 대하여 올린주름살로 백색이며, 간격은 좁아서 밀생한다. 자루의 길이는 4~5cm이고 굵기는 1.3~2cm로 단단하며 백색이다. 자루는 위아래가 같은 굵기이나 대체로 아래가 가늘고 속은 살로 차 있다.

포자 난상의 아구형이며, 크기는 7~9.5×5.5~7.5μm으로, 표면은 작은 가시로 덮이고 맥상으로 연결된다.

생태 여름과 가을에 걸쳐서 활엽수림의 땅에 2~3개가 군생하며, 식물과 공생 생활을 한다.

분포 한국(남한 : 지리산, 속리산, 가야산, 월출산, 소백산, 다도해 해상국립공원, 두륜산, 방태산, 발왕산. 북한 : 금강산, 묘향산, 양덕), 일본, 중국, 시베리아, 소아시아, 유럽, 북아메리카, 아프리카, 호주

참고 균모가 청색인 것이 많으나 보라색, 포도주색, 초록색, 연두색, 갈색 등이 섞인 혼합색으로 여러가지 색을 나타내기도 한다. 북한명은 색갈이갓버섯

푸른주름무당버섯 *Russula delica* Fr.

용도 및 증상 푸석푸석한 살을 가지고 있으며, 튀김, 기름을 사용하는 요리에 이용한다.

형태 균모의 지름은 9~13cm로 가운데가 오목한 깔때기모양이다. 표면은 매끄럽고 백색에서 진흙색 또는 탁한 황토색으로 점차 변색된다. 살은 단단하고 백색이고, 매운맛이 있거나 맛이 없는 것도 있다. 주름살은 자루에 대하여 내린주름살이며 백색 또는 청록색이고 매운맛이 있다. 주름의 폭은 좁고 약간 밀생 또는 성기다. 자루의 길이는 2~4cm이고 굵기는 1.8~3cm로 백색이나, 꼭대기는 청록색을 약간 띤다.

포자 거의 구형이며, 크기는 9.5~11×8~9.5㎛이고 표면은 거친 가시와 미세하고 불완전한 그물눈이 있다. 식용할 수 있다.

생태 여름에서 가을 사이에 침엽수림(전나무, 소나무 등) 및 활엽수림의 땅에 2~3개가 군생한다.

분포 한국(남한 : 가야산, 변산반도 국립공원, 속리산, 만덕산, 지리산), 북반구 온대이북, 호주

참고 이 버섯은 주름살과 자루가 만나는 부분이 푸른색이라는 특징이 있다. 그러나 오래된 버섯에서는 색이 없는 것도 있다. 북한명은 흰갓버섯

연보라무당버섯 *Russula lilacea* Qúel.

용도 및 증상 식용으로 쓰인다.

형태 균모의 지름은 3~8cm로 둥근 산 모양에서 차차 편평하게 되고 가운데는 오목해진다. 표면은 습기가 있을 때 끈적기가 있으며 벨벳모양으로 적포도색, 자적색, 살홍색 등이다. 가운데는 흑색이며, 가장자리에는 짧은 줄무늬가 있다. 표피는 쉽게 벗겨진다. 살은 얇고 부드러우며 백색에서 황갈색 또는 탁한 회색으로 변색되고, 맛과 냄새는 없다. 주름살은 자루에 대하여 끝붙은주름살이고, 간격은 좁거나 넓어서 밀생 혹은 성기며 백색에서 회색으로 변색된다. 주름살들은 상호 맥상으로 연결된다. 자루의 길이는 2~4cm이고 굵기는 0.7~1.0cm로 백색 또는 홍색이다. 마찰하면 탁한 갈색의 맥이 생기고, 속은 해면상이거나 비어 있으며, 부드러워서 쉽게 부서진다.

포자 아구형 또는 타원형이며, 크기는 8~11×7~8μm로 표면에 가시가 있다. 낭상체는 좁은 방추형이고 끝이 뾰족하고 크기는 41~60×9.5~13.5μm이다. 포자문은 백색 또는 크림색이다.

생태 여름에서 가을 사이에 숲 속의 땅에 군생 또는 단생한다.

분포 한국(남한 : 한라산), 일본, 중국, 유럽

참고 보라색을 띤 분홍색이고 자루는 백색이나 표면에 분홍색을 띠는 것도 있다.

수원무당버섯 *Russula mariae* Peck

용도 및 증상 식용할 수 있으며, 소금에 절여서 겨울에 먹기도 한다.

형태 균모의 지름은 2~5cm로 둥근 산모양에서 차차 편평하게 되고, 가운데가 오목한 깔때기모양이 된다. 표면은 홍적색이고 가루모양이며 분홍색의 얼룩이 있는 것도 있다. 주름살은 내린주름살로 백색에서 크림색으로 되고 밀생한다. 자루의 길이는 2~5cm이고 굵기는 0.5~0.6cm로 색은 균모보다 연하며, 살은 백색이고 부서지기 쉽고 연하다. 또한 달콤하고 특이한 냄새가 난다.

포자 난형상의 아구형이고, 크기는 6.5~7.5×5.5~6μm이며, 표면에 그물눈이 있다. 연낭상체의 크기는 37~65×5.5~7μm이고 원주형, 곤봉형, 방추형에 가깝고 끝에 작은 돌기가 있다.

생태 여름과 가을 사이에 활엽수림이나 소나무 숲의 땅에 단생 또는 군생한다.

분포 한국(남한 : 전국), 일본

참고 균모가 홍적색의 소형버섯으로 잘부서지며 한국에서는 가장 흔한 버섯이다. 종명인 *mariae*는 프랑스의 균학자 *Mariae*를 기념하기 위하여 붙인 이름이다. 과거에는 *Russula bella*를 사용하였다.

무당버섯 *Russula olivacea* (Schaeff.) Fr.

용도 및 증상 식용으로 쓰인다.

형태 균모의 지름은 10~20cm이고 반구형에서 차츰 둥근 산모양으로 변하며 가운데가 볼록하다. 표면은 습기가 있을 때 약간 끈적기가 있고, 짙은 적자색, 와인(포도주)색, 적갈색, 올리브 갈색 등으로 다양하며, 때때로 약간 동심원상의 모양이 나타나는 것도 있다. 살은 두껍고 치밀하고, 백색에서 황갈색으로 변색되며, 맛과 냄새가 없다. 주름살은 자루에 대하여 끝붙은주름살로서, 백색 또는 연한 황색이며 폭이 넓고 밀생한다. 자루의 길이는 6~9cm이고 굵기는 2~4cm로 단단하고 속은 차 있으며, 나중에는 해면상이 된다. 표면에는 주름 같은 세로 줄무늬가 있고, 홍색을 나타낸다.

포자 광타원형 또는 아구형이며 크기는 8.5~10.5×7~9μm이고, 표면은 사마귀점으로 덮여 있다. 연낭상체 및 측낭상체는 많이 존재하며, 크기는 67~100×11~18μm로서 좁은 방추형 또는 류곤봉형이다. 포자문은 황토색이다.

생태 여름과 가을에 침엽수림, 활엽수림 또는 혼효림에 군생한다.

분포 한국(남한 : 전국), 일본, 중국, 유럽, 북아메리카(특히, 북반구 일대)

참고 종명인 olivacea는 '올리브색'을 의미한다. 원래 올리브색이란 덜 익은 올리브의 누르스름한 연두색을 의미한다.

혈색무당버섯(장미무당버섯) *Russula sanguinea* (Bull.) Fr.

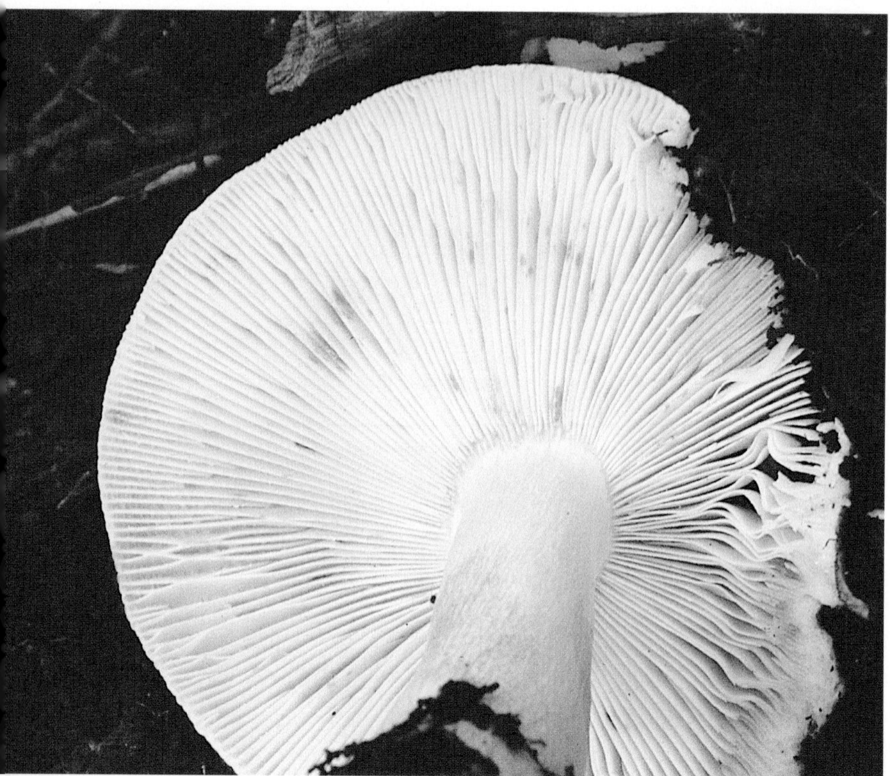

용도 및 증상 식용으로 쓰인다.

형태 균모는 지름 2.5~10cm로 둥근 산모양에서 차차 편평하게 되지만 가운데가 오목해진다. 표면은 습기가 있을 때 끈적기가 있고 피 같은 적색 혹은 장미색으로 약간 가루모양을 나타내며, 가장자리는 평탄하거나 희미한 줄무늬 홈선이 있는 것도 있다. 때로는 갈라져서 백색의 살이 나타나기도 한다. 살은 단단하고 치밀하고 백색이다. 일반적으로 맛은 없지만 약간 매운맛을 내기도 한다. 주름살은 자루에 대하여 끝붙은 또는 내린주름살로 크림 백색이며 균모 가까운 부근은 적록색으로 밀생한다. 자루의 길이는 5~10cm이고 굵기는 0.5~2.5cm로 표면은 주름진 줄무늬가 있고, 아래쪽이 가늘며 백색에서 장미적색으로 변색된다. 매끄럽고 단단하며 속은 차 있거나 약간 해면상이다.

포자 모양은 구형 또는 난형이며 크기는 $7\sim9\times6\sim8\mu m$이고, 표면에는 침과 불완전한 그물눈이 있다. 아미로이드 반응이다. 낭상체의 크기는 $53\sim67\times10\sim13\mu m$이다. 포자문은 청황색이다.

생태 여름과 가을에 소나무 숲의 땅에 단생 또는 군생한다.

분포 한국(남한 : 전국), 중국, 북아메리카

참고 냄새무당버섯과는 자루가 적색이고 균모의 표피가 잘 벗겨지지 않으며 포자문이 연한 황색인 점에서 구별된다. 북한명은 핏빛갓버섯

조각무당버섯 *Russula vesca* Fr.

용도 및 증상 맛은 없지만 푸석푸석하여 기름에 볶아서 먹는다.

형태 균모는 지름 6~7cm로 둥근 산 모양을 거쳐서 차차 가운데가 조금 오목해진다. 표면은 습기가 있을 때 끈적기가 약간 있고, 연한 황갈색 또는 포도주색으로 가장자리는 매끄럽거나 알맹이 모양의 줄무늬를 약간 나타낸다. 껍질은 가장자리의 살에서 떨어져 백색 바탕을 나타낸다. 살은 백색이며, 치밀하고 맛과 냄새는 없다. 주름살은 자루에 대하여 바른 또는 내린주름살로 백색이며, 서로 맥상으로 연결되고 간격은 좁아서 밀생한다. 자루의 길이는 3~4cm이고 굵기는 1~1.3cm로 위아래가 같은 굵기이며, 표면에는 주름 상태의 세로 줄무늬가 있다. 백색 또는 살색이지만 오래되면 때때로 갈색의 얼룩을 만들기도 한다.

포자 난형의 아구형이고, 6.5~8×5.5~6.5㎛로 표면에 미세한 사마귀 반점이 있고 일부는 미세한 그물꼴로 연결된다. 낭상체의 크기는 44~74×7.5~11㎛이다. 포자문은 백색이다.

생태 여름과 가을에 활엽수림의 땅에 단생 또는 군생한다.

분포 한국(남한 : 지리산), 일본, 중국, 시베리아, 유럽

기와버섯 *Russula virescens* (Schaeff.) Fr.

용도 및 증상 맛은 없지만 야채, 닭고기 등 볶음 요리에 좋다.

형태 균모의 지름은 6~12cm이고 둥근 산모양에서 차차 편평형이 되며, 결국 깔때기모양이 된다. 표면은 녹색 또는 회록색이며, 껍질은 불규칙한 다각형으로 갈라지고 얼룩모양을 나타낸다. 청색 인편이 기와 모양으로 차곡차곡 배열되어 있다. 살은 백색이며, 단단하다. 주름살은 자루에 대하여 약간 바른주름살이고, 백색에서 차츰 크림색으로 변색되며, 간격은 좁아서 밀생한다. 자루의 길이는 5~10cm이고 굵기는 2~3cm로 표면은 백색이며, 단단하고 속은 차 있다.

포자 거의 구형이며, 크기는 7~8×6~6.5μm이고, 표면에 작은 돌기와 미세한 연락맥이 있다. 포자문은 백색이다.

생태 여름과 가을에 걸쳐서 활엽수림의 산성땅에 홀로 난다. 흔히 무덤에서도 많이 발견된다. 자작나무와 참나무류 등에 외생균근을 형성한다.

분포 한국(남한 : 지리산, 한라산, 무등산. 북한 : 오가산, 묘향산, 평성, 대성산), 일본, 대만, 중국, 시베리아, 유럽, 북아메리카

참고 균모에 청색 인편이 기와장처럼 분포한다. 북한명은 풀색무늬갓버섯

포도무당버섯 *Russula xerampelina* (Schaeff.) Fr.

용도 및 증상 식용으로 쓰이지만 맛이 없고 게와 같은 냄새가 난다.

형태 균모의 지름은 5~12cm로 둥근 산모양에서 차츰 얕은 깔때기모양으로 변한다. 표면은 암혈홍색이나 포도주색 또는 갈색인데, 가운데가 특히 진하다. 습기가 있을 때 심한 끈적기가 있다. 주름살은 자루에 대하여 끝붙은 주름살이고 크림색 또는 연한 황토색이다. 살은 치밀하고 상처를 입으면 갈색으로 변색한다. 자루의 길이는 5~7cm이고 굵기는 2~3cm로 표면은 붉은 색인데, 손으로 만지면 탁한 갈색으로 변한다. 세로로 주름선이 있고 간혹 희미한 분홍색을 나타내기도 한다.

포자 난형의 구형이며, 크기는 6.5~8.5×6~7.5㎛로 표면에 거친 가시가 있고, 포자문은 연한 황토색이다. 색의 변화가 많은 종류이며, 살이 $FeSO_4$에 의하여 올리브 녹색으로 변하는 것으로 감별할 수 있다.

생태 가을에 소나무 숲의 땅에 군생한다.

분포 한국(남한 : 전국), 일본, 유럽, 아프리카, 호주

참고 종명인 xerampelina는 '암적갈색' 이라는 뜻이다. 균모는 암혈홍색 또는 포도주색이다.

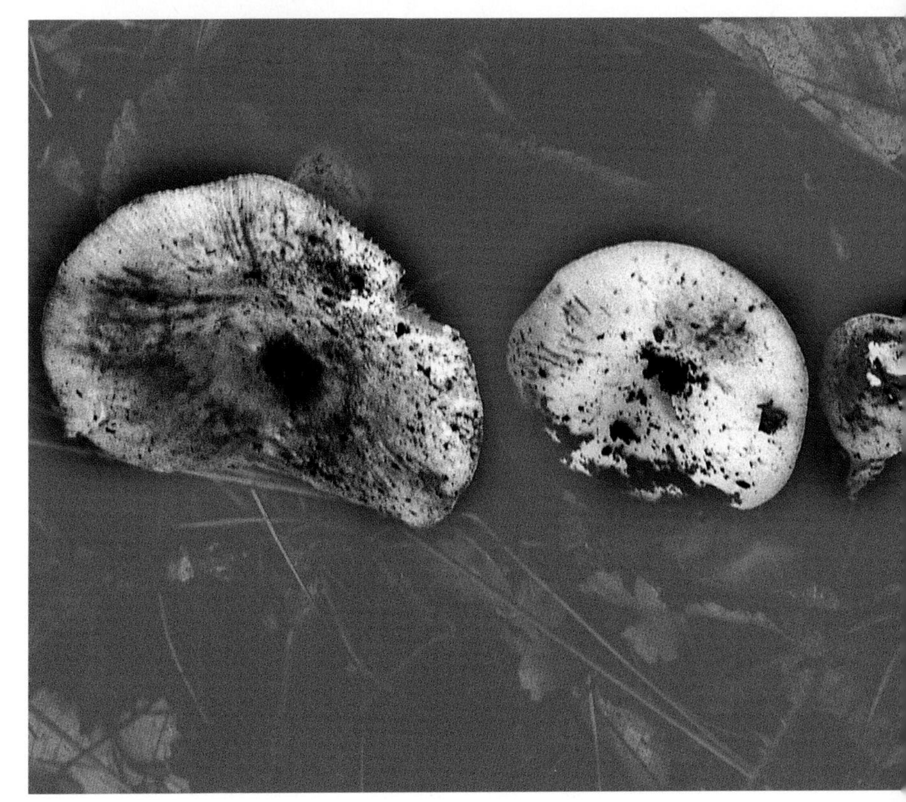

피젖버섯 *Lactarius akahatus Tanaka*

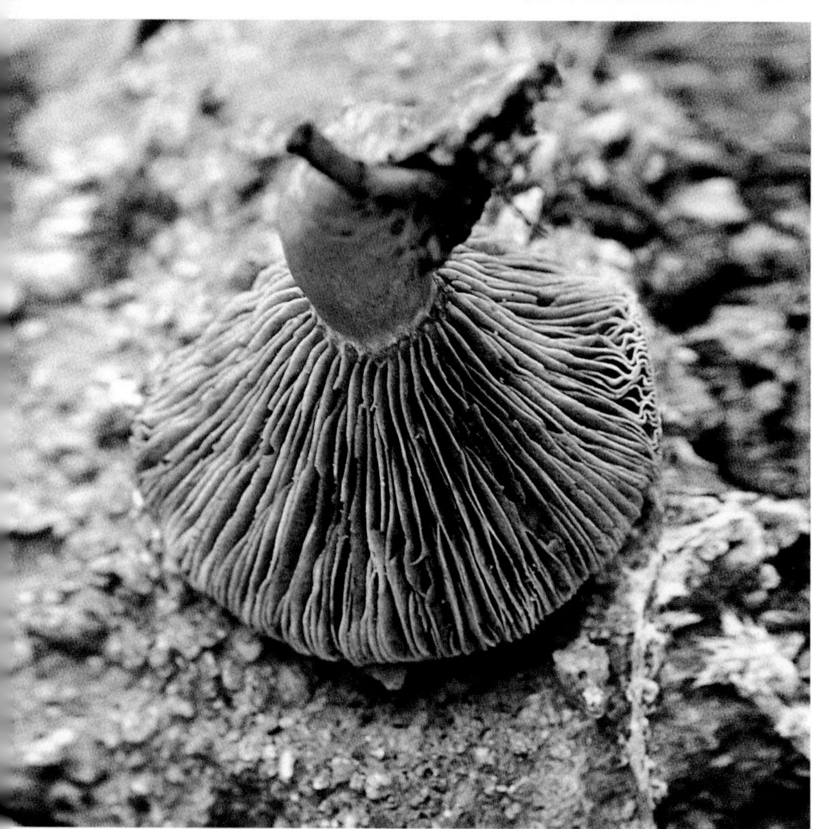

용도 및 증상 버터와 같이 볶아서 요리하며, 삶는 요리에도 좋다.

형태 지름은 5~10cm로 둥근 산 모양에서 차츰 편평형을 거쳐 술잔모양이 된다. 표면은 끈적기가 조금 있고, 오렌지색을 띤 황색 또는 황적색이며, 희미한 고리 무늬가 있다. 표면은 매끄러우며, 살은 백색에서 연한 녹색으로 변색하며, 젖은 미량 분비된다. 오렌지색을 띤 홍색인데, 공기에 닿으면 남녹색으로 변색된다. 주름살은 자루에 대하여 내린주름살로 균모와 같은 색이나 진한 편이고, 상처를 입으면 남녹색으로 되며 2분지되어 있다. 폭이 좁고 밀생한다. 자루의 길이는 3~5cm이고 굵기는 1.5~2.5cm로 연한 오렌지색을 띤 적색이고 매끄럽지만 희미한 줄무늬 홈선이 있는 것도 있다. 속은 차 있다가 차츰 비게 된다.

포자 난형이고, 크기는 7.5~8.5×5.8~6.4 μm로 표면에 그물눈이 있다. 아미로이드(전분) 반응이다.

생태 가을에 저지대의 소나무 숲의 땅에 군생한다.

분포 한국(남한 : 속리산, 지리산), 일본, 중국

참고 종명인 *akahatus*는 일본어로 '붉게 된다' 는 뜻이다.

주름젖버섯 *Lactarius corrugis* Peck.

용도 및 증상 맛은 없지만 맛국물을 내는데 이용한다. 국에 양념으로 사용하거나 튀김 요리에 좋다.

형태 균모의 지름은 5~12cm이고 둥근 산 모양에서 차츰 가운데가 들어가고 오목해진다. 표면은 건조성으로 가는 벨벳상이고, 어두운 적갈색, 어두운 와인색을 띤 갈색, 코코아 색 등을 나타내며 대부분 주름이 있다. 살은 단단하고 거의 백색, 약간 갈색으로 물들어 있다. 젖은 백색으로 다량 분비되고 나중에 갈색으로 변색한다. 주름살은 간격이 좁아서 약간 밀생하며 연한 오렌지색, 연한 황토색, 계피색을 띤 황색 등으로 상처 난 부분은 갈색이 된다. 자루의 길이는 5~7cm이고 굵기는 1.5~2.5cm로 표면은 가루가 있으며 균모보다 연한 색이다.

포자 아구형이고 표면에 분명한 그물눈이 있으며 크기는 8.5~10.5×7.5~9.5μm이다. 포자문은 백색이다.

생태 여름부터 가을 기간에 활엽수림의 땅에 군생하거나 단생한다.

분포 한국(남한 : 지리산. 북한 : 묘향산), 일본, 북아메리카

참고 균모가 암적갈색 또는 코코아 색 등으로, 표면에 많은 주름이 잡혀있다는 특징이 있다. 종명인 *corrugis*는 '주름 잡힌' 이라는 뜻이다.

누룩젖버섯 *Lactarius flavidulus* Imai

용도 및 증상 기름에 볶는 요리에 사용한다.

형태 균모의 지름은 6~15cm로 가운데가 오목한 낮은 산모양을 거쳐 깔때기모양이 된다. 표면은 백색에서 연한 황색으로 변색되고 끈적기가 있으며, 희미한 동심원상의 무늬가 있다. 가장자리에는 짧은 털이 있고 아래로 말린다. 살은 백색이고 두껍고 단단하다. 젖은 백색이고 공기에 닿으면 청록색으로 되기 때문에 상처를 받으면 주름살에 때때로 얼룩이 생긴다. 매운맛은 없다. 주름살은 자루에 대하여 내린주름살로 간격은 좁아서 밀생하고, 백색에서 연한 황색으로 변색된다. 자루의 길이는 5~6cm이고, 굵기는 1.5~3cm로 굵고 짧은 편으로 균모와 같은 색이며, 속은 비었다.

포자 거의 구형이며, 크기는 7.5~ 10 ×7~8.5μm이고 표면에 그물눈의 무늬가 있다. 연낭상체의 크기는 22~ 38× 6.5~10μm로 곤봉형 또는 원주형이다. 포자문은 백색이다.

생태 가을에 침엽수림(전나무 숲 등)의 땅에 단생 또는 군생한다.

분포 한국(남한 : 지리산), 일본, 러시아 극동

참고 종명인 *flavidulus*는 '연한 황색'이라는 뜻이다. 젖의 색깔이 백색에서 청록색으로 변색된다는 특징이 있다.

애기젖버섯 *Lactrarius gerardii* Peck

용도 및 증상 식용하며 매운맛은 없다. 다른 버섯과 함께 이용하기도 한다.

형태 균모의 지름은 5~7cm이며, 둥근 산모양을 거쳐 편평하게 된다. 표면은 끈적기가 없고 벨벳상이며 회갈색 또는 황갈색으로 가는 털이 밀생하고 주름이 있다. 살은 백색 또는 연한 크림색이다. 주름살은 자루에 대하여 내린주름살로 백색이며 간격은 넓어서 성기다. 젖은 백색 또는 백색 계통의 크림색이다. 자루의 길이는 3~8cm이고 굵기는 0.8~1.5cm로 균모와 같은 색이다. 상처를 입으면 백색의 젖을 많이 분비하며, 변색되지 않는다. 속은 차 있고 백색이다.

포자 아구형이며, 자루의 크기는 8~10.5×7.5~9.5μm로 표면에 그물눈이 있고, 포자문은 백색이다.

생태 여름과 가을에 활엽수림의 땅에 단생 또는 산생한다.

분포 한국(남한 : 지리산, 운장산), 일본, 북반구 온대

참고 균모와 자루가 회갈색 또는 황갈색이고 벨벳상이며, 주름살은 흰색이다.

젖버섯아재비 *Lactarius hatsudake* Tanaka

용도 및 증상 식용하나 살은 단단하고 맛과 냄새는 없다.

형태 균모의 지름은 3~10cm로 가운데가 오목하며, 깔때기모양으로 되거나 둥근 산모양에서 차츰 편평하게 된다. 표면은 습기가 있을 때 끈적기가 조금 있고 연한 홍갈색 또는 연한 황적갈색인데, 진한 색의 동심원상의 무늬가 있다. 상처를 받은 부분은 청록색의 얼룩이 있다. 살은 거의 백색이고, 자루의 가장자리와 주름살의 위쪽은 와인색을 나타낸다. 젖은 상처 부위에서 조금 나오며, 어두운 와인 적색이지만 시간이 지나면 청록색으로 변색한다. 주름살은 자루에 대하여 올린주름살이고 밀생하며, 와인색을 나타낸다. 자루의 길이는 2~5cm이고 굵기는 1~2cm로 속은 차 있거나 비어 있고, 표면은 균모와 같은 색으로 밋밋하고 가루가 있다.

포자 광타원형이고, 크기는 7.5~9.4×6~6.7μm로 표면에 그물눈이 있다.

생태 가을에 소나무, 곰솔나무 등의 숲 속 땅에 단생 또는 군생한다.

분포 한국(남한 : 속리산, 월출산, 지리산), 일본, 대만, 중국, 유럽

참고 북한명은 붉은물젖버섯

넓은갓젖버섯 *Lactarius hygrophoroides* Berk. & Curt.

용도 및 증상 식용하며, 매운 맛은 없다. 찌개 등의 요리에 좋다.

형태 균모는 지름 3~10cm이며, 둥근 산모양에서 가운데가 오목한 편평형으로 되었다가 대부분 깔때기모양으로 된다. 표면은 매끄럽거나 가루모양 또는 벨벳상이다. 때로는 주름이 있고 오렌지색을 띤 갈색을 나타내며 끈적기는 없고 냄새가 거의 없다. 주름살은 두껍고 폭이 넓으며 자루에 대하여 내린주름살로 간격이 넓어서 성기다. 백색에서 황색으로 변색되고, 갈색은 얼룩이 생기지 않는다. 자루의 길이는 4~5cm이고 굵기는 5~30mm로 균모보다 연한 색이며, 표면은 세로줄의 주름진 무늬가 있다. 자루 한가운데는 해면상으로 된다. 젖은 백색으로 많이 분비되지 않으며 변색하지도 않는다.

포자 광타원형 혹은 아구형이며, 크기는 7~9.5×5.5~7μm로 표면에 불완전한 그물눈이 있다. 포자문은 백색이다.

생태 여름과 가을에 걸쳐서 활엽수림과 침엽수림의 땅에 군생한다.

분포 한국(남한 : 전국. 북한 : 오가산, 대성산, 원산, 금강산), 일본, 중국, 극동, 시베리아, 유럽, 북아메리카

참고 젖버섯(*Lactarius piperatus*)과 비슷하지만 주름살의 색깔이 크림색이고 밀생하는 점에서 젖버섯과 구분된다. 북한명은 성긴주름젖버섯

붉은젖버섯 *Lactarius laeticolorus* (Imai) Imazeki

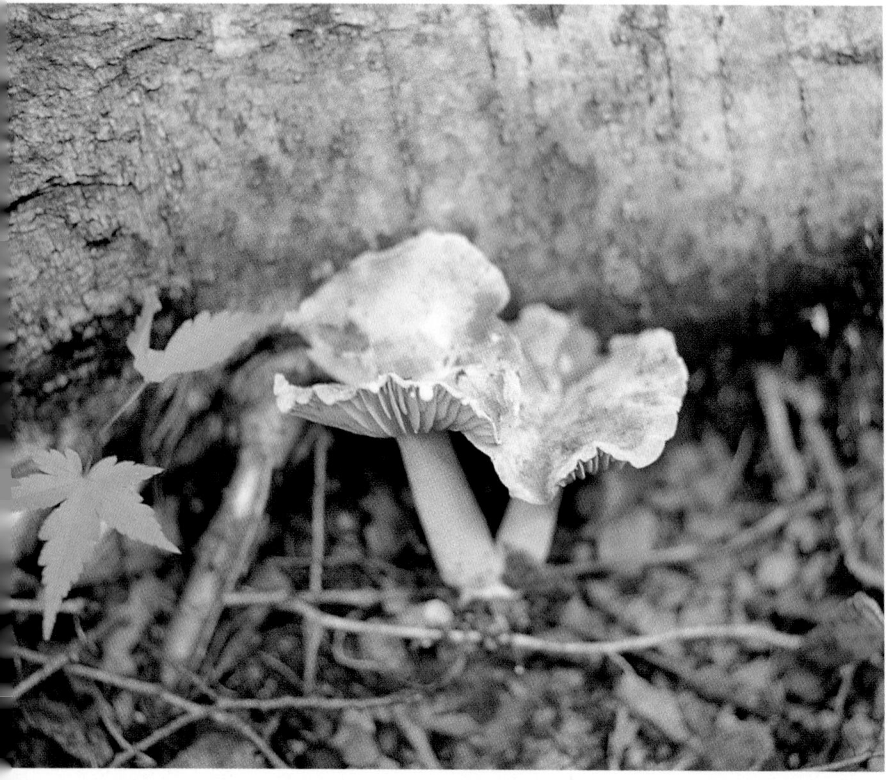

용도 및 증상 동 · 서양 요리에 이용한다.

형태 균모의 지름은 5~15cm로 처음은 둥근 산보양이지만, 자라면 깔때기모양이 된다. 표면은 습기가 있을 때 끈적기가 있고, 연한 오렌지색을 띤 황색으로 약간 짙은 색의 선명하지 않은 동심원상의 무늬가 있다. 살은 백색에서 연한 오렌지색으로 되고, 자루의 주위와 주름살의 위는 오렌지색을 띤 붉은색이다. 젖은 오렌지색을 띤 붉은색이고, 비교적 많은 젖을 분비하지만 변색하지 않는다. 주름살은 자루에 대하여 바른 또는 내린주름살로 균모보다 색이 진하고 폭은 좁으며, 간격이 좁아서 밀생한다. 자루의 길이는 3~10cm이고 굵기는 0.8~1.7cm로 속은 텅 비어 있으며, 표면은 균모와 같은 색이나 크고 작은 크기로 얇게 파인 곳이 있고, 그 부분은 색이 진하다.

포자 광타원형이며, 크기는 7.5~10×6~7.5μm이다. 표면에 그물눈이 있다.

생태 여름에서 가을에 전나무 숲 속의 땅에 군생한다.

분포 한국(남한 : 지리산), 일본, 시베리아

참고 균모와 자루는 연한 오렌지색이고 요철의 줄무늬 홈선이 있다.

잿빛헛대젖버섯 *Lactarius lignyotus* Fr.

용도 및 증상 약간 쓴맛이 있다.

형태 균모는 지름 3~8cm로 둥근 산모양을 거쳐 편평형으로 되며, 가운데가 오목하나 한가운데는 돌출한다. 표면에 끈적기는 없고 어두운 갈색 또는 그을린 색 또는 흑색인데, 가루가 있는 벨벳모양으로 방사상의 줄무늬 홈선이 있다. 가장자리는 처음에 아래로 말리며 물결모양이다. 살은 백색인데 상처를 입으면 연한 살색이 된다. 젖은 물같은 백색에서 분홍색으로 변색하며, 맛은 없지만 조금 맵다. 주름살은 자루에 대하여 내린주름살이고 약간 밀생하거나 성기며, 백색에서 약간 오렌지색으로 변색한다. 자루의 길이는 6~12cm이고 굵기는 0.4~1.0cm로 균모와 같은 색이며, 기부는 연한 백색으로 속은 차있다. 표면은 벨벳상이고, 가끔 줄무늬 홈선이 있다.

포자 구형이고, 지름은 9~10μm로 표면에는 불분명한 가시와 그물눈이 있다. 연낭상체의 크기는 32~46×3.5~7μm로 류원주형 또는 유방추형이다.

생태 여름과 가을에 걸쳐서 침엽수림의 땅에 1~2개가 난다.

분포 한국(남한 : 지리산. 북한 : 백두산), 일본, 대만, 중국, 러시아의 극동, 유럽, 북아메리카

참고 균모의 표면이 벨벳상이고, 암갈색으로 상처를 받으면 분홍색으로 변색되는 것이 특징이다. 북한명은 털흙쓰게젖버섯

광릉젖버섯 *Lactrarius subdulcis* (Fr.) S.F.Gray

용도 및 증상 식용으로 쓰인다.

형태 균모의 지름은 1~6cm로 둥근 산모양이나, 자라면 술잔모양이 된다. 가운데에 작은 돌기가 돌출하는 것도 있다. 표면은 건조하고 황갈색 또는 황갈적색이며, 표면은 매끄럽고 가운데에 주름이 조금 있다. 가장자리는 아래로 말리며 나중에 물결모양이 된다. 살은 치밀하나 부서지기 쉬우며 백색 또는 황갈색으로 냄새는 없다. 주름살은 자루에 대하여 바른 주름살이고 백색에서 황색으로 변색되고 가루같은 것이 있다. 젖은 백색이나 변색하지 않는다. 자루의 길이는 1~7cm이고 굵기는 0.2~1.0cm로 균모와 같은 색이며, 기부에 연한 털이 있고 속은 차 있다가 차츰 비게 된다.

포자 타원형 또는 아구형이며, 크기는 7~10×6.5~7.5μm로 표면에 가시가 있다. 포자문은 연한 황색이다.

생태 여름 또는 가을에 숲 속의 땅에 군생한다.

분포 한국(남한 : 광릉), 일본, 유럽, 북아메리카, 중국, 시베리아

참고 균모는 황갈색, 황갈적색 또는 젖은 백색이며, 변색하지 않는 것이 특징이다.

잿빛젖버섯 *Lactarius violascens* (Otto : Fr.) Fr.

용도 및 증상 식용으로 쓰이지만 약간 맵다.

형태 균모의 지름은 6~21cm, 둥근 산 모양에서 편평하게 되며 가운데는 오목하다. 표면은 끈적기가 있고 쉽게 건조하며 보라색을 띤 갈색 혹은 회갈색이며, 보통 회갈색의 환문이 있다. 털은 없고, 밋밋하며, 가장자리는 얇고 처음에 아래로 말린다. 살은 질기고 백색이며 공기에 닿으면 자색으로 변색하고, 젖은 백색으로 공기에 닿으면 자색으로 변색한다. 주름살은 자루에 대하여 바른 또는 내린주름살로 크림색에서 크림 살색이 되며 밀생한다. 나중에 다 갈색으로 변색된다. 자루의 길이는 4~7cm이고 굵기는 1~2cm로 크림 백색이다. 위아래가 같은 굵기이며 약간 끈적기가 있으며 속은 차 있다가 곧 비게 된다.

포자 광타원형이며, 크기는 10~13×8~10μm로 표면에 침이 있다. 포자문은 크림 백색이다.

생태 여름과 가을에 활엽수림의 땅과 숲 속에 군생 또는 산생한다.

분포 한국(남한 : 지리산), 일본, 북아메리카

참고 버섯은 상처를 받으면 보라색으로 되며 균모는 보라색을 띤 갈색 바탕에 진한색의 환문이 있다. 종명인 *violascens*는 '보라색으로 된다' 는 뜻이다.

배젖버섯 *Lactarius volemus* (Fr.) Fr.

용도 및 증상 식용으로 쓰이며, 약용으로도 이용된다. 매운맛은 없고 신맛이 있으며, 살은 냄새가 나며 마르면 심한 청어 생선의 냄새를 풍긴다. 우동에 넣어 먹는다.

형태 균모는 지름 5~12cm로 처음은 가운데가 들어간 둥근 산모양에서 편평형을 거쳐 차차 얕은 깔때기모양으로 변한다. 표면은 매끄럽거나 가루모양인 것도 있으며, 황갈색, 오렌지색을 띤 갈색 또는 벽돌색이며 동심원상의 무늬가 있다. 주름살은 자루에 대하여 바른 주름살 또는 내린주름살로 백색 또는 연한 황색이고 갈색의 얼룩이 있으며, 간격은 좁아서 밀생한다. 자루의 길이는 6~10cm이고 굵기는 1.5~3cm로, 표면은 균모와 같은 색이고 속은 비었다. 젖은 다량으로 분비되며, 끈적기가 있고 백색에서 차차 갈색으로 변색된다. 자루의 속은 차 있다.

포자 거의 구형이고, 크기는 8.5~10.5×7.5~9.5μm로 표면에 분명한 그물눈이 있다. 낭상체의 크기는 31~76×5~8μm로 긴 창모양이고 두껍다. 포자문은 백색이다.

생태 여름과 가을에 활엽수림의 땅에 단생 또는 군생하며, 소나무, 참나무 등에 외생균근을 형성한다.

분포 한국(남한 : 전국. 북한 : 백두산, 묘향산, 양덕, 금강산), 일본, 중국, 러시아의 극동, 북아메리카, 유럽, 북반구 온대 이북

참고 북한명은 젖버섯

독버섯

애기무당버섯 *Russula densifolia* (Secr.) Gill. 준맹독

용도 및 증상 독성분은 불분명하나, 먹으면 구토, 설사 등의 위장 중독을 일으키며, 심하면 사망할 수도 있다. 약용 성분도 가지고 있다.

형태 균모의 지름은 6~10cm로 둥근 산 모양을 거쳐 깔때기모양으로 변한다. 표면에 끈적기가 약간 있다. 처음에는 백색이지만 나중에 회갈색을 거쳐서 차츰 흑갈색 또는 흑색이 된다. 습기가 있을 때 끈적기가 있다. 살은 백색이며, 상처를 받으면 적색 또는 청색을 거쳐 흑색으로 변색된다. 주름살은 자루에 바른 또는 내린주름살로 백황색 또는 백적색이고, 분지하며 밀생한다. 자루의 길이는 3~5cm이고 굵기는 1~2cm로 백색이나, 상처를 받으면 적색으로 되었다가 차츰 흑색으로 변색된다. 자루의 표면에는 미세한 그물꼴의 주름이 있고, 자루의 속은 차 있다.

포자 아구형이며, 크기는 6~7.5×5.5~6.5μm로 멜저액 반응에서 그물눈이 나타나고, 포자문은 백색이다.

생태 여름에서 가을 사이에 숲 속의 땅에 군생한다.

분포 한국(남한 : 발왕산, 변산반도 국립공원, 한라산. 북한 : 대성산, 신양, 묘향산, 금강산), 일본, 중국, 시베리아, 유럽, 북아메리카 등

참고 유사종인 흙갈색무당버섯(*Russula adusta*)은 어릴 때 상처를 받으면 약간 적색으로 변하며 나중에 천천히 회색으로 된다는 점에서 애기무당버섯과 차이점을 보인다. 또한 검은무당버섯(*Russula albonigra*)은 손으로 만지거나 상처를 받으면 마침내 흑색으로 되는 것이 차이점이다. 북한명은 밴주름검은갓버섯

냄새무당버섯 *Russula emetica* (Schaeff. : Fr.) S. F. Gray 일반독

용도 및 증상 독성분은 무스카린류이며, 용혈성 단백을 함유한다. 중독 증상은 섭취 후 수십 분부터 3시간 정도 지나면 복통, 심한 설사 등 콜레라와 같은 위장계의 중독을 일으킨다. 심한 경우 탈수, 산혈증, 경련, 쇼크 등을 일으킨다. 무스카린을 함유하므로 무스카린의 중독의 증상도 나타난다.

형태 균모는 지름 3~10cm로 반구형에서 둥근 산모양을 거쳐서 편평하게 되며, 가운데가 오목하여 얕은 깔때기 모양으로 되는 것도 있다. 표면은 습기가 있을 때 끈적기가 있고 선홍색이나, 나중에 퇴색하여 백색으로 된다. 가장자리에 줄무늬 홈선이 나타나며 표피는 약간 끈적기가 있고 벗겨지기 쉽다. 살은 백색(표피 밑은 홍색)이고 부서지기 쉽다. 주름살은 백색 혹은 연한 크림색이고 약간 밀생한다. 자루의 길이는 2.5~7cm이고 굵기는 0.7~1.5cm로 백색이며, 자루 속은 해면상이고 부드럽다. 얕은 세로줄의 주름모양 무늬가 있고, 부서지기 쉽다. 버섯 전체가 매운맛이 있으며 부서지기 쉽다. 상처를 받아도 변색하지 않는다.

포자 난상의 아구형이며, 8~10.5×6.5~8.5μm로 표면은 가시모양의 돌기와 미세한 그물눈이 있다.

생태 여름부터 가을 사이에 활엽수, 침엽수림의 땅에 홀로 또는 무리지어 난다.

분포 한국(남한 : 광릉, 가야산, 다도해해상 국립공원, 두륜산, 발왕산, 변산반도 국립공원, 월출산, 속리산, 오대산, 지리산, 소백산, 만덕산, 방태산, 무등산. 북한 : 묘향산, 양덕, 금강산), 유럽, 북아메리카, 북반구 온대 이북, 호주

참고 유사종인 홍색애기무당버섯(*Russula fragilis*)은 소형으로 색이 적색, 자색, 홍자색, 연한 자색 등이 있다. 주름살의 가장자리는 미세한 거치상이다. 그러나 냄새무당버섯과 비슷한 종류가 많아서 구분하는데 어려움이 많으므로 절대 먹어서는 안 된다. 북한명은 붉은갓버섯

깔때기무당버섯 *Russula foetens* Pers. : Fr. 일반독

용도 및 증상 독성분은 불분명하나, 중독 증상은 심한 오심, 구토, 복통, 설사 등의 위장계 중독을 일으킨다. 특징은 고약한 냄새가 나고 매운맛이 있다.

형태 균모는 지름 9~12cm로 자라면 가운데가 약간 오목해지고, 전체적으로 얕은 깔때기모양이 된다. 표면의 가운데는 탁한 황갈색 또는 갈색으로 습하면 끈적기가 있으며 가장자리는 연한 색이다. 가장자리에는 뚜렷한 방사선 홈선이 있고 홈의 융기 밑에는 작은 젖꼭지 같은 돌기가 늘어서 있으며, 표피는 벗겨지지 않는다. 살은 약간 단단하고 연한 색이며, 매운맛이 있고 오래된 기름같은 불쾌한 냄새가 난다. 주름살은 백색인데 탁한 갈색의 얼룩이 있으며, 물방울을 분비하고 간격은 약간 넓어서 성기며 자루에 대하여 올린주름살이다. 자루의 길이는 6~8cm이고 굵기는 2~3cm로 백색이고 황토색의 얼룩이 있으며, 얕은 세로줄의 주름이 있다. 자루의 속은 비었다.

포자 거의 구형이며, 크기는 7.5~10×6.5~9μm로 표면에 가시와 연결맥이 있으며 포자문은 백색이다.

생태 여름에서 가을 사이에 숲 속의 땅에 군생한다.

분포 한국(남한 : 지리산, 방태산. 북한 : 오가산, 묘향산, 대성산, 금강산), 일본, 중국, 러시아의 극동, 시베리아, 소아시아, 유럽, 북아메리카

참고 밀짚색무당버섯(*Russula laurocerasi*)은 약간 소형이고 색이 엷고 포자의 표면에 새날개 모양의 융기가 있다. 북한명은 썩은내갓버섯

흰무당버섯아재비 *Russula japonica* Hongo 일반독

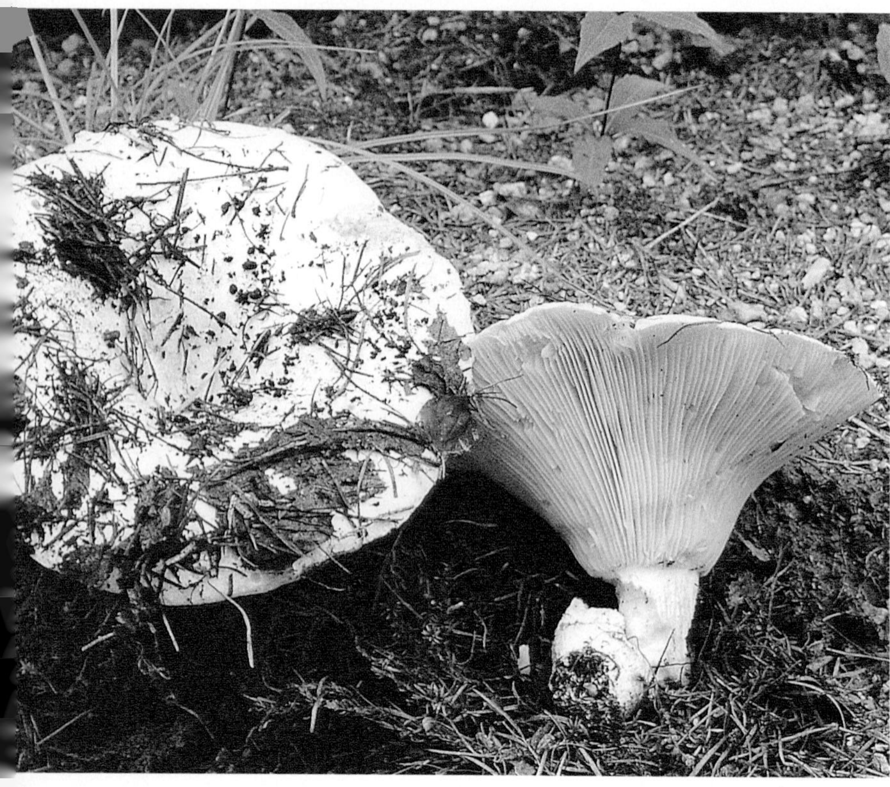

용도 및 증상 독성분은 불분명하나, 먹으면 위장계의 중독을 일으킨다.

형태 균모의 지름은 6~14cm로 둥근 산 모양에서 차츰 편평형으로 되지만, 가운데는 오목해졌다가 차츰 깔때기모양이 된다. 표면은 연하고 약간 분상이며, 백색에서 약간 황갈색 또는 오갈색을 띤다. 살은 백색에서 회색으로 변색되며, 두껍고 단단하며 부서지기 쉽다. 거의 맛이 없지만 약간 쓴맛이 있다. 자루에 대하여 끝붙은주름살이지만, 균모가 펴지면 때때로 내린주름살이 된다. 백색에서 크림색을 거쳐 황토색으로 변색되고 폭은 좁으며, 간격이 좁아서 밀생한다. 자루는 길이 3~6cm이고 굵기는 1.2~2cm로 백색에서 회갈색으로 변색되며, 구리빛 적색의 반점이 있다. 위아래의 굵기가 같으나 아래쪽으로 약간 가늘다. 표면은 약간 주름져 있다. 속은 차 있지만 나중에 해면상이 된다.

포자 아구형의 타원형이며, 크기는 7~9×6~7μm로 표면에 가시가 있고 멜저액으로 염색하면 그물 무늬가 나타난다. 포자문은 크림색을 띤 짚색이다.

생태 여름에서 가을 사이에 혼효림 및 풀밭에 군생하며 균륜도 형성한다.

분포 한국(남한 : 지리산, 모악산, 선운산), 일본, 중국, 시베리아, 유럽, 아프리카

참고 종명인 *japonica*는 '일본의 특산종'이라는 뜻인데, 우리나라에도 발생하므로 일본의 특산종이라는 것은 적절하지 못한 표현이다.

밀짚색무당버섯 *Russula laurocerasi* Melzer 일반독

용도 및 증상 독성분은 불분명하나, 먹으면 이상 증상이 나타나지만 항암 기능도 있다.

형태 지름은 5~9cm로 반구형에서 둥근 산모양을 거쳐 차차 편평하게 되나 차츰 가운데가 오목해진다. 표면은 습기가 있을 때 끈적기가 있으며 갈황토색 또는 황토색이다. 가장자리는 알맹이 모양의 선이 있다. 살은 백색이며 쓴맛과 불쾌한 냄새가 난다. 주름살은 백색에서 차츰 갈색의 얼룩이 생기고 물방울을 분비한다. 자루의 길이는 3~9cm이고 굵기는 1~1.5cm로 상하 크기가 같으며, 백색에서 황갈색으로 변색한다. 속은 비어 있다.

포자 아구형이고 큰 가시와 날개 모양의 융기가 있다. 크기는 10.5~12.5×9.5~10.5μm 융기부 포함)이고 포자 표면의 모양은 흙무당버섯(*Russula senecis*)과 똑같다.

생태 여름에서 가을 사이에 활엽수림의 땅에 군생한다. 비교적 흔한 종이다.

분포 한국(남한 : 가야산, 다도해해상 국립공원의 금오도, 발왕산, 오대산, 방태산, 두륜산, 변산반도 국립공원, 속리산, 한라산), 일본, 유럽, 북아메리카

참고 균모는 갈황토색 또는 황토색이고, 가장자리에 알맹이모양의 주름무늬선이 있다.

절구버섯 *Russula nigricans* (Bull.) Fr. 준맹독

용도 및 증상 독성분은 불분명하나, 먹으면 오심, 구토, 복통, 설사 등의 위장계의 중독을 일으킨다. 심한 경우는 몸이 쑤시고, 마비를 일으켜 사망에 이를 수도 있다.

형태 균모는 지름 8~15cm로 가운데가 오목한 둥근 산모양에서 차츰 얇은 깔때기모양이 된다. 표면은 처음에는 백색에서 차차 회갈색 또는 흑갈색으로 변색되며, 마침내 흑색이 된다. 표피는 광택이 없고 벗겨지지 않는다. 살은 단단하고 백색이나, 상처를 입으면 적색을 거쳐 흑색으로 변색한다. 주름살은 폭이 넓고 간격이 넓어서 성기고, 상처를 받으면 백색에서 결국 흑색이 된다. 자루는 길이 3~8cm이고 굵기는 1~3cm로 단단하며, 오백색 또는 균모와 같은 색을 띠고 있다. 자루의 속은 차 있고 단단하다.

포자 거의 구형이고, 크기는 7~9×6~7.5μm로 표면에 미세한 가시와 불완전한 그물눈이 있다.

생태 여름에서 가을 사이에 활엽수림의 땅에 단생 또는 군생한다.

분포 한국(남한 : 방태산, 만덕산, 한라산, 가야산, 월출산. 북한 : 신양, 대성산, 묘향산, 금강산), 북아메리카, 북반구 일대

참고 이 버섯이 썩게 되면 덧부치버섯(*Asterophora lycoperdoides*)이 발생할 수 있다. 특징은 오래되면 검은색으로 변색하며 단단하여진다. 이와 비슷한 모양에 절구버섯아재비(*Russula subnigricans*)가 있는데 색의 변색이 느리고 흑색으로는 변색하지 않는다는 차이점이 있다. 그러나 오래되면 약간 회색으로 되기도 한다. 북한명은 성긴주름검은갓버섯

흙무당버섯 *Russula senecis* Imai 일반독

용도 및 증상 독성분은 불분명하나, 중독 증상은 오심, 구토, 복통, 복부팽창, 설사 등의 위장계의 중독을 일으킨다.

형태 균모의 지름은 5~10cm이고 어릴 때는 구형 또는 둥근 산모양에서 차차 편평하게 되고 가운데는 오목해진다. 표면은 황토 갈색 또는 탁한 황토색이며, 습기가 있을 때 끈적기가 있다. 다 자라면 가장자리는 방사상으로 갈라지거나 거북등처럼 갈라져 연한 색의 바탕색이 드러나며, 연한 색으로 입상의 줄무늬 홈선이 생긴다. 살은 냄새가 조금 나고 매운맛이 있다. 주름살은 자루에 대하여 끝붙은주름살로 황백색 또는 탁한 백색을 띠고 있으며, 가장자리는 갈색 또는 흑갈색을 나타내고, 간격은 넓어서 성기다. 자루의 길이는 5~10cm이고, 굵기는 1~1.5cm로 속은 비었지만 주판모양처럼 빈 것도 있다. 표면은 탁한 황색인데 갈색 또는 흑갈색의 미세한 반점이 있다.

포자 구형이며, 지름은 7.5~9μm로 표면에 큰 가시와 날개 모양의 융기를 가지고 있다.

생태 여름에서 가을 사이에 활엽수림의 땅에 군생한다.

분포 한국(남한 : 다도해해상 국립공원, 변산반도 국립공원, 만덕산, 월출산, 속리산, 오대산, 지리산, 안동, 한라산. 북한 : 대성산), 일본, 중국

참고 북한명은 나도썩은내갓버섯

절구버섯아재비 *Russula subnigricans* Hongo 맹독

용도 및 증상 독성분은 루시페린(Luciferin : 세포독), 루시페롤(Luciferol : 세포독), 전신에 붉은 점이 부풀어 오른 부스럼에 특징적 혈액 이상을 일으기는 성분을 함유한다. 몸에 붉은 반점과 혈액에 이상을 일으키는 성분을 함유한다. 중독 증상은 섭취 후 수십 분 후에 구토, 설사 등 위장계 중독을 일으킨다. 그 후 동공 축소, 언어 장애 등의 통증, 오줌에 피가 비치는 혈뇨 증상이 나타나고, 심장이 쇠약하여져서 사망에 이르게 된다. 맛과 냄새는 없다.

형태 균모는 지름 5~11.5cm로 둥근 산모양을 거쳐서 깔때기모양이 된다. 표면은 건조하고 약간 벨벳모양이며, 회갈색 또는 흑갈색이다. 가장자리는 조금 연한 색이고 표피는 벗겨지지 않는다. 살은 두껍고 단단하며 백색인데, 상처를 받으면 적색으로 변색하지만 나중에 탁하고 연한 적갈색으로 된다. 다시 흑색으로는 변하지 않는다. 주름살은 자루에 대하여 바른 또는 내린주름살로 크림색이지만, 상처를 입으면 서서히 적색으로 변색하며, 부서지기 쉬운 성질을 가지고 있고, 주름살의 간격이 넓어서 성기다. 자루의 길이는 3~6cm이고 굵기는 1~2.5cm로 하부가 가늘고 회갈색이며 단단하다. 자루의 표면에는 희미한 세로줄의 주름이 있으며, 속은 차 있다.

포자 아구형 또는 난형이고, 크기는 7~9×6~7μm로 표면에 미세한 그물눈이 있다.

생태 여름과 가을에 상록활엽수림의 땅에 대부분 단생하지만 가끔 군생하는 것도 있다.

분포 한국(남한 : 만덕산, 속리산, 지리산), 일본

참고 특징은 균모가 회갈색 또는 흑갈색이고, 살은 상처를 받으면 적색으로 변한다. 주름살은 성기고 역시 적색으로 변한다. 자루는 균모보다 연한 색이고 표면에 세로줄무늬가 있다. 유사종으로 절구버섯(*Russula nigricans*)이 있는데, 상처를 받으면 처음에 적색으로 변색하였다가 흑색으로 다시 변색한다.

노란젖버섯 *Lactarius chrysorrheus* Fr. 일반독

용도 및 증상 독성분은 불분명하나, 먹으면 위장계의 중독을 일으킨다.

형태 균모의 지름은 5~9cm로 가운데가 오목한 둥근 산모양에서 약간 깔때기모양으로 변형된다. 표면은 털로 덮여 있고 황색을 띤 연한 살색인데, 진한 색으로 된 동심원상의 무늬가 있고 가장자리는 아래로 말리며 털이 있다. 주름살은 자루에 대하여 내린주름살로 크림색 또는 연한 살색이며, 간격이 좁아서 밀생한다. 상처를 받으면 변색한다. 젖은 다량 분비되고, 백색에서 자색으로 변색하며 맛은 쓰다. 자루의 길이는 5~7cm이고 굵기는 1~2.5cm로 균모와 같은 색이 표면에 곰보 자국 같은 것이 있다. 자루의 속은 비어 있다.

포자 아구형이고 크기는 8~9×6~7.5μm로 표면에 사마귀 같은 반점과 희미한 그물눈이 있다.

생태 여름에서 가을에 활엽수가 섞인 소나무 숲의 땅에 군생한다.

분포 한국(남한 : 가야산, 지리산, 모악산, 만덕산. 북한 : 양덕, 대성산), 일본, 중국, 러시아의 극동, 시베리아, 유럽, 북아메리카

참고 상처를 받으면 노랑색의 젖이 나오며 종명인 *chrysorrheus*는 '금이 흘러 나온다'는 뜻이다. 매운맛을 내는 것이 특징이다. 북한명은 노란젖버섯

푸른유액젖버섯 *Lactarius glaucescens* Crossland 일반독

용도 및 증상 독성분은 잘모르나 먹으면 구토 등 위장계의 중독을 일으킨다.

형태 균모의 지름은 5~15cm로 둥근 산 모양을 거쳐 차츰 깔때기모양이 된다. 표면은 백색이며, 매끄럽고 대개 갈라져 있다. 주름살은 자루에 대하여 내림주름살로 황백색이며, 간격은 좁아서 밀생한다. 살은 유백색이며, 상처를 입으면 청록색으로 변색한다. 또한 단단하고 매운맛이 있으나 냄새는 없다. 자루의 길이는 2~6cm이고 굵기는 0.5~1.5cm로 백색이며, 속은 차 있고 청록색의 반점과 작은 인편이 있다. 젖은 백색이지만, 살이 마르면 청록색으로 변색한다.

포자 아구형이며, 크기는 7~8.5×6~7μm로 표면에는 미세하고 불완전한 그물눈이 있다.

생태 여름에서 가을에 활엽수림의 땅에 군생하며 식물과 균근을 형성하여 공생한다.

분포 한국(남한 : 지리산), 일본, 유럽, 북아메리카, 북반구 일대

참고 젖버섯(*Lactarius piperatus*)은 상처가 나면 백색의 젖에서 녹회색으로 변색되지만, 푸른 유액젖버섯은 백색의 젖이 변색되지 않으므로 쉽게 구별된다.

끈적붉은젖버섯 *Lactarius hysginus* (Fr.) Fr. 일반독

용도 및 증상 독성분은 불분명하나, 먹으면 위장계의 중독을 일으킨다.

형태 균모의 지름은 4.0~7.0cm로 둥근 형에서 차차 편평해지나, 가운데는 볼록해지며, 짙은 적갈색을 띤다. 습기가 있을 때 끈적기가 있으며, 비가 온 후에 물방울이 실을 끌어당기는 것처럼 매달린다. 적갈색에서 차차 암적갈색을 나타낸다. 희미한 환문이 있지만 곧 없어지며, 살은 백색에서 황색으로 변색된다. 젖(유액)은 백색이며 변색하지 않는다. 맛은 신맛을 낸다. 주름살은 자루에 대하여 바른 또는 내린 주름살로 백황색에서 황토색으로 변색되며 간격은 좁아서 밀생하고 분지되는 것도 있다. 자루의 길이는 3~5cm이고, 굵기는 1.5~3cm로 아래쪽은 가늘고 표면은 곰보 자국이 있다. 습기가 있을 때 끈적기가 있고, 연한 적갈색이다. 속은 차 있다가 차차 비게 된다.

포자 구형이며, 크기는 6~7.5×5~6μm로 표면은 침상의 불완전한 그물꼴이 있다. 멜저액 반응은 아미로이드(전분) 반응이다. 측낭상체의 크기는 43~72×7.5~14.5μm의 방추형으로 끝이 뾰족하다.

생태 여름에서 가을에 걸쳐서 숲 속의 흙에 군생한다.

분포 한국(남한 : 방태산), 일본, 유럽, 북반구 온대 이북(특히, 아한대 및 아고산대)

참고 버섯에 끈적기가 많고 균모의 표면에 희미한 환문이 있으며 자루에 곰보같은 자국이 있는 것이 특징이다.

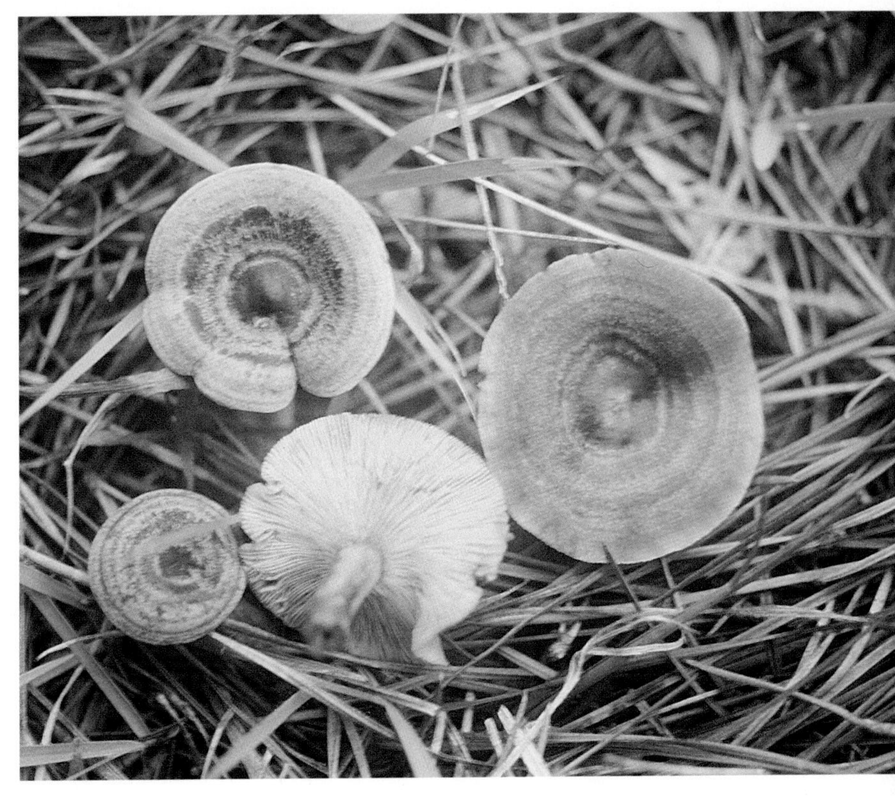

가죽색젖버섯

Lactarius pterosporus Romag. 일반독

용도 및 증상 독성분은 불분명하나, 먹으면 위장계의 중독을 일으킨다.

형태 균모는 지름 3~10cm로 가운데가 오목한 편평형이지만 깔때기모양을 한 것도 있다. 표면은 습기가 있을 때 약간 끈적기가 있지만 대체로 건조해 있고, 미세한 가루 같은 것이 있으며, 회황갈색 또는 회갈색으로 방사상의 주름이 있다. 살은 백색이고 상처를 받아서 공기에 닿으면 분홍색으로 변하며, 맛은 맵다. 젖은 처음에 분비되면 백색이지만, 차차 건조해지면서 붉어졌다가 완전히 마르면 없어진다. 주름살은 자루에 대하여 내린주름살로 간격은 약간 좁아서 약간 밀생하고 계피색을 약간 띤다. 자루의 길이는 3~8cm이고 굵기는 0.8~1.8cm로 연한 살색 또는 연한 회갈색이며, 속이 약간 해면상이다.

포자 구형으로, 크기는 7~9×6.5~8㎛로 표면에는 사마귀와 같은 반점과 날개 모양의 융기가 있다. 연낭상체의 크기는 27~45×5~8.5㎛이고 방추형이다.

생태 여름부터 가을에 걸쳐서 활엽수 수림의 땅에 군생하는 데 간혹 단생하는 것도 있다.

분포 한국(남한 : 설악산, 민주지산, 만덕산, 변산반도. 북한 : 오가산, 묘향산, 대성산), 일본, 중국, 러시아의 극동, 유럽, 북아메리카

참고 상처를 받으면 붉은색으로 변색하지만 시간이 오래되면 붉은색은 없어지는 특징이 있다. 매운맛이 있으며 학명으로 *Lactarius acris*를 사용하기도 한다. 북한명은 재빛매운젖버섯

보랏빛주름젖버섯 *Lactarius repraesentaneus* Britz. 일반독

용도 및 증상 독성분은 불분명하나, 중독 증상은 구토, 설사 등의 위장계의 중독을 일으킨다.

형태 균모의 지름은 6~20cm로 원추형 또는 오목형에서 차차 편평하게 되며 마침내 꽃병모양이 된다. 표면은 털로 덮여 있으며 습기가 있을 때 끈적기가 있다. 또한 황색 또는 오렌지색을 띤 황색이며 가운데는 녹슨 색이고, 상처를 입은 곳은 자주색으로 변한다. 가장자리는 아래로 말리고 거칠고 긴 털이 있다. 상처를 받으면 젖은 대량으로 나오며, 젖의 색은 백색에서 크림색을 거쳐 자주색으로 변색되고 쓴맛이 있다. 주름살은 자루에 대하여 내린주름살로 간격이 좁아서 밀생하며, 크림색에서 황토색으로 변색되고 오렌지색의 반점이 생긴다. 상처를 받으면 자색으로 변한다. 자루의 길이는 5~12cm이고 굵기는 1~4.5cm로 곤봉형이며, 표면은 끈적기가 있으며 백색, 황색 또는 오렌지색으로 다양하고 곰보 같은 자국이 있다.

포자 광타원형이고, 크기는 8~12×6.5~9μm로 사마귀점 같은 반점이 있으며 멜저액 반응은 아미로이드(전분) 반응을 나타낸다.

생태 여름에서 가을 사이에 침엽수림의 땅에 군생한다.

분포 한국(남한 : 지리산. 북한 : 백두산), 일본, 북아메리카

참고 상처를 받으면 버섯 전체가 보라색으로 변색되며, 가장자리에 길고 거친 털이 있다는 특징이 있다.

흠집남빛젖버섯 *Lactarius scrobiculatus* (Scope. : Fr.) Fr. 일반독

용도 및 증상 독성분은 불분명하나, 먹으면 위장계의 중독을 일으킨다. 몹시 매워서 물에 담궜다가 식용하기도하지만 먹지 않는 것이 좋다.

형태 균모는 지름 5.7~7.5cm로 볼록한 형에서 차츰 얕은 깔때기모양으로 변형된다. 바랜 황갈색이며 갈색의 인편이 동심원상의 환문으로 점점이 분포되어 있다. 습기가 있을 때 끈적기가 있다. 가장자리는 안으로 말리고 짧은 솜털의 섬유상이며 오래되어도 탈락되지 않는다. 살은 황백색으로 얇고 부서지기 쉽다. 주름살의 폭은 0.1~0.15cm로, 황색 또는 황적색에서 구리 황색으로 변색된다. 매우 매운 맛이다. 상처를 받으면 젖이 다량으로 분비되고 백색에서 황갈색으로 변색되며, 공기에 접촉하면 분홍 담색이 된다. 주름살은 자루에 대하여 올린주름살이며, 간격이 좁아서 밀생하고 상처를 받으면 황색에서 암갈색이 된다. 자루의 길이는 1.5~2.5cm 이고 굵기는 1~1.5cm로 원통형이고, 균모와 같은 색으로 빛나는 황토색의 곰보 자국 같은 반점이 있으며, 그 이외에는 황갈색 또는 백색 분말이 분포되며 백색균사가 부착한다. 자루의 밑은 가늘며, 속은 차 있다가 비게 된다.

포자 타원형이고, 크기는 4.3~5.7×2.9~4.3μm로 백색에서 크림 황색으로 변색되며, 표면에 침이 있다. 멜저액 반응은 아미로이드(전분) 반응을 나타낸다.

생태 소나무, 참나무, 풀의 흙에 군생하거나 또는 산생한다.

분포 한국(남한 : 무등산. 북한 : 오가산, 령원), 일본, 중국, 러시아의 극동, 소아시아, 유럽, 북아메리카

참고 자루에 곰보 같은 큰 반점이 있는 것이 특징이다. 북한명은 노란매운젖버섯

굴털이아재비버섯 *Lactarius subpiperatus* Hongo 일반독

용도 및 증상 독성분은 불분명하나, 먹으면 위장계의 중독이 일어난다.

형태 균모의 지름은 6~10cm로 둥근형에서 얕은 깔때기모양으로 변한다. 처음에는 백색이나, 나중에 황색 또는 황갈색의 얼룩이 생기며 끈적기나 윤기는 없다. 가장자리는 물결형으로 안으로 말린다. 표면은 건조성이고 가루 같은 것이 있는 것도 있으며, 백색 또는 백황색, 바랜 황색을 띠고 있다. 살은 황백색으로 얇고 단단하며, 맛은 매우 맵다. 주름살은 자루에 대하여 내린주름살로 폭은 0.2~0.5cm로 매우 좁으며, 백색이다. 젖은 맵고 간격은 넓어서 성기다. 상처를 받으면 백색의 젖이 나오고 나중에 연한 황색으로 변한다. 자루의 길이는 1.5~3cm이고 굵기는 1~2cm로 백황색이며 끈적기는 없다. 표면은 주름지고, 백색 분말이 있다. 자루의 밑은 가늘고 속은 차 있으며, 백색이다.

포자 광타원형이며, 크기는 6.9~8.6×5.3~5.7μm로 표면은 미세한 침과 불분명한 그물눈이 있다. 멜저액에서는 아미로이드(전분) 반응을 나타낸다.

생태 여름부터 가을에 걸쳐서 낙엽 속의 땅에 군생한다.

분포 한국(남한 : 방태산, 무등산, 다도해해상 국립공원의 금오도와 연도), 일본

참고 유사종인 젖버섯(*Lactarius piperatus*)은 주름살이 밀생하고 거칠어서 굴털이아재비버섯과 구분이 된다. 또한 새털젖버섯(*Lactarius vellereus*)은 자루가 비교적 길고, 균모 및 자루에 짧은 털이 없어서 쉽게 구분된다. 굴털이아재비버섯은 이 두 종의 중간 형태를 가지고 있다.

털젖버섯아재비 *Lactarius subvellereus* Peck 일반독

용도 및 증상 독성분은 불분명하나, 먹으면 위장계의 중독을 일으킨다. 채소를 이용한 요리나 삶는 요리에 이용한다.

형태 균모의 지름은 4~7cm로 가운데는 오목하고 얕은 깔때기모양이며, 가장자리는 안쪽으로 말린다. 표면은 벨벳모양의 미세한 털로 덮이며, 백색이지만 나중에 황갈색 또는 갈색의 얼룩이 생기고 가장자리는 아래로 말린다. 살은 단단하고, 젖은 백색에서 연한 크림색으로 변색되며 맛은 몹시 맵다. 주름살은 백색이고, 자루에 대하여 끝붙은주름살로서 간격은 좁아서 밀생한다. 자루의 길이는 4~5cm이고 굵기는 2.5cm로 굵고 짧은 백색의 벨벳모양이다. 자루의 속은 차 있으며, 가운데는 해면상이다.

포자 타원형 혹은 구형으로, 크기는 7~8.5×6~6.5μm로 표면은 미세한 사마귀점과 그물눈이 있으며, 포자문은 백색이다.

생태 여름에서 가을 사이에 숲 속의 땅에 군생한다.

분포 한국(남한 : 오대산, 무등산, 한라산, 두륜산), 일본, 중국, 북아메리카

참고 유사종으로 새털젖버섯 (*Lactarius vellerus*)이 있는데, 주름살이 성기고 포자가 약간 크기 때문에 구별된다. 젖버섯류는 상처를 받으면 젖이 나오며 젖이 안 나오는 무당버섯과는 구분된다. 그러나 젖버섯은 건조한 시기에 발생하며, 오래된 버섯은 젖이 안 나오므로 둘을 구분하기는 어렵다. 또 포자와 그물눈도 비슷하여 어렵다.

큰붉은젖버섯 *Lactarius torminosus* (Schaeff. : Fr.) S. F. Gray 일반독

용도 및 증상 독성분은 불분명하나, 중독 증상은 섭취 후 30분부터 3시간 정도 지나서 복통, 심한 설사 등 콜레라 같은 위장계의 중독을 일으킨다. 심한 경우는 탈수, 경련, 쇼크 등을 일으킨다. 매우 심한 매운맛이 있다.

형태 균모의 지름은 4~12cm이며 둥근 산모양을 거쳐서 차차 깔때기모양이 된다. 표면은 황적갈색 또는 오렌지색을 띤 황갈색 등인데, 진한 색의 동심원상의 무늬가 있고 섬유로 덮여 있으며, 드문드문 긴 털이 있다. 가장자리는 많은 솜털모양의 연한 털이 있으며 아래로 말린다. 주름살은 자루에 대하여 내린주름살로 연한 홍색이며 간격은 좁아서 밀생한다. 자루의 길이는 2~6cm이고 굵기는 0.8~2.2cm로 표면은 매끄럽고 속은 비었으며, 균모와 같은 색이거나 연한 색이다. 젖은 백색이며 매우 맵고 변색하지 않는다.

포자 광타원형이고, 크기는 7~9×5.5~6.5μm로 표면에 뚜렷한 능선형의 그물눈이 있다.

생태 가을에 활엽수림의 땅에 군생한다.

분포 한국(남한 : 광릉, 방태산. 북한 : 오가산, 묘향산, 대성산, 원산, 금강산), 일본, 중국, 러시아의 극동, 시베리아, 유럽, 북반구 온대 이북

참고 유사종인 흠집남빛젖버섯(*Lactarius scrobiculatus*)은 균모는 황토색이고 인편이 있다. 자루에는 마마자국처럼 들어가고, 유액은 백색으로 쉽게 황색으로 변한다. 종명인 *torminosus*는 '이질 설사를 일으킨다'는 뜻이다. 북한명은 털매운젖버섯

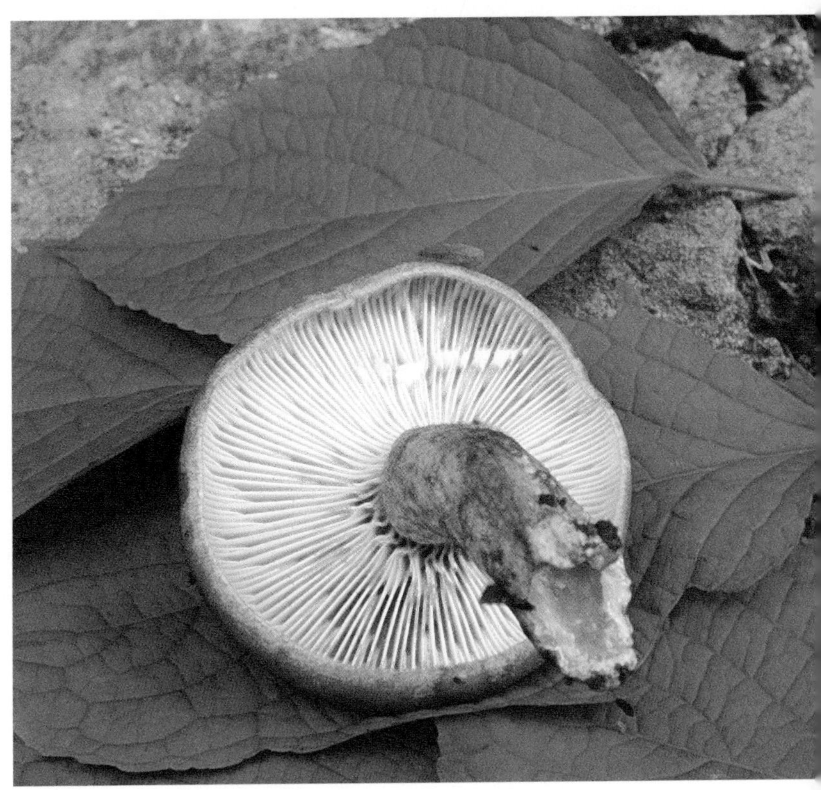

새털젖버섯 *Lactarius vellereus* (Fr.) Fr. 일반독

용도 및 증상 독성분은 불분명하며, 먹으면 위장계의 중독을 일으킨다.

형태 균모의 지름은 8~30cm로 어릴 때는 가운데가 약간 오목한 둥근 산모양에서 차츰 편평한 모양을 거쳐 얕은 깔때기 모양으로 변한다. 표면은 건조하고 백색이며 나중에 황갈색의 얼룩이 생긴다. 또한 벨벳모양의 미세한 털로 덮여 있다. 가장자리는 안쪽으로 말린다. 살은 두껍고 치밀하며 백색으로 공기에 닿으면 황색으로 변색된다. 젖은 백색이고 몹시 매운맛이 있다. 주름살은 자루에 대하여 바른 또는 내린주름살이고 두꺼우며, 색은 백색에서 황색 또는 황토색으로서 간격은 넓어서 매우 성기다. 자루의 길이는 1.5~8cm이고 굵기는 0.15~0.6cm로 굵고 짧으며, 표면은 백색에서 차츰 황색이 되고 미세한 털이 있다. 젖은 처음에 백색이고 나중에 약간 황색을 나타내며 대단히 매운 맛이다.

포자 난형 또는 아구형이며, 크기는 7.5~9.5×6~7.5μm로 표면에 미세한 사마귀점과 그물눈이 있다.

생태 여름에서 가을에 걸쳐서 활엽수 또는 침엽수림의 땅에 단생 또는 군생한다.

분포 한국(남한 : 가야산, 다도해해상국립공원, 방태산. 북한 : 묘향산, 대성산, 원산, 금강산), 일본, 중국, 러시아의 극동, 시베리아, 소아시아, 유럽, 북아메리카

참고 유사종은 털젖버섯아재비(*Lactarius subvellereus*)로 주름살이 밀생하고 포자가 작지만 새털젖버섯은 균모의 표면에 미세한 털이 있고 주름살이 매우 성기다. 북한명은 털흙쓰개젖버섯

식용이나 미량의 독성분을 가지고 있는 버섯

독젖버섯 *Lactarius necator* (Fr.) Karst. 미약독

용도 및 증상 독성분은 불분명하며, 날것으로 먹으면 위장계의 중독을 일으킨다. 매운맛이 있으며 익혀 먹거나 소금에 절였다 먹는다.

형태 균모의 지름은 6~15cm로 처음에 균모의 가운데가 오목한 둥근 산모양에서, 점차 얕은 깔때기모양으로 변한다. 표면은 올리브색을 띤 갈색을 띠우며 가운데는 짙은 색이고 건조하면 흑색으로 변색된다. 표면은 습기가 있을 때 약간 끈적기가 있다. 균모의 가장자리는 아래로 말리는 경우가 많으며 짧고 연한 털이 있다. 주름살은 자루에 대하여 내린주름살이고 간격은 좁아서 밀생하며, 약간 녹색을 띤 크림 갈색이지만, 상처를 받거나 오래되면 다갈색의 얼룩으로 변색된다. 자루의 길이는 3~8cm이고 굵기는 1~2.5cm이다. 자루의 표면에는 짙은 색의 곰보 같은 모양이며 약간 끈적기가 있다. 젖의 색은 백색으로 변색하지 않으며, 매우 맵다.

포자 구형 또는 아구형이고, 크기는 7~8×6~7μm로 표면에 가시가 있다. 낭상체는 방추상의 종모양으로 크기는 50~70×6~9μm이다. 포자문은 연한 크림색이다.

생태 여름에서 가을 사이에 숲 속의 땅에 단생 또는 군생한다.

분포 한국(남한 : 지리산), 일본, 유럽, 북아메리카, 호주, 소아시아

젖버섯 *Lactarius piperatus* (Scop. : Fr.) S. F. Gray 미약독

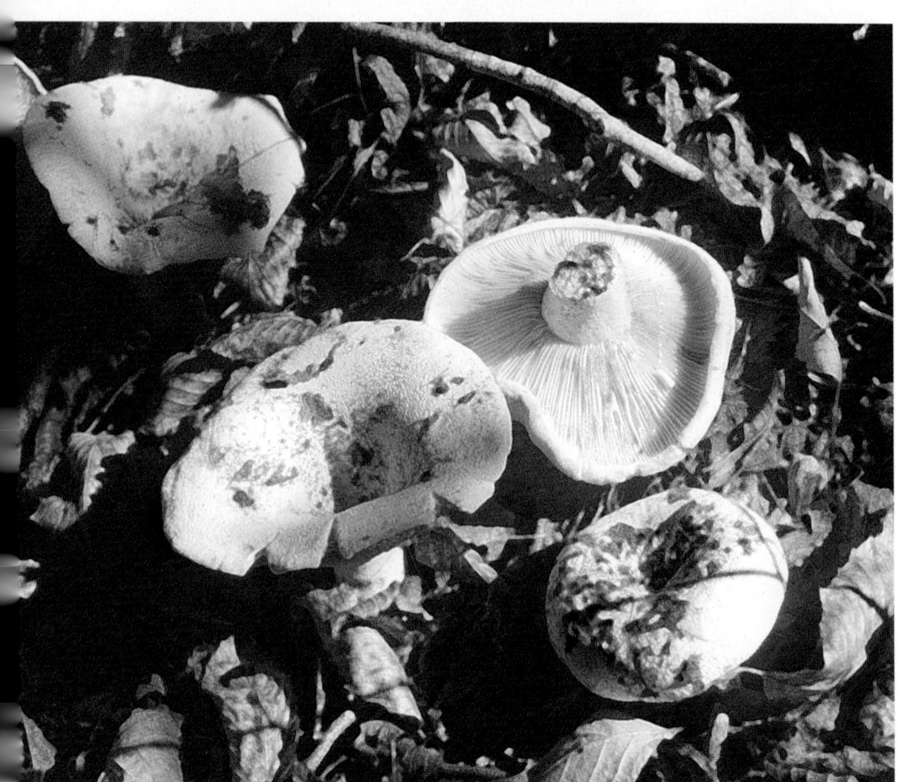

용도 및 증상 매운 성분을 가지고 있으며 위장 장애를 일으키나 약리적 작용도 한다. 식용이 가능하지만 매우 맵다. 매운맛을 없애기 위해서 물에 담구었다가 먹는다. 젖을 혀 끝에 대면 고추처럼 매운맛이 있어서 쉽게 알 수 있다.

형태 균모의 지름은 4~18cm이고, 가운데가 오목한 둥근 산모양에서 차츰 깔때기모양으로 변한다. 표면은 매끄럽고 주름이 있으며, 백색이 섞인 연한 황색인데, 황색 또는 황갈색의 얼룩이 생긴다. 주름살은 내린주름살로 폭이 좁고 2개로 갈라지며, 크림색으로 밀생한다. 자루의 길이는 3~9cm, 굵기는 1~3cm이고 밑은 가늘다. 표면은 백색이며 단단하다. 젖이 많이 나오고 백색이며 변색하지 않는다.

포자 타원형 또는 구형이며, 크기는 5.5~8×5~6.5μm로 미세한 사마귀점과 선이 있다.

생태 여름에서 가을 사이에 활엽수 또는 침엽수림의 땅에 군생하며 부생생활을 한다.

분포 한국(남한 : 한라산, 가야산, 오대산, 월출산, 방태산, 발왕산. 북한 : 금강산, 묘향산), 북반구의 온대 이북, 일본, 중국, 호주

참고 종명인 *piperatus*는 '매운 맛'이라는 뜻이다. 북한명은 흙쓰개젖버섯

끈적젖버섯 *Lactarius uvidus* (Fr. : Fr.) Fr. 미약독

용도 및 증상 독성분은 불명하나 위장계의 중독을 일으킨다. 식용도 가능하다.

형태 균모의 지름은 4~10cm이고, 둥근 산 모양에서 차차 편평하게 된다. 색깔은 회갈색이고 환문은 없다. 습기가 있을 때 심한 끈적기가 있다. 주름살은 자루에 대하여 내린주름살이고 간격이 좁아서 밀생하며 백색이다. 젖은 처음에 백색에서 상처를 받으면 연한 자색으로 변색한다. 맛은 시간이 지나면 매운맛이 있다. 자루의 길이는 3~8cm이고 굵기는 1~1.5cm로 위아래의 굵기가 같고, 백색이었다가 시간이 흐르면 자루의 밑은 황색으로 변색된다. 습기가 있을 때 끈적기가 있고 표면에 털은 없으나 때로는 털이 있는 것도 있다. 자루의 속은 차 있다가 비게 된다.

포자 아구형 또는 타원형이고 크기는 8~10×7.5~8㎛이다. 표면에 가시가 있으며, 낭상체는 곤봉형으로 크기는 60~ 75×9~12㎛이다. 포자문은 연한 황색이다.

생태 여름에서 가을에 걸쳐서 침엽수나 낙엽수림의 특히 자작나무숲의 땅, 습지의 혼효림에 단생 또는 군생한다.

분포 한국(남한 : 지리산, 북한 : 백두산), 일본, 유럽, 북아메리카

참고 유사종인 잿빛젖버섯(*Lactarius violaceus*)은 균모에 분명한 환문이 있어서 구별된다. 종명인 *uvidus*는 '습지' 라는 뜻이다.

그물버섯과

이 과의 버섯들은 식용하는 것으로 알고 있지만 미량의 독성분을 가진 것도 있다. 또한, 자실체가 큰 것이 많으며, 통상 무더기로 발생하는 종이 많다. 비단 그물버섯속의 버섯들은 많이 먹으면 설사를 일으키기도 한다. 그리고 앞으로 독성분을 가진 그물버섯속 버섯들이 발견될 수도 있으므로 주의를 요한다. 준맹독버섯으로 진갈색먹그물버섯이 있으나 희귀종이다.

식용버섯

끈적비단그물버섯 *Suillus americanus* (Peck) Snell

용도 및 증상 식용으로 쓰인다.

형태 균모는 지름 2.5~10cm로 처음에는 다소 원추형이다가 나중에는 편평형으로 변한다. 표면은 황색 또는 연한 회갈색으로 끈적기가 있고 갈색의 비늘 조각이 있다. 균모의 아랫면에는 처음에 연한 황색의 막질의 피막이 있으나, 피막이 찢어지면 균모의 가장자리에 매달리기도 하고 때로는 줄기의 위쪽에 파편상으로 부착되기도 한다. 그러나 뚜렷한 피막은 만들지 않는다. 살은 선황색으로 변색하지 않는다. 관공은 자루에 대하여 내린관공으로 황색에서 녹황색으로 되며, 만지면 갈색으로 변색한다. 구멍은 처음에는 소형이었다가 1~2mm의 대형으로 변하고, 물방울이 분비하기도 하며, 다각형을 이루고 방사상으로 늘어선다. 자루의 길이는 2.5~9cm이고 굵기는 0.5~1cm로 위아래가 같은 굵기이나 밑이 굵어지기도 하고 속은 차 있으며 황색이다. 표면에 오렌지색을 띤 갈색의 가는 알맹이 같은 반점이 있다.

포자 장타원형 또는 방추형이며, 크기는 9~12.5×3~4㎛이다. 낭상체의 크기는 35~80×4~12㎛로 암갈색 또는 황갈색이고 막은 얇다.

생태 가을에 잣나무 등 침엽수림에 군생한다.

분포 한국(남한 : 광릉), 일본, 대만, 북아메리카(동부)

황소비단그물버섯 *Suillus bovinus* (L. : Fr.) O. Kuntze

용도 및 증상 끓이면 적자색으로 변색된다. 서양 요리에 많이 사용된다.

형태 균모는 지름 3~10cm로 반구형에서 둥근 산모양을 거쳐서 차차 편평하게 된다. 표면은 적다색 혹은 진흙갈색으로 끈적기가 많으며, 털은 없고 밋밋하다. 살은 연하고 백색 또는 연한 살색이며 공기에 닿아도 변색하지 않는다. 관은 자루에 대하여 내린관공이며 올리브색을 띤 황색인데, 구멍은 얕으며 크기가 다르다. 그리고 다각형으로 약간 방사상으로 늘어서고, 상처를 받아도 변색하지 않는다. 자루의 길이는 3~6cm이고 굵기는 0.5~1cm로 색이 균모보다 연하다. 표면은 밋밋하며 턱받이는 없고 알갱이는 분포하지 않는다. 속은 차있다.

포자 타원형 혹은 좁은 방추형인데, 표면은 밋밋하고 연한 황색이며 포자막은 이중막이다. 크기는 8~10×3~3.5㎛이다. 연낭상체는 곤봉형 또는 원주형으로 크기는 27.5~70×4~7.5㎛이다. 포자문은 황색이다.

생태 여름과 가을에 소나무 숲의 땅에 군생하고 2엽수 소나무, 전나무, 참나무에 균근을 형성한다.

분포 한국(남한 : 전국. 북한 : 양덕, 묘향산, 대성산, 오가산, 금강산, 선봉), 중국, 일본, 시베리아, 북아메리카, 유럽, 아프리카, 북반구 온대 이북, 호주

참고 북한명은 그물버섯

녹슬은비단그물버섯 *Suillus laricinus* (Berk. in Hook.) O. Kuntze

용도 및 증상 수분이 많고 부서지기 쉽기 때문에 채집 후 빨리 요리하여야 한다. 혀의 촉감이 좋고 찌개 요리에 좋다. 항암 작용도 한다.

형태 균모의 지름은 5~10cm로 모양은 둥근 산모양이며, 표면은 끈적기가 많고 어두운 갈색이지만, 끈적기가 없어지면 백색 또는 회색 바탕에 녹색 또는 황색을 띤 어두운 갈색의 반점이 생긴다. 가운데는 진하나 나중에 퇴색한다. 살은 백색인데 절단하면 자루 부분은 약간 녹청색으로 변색한다. 관공은 자루에 대하여 바른 또는 내린관공이며, 은백색에서 회색을 거쳐 갈색으로 변색된다. 구멍은 다각형이고 대형이며, 관공과 같은 색이고 상처를 받으면 약간 청색 또는 올리브색이 된다. 자루의 길이는 5~9cm이고 굵기는 1~2cm로 꼭대기는 막질이고 백색 또는 갈색의 턱받이는 소실하기 쉽다. 표면은 턱받이 위에서는 그물꼴로 백색 또는 녹색을 나타내고 턱받이 아래는 약간 섬유상으로 끈적기가 있으며, 황색, 백색 또는 갈색이다.

포자 타원형 또는 유방추형이고, 크기는 10~13×3.5~4μm이다. 낭상체의 크기는 45~87.5×7.5~10μm이고, 방망이형이다.

생태 여름에서 가을 사이에 낙엽 소나무 림의 땅에 군생한다.

분포 한국(남한 : 소백산, 영주), 일본, 중국, 시베리아, 유럽, 북아메리카

붉은비단그물버섯 *Suillus pictus* (Peck) A. H. Smith & Thiers

용도 및 증상 무와 궁합이 좋으며, 버터와 볶거나 불고기 요리에 사용하면 좋다.

형태 균모의 지름은 5~10cm로 둥근 산모양이며 가장자리는 안쪽으로 말리나 나중에 편평하게 된다. 표면은 끈적기가 없고 섬유질의 인편으로 덮이며 적색 또는 적자색에서 차츰 갈색이 된다. 살은 두껍고 크림색이며, 상처를 입으면 연한 홍색으로 변색된다. 관은 자루에 대하여 내린 관공이며, 황색 또는 황갈색이다. 구멍은 방사상으로 늘어서고 상처를 받으면 적색 또는 갈색으로 변색한다. 균모의 아랫면에 연한 홍색의 내피막이 있으나, 터져서 턱받이로 되거나 균모의 가장자리에 부착하지만 쉽게 탈락한다. 자루의 길이는 3~8cm이고 굵기는 0.8~1.5cm로 위아래가 같은 굵기이나, 때로는 아래쪽으로 가늘고 속은 차 있다. 표면은 턱받이 위는 황색이고 아래는 균모와 같은 색이며, 처음에는 섬유상의 실로 덮여있다.

포자 좁은 방추형이며, 크기는 8~11.5×3~4.5μm이다. 포자문은 진흙색 또는 올리브 색을 띤 갈색이다.

생태 가을에 잣나무 밑의 땅에 군생하며 균근을 만들어 나무와 공생한다.

분포 한국(남한 : 가야산, 한라산, 안동), 일본, 중국, 북아메리카

포도주비단그물버섯 *Suillus subluteus* (Peck) Snell

용도 및 증상 찌개 등에 이용된다.

형태 균모는 지름 2.5~10cm로 둥근 산 모양에서 차차 편평한 모양이 된다. 표면은 젤라틴질로 되어 있고 자황색에서 어두운 갈색으로 변색된다. 균모의 아랫면은 처음에는 두꺼운 막질의 피막이 덮이고 나중에는 피막이 자루 위쪽에 들러붙게 되지만 자루에서 떨어져 나가기도 하며, 끈적기가 있다. 살은 백색 또는 연한 황색으로 변색된다. 관공은 자루에 대하여 내린 또는 바른 주름살로 황색 또는 황토색을 띤다. 구멍은 처음에는 극히 미세하나 나중에는 다각형상으로 변하지만 비교적 작은 편으로 연한 황색이며, 성숙한 자실체의 관공은 다수의 갈색의 얼룩을 만든다. 자루의 길이는 3.5~6.7cm이고 굵기는 0.5~1.5cm로 위아래가 같은 굵기이나 밑동이 굵고, 위쪽은 연한 황색이며 아래쪽은 황토색이다. 표면에는 포도주 갈색 또는 갈색의 가는 알맹이 점이 촘촘히 부착한다.

포자 타원형 또는 타원상의 방추형이고, 표면은 밋밋하며 크기는 8~13×3~4㎛이다. 포자문은 황토 갈색이다.

생태 가을에 잣나무 등 오엽송림이나 때때로 소나무 숲 속의 땅에 군생한다.

분포 한국(남한 : 광릉), 일본, 북아메리카(동부)

참고 자루의 표면에 포도주색의 알맹이가 있는 것이 특징이다. 종명인 *subluteus*는 '노란색에 가깝다' 는 뜻이다.

솔비단그물버섯 *Suillus tomentosus* (Kauff.) Sing.

용도 및 증상 식용으로 쓰인다.

형태 균모의 지름은 4~10cm, 원추상 또는 둥근 산모양에서 편평하게 펴진다. 표면은 연한 황색 또는 오렌지색을 띤 황색에서 면모상의 작은 인편으로 덮여 있고 습기가 있을 때 끈적기를 나타낸다. 인편은 처음은 회백색 또는 균모의 바탕색과 같은 색이며, 오래되면 갈색 또는 어두운 갈색으로 변색된다. 살은 황색 또는 거의 백색으로 상처를 받으면 서서히 청색으로 변하지만 심한 것은 아니다. 관공은 자루에 대하여 약간 홈파진 또는 바른주름살로 비교적 짧고, 녹황 또는 황갈색에서 올리브색이다. 구멍은 소형 또는 중형으로 다각형이며, 처음은 짙은 갈색, 어두운 황갈색 또는 자갈색이며 나중에 연한 색으로 된다. 상처를 받으면 청색으로 변하거나 거의 변색하지 않는다. 자루의 길이는 3~10cm이고 굵기는 1~2cm로 같은 굵기인데, 기부쪽으로 약간 굵은 것도 있다. 표면은 균모와 같은 색이다. 녹황색에서 황갈색 또는 어두운 갈색으로 변색되며 가는 알갱이들이 밀포하나 끈적기는 없다. 자루 기부의 균사는 백색 또는 특히 오렌지색을 띤 백색이다. 턱받이는 없다.

포자 타원상의 방추형 또는 유방추형이고 크기는 8~9×3~3.5μm이다. 연낭상체의 크기는 27.5~62.5×5~10μm이고, 긴 곤봉형 또는 유원주형으로 갈색이며 박막이다. 측낭상체도 같은 모양이다. 포자문은 암올리브 갈색이다.

생태 가을에 혼효림의 땅에 2~3개가 군생한다.

분포 한국(남한 : 전국), 일본, 대만, 북아메리카

황금그물버섯 *Boletinus cavipes* (Opat.) Kalchbr.

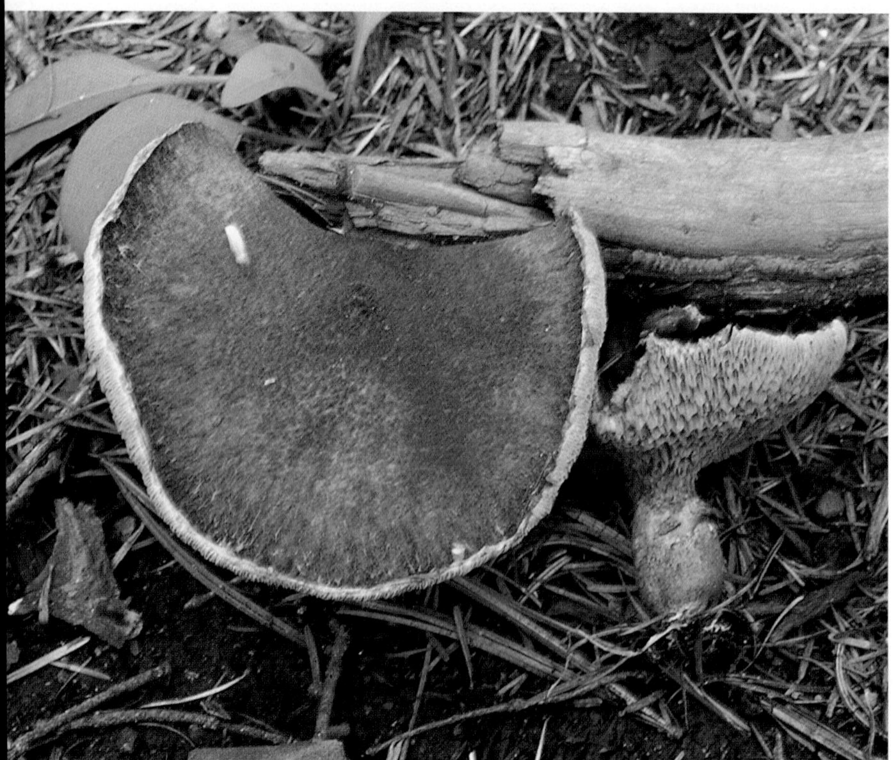

용도 및 증상 삶아먹지만 씹는 맛은 없다.

형태 균모는 지름 3~8cm로 둥근 산 모양에서 차차 편평하게 된다. 표면은 황갈색 또는 적갈색을 타나내고 섬유질의 인피로 덮여서 연한 촉감이 있다. 살은 연한 황색으로 비교적 단단하다. 관은 내린주름살이며, 황색에서 연한 황토색으로 변색되고 구멍은 구형이며 크기가 같지 않다. 처음에는 균모의 아랫면에 내피막이 덮여 있으나 나중에 터져서 일부는 균모의 가장자리나 자루 위에 턱받이로 남는다. 자루의 길이는 1.5~8cm이고 굵기는 0.5~1.0cm로 아래는 굵고 위쪽에는 그물눈무늬가 있으며, 아래쪽으로 섬유상 인피가 있고 속은 비어 있다.

포자 방추형이고 표면은 매끄럽고 투명하며 연한 분홍색으로, 크기는 6~10×3~4μm이다. 낭상체는 발달하였고, 원주상의 방추형 또는 원주상의 곤봉형이고 크기는 50~80×7~10μm이다. 포자문은 황녹색이다.

생태 가을에 고산의 침엽수림 내 및 낮은 지대의 이깔나무숲의 땅 또는 절개지의 맨땅에 군생하거나 산생한다. 이깔나무에 외생균근을 형성한다. 균륜을 형성하기도 한다.

분포 한국(남한 : 안동. 북한 : 백두산, 금강산, 평성), 일본, 중국, 시베리아, 유럽. 남아메리카

참고 종명인 *cavipes*는 '속이 비었다' 는 뜻이다. 북한명은 꽃무늬그물버섯

방망이황금그물버섯 *Boletinus paluster* (Peck) Peck

용도 및 증상 약간 쓴맛이 있고, 한번 끓여서 조리하면 좋다.

형태 균모의 지름은 2~7cm로 처음은 약간 원추형에서 반구형으로 되었다가 차차 편평하여지고 때때로 가운데가 볼록한 모양이 된다. 표면은 적자색 또는 장미색이고, 솜털상 또는 섬유상의 거친 털로 밀생하거나 성기게 분포한다. 어릴 때는 가장자리에 막질이 붙어 있다. 살은 황색이고 균모 아래는 적색을 나타내며, 상처를 받아도 변색하지 않고 약간 신맛이 있다. 관공은 황색에서 황토색으로 변색되고 방사형의 벽이 발달된다. 때로는 주름살처럼 그물모양으로 연결되어 있다. 구멍은 방사상으로 배열하고 다각형이며, 큰 편이다. 자루의 길이는 2.5~5cm이고, 굵기는 0.5~0.8cm로 같은 굵기로 짧은 편이며 가늘고 균모의 색과 같으며 거친 털이 나 있다. 자루의 꼭대기는 황색으로 그물눈으로 되며, 아래쪽은 균모와 같은 색으로 되어, 약간 갈라지며 거의 밋밋하다. 특히, 꼭대기 전체가 홍색 또는 황색으로 된다. 자루의 속은 차 있다.

포자 타원형 또는 종자모양이고 크기는 7~9.5×3~4μm이다. 연낭상체의 크기는 40~70×7.5~12.5μm로 원주형 또는 방추형에 비슷하다. 측낭상체는 같은 모양이지만 더 길다. 균사에 꺾쇠가 있다. 포자문은 와인색이다.

생태 여름에서 가을 사이에 침엽수와 낙엽수의 혼효림이 있는 엽상체 식물 등이 자라는 곳에 군생하거나 단생한다.

분포 한국(남한 : 지리산, 운장산. 북한 : 백두산), 중국, 유럽, 북아메리카

매운그물버섯 *Chalciporus piperatus* (Bull. :) Qúel.

용도 및 증상 식용할 수 있지만, 조금 매운맛이 있다.

형태 균모의 지름은 2~6cm로 반구형 또는 둥근 산 모양을 거쳐 편평형이 된다. 표면은 매끄럽고 습기가 있을 때 끈적기가 조금 있으며, 연한 황갈색 또는 계피색이다. 살은 살색을 나타낸다. 상처를 받아도 변색하지 않는다. 관공은 자루에 대하여 바른 관공 또는 내린관공이고 황갈색이고, 구멍은 넓고 각형 또는 부정형이며, 구리색에서 녹슨 색으로 변색된다. 자루는 길이 4~12cm이고 굵기는 0.5~1cm로 기부가 가늘며, 황갈색, 황색 균사에 의하여 기부는 황색이 나타난다. 자루의 속은 차 있다.

포자 방추상의 타원형이고 표면은 매끄러우며 2중막이다. 크기는 8~11×3~4μm로 황갈색이다. 표자문은 적갈색이다.

생태 여름 또는 가을에 침엽수림 및 풀밭 땅에 군생한다.

분포 한국(남한 : 지리산), 일본, 시베리아, 유럽, 북아메리카, 뉴질랜드, 아프리카

참고 매운맛이 있으며 균모가 황갈색 또는 계피색이고 관공이 레몬 황색이라는 특징이 있다. 자루는 적색이어서 붉은그물버섯(*Boletus fraternus*)과 비슷하므로 주의를 하여야 한다.

마른산그물버섯 *Xerocomus chrysenteron* (Bull.) Qúel.

용도 및 증상 된장국, 오무라이스에 이용된다.

형태 균모의 지름은 3~10cm로 둥근 산 모양에서 차츰 거의 편평하게 된다. 표면은 벨벳 모양이며 진한 자갈색, 암갈색 또는 회갈색이고, 표피는 가끔 갈라져 연한 홍색의 자국이 나타난다. 살은 연한 황색이며 표피 아래는 연한 홍색으로 상처를 입으면 조금 청색으로 변한다. 관공은 자루에 대하여 올린, 바른 또는 내린관공이며 황색 또는 녹황색이고, 구멍은 크고 각형 또는 부정형이다. 자루의 길이는 5~8cm이고, 굵기는 0.6~1.2cm로 혈적색 또는 암적색이며, 세로의 섬유무늬가 있다. 속은 차 있으며, 내부는 황색 또는 적색이다.

포자 타원상의 방추형이고 표면은 밋밋하고 올리브 황색이며, 크기는 9.5~13.5×4.5~5μm이다. 낭상체는 방추형이고 크기는 37~46×7.5~12μm이다. 포자문은 올리브색을 띤 갈색이다.

생태 여름에서 가을 사이에 활엽수림의 땅에 군생하거나 단생한다.

분포 한국(남한 : 변산반도 국립공원, 가야산, 발왕산, 소백산, 속리산, 지리산, 한라산 등 전국), 거의 전 세계

참고 종명인 *chrysenteron*은 '속이 황금색'이라는 의미이다. 북한명은 거북그물버섯

흑자색산그물버섯 *Xerocomus nigromaculatus* Hongo

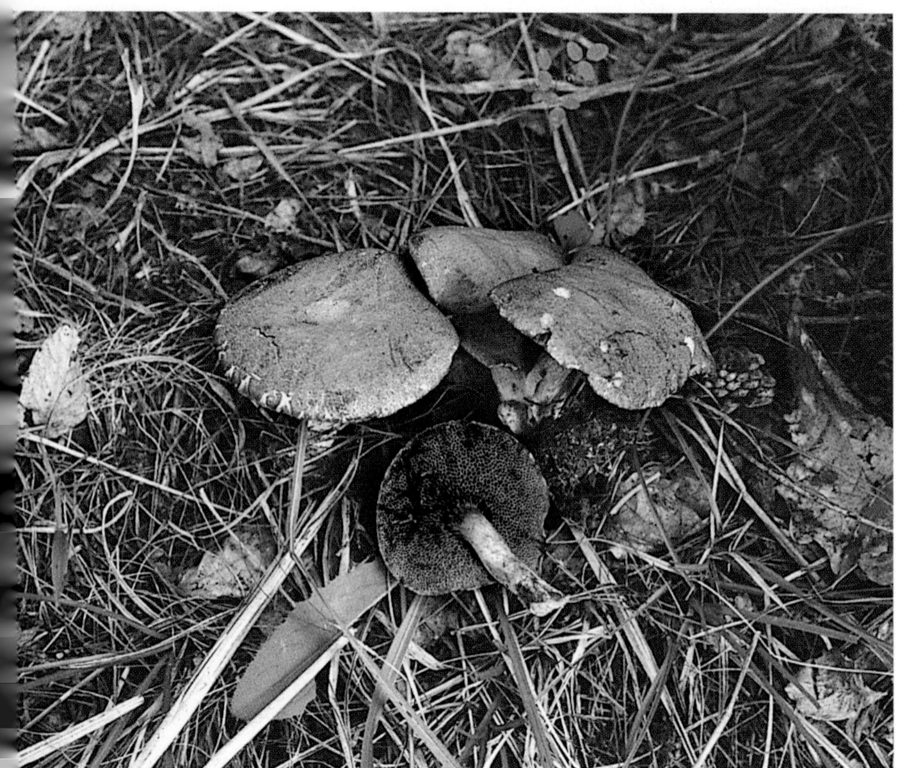

용도 및 증상 미량의 독성분도 가지고 있지만 식용도 가능하다.

형태 균모는 지름 2~7cm로 처음에는 반구형 또는 약간 원추형을 거쳐 편평해진다. 표면은 다소 입상 또는 면모상으로 갈색이며, 상처를 입으면 흑색으로 변하고 오래된 것은 표면 전체가 흑색으로 변색된다. 살은 거의 백색 또는 연한 황색인데 공기 중에 노출되면 청적색으로 변색하여 차츰 흑색으로 변한다. 관공은 자루에 대하여 바른 또는 홈파진관공이고, 황색에서 나중에 올리브색을 띤 갈색으로 변색된다. 구멍은 다각형으로 큰 편이고, 만지면 청색 또는 흑색으로 변한다. 자루의 길이는 2~5cm이고 굵기는 0.5~1cm로 자루가 굽어지기 쉬우며, 아래쪽이 약간 굽고 잘 부러진다. 표면은 백갈색 또는 밝은 갈색인데 균모와 같은 색의 끈적물질이 산재되어 있고 만지면 흑색으로 변한다. 기부는 백색균사 덩어리로 덮여 있다.

포자 타원상의 방추형이고, 크기는 7.5~10.5×3.5~4μm이다. 낭상체는 방추형인데 크기는 37~75×9~15μm이다. 포자문은 올리브색을 띤 갈색이다.

생태 여름부터 가을에 걸쳐서 침엽수림, 활엽수림, 혼효림 등에 군생한다.

분포 한국(남한 : 광릉, 무등산), 일본

산그물버섯 *Xerocomus subtomentosus* (L. : Fr.) Qúel.

용도 및 증상 식용한다. 살은 부서지기 쉽고 냄새는 없다.

형태 균모는 지름 3~10cm로 둥근산 모양에서 거의 편평하게 된다. 표면은 벨벳모양이며 올리브 갈색 또는 회갈색, 가끔 껍질이 갈라져서 황색의 살이 나타난다. 살은 두껍고 연한 황색이며 칼로 자르면 다소 청색으로 변하나 변색하지 않은 것도 있다. 관공은 자루에 대하여 바른관공 또는 내린관공이며 황색 또는 녹황색이나, 상처를 입으면 청색을 띤다. 자루의 길이는 5~12cm이고 굵기는 0.5~1.0cm로 위아래 굵기가 같거나 아래로 가늘어지고, 연한 황색 또는 연한 갈색으로 거의 밋밋하거나, 가루가 있다. 위쪽에 융기된 세로줄무늬가 있다.

포자 올리브색이고, 타원상의 방추형으로서 표면은 매끄러우며 크기는 12~14×4.5~5μm이다. 낭상체는 방추형으로 크기는 40~60×7~10μm이다. 포자문은 올리브색이다.

생태 여름 또는 가을에 숲 속, 풀밭 또는 길가, 나무 밑에 단생 또는 군생한다. 소나무, 버드나무와 참나무류에 외생균근을 형성한다.

분포 한국(남한 : 전국. 북한 : 대성산, 오가산), 일본, 중국, 시베리아, 보르네오, 유럽, 북아메리카, 호주

참고 북한명은 벨벳그물버섯

구리빛그물버섯 *Boletus aereus* Fr.

용도 및 증상 식용으로 쓰인다.

형태 균모의 지름은 7~18cm로 반구형에서 둥근 산모양을 거쳐 둥근 방석 모양이 되고, 주변부는 조금 뾰족해진다. 표면은 암녹갈색이며, 융모가 있어서 벨벳과 같은 감촉이 있다. 살은 치밀하고 백색의 육질이며, 공기에 접촉해도 변색하지 않는다. 관은 길이가 약 1cm로 자루에 대하여 끝붙은 관공이고, 백색에서 황색으로 변색되며 구멍은 원형이다. 자루의 길이는 7~ 10cm이고 굵기는 2~4cm로 기부는 부풀고 흑갈색이 되며, 그물눈무늬가 있고 속은 차 있다.

포자 타원형 또는 방추형이며 끝이 돌출하며, 황색으로 크기는 12~15×4~5㎛이다. 비아미로이드 반응이다.

생태 여름과 가을에 숲 속의 땅에 군생한다. 특히 참나무류와 자작나무 등에 많이 발생한다.

분포 한국(남한 : 지리산), 일본, 중국, 유럽, 호주

참고 균모가 암녹갈색으로 융모가 있고, 관공은 백색 또는 황색이며, 자루는 흑갈색에 그물눈이 뚜렷한 것이 특징이다. 종명인 *aereus*는 '구리색'이라는 뜻이다.

부속그물버섯 *Boletus appendiculatus* Schaeff. : Fr.<None>

용도 및 증상 튀김 요리나 기름에 볶거나 조리하는 요리 등에 이용된다.

형태 균모의 지름은 8~14cm이고 둥근 산 모양에서 얕은 산모양으로 변하나, 한쪽이 오그라든 것이 있고 표면이 갈라진 것도 있다. 백색에서 연한 황색으로 변색되고 상처가 생기면 꼭대기는 청색으로 변색한다. 색깔은 황토색에서 녹슨 갈색이 되고 가운데는 불규칙하게 갈라진다. 상처가 생기면 녹색이 된다. 살은 백색 또는 약간 노란색이다. 관공은 자루에 대하여 올린관공이고, 구멍은 미세하며 오래되면 녹슨 적색으로 변색된다. 자루의 길이는 11~12.5cm이고 굵기는 3~4cm로 위쪽은 레몬 황색이고 아래쪽은 암색이나, 적색의 얼룩과 미세한 크림색 혹은 연한 레몬 황색의 그물눈이 있다.

포자 유방추형이고, 크기는 12~15×3.5~4.5μm이다.

생태 여름과 가을에 숲 속의 땅에 단생 또는 군생한다.

분포 한국(남한 : 무등산), 유럽

참고 관공은 노란색이고, 자루는 레몬 황색인 대형의 버섯이다.

수원그물버섯 *Boletus auripes* Peck

용도 및 증상 조림 요리와 볶음 요리에 이용하며 쓴맛이 난다.

형태 균모의 지름은 6~15cm로 둥근 산모양에서 편평하게 되고, 표면은 어릴 때 가는 털이 있고 매끄러우며, 황갈색 또는 오렌지색을 띤 갈색이다. 살은 황색인데 공기에 접촉하면 색이 짙어지나 변색하지 않는다. 관공은 자루에 대하여 바른 또는 끝붙은 관공이며, 연한 황색에서 올리브색을 띤 황색으로 변색된다. 구멍은 작고 다각형이다. 자루의 길이는 7~12cm이고 굵기는 2~3cm로 위아래가 같은 굵기이나 위쪽으로 가는 것도 있다. 표면의 위쪽의 반 정도의 면적에 그물눈모양이 있다. 표면은 균모와 같은 색인데, 만지면 갈색으로 변하기도 한다. 기부는 백색 또는 황백색의 균사가 덮여있다.

포자 방추형이고, 크기는 10~13×3.5~4.5㎛로 포자문은 올리브색 또는 올리브갈색이다.

생태 여름과 가을에 서어나무 숲의 땅에 단생 또는 군생한다. 활엽수와 균근을 형성한다.

분포 한국(남한 : 지리산), 일본, 북아메리카, 유럽

참고 균모가 황갈색 또는 오렌지색이고, 관공은 황색이며, 자루의 위쪽에 그물눈이 있는 것이 특징이다.

황갈색그물버섯 *Boletus bicolor* Peck

용도 및 증상 식용으로 쓰인다.

형태 균모의 지름은 5~15cm로 원추형에서 차차 편평하게 된다. 표면은 건조하고 광택이 없으며, 장미 적색에서 분홍색으로 변색되고 가장자리는 황색이다. 살은 두껍고 청황색이나, 상처를 입으면 서서히 청색으로 변한다. 관공은 자루에 대하여 끝붙은관공이며, 구멍은 작은 각형인데 자루 주변 쪽으로 침몰하고, 황색 또는 적색에서 청색으로 변색한다. 또 상처를 입으면 청색이 된다. 자루의 길이는 5~10cm이고 굵기는 1~3cm로 곤봉형이다. 이는 건조하고 매끄러우며 황색인데 아래쪽 $\frac{2}{3}$ 정도의 면적까지는 적색을 띤다. 자루의 살은 황색이고 상처를 받으면 청색으로 변색한다.

포자 타원형이고 표면은 밋밋하고 매끄러우며, 크기는 8~12×3.5~5μm이다.

생태 여름과 가을에 숲 속의 땅에 군생한다.

분포 한국(남한 : 지리산), 북아메리카

참고 종명의 *bicolor*는 '두 가지 색' 이라는 뜻이다. 균모는 분홍 적색이고, 관공은 황색이며, 자루는 위쪽이 황색이고, 그 아래는 분홍색인 것이 특징이다.

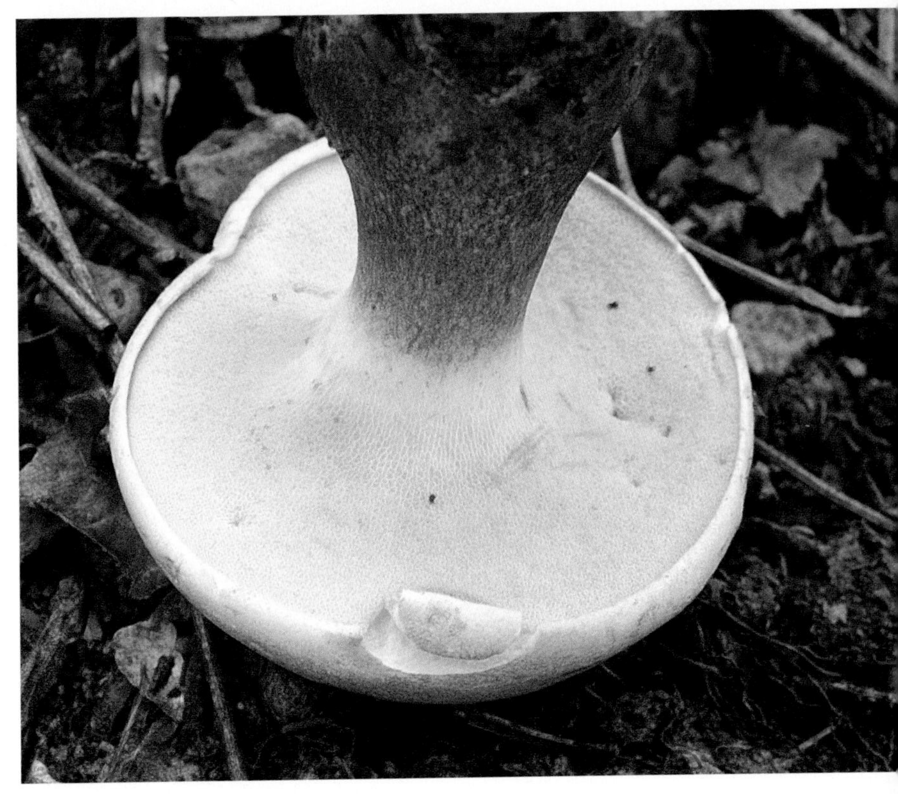

붉은그물버섯 *Boletus fraternus* Peck

용도 및 증상 향기와 촉감이 좋으며, 여러 요리 방법으로 이용할 수 있다.

형태 균모의 지름은 4~7cm로 반구형에서 둥근 산모양으로 변한다. 표면은 매끄럽고 건조하며 적갈색 또는 혈홍색을 띤다. 표피가 갈라져서 가늘게 되고 부서지기 쉬우며, 황색의 살이 나타난다. 살은 황색이며, 표피 바로 아래는 연한 홍색이지만 공기와 접촉하면 잠시 후에 청색으로 변한다. 관공은 황색이며, 자루에 대하여 올린관공이다. 또한 상처를 입은 부분은 청색으로 변색된다. 자루의 길이는 3~6cm이고 굵기는 0.6~1cm로 위아래가 같은 굵기이며, 위쪽 또는 아래쪽으로 가늘고 연골질이다. 황색 바탕에 붉은 줄무늬가 있고 때로는 짙은 적색으로 물든다. 기부의 균사는 연한 황색이다.

포자 방추형이고, 표면은 밋밋하며 크기는 10~12×5~6μm이다. 포자문은 올리브갈색이다.

생태 여름에서 가을 사이에 숲 속의 땅이나 잔디밭에 군생한다.

분포 한국(남한 : 만덕산, 다도해해상 국립공원, 지리산, 한라산), 일본, 중국, 유럽

참고 균모가 짙은 적갈색 또는 혈홍색이고 미세하게 균열이 되며, 상처를 받으면 금새 짙은 청색으로 변색한다.

검정그물버섯 *Boletus griseus* Frost

용도 및 증상 식용으로 쓰인다.

형태 지름은 5~10cm이며 반구형을 거쳐 둥근 산모양으로 변한다. 표면은 매끄럽고 가루 같은 것이 분포하며, 연한 가죽 같은 촉감이 있고 흑갈색 또는 흑색이다. 살은 두꺼우며 치밀하고 백색으로 자른 면은 연한 갈색으로 물들며 청색으로 변색하지 않는다. 관공은 자루에 대하여 바른 관공이며 길이는 0.5cm이고 구멍은 백색 또는 나뭇색이며 작고 다각형으로, 상처를 받으면 갈색이 된다. 자루의 길이는 5~10cm이고 굵기는 1~2cm로 상하로 가늘어지며, 표면은 나무색으로 미세한 암갈색의 그물눈무늬가 있다. 속은 차 있다.

포자 연한 황갈색의 긴 타원형으로 크기는 10~14×4~5μm이고, 표면은 매끄럽다.

생태 여름에서 가을 사이에 숲 속의 땅에 군생한다.

분포 한국(남한 : 변산반도 국립공원, 만덕산, 방태산, 한라산, 다도해해상 국립공원, 속리산, 지리산, 두륜산), 일본, 북아메리카

참고 종명의 *griseus*는 '회색'이라는 뜻이다. 균모는 흑갈색이고 관공은 백색이며 자루는 암갈색의 그물눈이 있다는 특징이 있다.

검은머리그물버섯 *Boletus griseus* var. *fuscus* Hongo

용도 및 증상 버터 볶음, 조림에 이용한다.

형태 균모는 5~10cm이며 처음에는 반구형이나 차차 둥근 산모양으로 된다. 표면은 건조성이고 매끄러우며 가루가 분포한다. 어릴 때는 가장자리가 아래로 말린다. 회흑색 또는 흑갈색이다. 살은 백색이고 치밀하며 상처를 받으면 연한 갈색으로 물들며, 청색으로 변색하지 않는다. 관공은 자루에 대하여 바른관공이며 구멍은 백색 또는 나무색이다. 구멍은 작은 다각형으로, 상처를 받으면 갈색으로 변색된다. 자루의 길이는 7~12cm이고 굵기는 5~13mm로 기부가 굵다. 표면에는 분명한 회흑색의 그물눈이 있고, 위쪽은 약간 황색을 나타낸다.

포자 대형으로 크기는 11~16×4~5.5μm이다.

생태 가을에 붉은 소나무 숲에 광범위하게 분포한다.

분포 한국(남한 : 지리산), 일본

참고 검정그물버섯(*Boletus griseus*)의 변종으로 검은머리그물버섯(*Boletus griseus* var. *fuscus*)보다 균모와 자루의 흑색이 더 진하다.

꾀꼬리그물버섯 *Boletus laetissimus* Hongo

용도 및 증상 식용으로 쓰인다.

형태 자실체 전체가 선명한 오렌지색이다. 균모는 지름 3~8cm로 표면은 오렌지색이고, 솜털상 또는 거의 털이 없고 밋밋하다. 습기가 있을 때 끈적기가 있다. 살은 오렌지색이고 치밀하며 상처를 입으면 곧 청색으로 변한다. 관공은 자루에 대하여 올린관공이며, 구멍은 작고 원형이며 관공보다 짙은 색이다. 특이한 냄새는 없다. 자루의 길이는 5~7cm이고 굵기는 1.3~1.7cm로 위 아래가 같은 굵기이며, 길이에 비하여 굵으나 아래쪽으로 갈수록 굵다. 표면은 매끄럽고 속은 차 있다.

포자 유방추형이고, 크기는 9.5~12.5×4~5μm이다. 연낭상체의 크기는 28~39×6.5~10μm이다. 포자문은 올리브색 또는 올리브색을 띤 갈색이다.

생태 여름과 가을에 활엽수림의 땅에 군생한다.

분포 한국(남한 : 지리산), 일본, 동남아시아

참고 뉴기니 등에 이 버섯과 아주 닮은 종류가 분포하고 있는 것으로 보아 남방계의 버섯이라고 생각된다. 버섯 전체가 선명한 오렌지색이고, 자루에 그물눈이 없다는 것이 특징이다.

밤색갓그물버섯 *Boletus ornatipes* Peck

용도 및 증상 식용으로 쓰인다.

형태 균모의 지름은 4.5~8cm로 둥근 산모양을 거쳐 차차 편평하게 된다. 나중에 가장자리가 위로 올라가고 가운데가 오목해지는 것도 있다. 표면은 끈적기가 없고 황갈색, 올리브 갈색, 또는 암갈색이며 벨벳모양이다. 살은 두껍고 단단한 황색이며 쓴맛이 있다. 상처를 받으면 짙은 황색으로 되지만 청색으로 변색하지는 않는다. 관공은 자루에 대하여 올린, 바른, 내린관공이며 황색이고, 구멍은 원형 또는 각형으로 지름은 0.5~1mm이다. 자루의 길이는 5~11cm이고 굵기는 0.6~3cm로 위아래의 굵기가 같고 황색이며, 속은 차 있다. 표면은 융기된 그물눈 모양이며, 황색의 가루가 있다.

포자 원주상의 방추형이고, 크기는 11~13×3.5~4.5μm이고 표면은 매끄럽다. 포자문은 올리브 갈색이다.

생태 여름에서 가을 사이에 활엽수림의 땅에 단생 또는 군생한다.

분포 한국(남한 : 변산반도 국립공원, 지리산, 발왕산), 일본, 중국, 시베리아, 북아메리카

참고 균모의 표면은 올리브 갈색이고 관공은 황색이며, 자루는 융기된 그물눈이 있다는 것이 특징이다.

솔송그물버섯 *Boletus pinicola* Vitt.

용도 및 증상 식용으로 쓰인다.

형태 균모의 지름은 8~20cm 이고 처음에 둥근 산모양에서 차 차차 편평하여지나 가운데가 약간 오목한 것도 있다. 갈색, 대추야자수 열매색 또는 밤색이나 대부분 흑색이며, 처음에는 끈적기가 있다. 그러나 건조하고 부드러운 털이 나 있으며, 가장자리는 물결모양이다. 살은 두껍고 백색에서 진한 포도주색이 된다. 관(구멍)은 작고 백색에서 차츰 녹색 또는 올리브색이 되며, 구멍에 녹슨 반점이 있다. 자루의 길이는 4~18cm이고 굵기는 4~6cm이고 위쪽이 적색 또는 연한 황색이며 아래는 밤색 또는 계피색인데, 위쪽은 가늘고 아래쪽은 굵다. 근부는 다시 가늘어지고, 백색 또는 암계피색의 그물눈무늬로 덮여 있다.

포자 방추형이며, 크기는 14~17×4.5~5.5μm이다. 표면은 밋밋하고 연한 황색의 기름방울이 있다. 포자문은 암올리브 갈색이다.

생태 여름과 가을에 침엽수림의 땅에 군생한다.

분포 한국(남한 : 지리산), 유럽

참고 균모는 흑색의 갈색 또는 밤갈색이고 구멍은 백색, 자루는 미세한 그물눈이 있는 것이 특징이다. 종명*pinicola*는 '소나무숲' 이라는 뜻이다.

밤꽃그물버섯 *Boletus pulverulentus* Opat.

용도 및 증상 볶음이나 삶는 요리에 좋다.

형태 균모는 지름 3~10cm로 반구형 또는 둥근 산모양을 이룬다. 표면은 올리브 갈색 또는 흑갈색을 띠며, 가늘고 짧은 털을 밀포하거나 없는 것도 있다. 습기가 있을 때 끈적기가 있다. 살은 단단하고 황색이며, 상처를 입으면 곧 연한 청색으로 변한다. 관공은 자루에 대하여 바른 또는 홈파진관공이고 황색에서 올리브색을 띤 황색으로 변색된다. 구멍은 소형이고 각진형이며 황색으로 상처를 받으면 청색으로 변색한다. 자루의 길이는 4~10cm이고 굵기는 1~2cm로 속이 차 있고 표면에는 짧은 털과 작은 반점이 밀포되어 있어서 위쪽은 선황색이고, 아래쪽은 적갈색을 띠고 있다. 상처를 받으면 청색으로 변색되고, 그 외 부분은 흑색의 얼룩이 생긴다.

포자 유방추형이며, 표면은 매끄럽고 연한 레몬색이며 기름방울이 있다. 크기는 13~15×4~6μm이다. 포자문은 갈색이다.

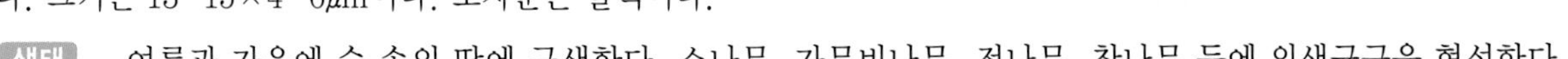

생태 여름과 가을에 숲 속의 땅에 군생한다. 소나무, 가문비나무, 전나무, 참나무 등에 외생균근을 형성한다.

분포 한국(남한 : 지리산), 일본, 대만, 뉴기니, 러시아 연해주, 유럽, 아프리카, 북아메리카

참고 종명인 *pulverulentus*는 '가루같은 것이 많다' 는 뜻이다. 북한명은 색깔이그물버섯

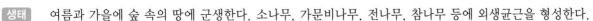

그물버섯아재비 *Boletus reticulatus* Schaeff.

용도 및 증상 자루를 얇게 잘라서 버터와 볶거나 채소볶음으로 이용한다. 유럽에서 시장거리에서 시판되는 중요한 식용균이다.

형태 균모의 지름은 10~20cm로 구형에서 둥근 산모양으로 변하지만 가운데는 편평하게 된다. 표면은 습기가 있으면 끈적기가 생기고 매끄러우며 갈색, 적갈색, 황갈색, 황토색 등의 색을 띤다. 살은 두껍고 백색이나, 표피 밑은 적색으로 공기와 접촉하여도 청색으로 변하지 않는다. 관공은 자루에 대하여 올린관공이고 백색에서 황색으로 변색되고, 나중에는 어두운 녹색이 된다. 구멍은 작은 원형이다. 자루의 길이는 10~15cm이고 굵기는 3~6cm로 하부는 굵으며, 표면은 연한 황색 또는 연한 갈색이다. 전면 또는 상부에 그물눈 무늬를 나타낸다.

포자 장타원형이고, 표면은 밋밋하며 초록색의 황색으로 기름방울을 함유한다. 크기는 13~15×4~5㎛이다. 포자문은 올리브 색을 띤 갈색이다.

생태 여름에서 가을 사이에 숲 속의 땅에 단생 또는 드물게 군생한다.

분포 한국(남한 : 변산반도 국립공원, 가야산, 다도해해상 국립공원, 두륜산, 월출산, 지리산, 어래산, 발왕산, 방태산 등 전국), 일본, 중국, 유럽, 아프리카, 북아메리카 등 전 세계

참고 종명인 *reticulatus*는 '그물눈 모양' 이라는 의미이다.

빨간구멍그물버섯 *Boletus subvelutipes* Peck

용도 및 증상 식용으로 쓰인다.

형태 균모의 지름은 5~13.5cm이고 둥근 산 모양이다. 표면은 처음에 미세한 털이 밀생하는 벨벳모양에서 점차 털은 없어지고 밋밋해진다. 습기가 있을 때 약간 끈적기가 있다. 색은 변화가 많고 갈색, 적갈색, 황갈색, 또는 암갈색으로 강하게 문지르면 암청색으로 변색한다. 살은 황색이며, 공기에 닿으면 진한 청색으로 변한다. 관공은 자루에 대하여 올린 또는 끝붙은관공이고, 황색에서 녹황색으로 변색된다. 구멍은 혈홍색 또는 적갈색(균모의 가장자리 연한 색)으로 소형이며, 관공과 구멍은 상처가 생기면 암청색으로 변색한다. 자루의 길이는 5~14cm이고 굵기는 1~2cm로 위쪽으로 약간 가늘지만 거의 같은 굵기이다. 기부는 황색의 균사로 덮여 있다. 표면은 황색 바탕에 암적색 또는 적갈색의 미세한 점들이 분포하고, 특히 꼭대기에 미세한 그물모양이 있다. 상처를 받으면 암청색으로 변색되고, 그 부분은 나중에 흑색이 된다.

포자 방추형이고, 표면은 밋밋하며 크기는 11~12.5×4~5μm이다. 연낭상체의 크기는 25~45×5~12.5μm이다.

생태 여름과 가을에 걸쳐서 활엽수림의 땅에 군생한다.

분포 한국(남한 : 지리산), 일본, 북아메리카(동부)

참고 균모에 미세한 털이 밀생하는 벨벳모양이 특징이다.

흑자색그물버섯 *Boletus violaceofuscus* Chiu.

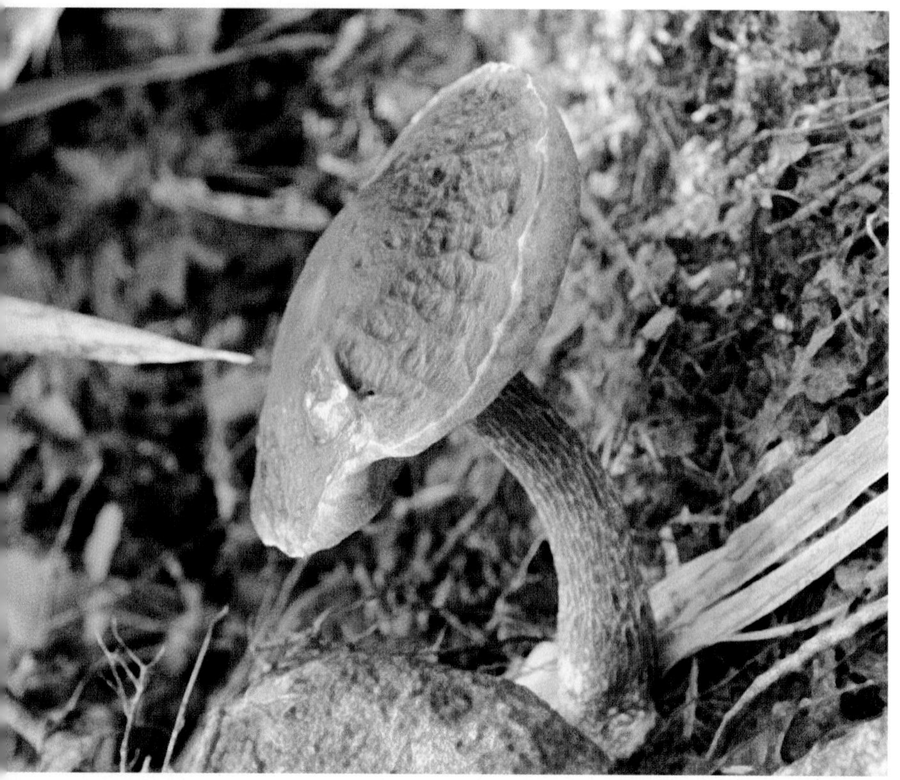

용도 및 증상 버터 볶음, 찌개, 튀김, 불고기, 무와 궁합이 잘 맞는다.

형태 균모의 지름은 5~10cm로 반구형에서 둥근 산모양을 거쳐 차차 편평하게 된다. 표면은 매끄럽고, 습기가 있으면 끈적기가 조금 생기며, 암자색 또는 흑자색인데 황색, 올리브색, 갈색 등의 얼룩무늬를 나타낸다. 살은 두껍고 백색이며, 단단하다가 연해지고 별다른 맛이 없으며 변색하지 않는다. 관공은 자루에 대하여 홈파진 또는 올린 관공으로 백색이나, 자루에 대하여 황색을 거쳐 황갈색으로 변색되며, 길이는 0.7~1.3cm로 구멍은 작고 원형이다. 자루의 길이는 7~9cm이고 굵기는 1~1.5cm로 아래쪽이 조금 굵으며, 어두운 자색 바탕에 백색의 세로줄의 긴 그물무늬가 있다.

포자 방추형이며, 크기는 14~18×5.5~6.5μm이고 표면은 매끄럽다. 포자문은 올리브 색을 띤 갈색이다.

생태 여름에서 가을 사이에 주로 활엽수림의 땅에 단생한다.

분포 한국(남한 : 지리산, 한라산, 무등산), 일본, 중국

참고 종명인 *violaceofuscus*는 자색과 흑색의 합성이다. 균모는 암자색 또는 흑자색이고, 황색 등의 얼룩무늬가 있으며, 자루에는 백색의 긴 그물눈 무늬가 있다.

쓴맛그물버섯 *Tylopilus ballouii* (Peck) Sing.

용도 및 증상 된장국, 전골, 피클 등을 만들 때 이용한다.

형태 균모의 지름은 2.5~10cm이고, 둥근 산 모양에서 차차 편평해지며 가장자리는 약간 물결모양이다. 표면은 오렌지색을 띤 갈색 또는 황갈색이고, 특히 약간 올리브색을 띠고 있다. 표면은 밋밋하지만 나중에 밑이 갈라진다. 습기가 있을 때 약간 끈적기가 있다. 살은 두껍고 단단하며, 거의 백색으로 공기에 닿으면 서서히 분홍색으로 되었다가 올리브색으로 변한다. 쓴맛은 없다. 관공은 비교적 짧고 바른 또는 약간 내린주름살이다. 처음은 거의 백색에서 차츰 연한 황갈색으로 변색되며, 약간 올리브색을 나타낸다. 구멍은 중형 또는 비교적 대형이며 각형, 관공과 같은 색이지만, 상처를 받으면 오갈색으로 된다. 자루의 길이는 3~7.5cm이고 굵기는 0.5~3cm로 아래로 가늘고 부풀며, 속은 차 있다. 살은 단단하다. 표면은 오렌지색을 띤 갈색, 오렌지색 또는 주적색이며 위 또는 아래가 황색 또는 연한 색으로 된다. 꼭대기 및 기부는 일반적으로 백색이며, 표면은 밋밋하고 꼭대기는 그물모양이다.

포자 난형이고 크기는 5.5~8.5×3~5μm이다. 연낭상체의 크기는 40~75×9~12μm이며, 포자문은 연한 황토색이다.

생태 여름과 초여름에 혼효림의 땅에 때때로 군생한다.

분포 한국(남한 : 지리산, 운장산), 일본, 중국, 싱가포르, 말레시아, 북아메리카(동·남부)

노란대쓴맛그물버섯 *Tylopilus chromapes* (Frost) A. H. Smith & Thiers

용도 및 증상 다른 버섯과 함께 요리한다.

형태 균모의 지름은 5~10cm, 둥근 산 모양에서 차차 편평해 진다. 표면은 연한 홍색 또는 연한 와인색을 나타낸다. 가운데는 짙다. 약간 가는 털이 있거나 또는 털이 없다. 습기가 있을 때 약간 끈적기가 있다. 살은 백색이고 공기에 닿아도 변색하지 않는다. 관공은 자루에 대하여 끝붙은관공이고 백색에서 살색으로 되나, 오래되면 약간 갈색을 나타낸다. 구멍은 관공과 같은 색으로 소형이다. 자루의 길이는 6~9cm이고 굵기는 0.8~1.2cm로 위쪽으로 가늘다. 표면은 백색의 바탕에 연한 홍색의 가는 인편이 밀포하고, 기부에서 선황색을 나타낸다.

포자 유방추형이고 크기는 11~14×4~5μm으로, 표면은 매끄럽다. 연낭상체의 크기는 17.5 ~40×5~10μm이다. 포자문은 분홍색을 띤 갈색 또는 선명한 살색이다.

생태 여름과 가을에 침엽수림 및 활엽수림의 땅에 단생한다.

분포 한국(남한 : 지리산, 운장산), 일본, 중국, 러시아의 연해주, 북아메리카

참고 종명인 *chromapes*는 '크롬황색' 이라는 뜻이다. 북한명은 붉은소름그물버섯

껄껄이그물버섯 *Leccinum extremiorientale* (L. Vass.) Sing.

용도 및 증상 살이 두껍고, 소금에 절여서 오븐을 이용하여 버섯 스테이크 요리를 할 수 있다. 야채나 베이컨과 함께 기름에 볶아 먹기도 한다.

형태 균모의 지름은 7~20cm로 반구형에서 둥근 산모양을 거쳐 차츰 편평하게 된다. 가장자리는 관공부보다 막상으로 돌출하고, 처음에는 전연이지만 나중에는 불규칙하게 갈라져서 마침내 균모로부터 탈락한다. 표면은 황토색 또는 오렌지색을 띤 갈색의 벨벳모양이며, 주름이 있으나 후에 갈라져서 연한 황색의 살을 나타낸다. 다 자란 균모의 표면은 습기가 있을 때 끈적기가 있으나 보통은 없다. 살은 두껍고 치밀하며, 처음은 단단한 살이지만 연한 살로 변한다. 백색 또는 황색이고 청색으로 변색하지 않지만, 자르면 약간 연한 홍색 또는 연한 자색으로 변색한다. 관공은 올린 또는 끝붙은관공이며, 황색에서 올리브색을 띤 황색으로 변색되고, 구멍은 작은 원형이다. 구멍은 관공과 같은 색으로 아래쪽으로 굵으나 가운데가 더 굵다. 자루의 길이는 5~13cm이고 굵기는 2.5~5.5cm로 위아래가 같은 굵기이고, 아래쪽 또는 가운데가 굵은 것도 있다. 표면은 연한 황색 또는 황색으로 짙은 황색, 오렌지색 또는 황갈색의 가는 반점 혹은 미세한 인편으로 덮여 있다.

포자 원주상의 방추형이고, 크기는 9.5~13×3.5~4μm이다. 포자문은 올리브색 또는 갈색이다.

생태 여름에서 가을 사이에 활엽수가 섞인 소나무 숲의 땅에 단생하거나 가끔 2개가 군생한다.

분포 한국(남한 : 변산반도 국립공원, 지리산, 모악산, 남산, 무등산, 만덕산, 한라산 등 전국), 일본, 북아메리카

으뜸껄껄이그물버섯 *Leccinum holopus* var. *holopus* Smith & Thires

용도 및 증상 맛은 좋지만 냄새는 좋지 않다. 버섯을 잘게 잘라서 카레에 섞어 요리한다.

형태 균모의 지름은 4~7cm이고 둥근 산 모양이며 오백색에서 연한 황색을 거쳐 검게 된다. 오래되면 푸른색을 약간 띤다. 표면은 밋밋하며 싱싱할 때 끈적기가 있다. 관공은 자루에 대하여 떨어진 관공이고 관은 백색에서 진흙 황색으로 변하며 구멍은 백색에서 황색으로 변색되고 시간이 지나면 계피색이며, 흠집 같은 것이 있다. 자루의 길이는 8~11cm이고 굵기는 0.8~1.5cm로 백색 또는 연한 황색이며, 백색의 인편으로 덮여 있고 오래되면 계피색으로 변색한다. 살은 부드럽고 백색이다. 자루의 근부는 청녹색이고, 그 외는 분홍색으로, 색깔의 변화가 없다.

포자 유방추형이고, 표면은 밋밋하며, 연한 황색으로 기름방울이 있다. 크기는 17.5~20×5.5~6.5㎛이다. 포자문은 계피색, 황토색 또는 황색 이다.

생태 여름에 자작나무숲의 이끼류 사이에 군생하며 희귀종이다.

분포 한국(남한 : 지리산, 운장산), 일본, 북아메리카

참고 균모가 거의 백색이나 나중에 푸른색을 띤다. 관공은 백색이고, 자루는 미세한 인편이 있다는 것이 특징이다.

등색껄껄이그물버섯 *Leccinum versipelle* (Fr.) Snell

용도 및 증상 볶음밥이나 삶는 음식에 이용한다. 자루가 단단하여 서양 요리에 주로 이용된다.

형태 균모의 지름은 4~21cm로 반구형에서 둥근 산모양으로 되나, 가운데가 볼록하다. 가장자리는 내피막조각이 붙어 있다. 표면은 습기가 있을 때 끈적기가 있고 솜털상, 오렌지색을 띤 황갈색이다. 살은 백색이고, 공기에 닿으면 연한 홍색으로부터 회색으로 변색한다. 살은 백색이나 연한 홍색 또는 회색의 얼룩이 생기며, 흑갈색으로 변색된다. 관공은 자루에 대하여 홈파진 또는 끝붙은관공으로 백색 또는 회색이며, 구멍은 작고 원형이다. 상처 부분에서는 황색의 얼룩이 생긴다. 자루의 길이는 5~20cm이고 굵기는 1~5cm로 위가 가늘다. 표면은 백색의 바탕색에 회색 혹은 흑색의 알갱이가 부착되어 있으며 갈라진 인편이 많이 생기고 불분명한 그물눈이 있다.

포자 황색의 방추형이며, 크기는 11~17×3.5~5μm이고 표면은 매끄럽고, 기름방울을 갖고 있는 것도 있다.

생태 여름에서 가을 사이에 숲 속의 땅에 단생 또는 군생한다.

분포 한국(남한 : 변산반도 국립공원, 한라산, 지리산, 모악산, 만덕산), 일본, 중국, 시베리아, 유럽, 북아메리카

참고 균모는 오렌지 황색, 관공은 백색이며, 자루에 흑색의 알갱이가 있다는 것이 특징이다.

흰둘레그물버섯 *Gyroporus castaneus* (Bull. : Fr.) Qúel.

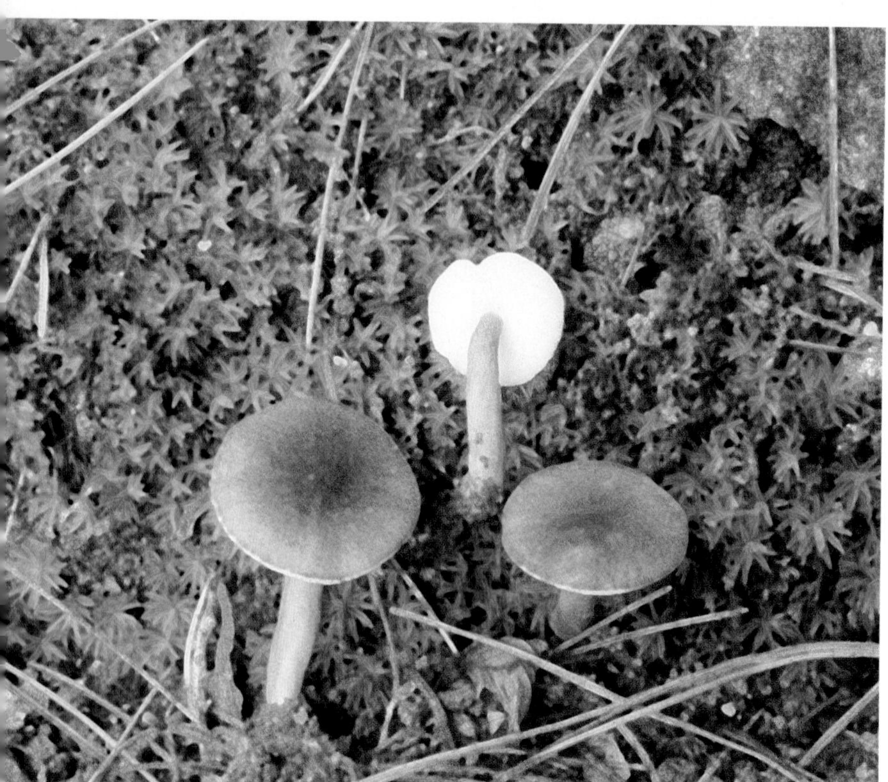

용도 및 증상 기름을 사용하거나 간장을 사용하는 요리에 좋다.

형태 균모의 지름은 3~7cm로 둥근 산 모양을 거쳐 차차 편평하게 되나, 가운데는 오목하게 된다. 표면은 벨벳모양이며 털이 없고 밋밋하며 밤색 또는 계피색이다. 가장자리는 주름 모양의 융기로 되어있다. 살은 백색이며, 단단하다. 관공은 자루에 대하여 끝붙은관공이며, 백색에서 연한 황색으로 변색된다. 상처를 받아도 변색하지 않는다. 구멍의 지름은 0.03~0.05cm이다. 자루의 길이는 4~7cm이고 굵기는 1~2.5cm로 균모와 같은 색이며, 위아래가 같은 굵기이지만 때때로 굴곡한다. 표면은 약간 요철처럼 되며 균모와 같은 색이다.

포자 난형 또는 광타원형이고 크기는 8~10.5×5~6.5㎛이다. 연낭상체는 곤봉형 또는 방추형으로 크기는 20~40×6~7.5㎛이다. 포자문은 레몬색이다.

생태 여름에서 가을 사이에 활엽수림의 땅에 단생 또는 군생한다.

분포 한국(남한 : 가야산, 지리산, 속리산, 다도해해상 국립공원, 방태산, 변산반도 국립공원, 한라산 등 전국), 북반구 온대, 호주 등 전 세계

참고 균모의 가장자리에 관공의 백색이 보인다. 북한명은 밤색그물버섯

둘레그물버섯 *Gyroporus cyanescens* (Bull. : Fr.) Qúel.

용도 및 증상 식용으로 쓰인다.

형태 균모의 지름은 5~10cm로 둥근 산 모양 또는 원추형이며, 짧은 털이 있거나 섬유상이다. 거친 털이 있고 연한 황색 또는 황갈색이다. 살은 백색인데 자르면 진한 청색으로 변색한다. 관공은 백색에서 청황색으로 변색되고, 상처를 입으면 청색으로 변한다. 자루의 길이는 8~11cm이고 굵기는 1~2.5cm로 아래쪽은 단단하게 부풀며, 위쪽은 가늘고 매끄럽다. 위쪽은 백색으로 약간 벨벳모양이고 아래는 황토색이다. 어릴 때는 꼭대기에 불분명한 섬유상의 턱받이가 있지만 곧 소실한다. 자루의 속은 옆으로 갈라지며 나중에 속은 비게 된다.

포자 타원형 또는 광타원형이고 크기는 8~16×4~8μm이다. 연낭상체는 원주상의 곤봉형이며 크기는 20~60×6~15μm이다. 포자문은 레몬 황색이다.

생태 여름에서 가을 사이에 침엽수림 또는 낙엽수림의 황무지에 단생 또는 군생한다.

분포 한국(남한 : 지리산), 중국, 시베리아, 유럽, 북아메리카

참고 상처를 받으면 버섯 전체가 암청색으로 변색하는 것이 특징이다. 과거에는 남빛둘레그물버섯이라 하였는데 지금은 둘레그물버섯으로 개칭하였다.

자주둘레그물버섯 *Gyroporus purpurinus* (Snell) Sing.

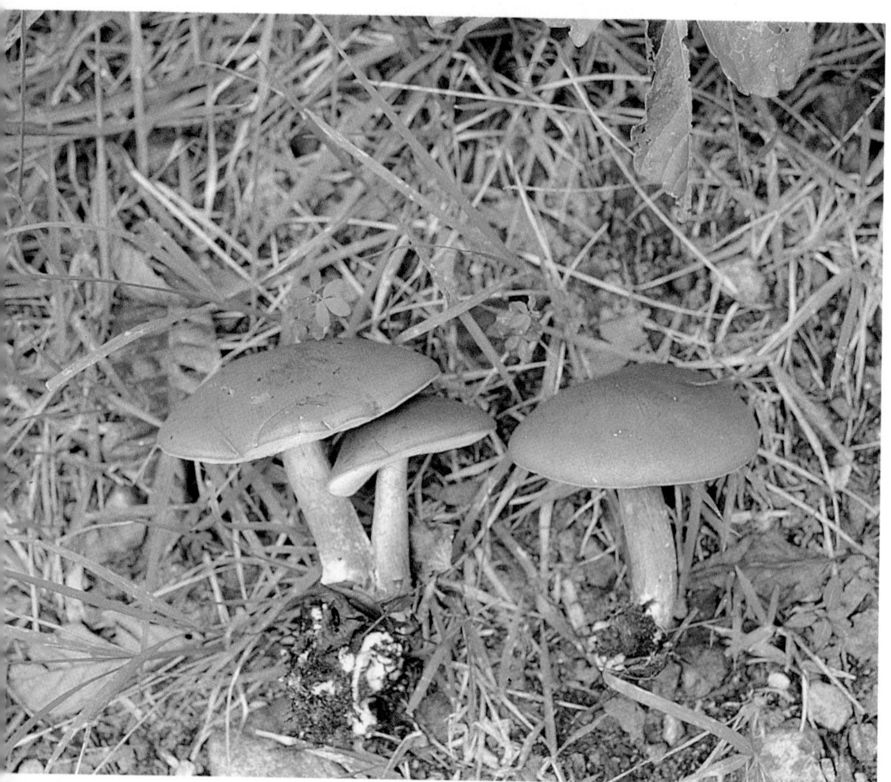

용도 및 증상 식용으로 쓰인다.

형태 균모의 지름은 1~9cm로 원추형에서 거의 편평하게 되며, 가운데가 조금 오목하기도 하다. 표면은 마르고 벨벳모양이며 진한 포도주색이다. 살은 백색이고, 관은 자루에 대하여 바른 관공이지만 시간이 지나면 자루 주변에서 오목하게 들어가며, 백색에서 차츰 황색이 된다. 구멍은 작으며 백색에서 황색으로 변색된다. 자루의 길이는 3~6cm이고, 굵기는 0.3~0.8cm로 포도주색이나, 간혹 갈색, 적색인 것도 있다. 표면은 거칠거나 벨벳모양이다. 속은 스펀지 상태에서 점차 비게 된다.

포자 타원형이며, 표면은 매끄럽고 크기는 8~11×5~6.5μm이다. 포자문은 황색이다.

생태 여름과 가을에 낙엽수림의 땅에 군생한다.

분포 한국(남한 : 지리산, 변산반도 국립공원의 내소사), 북아메리카

참고 종명인 (*purpurinus*)는 '자주색' 이라는 뜻이다. 균모가 진한 포도주색이고 관공은 백색이며 자루는 포도주색인 것이 특징이다.

적색신그물버섯 *Aureoboletus thibetanus* (Pat.) Hongo & Nagasawa

용도 및 증상 식용으로 쓰인다.

형태 균모의 지름은 2.5~7cm, 둥근 산모양에서 차츰 편평하게 펴진다. 표면은 습기가 있을 때 끈적기가 있다. 표면은 약간 주름져 있고 적갈색 또는 갈색에서 오래되면 밝은 갈색 또는 오렌지색을 띤 갈색 혹은 드물게 회홍색으로 된다. 끈적액에 파묻혀 있으며 약간 섬유상이다. 살은 연하고 약간 젤라틴질이며, 처음은 약간 적색에서 차츰 거의 백색으로 변색된다. 공기에 닿아도 변색하지 않는다. 신맛이 있다. 관공은 자루에 대하여 바른 또는 홈파진 주름살이며, 선 황색에서 다 자라면 녹색을 나타낸다. 구멍은 0.05~0.1cm로, 선황색이다. 자루의 길이는 5~ 8cm이고 굵기는 0.6~1.5cm로 위쪽으로 가늘다. 속은 차 있다. 표면은 밋밋한 편이며, 위쪽에 황색의 인편이 부착한다. 색은 보통 회홍색 또는 균모보다 연한 색이다. 때때로 짙은 색의 줄무늬를 만든다. 기부는 백색의 균사로 덮여 있다.

포자 유방추형이며, 크기는 10~15×4~5.5μm로 KOH액의 반응은 연한 올리브색이 나타낸다. 측낭상체의 크기는 40~60×10~15μm이고, 방추형상의 곤봉형이다. 세포벽은 얇고, 무색 또는 황색이다. 연낭상체는 소형이고, 방추형의 곤봉형이다.

생태 여름과 가을에 활엽수림 또는 혼효림에 군생 또는 단생한다.

분포 한국(남한 : 지리산), 일본, 중국, 싱가폴, 말레시아, 파푸아뉴기니

큰비단그물버섯 *Suillus grevillei* (Klotz.) Sing.

용도 및 증상 어떤 음식과도 잘 맞으며, 찌개, 무와의 궁합이 특히 좋다. 항암작용도 한다.

형태 균모의 지름은 4~15cm로 둥근 산 모양에서 차차 편평한 산모양으로 되나 때로는 가운데는 오목한 것도 있다. 표면은 매끄럽고 끈적기가 많으며, 황색 또는 적갈색의 아교질이 있고, 밤갈색 또는 황금 밤갈색에서 차츰 레몬색 또는 적황색으로 변색된다. 또한 가장자리에 내피막의 흔적이 있다. 살은 치밀하고 황금색 또는 레몬색이며 송진 냄새가 조금 난다. 주름살은 자루에 대하여 바른 또는 내린주름살로 황금색이나, 상처를 입으면 자색 또는 갈색으로 변색된다. 구멍은 각형이다. 자루의 길이는 4~12cm이고 굵기는 1.5~2cm로 큰 턱받이가 있으며, 상부에는 미세한 그물눈무늬가 있고 하부에는 파편적 그물눈무늬가 있다.

포자 크기는 7~11×3~4μm로 타원형이다.

생태 여름에서 가을에 걸쳐서 낙엽 송림의 땅에 군생한다.

분포 한국(남한 : 지리산, 변산반도 국립공원, 어래산, 발왕산, 오대산, 월출산, 지리산, 만덕산 등 전국), 일본, 중국, 러시아, 유럽, 북아메리카, 호주, 뉴질랜드

참고 종명인 *grevillei*는 영국의 균학자 R.Grevillei(1794~1866)의 이름에서 유래하였다.

제주쓴맛그물버섯 *Tylopilus neofelleus* Hongo

용도 및 증상 식용으로 쓰인다.

형태 균모의 지름은 6~11cm이고 둥근 산 모양을 거쳐 차차 편평하게 된다. 표면은 약간 벨벳모양이며 끈적기가 없고 올리브색 또는 홍갈색을 나타낸다. 살은 두껍고 단단하며 백색이다. 맛은 아주 쓰다. 관은 백색에서 연한 홍색이 변색되며 구멍은 다각형이고, 처음부터 연한홍색 또는 포도주색을 띠고 있다. 상처를 받아도 변색하지 않는다. 자루의 길이는 6~11cm로 굵기는 1.5~2.5cm로 근부가 굵고 균모와 같은 색이며, 상부에 그물눈모양이 있는 것도 있다. 자루의 속은 차있다.

포자 타원형 또는 방추형이고, 크기는 7.5~9.5×3.5~4㎛이다. 연낭상체는 20~50×5~7.5㎛이고 협방추형 또는 유원주형으로 측낭상체는 연낭상체와 비슷하지만 꼭대기가 가늘고 길다. 포자문은 어두운 연한 홍색이다.

생태 여름에서 가을 사이에 혼효림의 땅에 군생 또는 산생한다.

분포 한국(남한 : 만덕산, 가야산, 속리산, 지리산, 한라산, 다도해해상국립공원, 두륜산, 방태산, 모악산, 무등산), 일본, 뉴기니

참고 쓴맛그물버섯(*Tylopilus felleus*)과의 차이점은 균모와 자루가 올리브색 또는 홍갈색인데, 쓴맛그물버섯은 암다갈색 또는 황토 갈색이다.

독버섯

튼그물버섯 *Boletus calopus* Pers. : Fr. 일반독

용도 및 증상 독성분은 무스카린류이며, 중독 증상은 섭취 후 수십 분 후부터 1시간 안에 복통, 설사 등 위장계의 중독을 일으킨다. 심한 경우는 탈수, 경련, 쇼크 등을 일으킬 수 있다. 무스카린은 신경계의 중독도 나타낼 수 있다.

형태 균모는 지름 5~18cm로 둥근 산모양에서 편평하게 펴진다. 표면은 녹황갈색 또는 갈색이며, 건조하다. 미세한 털이 있다가 차츰 거의 없어지며 가늘게 표면이 갈라진다. 살은 황색 또는 백색인데 공기에 닿으면 곧 청색으로 변색하며 맛이 쓰다. 관공은 자루에 대하여 바른 또는 떨어진관공으로, 황색에서 녹황색으로 변색된다. 관공의 구멍은 원형으로 상처를 입으면 청색으로 변색한다. 자루는 길이 4~12cm이고, 굵기는 2~3cm로 곤봉형 또는 원주형이다. 표면의 꼭대기는 황색이고 하부는 적색으로, 가는 그물눈이 있다. 자루의 밑은 갈색이다.

포자 방추형이며, 표면은 매끄럽고 연한 황색이며 기름방울이 있다. 크기는 12~15×4~6.2μm이다.

생태 여름부터 가을에 걸쳐서 소나무 등의 침엽수림과 활엽수림의 땅에 군생한다.

분포 한국(남한 : 지리산), 일본, 중국, 러시아의 연해주, 북아메리카, 유럽, 호주

참고 종명인 *calopus*는 '아름다운' 이라는 뜻이다.

산속그물버섯아재비 *Boletus pseudocalopus* Hongo 일반독

용도 및 증상 독성분은 불분명하나, 먹으면 위장계의 중독을 일으킨다. 맛이 좋은 식용버섯으로 알고 있는 경우가 많지만 중독 증상을 나타내므로 조심하여야 한다.

형태 균모의 지름은 6~20cm로 편평한 볼록렌즈형에서 차츰 편평형이 된다. 표면은 연한 황갈색 또는 연한 홍갈색으로 처음에는 솜털이 있으나 차츰 과립상으로 변한다. 살은 연하며, 독특한 냄새가 난다. 황색이고 두께는 자루 근처에서 약 2.5cm이며 자르면 조금 녹청색으로 변색한다. 관공은 자루에 대하여 바른 또는 내린관공으로 황갈색이지만, 상처를 입으면 청색으로 변한다. 자루의 길이는 7~10cm이고 굵기는 1.5~3.5cm로 비교적 굵고 아래쪽으로는 적색이다. 표면은 황색 바탕에 암홍색의 미세한 가루가 얼룩을 이루고 있어서 더러워 보인다. 자루 상부에는 관에 이어진 미세한 그물눈이 있다. 상처를 받으면 청색으로 변색하며 속은 차 있다.

포자 방추형이며, 크기는 10~12.5×3.5~5μm이고 표면은 매끄럽다. 연낭상체는 공봉형으로, 크기는 25~33×10~13μm이다. 포자문은 올리브 갈색이다.

생태 여름에서 가을에 걸쳐서 활엽수림 및 침엽수림의 땅에 군생한다.

분포 한국(남한 : 변산반도 국립공원, 북한산, 가야산, 소백산, 지리산), 일본

참고 대형 버섯이며, 균모의 색깔이 다양하다.

쓴맛그물버섯 *Tylopilus felleus* (Bull. : Fr.) Karst. 일반독

용도 및 증상 독성분은 무스카린류이며, 중독 증상은 섭취 후 수십 분 후 부터 24시간 안에 오한, 복통, 구토, 설사 등의 위장계의 중독을 일으키나 2~3일 후에 회복된다. 무스카린 중독 증상도 나타난다.

형태 균모의 지름은 4~15cm로 원주형에서 둥근 산모양을 거쳐 차차 편평하게 된다. 표면은 건조하고 꽃무늬가 있으며, 처음에는 미세털이 있으나 나중에 없어진다. 자색에서 암자회색을 거쳐 갈색이 된다. 살은 백색이나 나중에 퇴색하고 쓴맛이 있다. 관공은 자루에 대하여 바른 또는 홈파진관공이며 자루 주변이 침몰된다. 또한 처음에는 크림색에서 차츰 분홍색을 거쳐 청자색으로 변색된다. 관공의 구멍은 백색에서 분홍색으로 변색한다. 자루의 길이는 8~12cm이고 굵기는 3.5~4.5cm로 균모와 같은 색이다. 위쪽은 거미줄모양으로 암자색의 반점이 있고, 아래는 청색이다.

포자 타원형이고, 크기는 10~13×3~4μm으로 표면은 매끄럽다. 포자문은 연한 홍갈색이다.

생태 여름에서 가을 사이에 활엽수림의 땅에 단생 혹은 군생한다.

분포 한국(남한 : 광릉, 다도해해상 국립공원, 변산반도 국립공원, 방태산, 발왕산, 지리산, 모악산. 북한 : 오가산, 묘향산, 금강산), 일본, 중국, 시베리아, 유럽, 북아메리카, 호주

참고 유사종인 제주쓴맛그물버섯(*Tylopilus neofelleus*)은 균모가 황갈색 또는 올리브색을 띤 황색이고, 자루의 표면 전체에 분명한 그물모양(올리브색 또는 탁한 갈색)이 있으며, 구멍은 백색에서 차츰 자색으로 변색된다. 포자는 11~16.5×4~5.5μm의 대형 포자인 점에서 구분된다. 북한명은 쓴그물버섯

검은쓴맛그물버섯 *Tylopilus nigerrimus* (Heim) Hongo & Endo 일반독

용도 및 증상 독성분은 불분명하나, 먹으면 환각을 수반하는 신경계의 중독을 일으킨다. 특유의 맛이 있고 냄새는 없지만 날로 먹거나 많이 먹으면 중독 증상을 일으킨다. 뉴기니의 원주민인 구마족은 이 버섯을 의식에 사용하며 광란 상태의 축제를 여는데, 환각성분은 밝혀지지 않고 있다.

형태 균모의 지름은 6~14cm, 둥근 산모양에서 거의 편평하게 된다. 표면은 연한 올리브색을 띤 회색이며, 흑색의 희미하고 미세한 털이 있다. 살은 두껍고 단단하며, 회백색이거나 연한 녹황색으로 공기에 닿으면 연한 회색 또는 암회색(부분적 흑색)으로 변한다. 관공은 자루의 주위에 급격히 함몰하여 자루에 대하여 올린 또는 거의 끝붙은관공으로 처음은 연한 회황색 또는 녹회색에서 약간 적색으로 된다. 오렌지색을 띤 회색 또는 자회색으로 된다. 상처를 받으면 서서히 흑색으로 변한다. 구멍은 관공과 같은 색이고 소형이며 거의 각진 형이다. 자루의 길이는 5~12cm이고 굵기는 1~3cm로 아래로 약간 굵고, 자루의 밑은 뾰족하다. 표면은 약간 가루 같은 감촉이 있고 융기된 분명한 그물모양이 있으며, 황녹색 또는 황회색(하부는 약간 암색)이다. 자루의 밑은 올리브 황색 또는 황갈색의 얼룩이 있다. 그물은 처음에 바탕색과 같은 색이지만 손으로 만지거나 오래되면 흑색으로 변색된다. 다 자란 자실체에서는 내부의 살이 자루 밑에서 젤라틴질화 되고 또 자루의 하부는 부분적으로 황갈색이 된다.

포자 원주상의 타원형이고 크기는 9~13×4~5μm이다. 낭상체의 크기는 21~46×5~11μm이다. 포자문은 상아색이다.

생태 여름에서 가을 사이에 참나무 숲 등의 땅에 단생 또는 군생한다.

분포 한국(남한 : 변산반도 국립공원), 일본, 뉴기니, 싱가포르, 보르네오

참고 자루가 황회색으로 전체가 그물을 만들고 살, 관공 등은 상처를 받으면 흑색으로 변색한다. 비슷한 종에 검정그물버섯(*Boletus griseus*)은 자루에 녹황색이 아니고 살은 암회색으로 변색되지 않는다.

흑자색쓴맛그물버섯 *Tylopilus nigropurpureus* (Corner) Hongo 일반독

용도 및 증상 독성분은 불분명하나, 먹으면 위장계의 중독을 일으킨다.

형태 균모는 지름 5~12cm로 반구형에서 차츰 편평하게 된다. 표면은 흑색 또는 흑자색으로 미세한 털이 있어서 벨벳과 같은 촉감이 있고, 표면은 때때로 가늘게 갈라진다. 살은 두껍고 단단하며, 회백색이지만 공기에 닿으면 약간 회홍색 또는 오렌지색을 띤 갈색으로 되었다가 흑색으로 변색한다. 냄새와 맛은 없다. 관공은 자루의 주위에서 급격히 함몰한 올린관공에서 차츰 끝붙은관공으로 변하고, 다 자라면 처음 회백색 또는 녹회색이었던 것이 탁한 회색 또는 칙칙한 분홍색으로 변색된다. 상처를 받으면 적색이 되었다가 흑색으로 변색한다. 구멍은 각진형이고 관공과 같은 색이며 작고 손으로 만지면 대부분 흑색으로 변한다. 자루의 길이는 3.5~6cm이고 굵기는 1.2~2cm로 위아래가 같은 굵기이며, 균모와 같은 색으로 위쪽 또는 아래쪽으로 가늘다. 표면은 미세한 가루 같은 것이 있고 약간 벨벳모양이며, 융기된 분명한 그물눈이 있다. 또한 표면은 녹황색 또는 황회색이며 자루의 밑은 올리브색을 띤 황색 또는 황갈색의 얼룩이 있다. 위쪽에 그물눈이 있고 처음 바탕색과 같으나 손으로 만지거나 오래되면 흑색으로 변색된다. 성숙한 버섯의 속살은 자루의 밑에서 겔라틴질화 하고 자루 아래는 부분적으로 황갈색으로 된다. 자루의 밑은 뾰족하다.

포자 원추형이고, 크기는 9~13.5×4~5.2μm이다.

생태 여름에서 가을 사이에 숲 속의 땅에 단생 또는 군생한다.

분포 한국(남한 : 지리산), 일본, 말레이시아

참고 유사종인 융단쓴맛그물버섯(*Tylopileuo alboater*)은 자실체가 크거나(균모의 지름은 7~12cm) 그 이상이다. 자루의 길이는 7.5~11cm 이고 굵기는 2.5~4cm이다. 균모의 표피에 털이 있어서 구분된다.

진갈색먹그물버섯 *Xanthoconium affine* (Peck) Sing. 준맹독

용도 및 증상 독성분은 단백질 합성 저해 물질이며, 간에서 단백질 합성을 저해하기 때문에 간에 독성이 나타나는 중독 증상이 있을 것이라 생각되어지고 있다. 외국에서 소가 먹고 사망한 예가 있어서 사람이 먹는 경우 매우 위험하다.

형태 균모의 지름은 3.0~8.0cm이며, 처음은 둥근 형이나 차차 편평해진다. 색깔은 회갈색 또는 암갈색이다. 가운데 부분은 약간 청갈색이고 가장자리는 황갈색이다. 다 자라면 갈색 또는 황토색으로 된다. 습기가 있을 때 끈적기가 있다. 털은 없고 평활하며 때때로 불규칙하게 파이거나 갈라져서 살이 보인다. 살은 백색이나, 표피 밑은 노란색이다. 상처를 받아도 변색하지 않는다. 가운데를 중심으로 분말 또는 미세한 인편이 분포한다. 관공은 자루에 대하여 떨어진관공이고 주위가 약간 들어가 있으며 황갈색이다. 구멍은 소형이고 관공보다 옅은 색깔이지만 차차 관공과 같은 색으로 변한다. 자루의 길이는 5.0~12cm이고 굵기는 0.8~1.2cm로 원통형이며, 표면은 간혹 가루가 분포하는 것도 있으며 벨벳모양이다. 위쪽에 미세한 그물 눈이 있으며, 위쪽과 자루의 밑은 백색이다. 또한 그 외는 암갈색 또는 갈색이며 백색의 세로 줄무늬가 있다.

포자 방추상의 원주형이며, 크기는 10~12×4.0~4.5μm이다. KOH의 반응에 노란색을 나타낸다. 가끔 1~2개의 기름방울을 갖고 있는 것도 있으며 포자벽은 2중막으로, 멜저액 반응은 비아미로이드 반응이다. 포자문은 갈색 또는 황갈색이다. 담자기의 크기는 25~32.5×8.8~11.4μm이고 원주형이며, 2 또는 4포자성이고 부속물을 함유하는 것도 있다. 담자기의 밑에 불분명한 꺽쇠를 형성한다.

생태 여름에서 가을에 걸쳐서 낙엽수림의 흙에 단생 또는 군생한다.

분포 한국(남한 : 지리산), 일본, 마다카스카라섬, 북아메리카(동부)

참고 그물버섯아재비(*Boletus reticulatus*)는 자루 전체가 융기되고 표면에 그물눈이 있으며 연한색이다. 관공은 다 자라면 황색 또는 황갈색이므로 진갈색먹그물버섯과 구별된다.

식용이나 독성분을 가지고 있는 버섯

노란길민그물버섯 *Phylloporus bellus* (Mass.) Corner 미약독

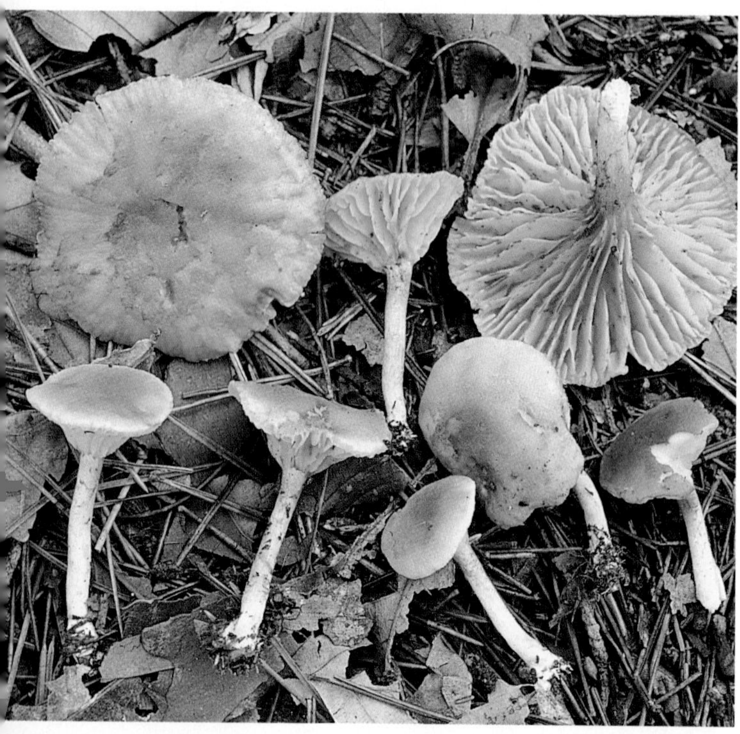

용도 및 증상 독성분은 불분명하나, 중독 증상은 위장계의 중독을 일으킨다. 중국에서는 식용으로 쓰인다.

형태 균모의 지름은 2.5~6cm로 둥근 산모양에서 차차 편평하게 되고 나중에는 거꾸로 된 원추형이 된다. 표면은 갈색, 적갈색, 황갈색, 올리브색을 띤 갈색 등이며 상처를 받은 곳은 심한 갈색, 암갈색 또는 거의 흑색이 된다. 벨벳과 같은 촉감이 있다. 살은 두껍고 처음에 백색 또는 연한 홍색에서 황색으로 되지만 청색으로는 변색하지 않는다. 하지만 암모니아수를 바르면 청색으로 변한다. 주름살은 자루에 대하여 길게 내린주름살로 선명한 황색이며, 맥상으로 서로 연결되고 때로는 갈색의 얼룩을 만든다. 성숙하면 황갈색 또는 올리브색을 띤 갈색이고 상처를 받으면 때로는 청색으로 변색하는 것도 있다. 자루의 길이는 3~5cm이고 굵기는 0.5~1.0cm로 하부는 가늘어지며 황색 또는 황갈색이다. 자루의 표면은 미세한 가루모양 또는 인편상이고 아래쪽으로는 약간 벨벳모양이며 위로는 주름살과 연결되며 세로줄이 있다. 자루의 밑에는 드문드문 맥상의 융기가 있으며 상호 연결된다. 자루의 속은 차 있고 밑에는 연한 갈색의 균사가 있다.

포자 장타원형이며, 크기는 9.5~12.5×3.5~4.5 μm이다.

생태 여름에서 가을 사이에 숲 속이나 정원의 나무 밑의 땅에 군생한다.

분포 한국(남한 : 광릉, 변산반도 국립공원, 지리산, 만덕산, 소백산, 두륜산, 한라산. 북한 : 묘향산, 오가산, 금강산), 일본, 중국, 유럽, 북아메리카

참고 회갈색민그물버섯(*Phylloporus bellus* var. *cyanescens*)은 살과 주름살이 청색으로 변색되었다가 차츰 갈색으로 변색된다. 북한명은 노란주름버섯

식용이나 독성분을 가지고 있는 것으로 추측되는 버섯

회갈색민그물버섯 *Phylloporus bellus* var. *cyanescens* Corner 미약독

용도 및 증상 중국에서는 식용으로 쓰이기도 하나 중독 증상이 나타나는 것으로 알려졌다. 일반적으로 식용으로 쓰인다.

형태 균모의 지름은 5~13cm이며 둥근 산모양에서 차차 편평하게 되며 가운데가 오목하게 들어간다. 표면은 처음에 밀모로 덮여서 벨벳모양이나 털이 없어져 밋밋하다. 습기가 있을 때 약간 끈적기가 있다. 색깔은 갈색, 적갈색, 황갈색 또는 암갈색 등 다양하다. 살은 황색이나 상처를 입으면 암청색으로 변색한다. 주름살은 자루에 대하여 올린 또는 끝붙은 주름살이며, 황색에서 녹황색으로 된다. 주름살은 혈홍색 또는 적갈색이다. 자루의 길이는 5~14cm이고, 굵기는 1~2cm로 위쪽으로 약간 가늘지만 굵기가 거의 같다. 기부에 주름살이 맥상으로 연결되며, 황색의 균사가 있다. 표면은 황색바탕에 암적색 또는 적갈색의 가는 점이 있고, 특히 꼭대기에 그물눈이 있다. 상처를 받으면 어두운청색으로 되지만 그 부분은 거의 흑색으로 된다.

포자 방추형이고, 크기는 10.5~ 14.5×4~5.5μm이다. 포자문은 황색이다.

생태 여름에서 가을 사이에 숲 속의 땅에 단생 또는 군생한다.

분포 한국(남한 : 소백산, 지리산), 일본, 북아메리카

참고 노란길민그물버섯 *Phylloporus bellus*의 변종이다.

분말그물버섯 *Pulveroboletus ravenelii* (Berk. et Curt.) Murr. 미약독

용도 및 증상 독성분은 불분명하나, 먹으면 위장계 장애를 일으킨다. 하지만 식용도 가능하다.

형태 균모의 지름은 4~10cm이고, 둥근 산 모양에서 차차 편평한 모양이 된다. 표면은 조금 끈적거리며 노란색의 가루로 덮여 있고, 가운데는 약간 갈색을 띤다. 살은 백색 또는 황색이나 상처를 입으면 청색으로 변한다. 관공은 자루에 대하여 끝붙은관공으로 황색에서 흑갈색으로 된다. 자루의 길이는 4~10cm이며 굵기는 0.7~1.5cm이고, 속은 살로 차 있으며 표면은 노란색의 가루로 덮여 있다. 노란색의 거미집막으로 덮였다가 자루 위쪽에 턱받이만 남고 나중에 없어진다. 긴 세로줄의 불분명한 줄무늬 홈선이 있다. 자루의 속은 차 있다.

포자 방추상의 타원형이며, 크기는 8~13.5×4.5~6μm이다. 포자문은 올리브색을 띤 갈색이다.

발생 여름에서 가을 사이에 활엽수림, 침엽수림의 땅에 단생 또는 군생하며 부생 생활을 한다.

분포 한국(남한 : 속리산), 일본, 중국, 홍콩, 싱가포르, 북아메리카

참고 상처를 받으면 청색으로 변하고 노란색의 막은 균모부터 자루까지 덮여 있다가 결국 균모에서 떨어진다는 특징이 있다. 표면에 노란색의 분말이 심하게 분포한다.

젖비단그물버섯

Suillus granulatus (L. : Fr.) O. Kuntze 미약독

용도 및 증상 독성분은 불분명하나 위장계의 중독 증상을 일으키며, 특히 사람에 따라서는 설사를 일으키기도 한다. 그물버섯류는 대부분의 사람들이 먹는 버섯으로 알고 있지만 중독 증상이 있으므로 주의하여야 한다.

형태 균모의 지름은 3~10cm로 반구형에서 둥근 산 모양을 거쳐 거의 편평하게 된다. 표면은 밤갈색인데 습기가 있을 때는 심한 끈적액이 있으며, 계피색이지만 마르면 황색으로 변색된다. 살은 연하고 황백색 또는 황색이며 변색하지 않는다. 균모와 자루의 위는 연한 황색이고 자루의 밑은 계피색이다. 관공은 자루에 대하여 바른 또는 약간 내린관공이며, 선황색으로 구멍은 작다. 관공과 같은 색으로 어릴 때는 때때로 백색의 탁한 액체의 물방울을 만들고 오래되면 계피색의 얼룩이 된다. 자루의 길이는 5~6cm이고 굵기는 0.7~1.8cm로 위아래의 굵기가 같고 자루의 밑은 가늘다. 표면은 연한 황색 바탕에 갈색의 얼룩이 있으며, 위쪽에 미세한 알맹이가 밀포한다. 턱받이는 없다. 자루의 속은 차 있다.

포자 장타원형 또는 타원형상의 방추형이며, 크기는 8~10×3~4μm이다.

생태 여름에서 가을 사이에 소나무 숲의 땅에 군생한다.

분포 한국(남한 : 한라산, 속리산, 대도해 해상 국립공원의 금오도, 지리산, 가야산, 발왕산, 오대산, 월출산. 북한 : 묘향산, 대성산, 상원, 금강산), 일본, 중국, 러시아의 극동, 유럽, 시베리아, 북아메리카, 북반구 일대, 호주, 뉴질랜드

참고 북한명은 젖그물버섯

비단그물버섯 *Suillus luteus* (L. : Fr.) S. F. Gray 미약독

용도 및 증상 독성분은 불분명하나, 중독 증상은 복통 등의 위장계의 중독을 일으킨다. 끈적기가 있는 젤라틴질(gelatino)이 특히 소화를 저해한다. 설사 또는 알레르기를 일으키기도 하고, 면역성의 용혈 작용을 일으키기도 한다. 식용할 때는 어떤 요리에도 어울린다.

형태 균모의 지름은 5~14cm로 반구형에서 편평한 둥근 산모양이 된다. 표면은 암적갈색에서 차차 연해지며, 심한 끈적액이 표피를 덮는다. 살은 두껍고 거의 백색 또는 연한 황색으로 상처를 받아도 변색하지 않는다. 균모의 아래쪽은 어릴 때 백색 또는 암자색의 내피막으로 덮여 있고, 나중에 자루에 턱받이로 남는다. 그 후 균모의 가장자리에 붙어 있다. 관공은 황색에서 황갈색으로 변색된다. 구멍은 작고 원형이다. 자루의 길이는 4~7cm이고 굵기는 0.7~2cm로 위아래가 같은 굵기이고, 구멍을 덮고 있는 피막이 파괴되어 턱받이가 되지만 균모의 가장자리에 수직으로 매달리는 것도 있다. 턱받이는 나중에 젤라틴질화하고 자색을 나타낸다. 표면은 턱받이의 상부는 황색이며 미세한 알맹이가 있고, 하부는 백색 또는 갈색의 반점과 얼룩이 있다.

포자 장타원형 또는 타원상의 방추형이며, 크기는 7.5~9×3~3.5μm이다.

생태 여름에서 가을 사이에 소나무 숲의 땅에 군생한다.

분포 한국(남한 : 변산반도 국립공원, 두륜산, 발왕산, 지리산. 북한 : 오가산, 선봉, 고산, 금강산), 일본, 중국, 러시아의 극동, 유럽, 북아메리카, 호주 등 전 세계

참고 식용하는 큰비단그물버섯(*Suillus grevillei*)은 낙엽송수림의 땅에 발생하며 균모는 적색이고 구멍은 상처를 받으면 벽돌색으로 변색한다. 북한명은 진득그물버섯

평원비단그물버섯

Suillus placidus (Bon.) Sing. 미약독

용도 및 증상 독성분은 불분명하나, 중독 증상은 설사 등의 위장계의 중독을 일으킨다. 일본에서는 독버섯으로 취급하지 않지만 중국 문헌에는 독버섯으로 취급하고 있다.

형태 균모는 지름 3~14cm로 둥근 산모양에서 차차 편평하게 된다. 표면은 매끈하고 끈적기가 있으며 탁한 백색에서 황색으로 변색되고, 물에 담그면 그을은 올리브색이 된다. 관공은 처음 백색에서 연한 황색으로 변색하며, 자루에 대하여 바른 또는 약간 내린관공이다. 구멍은 작고 처음 백색에서 연한 황색으로 변하며, 때때로 연한 홍색의 액체를 분비한다. 살은 백색으로 연하고 맛은 없다. 자루는 백색에서 연한 황색으로 변하고 자갈색 또는 회갈색의 알맹이가 있다. 자루의 표면은 매끄럽고 끈적기가 있으며, 가장자리는 물결모양이다. 관공은 청황색이며 상처를 입어도 변색하지 않는다. 구멍은 백색에서 황색으로 된다. 자루의 길이는 4~12cm이고 굵기는 0.5~1.2cm로 하부가 가늘고 백색에서 황색으로 변색한다. 표면에 자갈색 또는 회갈색의 알갱이가 분포하며 속은 차 있다.

포자 장타원형이고, 표면은 매끄럽고 연한 황색이며 기름방울이 있다. 크기는 7~10.5×2.5~3.5μm이다.

생태 여름에서 가을 사이에 소나무숲의 땅에 군생한다.

분포 한국(남한 : 운장산), 중국, 시베리아, 북아메리카, 유럽

붉은대그물버섯 *Boletus erythropus* (Fr.) Secr. 미약독

용도 및 증상 독성분은 불분명하나, 먹으면 중독 증상이 나타난다. 유럽과 북아메리카 등에서 독버섯으로 취급한다. 식용도 가능하며 항암 성분도 가지고 있다.

형태 균모의 지름은 10~15cm로 둥근 산 모양이다. 표면은 사슴털색 또는 청동색이며, 끈적기가 없어 건조하고 미세한 털로 덮여 있다. 살은 황색이나 상처를 입으면 진한 청남색으로 변한다. 관공은 홍적색이나 그 단면은 황색에서 녹색으로 변색된다. 자루의 길이는 5~12cm이고, 굵기는 2~4cm이다. 표면은 황색 바탕에 암적홍색의 미세한 인편이 밀포되어 있다. 자루의 속은 차 있다.

포자 약간 방추형의 장타원형이며, 표면은 매끄럽고 연한 황색이며 기름방울이 있다. 크기는 12~18×4.5~6μm이다. 포자문은 올리브색을 띤 갈색이다.

생태 여름에서 가을 사이에 침엽수림의 땅에 난다.

분포 한국(남한 : 지리산, 북한 : 녕원), 일본, 중국, 러시아의 극동, 시베리아, 유럽, 북아메리카

참고 자루의 표면에 암적홍색의 미세한 인편이 밀포된다. 종명인 *erthropus*는 '붉은색'이라는 뜻이다. 북한명은 큰뒤붉은색갈이그물버섯

독그물버섯 *Boletus luridus* Fr. 미약독

용도 및 증상 독성분은 불분명하나, 먹으면 중독 증상이 나타난다. 유럽과 미국에서 독버섯으로 취급한다. 식용도 가능하다.

형태 균모의 지름은 5~20cm로 반구형에서 둥근 산모양을 거쳐 차차 편평하게 된다. 표면은 건조하거나 습기가 조금 있고, 융털이 있다가 차츰 없어지며 다색의 올리브색 또는 그을린 갈색으로 접촉하면 흑색으로 변한다. 관공은 자루에 대하여 끝붙은관공으로 황색에서 녹색으로 되고 길다. 구멍은 작고 원형 또는 각진 형이며 선홍색에서 오렌지색을 띤 황색을 거쳐 올리브색으로 변색된다. 균모, 관공, 자루는 상처를 받으면 청색으로 변색한다. 자루의 길이는 5~15cm이고 굵기는 3~6cm로 자루의 밑은 굵고 가근(헛뿌리 같은 것)이 있으며 갈색 또는 자색이다. 상부는 황색인데 선홍색의 그물무늬가 있다. 자루의 속은 차 있다.

포자 원통상의 방추형이고, 크기는 11~15×7~8μm이다. 표면은 매끄럽다.

생태 여름에서 가을 사이에 활엽수림의 땅에 단생 또는 군생한다.

분포 한국(남한 : 광릉, 가야산, 방태산, 오대산, 월출산, 지리산. 북한 : 묘향산, 평성), 일본, 중국, 러시아의 원동, 시베리아, 유럽, 북아메리카, 호주

참고 이름처럼 심한 독버섯은 아니다. 상처를 받으면 버섯 전체가 청색으로 변색한다. 북한명은 붉은색갈이그물버섯

큰그물버섯 *Boletus speciosus* Frost 미약독

용도 및 증상 독성분이 있는 것으로 알려져 있지만 기름에 조리거나 전골 등의 요리에 이용하기도 한다.

형태 균모의 지름은 7~12.5cm로 반구형에서 둥근 산모양을 거쳐 약간 편평하게 된다. 표면은 털이 없고 밋밋하며 습기가 있을 때 약간 끈적기가 있다. 또한 붉은 홍색이며, 때때로 청색의 얼룩이 생긴다. 살은 두껍고 단단하고 연한 황홍색이며 공기에 닿으면 청색으로 변색한다. 특이한 냄새와 맛은 없다. 관공은 자루에 대하여 바른 또는 끝붙은관공이고 연한 황색에서 진흙 갈색으로 변색된다. 구멍은 작고 각형이며 관공과 같은 색이다. 관공과 구멍은 상처를 받으면 청색으로 변색한다. 자루의 길이는 5~9cm이고 굵기는 1.5~2cm로 위아래의 굵기가 같거나 아래쪽으로 굵다. 근부가 부풀고 연한 황색인데 그물 눈모양이 있으며 다 자라면 기부의 위쪽은 어두운 와인색이 된다.

포자 원주상의 유방추형이며, 표면은 매끄럽고 연한 황색이며, 기름방울이 있다. 크기는 11 ~ 15×4 ~ 5.5μm이다.

생태 여름에서 가을 사이에 활엽수림의 흙에 단생 또는 군생한다.

분포 한국(남한 : 한라산, 지리산, 안동), 일본, 중국, 시베리아

참고 균모가 붉은 홍색이고 주름살과 자루는 연한 황색이 특징이다.

은빛쓴맛그물버섯 *Tylopilus eximius* (Peck) Sing. 미약독

용도 및 증상 독성분은 불분명하나, 먹으면 복통, 위통, 하품, 구토, 오한 등의 위장 중독을 일으킨다. 식용도 가능하다.

형태 균모의 지름은 5~12cm로 반구형에서 넓은 원추형을 거쳐 차차 편평하게 되나 약간 요철형인 것도 있다. 표면은 건조하나 습기가 있을 때 끈적기가 있으며, 약간 거칠다. 또한 초콜릿 자갈색으로 처음에는 독특한 꽃잎무늬가 있으며 털은 없고 매끈하다. 어릴 때는 백색 가루가 있는 것처럼 보인다. 살은 백색에서 연한 자회색을 거쳐 분홍색으로 변색된다. 관공은 암자갈색이고 자루 주변에 침몰하며 자루에 바른 또는 끝붙은관공이다. 구멍은 작고 초콜릿 자갈색에서 암색으로 변색된다. 자루의 길이는 4.5~9cm이고 굵기는 1.5~2cm로 위아래가 같은 굵기로 질기며 단단하다. 상처를 받으면 구멍과 똑같은 색인 암색으로 변색한다. 표면은 초콜릿의 자갈색이고 작은 자색의 인편이 밀포되어 있으며 처음에는 세로의 줄무늬가 있다.

포자 타원형으로, 크기는 11~17×3.5~5μm이고 표면은 매끄럽다. 포자문은 적갈색이다.

생태 여름에서 가을 사이에 전나무 숲 속의 땅에 군생한다.

분포 한국(남한 : 속리산, 두륜산, 변산반도 국립공원, 한라산), 일본, 중국, 북아메리카

거친껄껄이그물버섯 *Leccinum scabrum* (Bull. : Fr.) S. F. Gray 일반독

용도 및 증상 독성분은 불분명하나, 날것으로 먹으면 소화불량을 일으키는 경우가 있다. 먹을 경우 색이 변하기 전에 버터 혹은 야채에 볶아서 요리한다. 무와 궁합이 좋으며, 된장국에 넣어 먹는다.

형태 균모의 지름은 5~7.5cm로 반구형 또는 둥근 산모양이다. 표면은 회색, 회갈색, 암갈색 등인데, 습기가 있으면 약간 끈적기가 있다. 살은 백색이나 공기에 닿으면 분홍색(자루의 상부는 청색)으로 변한다. 관공은 자루에 대하여 올린 또는 끝붙은관공으로 백색에서 연한 회색으로 변색된다. 관공과 구멍은 처음 백색 또는 크림색에서 연한 회갈색 또는 황토 갈색으로 변색된다. 자루의 길이는 6~12cm이고 굵기는 1~2cm로 위쪽으로 가늘고, 표면은 백회색 바탕에 회갈색 또는 흑색의 세로 줄의 작은 인편으로 덮여 있다. 자루의 밑에는 청색의 얼룩은 없고, 살은 백색으로 공기에 닿으면 홍갈색으로 변색하거나 또는 변색하지 않는다.

포자 긴 방추형이고, 크기는 16~20×6~7μm이다.

생태 여름에서 가을에 걸쳐 활엽수림의 땅에 단생 또는 군생한다. 주로 낮은 산 또는 높은 산에 발생하며, 균근을 형성한다.

분포 한국(남한 : 만덕산, 한라산, 가야산, 모악산, 지리산, 변산반도 국립공원, 광릉. 북한 : 묘향산, 오가산, 녕원, 개성, 판교), 일본 등 아시아, 북반구 온대 이북

참고 이 종류의 버섯은 형태적으로는 구별하기 어려우므로 현미경을 이용한 관찰이 필요하다.

귀신그물버섯과

이름을 들으면 무서운 독버섯이 떠오르지만 사실은 그렇지 않다. 모양과 색깔 때문에 부쳐진 이름일 뿐이다. 하지만 식용버섯으로서의 가치가 없고, 독버섯이라고 해도 거의 해가 없으며, 거의 발견이 안되는 종 이다.

식용버섯

귀신그물버섯 *Strobilomyces strobilaceus* (Scop. : Fr.) Berk.

용도 및 증상 어릴 때는 된장국으로 이용하며, 약리작용도 한다.

형태 균모의 지름은 3~12cm로 반구형을 거쳐 편평한 둥근 산모양으로 변한다. 표면은 어두운 자갈색 또는 흑색의 인편으로 덮여 있다. 인편과 인편 사이는 거의 백색이다. 인편은 비단처럼 부드럽고 균모의 아래면은 백색의 피막으로 덮여 있으며 흑갈색이다. 하지만 후에 터져서 균모나 가장자리에 자루의 위쪽에 부착한다. 살은 두껍고 백색이며, 공기에 닿으면 적색을 거쳐 흑색으로 변색된다. 관공은 비교적 길고 자루에 바른 또는 홈파진관공이고 백색에서 흑색으로 변색되며, 상처를 받은 부분은 살처럼 변색한다. 구멍은 다각형이고 관공과 같은 색이다. 자루의 길이는 5~15cm이고 굵기는 0.5~1.5cm로 위아래가 같은 굵기이다. 하지만 위아래쪽으로 갈수록 가는 것도 있다. 단단하지만 부러지기 쉽다. 표면은 흑갈색이고 뚜렷한 섬유상 털로 덮여 있다. 속은 차 있다.

포자 구형이며, 크기는 8.5~10×7~9μm로 표면에 사마귀점 또는 침모양의 돌기가 있고 짧은 맥상 또는 주름모양의 융기로 덮여 있어서 불완전한 그물눈모양을 하고있다. 측낭상체는 가운데가 부푼 방추형으로 45~70×15~25μm이다. 연낭상체는 측낭상체와 비슷하지만 약간 소형이다. 포자문은 흑색이다.

생태 여름에서 가을 사이에 숲 속의 땅에 군생한다.

분포 한국(남한 : 방태산, 한라산, 속리산, 가야산, 다도해해상 국립공원, 두륜산, 변산반도 국립공원, 지리산), 유럽, 북아메리카, 북반구 일대

가죽밤그물버섯 *Boletellus emodensis* (Berk.) Sing.

용도 및 증상 어릴 때 식용이 가능하다.

형태 균모의 지름은 5~10cm로 둥근 산 모양이다. 표면은 건조하고 오래된 장미색 바탕에 어두운 갈색 또는 흑갈색의 큰 인편이 있어서 국화꽃모양을 나타낸다. 가장자리에는 막질의 내피막 흔적이 붙어 있다. 살은 두껍고 연한 황색이며 공기에 닿으면 청색으로 변색한다. 관공은 자루에 대하여 올린 또는 내린관공으로 두께 1.5~2.5cm로 황색이나 손으로 만지면 청색으로 변한다. 구멍은 다각형이고 크며, 관공과 같은 색이다. 자루의 길이는 7~10cm이며, 굵기는 1~1.5cm로 아래쪽으로 굵고 단단하지만 부서지기 쉽다. 속은 차 있으며 흑갈색이지만 상부는 홍자색이며 기부는 굵다. 표면은 털이 없고 밋밋하며 약간 섬유상이다. 세로로 가는 홈파진 줄무늬선이 있고, 기부에는 뚜렷한 백색의 균사 덩어리가 있다. 자루의 속은 차 있다.

포자 장타원형이며, 세로줄 홈선과 옆줄의 융기된 모양으로 크기는 20~24×8.5~12.5μm이다. 포자문은 암올리브색을 띤 갈색이다.

생태 여름에서 가을 사이에 숲 속의 땅 또는 썩은 고목에 단생 또는 군생한다.

분포 한국(남한 : 변산반도국립공원, 경주의 남산), 일본

참고 균모의 표면이 갈라지고 나중에는 심하게 균열한다.

독버섯

털밤그물버섯 *Boletellus russellii* (Frost) Gilbn. 일반독

용도 및 증상 독성분은 불분명하나, 먹으면 위의 불쾌감, 구토를 할 것 같은 느낌, 2일 간 술에 취한 것 같은 위장계의 중독 상태 등을 일으킨다. 하지만 맛이 좋고 자루는 탄력이 있어서 독특한 맛이 난다. 식초를 이용한 음식에 좋으며, 무와 궁합이 좋다.

형태 균모의 지름은 4~10cm로 반구형에서 차츰 편평한 둥근 산모양에서 거의 편평하게 펴진다. 표면은 건조하고 털이 없으며 오백색, 연한 다색 또는 연한 황토색을 띤다. 살은 황토색인데 공기에 닿아도 변색하지 않는다. 관공은 자루 주위에서 함몰하고, 자루에 대하여 떨어진관공이며 황색에서 녹황색으로 변색된다. 구멍은 관공과 같은 색으로 약간 대형이고, 다각형으로 격벽은 얇고 상처를 받아도 변색하지 않는다. 자루의 길이는 8~16cm이고 굵기는 1~1.5cm로 자루의 밑이 굵고 속은 차 있다. 표면은 적다색이며, 끝이 지느러미모양의 융기된 그물눈이 있고 끈적기가 조금 있다.

포자 장타원형이며, 크기는 15~20×7~11㎛으로 표면에 세로로 달리는 미세한 줄무늬가 있다. 포자문은 올리브색을 띤 갈색이다.

생태 여름에서 가을 사이에 소나무숲, 졸참나무숲 속의 땅위나 부식토 위에 단생 또는 군생한다.

분포 한국(남한 : 지리산, 운장산), 일본, 북아메리카의 동부

참고 자루에 지느러미 같은 융기된 그물눈이 있는 것이 특징이다.

담자균문 ≫ 담자균강 ≫

민주름버섯목

Mushrooms and Poisonous Fungi in Korea

꾀꼬리버섯과

대표적인 식용버섯이나 최근의 연구에서 미량 독성분을 가진 것으로 보고되고 있다. 인체에는 전혀 해가 없지만 앞으로 더 연구가 필요한 버섯종이다.

식용버섯

꾀꼬리버섯 *Cantharellus cibarius* Fr.

용도 및 증상 독성분은 노르카페라틱산(norcaperatic acid: 평활근, 균형감각상실)이며, 아마톡신류를 미량 함유하나 인체에 전혀 해가 없다. 미량으로 독성분인 세슘137 등의 방사성 중금속을 축적한다는 문헌도 있지만 문제가 될 정도는 아니다. 식물과 공생하는 균근성으로 살구 같은 향기가 있는 맛있는 식용균이다.

형태 균모의 지름은 3~8cm이고 자실체의 높이는 3~8cm이며, 전체가 노란 자색이다. 균모는 가운데가 조금 오목하고 불규칙한 원형인데, 가장자리는 얕게 갈라지는 물결모양이고, 표면은 매끄럽다. 살은 두껍고 치밀하며, 연한 황색으로 세로로 갈라진다. 살구같은 향기가 있다. 주름살은 방사상으로 늘어선 긴 내린주름살이고 가지를 쳐서 맥상으로 연결된다. 자루는 원주형이고 중심성 또는 편심성이다. 자루의 밑은 백색의 솜털상의 균사가 부착하며 속은 차 있고 아래쪽으로 가늘다.

포자 타원형이며 크기는 7.5~10×5~6μm이고 포자문은 크림색이다.

생태 여름에서 가을 사이에 활엽수나 침엽수림의 땅에 군생한다.

분포 한국(남한 : 속리산, 월출산, 지리산, 모악산), 전 세계

참고 유럽에서는 대표적인 식용균으로 귀중하게 여겨서 크리스마스 때 선물로 이용하기도 한다. 유사종으로 애기꾀꼬리버섯(*Cantharellus minor*)은 크기가 매우 작다. 북한명은 살구버섯

붉은꾀꼬리버섯 *Cantharellus cinnabarinus* Schw.

용도 및 증상 식용으로 쓰인다.

형태 균모의 지름은 2~4cm로 표면은 주홍색 또는 붉은색이고 매끄럽거나 거칠며, 오래되면 퇴색한다. 자실체는 육질이다. 균모는 둥근 산모양 또는 가운데가 오목한 형을 거쳐 깔때기모양으로 되며, 때로는 부정형이 되기도 한다. 가장자리는 안쪽으로 말리고 물결모양이거나 얕게 갈라지며, 표면과 같은 색이다. 살은 백색이고 바깥층은 적색이다. 융기된 주름살은 자루에 대하여 내린주름살이고 맥상으로 연결되며, 연한 색이다. 자루의 길이는 2~5cm이고, 굵기는 0.2~0.5cm로 원통형이다. 기부는 가늘고 매끄럽거나 줄무늬가 있으며 균모와 같은 색으로 속은 차 있다.

포자 타원형이고, 크기는 8~9×5~6μm이며, 표면은 매끄럽다. 포자문은 백색 또는 연한 분홍색이다.

생태 여름에서 가을 사이에 숲 속의 땅에 군생하거나 또는 단생한다.

분포 한국(남한 : 변산반도 국립공원, 월출산, 만덕산, 지리산), 일본, 북아메리카

참고 종명인 *cinnabarius*는 '붉은 적색' 이라는 뜻이다. 균모와 자루는 오렌지 적색 또는 분홍색이고, 융기된 주름살 등은 맥상으로 연결되는 것이 특징이다.

깔때기꾀꼬리버섯 *Cantharellus infundibuliformis* (Scop.) Fr.

용도 및 증상 된장국, 야채 볶음, 계란찜 등의 요리에 사용한다.

형태 균모의 지름은 2~5cm이고 자실체의 높이는 5~8cm로 깔때기로 된 막대모양의 육질이 있으며, 가운데의 오목한 것은 자루의 기부까지 연결된다. 균모의 표면은 황다색 또는 연한 황토색이고, 방사상의 섬유모양과 희미한 고리 무늬를 나타낸다. 가장자리는 아래쪽으로 구부러지며 불규칙한 물결모양으로 얕게 갈라졌다. 균모의 아랫면은 맥상모양의 주름살이 있으며 회황백색이다. 자루의 속은 비었고 길이는 3~8cm 이고 굵기는 0.5cm 정도이며, 아래쪽으로 굵다. 표면의 색은 칙칙한 황색이고, 살은 황색으로 약간 질기다.

포자 장타원형 또는 아구형이며, 크기는 9~11×7.5~9μm이다. 표면은 매끄럽다. 포자문은 백색이다.

생태 가을에 숲 속의 땅에 군생하거나 단생한다.

분포 한국(남한 : 변산반도 국립공원, 한라산), 일본, 중국, 유럽, 북아메리카

참고 종명인 *infundibuliformis*는 '깔대기 모양' 이라는 뜻이다. 균모의 가장자리가 불규칙한 물결모양의 깔대기형이라는 특징이 있다. 북한명은 노란나팔버섯

황금꾀꼬리버섯 *Cantharellus luteocomus* Bigelow

용도 및 증상 여러 가지 요리에 이용한다. 마르면 버터 향이 난다.

형태 균모의 지름은 1~3cm이고, 전체가 장미색 또는 연한 오렌지색을 띤 적색의 가는 버섯이다. 특히 균모와 자루가 연한 황색 또는 백색인 것이 있다. 균모의 표면은 끈적기가 없다. 융기된 주름살은 자루에 대하여 내린주름살형이고, 자실층은 주름진 모양이고 밋밋하다. 자루 속은 비었다.

포자 광타원형이고, 크기는 10~12×7.5~10.5μm로 표면은 밋밋하다. 균사에 꺾쇠가 있다.

생태 가을에 소나무 숲의 땅에 산생하거나 군생한다. 균륜을 형성한다.

분포 한국(남한 : 전국), 일본, 북아메리카 (동부)

참고 꾀꼬리버섯들은 민주름버섯목으로 분류하는데, 이 버섯들의 주름살은 주름버섯목의 주름살과 다르게 융기된 주름살이고, 주름의 날 부분까지 자실층이 발달하여 진정한 주름살과 구분되므로 민주름버섯목으로 분류한다.

애기꾀꼬리버섯 *Cantharellus minor* Peck

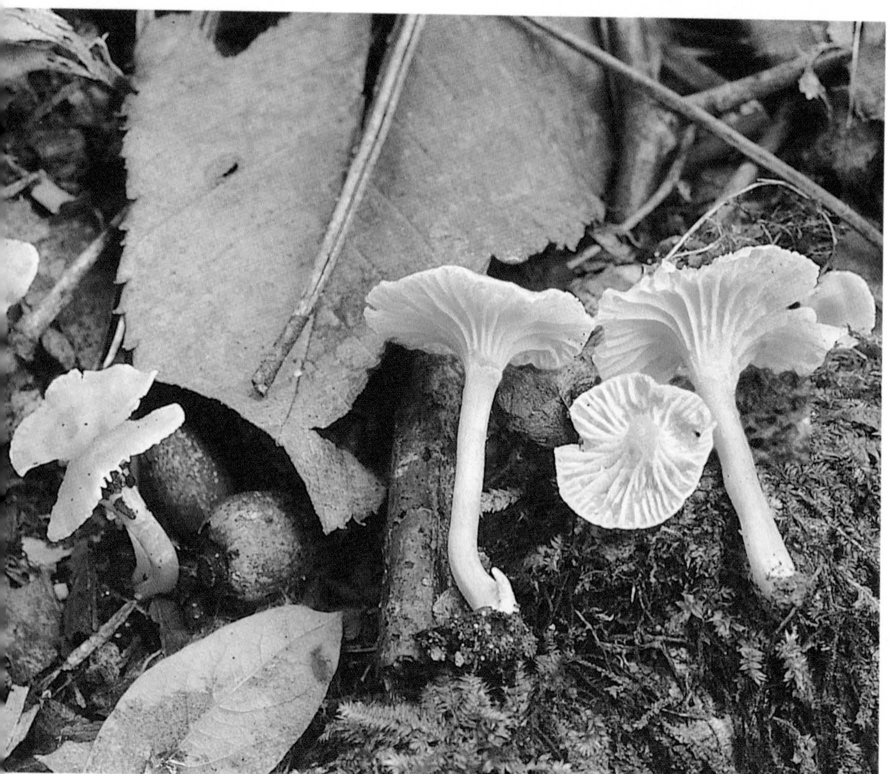

용도 및 증상 식용으로 쓰인다.

형태 균모는 지름 1.5~2cm로, 둥근 산모양을 거쳐 편평형이 되나 때로는 부정형이 되거나 중심이 함몰한다. 표면은 매끄럽고 오렌지색을 띤 황색 또는 적황색이며, 가장자리는 아래로 말린다. 또한 톱니상이 아니며 위로 말리기도 한다. 살은 연한 색이며 육질로서 맛은 온화하다. 자실층면에 주름살이 분지하고 표면과 같은 색이며, 내린주름살이다. 자루의 길이는 2~3cm이고 굵기는 0.5~1cm로 원통형이며 매끄럽고 오렌지색 또는 황색이다. 자루의 위아래 굵기가 같거나 아래가 가늘다.

포자 타원형 또는 거꾸로 된 난형이고, 크기는 7~7.5×4.5㎛로 표면은 매끄럽다. 포자문은 황색이다.

생태 여름과 가을 사이에 숲 속 땅에 군생한다.

분포 한국(남한 : 전국, 북한 : 백두산), 일본, 중국, 북아메리카

참고 비슷한 종에는 바랜애기꾀꼬리버섯(*Cantharellus minor* var. *pallid* D.H.Cho)이 있다. 이 종은 균모의 가장자리가 바랜 색깔이고 땅속에 묻힌 고목 옆에 군생하여 구별이 된다. 북한 명은 작은살구버섯

뿔나팔버섯 *Craterellus cornucopioides* (L. : Fr.) Pers.

용도 및 증상 육질이 얇아서 잘 씹히고, 맛이 좋다. 식초를 사용한 요리에 좋으며, 무와 궁합이 좋다. 된장국, 기름 요리에 주로 사용한다.

형태 균모 부분의 지름은 1~5cm로 나팔모양이며, 깊은 깔때기모양이다. 가운데는 자루의 기부까지 비어 있다. 균모의 가장자리는 얕게 갈라지며 물결모양이고, 표면은 회색 또는 회갈색이며 미세한 인편 조각으로 덮여 있다. 살은 얇고 연한 가죽질을 가진 육질이다. 균모의 뒷면인 자실층면은 회백색 또는 연한 회자색이며, 희미하게 세로로 늘어선 주름모양의 줄무늬 홈선이 있다. 자체의 높이는 5~10cm이고 아래쪽으로 가늘다.

포자 난형 또는 타원형이고, 표면은 매끄럽고 투명하며, 간혹 기름방울이 있는 것도 있다. 크기는 11~13×6~8μm이다.

생태 여름에서 가을 사이에 숲 속의 땅에 2~3개씩 속생한다.

분포 한국(남한 : 변산반도 국립공원, 월출산, 지리산), 일본 및 전 세계

참고 나팔모양 또는 나팔꽃 모양이고, 균모는 회색 또는 회갈색이며 자루의 기부까지 비어있다. 북한명은 검은 나팔버섯

나팔버섯과

식용도 하지만 인체에 해를 끼칠 정도가 아닌 미량의 독성분을 가진 것도 있다. 하지만 거의 발견이 안 되는 종들이다.

식용이나 미량의 독성분을 가지고 있는 버섯

나팔버섯 *Gomphus floccosus* (Schw.) Sing. 미약독

용도 및 증상 독성분은 노르카페라틱산(norcaperatic acid : 평활근, 균형감각상실)이며 중독 증상은 구토, 설사 등의 위장계의 중독을 일으킨다. 동물 실험에서는 눈의 동공이 흐리고, 근육 이완, 중추신경계의 이상 증상이 나타난다. 끓이면 독성분의 일부가 소실되기 때문에 먹을 수 있지만, 그래도 중독 될 수가 있으므로 먹어서는 안 된다.

형태 균모의 지름은 4~12cm이고 자실체의 높이는 10~20cm이고 어릴 때는 뿔피리 모양이나, 나중에 균모가 자라서 속이 깊은 깔때기모양 또는 나팔모양으로 변한다. 가운데는 밑까지 오목하게 들어간다. 표면은 황토색 바탕에 적홍색의 반점이 있고 위로 말리며 큰 인편이 있다. 살은 백색이다. 자실층면은 황백색 또는 크림색이다. 자루에 대하여 세로줄로 된 긴 내린주름살이고 맥상의 주름으로 되어 있다. 자루는 적색의 원통형이고, 속은 비어 있다.

포자 타원형으로, 크기는 12~16×6~7.5 μm이고 표면은 매끄럽다. 포자문은 크림색이다.

생태 여름에서 가을 사이에 이끼가 없는 침엽수림의 땅에 단생 또는 군생한다. 균륜도 형성한다.

분포 한국(남한 : 변산반도 국립공원, 속리산, 오대산, 월출산), 일본, 동북아시아, 북아메리카

참고 북한명은 나팔버섯

후지나팔버섯 *Gomphus fujisanensis* (Imai) Paramasto 미약독

용도 및 증상 독성분은 모르지만 먹으면 구토, 복통 등의 위장계의 중독을 일으킨다. 처음에는 냄새가 조금 나지만 시간이 지나면 심한 냄새가 난다. 끓여도 독성분이 남아 있으므로 주의를 하여야 하지만 식용이 가능하다.

형태 자실체는 원통형에서 뿔피리 모양을 거쳐서 깊은 깔때기모양의 나팔처럼 된다. 지름 5~10cm이고 높이는 10cm정도로 중심부는 기부까지 패여 있다. 전체가 진흙색 또는 연한 황토갈색이고 자실층면의 안쪽은 살구색 또는 연한 갈색으로 약간 거칠며 외측은 주름모양 또는 맥상모양이다.

포자 타원형이며, 크기는 12.5~14.7×6~7.5μm로 표면에 가는 사마귀 반점이 있다.

생태 여름부터 가을에 걸쳐서 혼효림의 땅에 군생 또는 속생한다. 균륜을 형성한다.

분포 한국(남한 : 지리산), 일본

참고 유사종인 나팔버섯(*Gomphus floccous*)에 비하여 자실체 전체는 적색 또는 황색 등으로 이루어져 있으나 선명한 색이 없고, 포자가 조금 작은 점에서 쉽게 구별된다.

흰나팔버섯 *Gomphus pallidus* (Yasuda) Corner. 미약독

용도 및 증상 식용으로 쓰인다.

형태 자실체의 전체의 높이는 5~10cm이고 균모의 지름은 4~10cm로 불완전한 깔때기모양, 주걱모양 또는 부채모양이며, 가장자리는 위로 말린다. 표면은 찢어진 듯한 모양을 타나내는 것도 있다. 자루가 분지하여 몇 개의 균모를 붙여 겹꽃잎처럼 보인다. 전체가 백색 또는 황백색이며, 살은 두껍고 육질이다. 자실층은 융기된 주름살을 덮으며 백색이나 포자가 익으면 크림색으로 변색된다. 자루는 편재 또는 측생하거나 분지한다.

포자 타원형이고, 크기는 8~12×4~4.5μm이며, 표면은 미세한 사마귀 같은 반점으로 덮인다. 포자문은 크림색이다.

생태 가을에 숲 속의 땅에 군생한다.

분포 한국(남한 : 전국), 일본

참고 종명인 *pallidus*는 '색깔이 옅은 것'을 의미한다. 특징은 버섯 전체가 육질이고 백색이며, 자실층(버섯)은 얇은 융기된 주름살이다.

치마버섯과

식용하며, 약용으로도 쓰이는 목재부후균이다. 우리나라에서 가장 흔한 버섯이다.

식용버섯

치마버섯 *Schizophyllum commune* Fr.

용도 및 증상 식용과 약용으로 이용하며, 재배도 가능하다.

형태 균모는 지름 1~3cm로 자루가 없고, 균모의 옆이나 등면의 일부로 기물에 부착하며, 부채 모양 또는 원형, 때로는 손바닥같이 갈라진다. 표면은 거친 털이 밀생하고 백색, 회색 또는 회갈색이다. 주름살은 백색, 회색, 연한 살색 또는 자주색이며, 가장자리는 세로로 갈라져 두 장씩 겹친 것처럼 보인다. 살은 가죽질이고 마르면 움츠러들며, 물에 담그면 원상태로 된다. 자루는 없다.

포자 원주형이고 4~6×1.5~2μm이며, 1~3개의 기름방울이 있다. 포자문은 흰색이다.

생태 봄에서 가을에 걸쳐서 죽은 나무나 막대기, 활엽수, 침엽수의 목재에 흔히 난다. 살아 있는 나무의 썩은 부위나 껍질에서 사물 혹은 활물기생한다. 가장 흔한 버섯 중의 하나이다.

분포 한국(남한 : 전국. 북한 : 전국), 중국, 러시아의 극동, 일본, 유럽, 북아메리카, 전 세계

참고 북한명은 나무틈새버섯

꽃송이버섯과

무더기로 발생하며 식용버섯들이다. 흔한 종은 아니다.

식용버섯

꽃송이버섯 *Sparassis crispa* Fr.

용도 및 증상 식용하며, 살은 단단하다. 볶음 요리 등에 사용된다.

형태 버섯의 자실체는 백색이지만, 밤색으로 물결치는 꽃잎이 다수 모인 것 같은 버섯이다. 덩어리의 지름이 10~30cm로 하얀 양배추와 닮았고, 아름답다. 꽃잎 같은 균모들의 두께는 0.1cm 내외이고, 물렁물렁한 살로 되어 있다가 차츰 단단하여진다. 각 균모는 근부는 덩이모양인 공통의 자루로 되어 있고, 자실층은 꽃잎 모양의 얇은 균모의 아래쪽에 발달한다. 따라서 자실체에는 표면과 뒷면의 구별이 있다.

포자 난형 또는 타원형이고, 크기는 6~7×4~5μm이다.

생태 여름부터 가을까지 살아 있는 나무의 뿌리 근처의 줄기나 그루터기의 한 뿌리에서 속생한다. 갈색부후균이다. 아고산대에 많이 발생한다.

분포 한국(남한 : 가야산, 다도해해상 국립공원의 금오도, 지리산. 북한 : 백두산), 일본, 중국, 유럽, 미국, 호주

사마귀버섯과

식용도 하나 미량의 독성분을 함유한 것들도 있다. 식용버섯으로는 능이가 대표적이다.

식용이나 미량의 독성분을 가지고 있는 버섯

능이 *Sarcodon aspratus* (Berk.) S. Ito

용도 및 증상 독성분은 불분명하나, 먹으면 혀나 목구멍의 마비, 발진, 배변 시 항문의 통증 등을 일으키는 사람도 있지만 해는 없다. 특히 날것으로 먹으면 위장계의 증상을 일으킨다. 살은 두껍고 질긴 육질이며 맛은 쓰다. 우리나라에서는 지방에 따라 송이버섯보다도 더 좋은 버섯으로 취급하는 곳도 있다. 건조하면 강한 향기가 나는 귀중한 식용균이다. 향기가 독특하고 쓴맛이 있어서 향버섯이라고도 한다. 시골에서는 소화제로도 사용하는데, 특히 돼지고기를 먹고 체했을 때 능이를 삶은 국물을 먹으면 효과가 아주 좋다. 일본에서는 이 버섯에 대한 중독 사례가 있기 때문에 날것으로 먹거나 너무 많이 과식하는 것은 피하는 것이 좋다.

형태 균모의 지름은 10~20cm이고 자실체의 높이는 10~20cm로 나팔꽃처럼 핀 깔때기모양이며, 가운데는 줄기의 밑까지 깊숙이 뚫려 있다. 표면에는 거칠고 위로 뒤집혀진 각진 모양의 인편이 밀포한다. 전체가 분홍색 또는 연한 갈색이며, 홍갈색 또는 흑갈색을 거쳐 건조하면 흑색으로 변색된다. 살은 연한 홍백색인데 건조하면 회갈색으로 변색되며 독특한 냄새가 난다. 아래쪽의 침은 길이 1cm 이상으로 자루의 아래까지 있으며, 처음은 짧지만 나중에 길게 늘어난다. 자루의 길이는 3~6cm이고 굵기는 1~2cm로 표면은 매끄럽고 균모보다 연한 색이다.

포자 아구형이며, 지름은 5~6μm로 연한 갈색이다. 표면에 사마귀 점 같은 것이 있다.

생태 여름에서 가을 사이에 활엽수림의 땅에 열을 지어 군생한다.

분포 한국(남한 : 두륜산, 방태산, 지리산), 일본

참고 유사종은 노루털버섯(*Sarcodon imbricatus*)으로 균모의 색은 다갈색 또는 흑갈색의 기와 모양의 큰 인편이 있다. 북한명도 능이버섯

노루털버섯 *Sarcodon imbricatus* (L. : Fr.) Karst.

용도 및 증상 식용하지만 약리 기능도 있다. 먹을 때는 한 번 물에 끓여서 요리한다.

형태 자실체는 자루가 있으며 육질이다. 균모는 낮은 산모양에서 편평형을 거쳐 얕은 깔때기모양으로 되고, 지름은 5~23cm이다. 표면은 다갈색 또는 흑갈색의 기와모양이며, 큰 인편으로 덮여 있다. 살은 두껍고 강한 육질이며, 백색 바탕에 연한 적갈색을 띠고 때로는 줄무늬선이 있으며 맛이 쓰다. 침의 길이는 1cm로 회백색에서 갈색으로 변색되며, 밀생하고 자루 위에도 있다. 자루의 길이는 2.5~5cm이고 굵기는 1~3cm로 중심생 또는 편심생이다. 속은 차 있고 질으며, 백색이나 연한 갈색을 띠고 매끄럽다.

포자 아구형으로 표면에 갈색의 사마귀 반점이 있다. 크기는 7~8.5×4.5~5μm이고 기름방울이 있다.

생태 여름에서 가을 사이에 침엽수림의 땅에 다수가 열을 지어 군생한다.

분포 한국(남한 : 만덕산), 일본, 중국, 유럽, 북아메리카

참고 얇은 깔대기 모양이고 흑갈색의 큰 인편이 밀생하며, 자실층인 침의 길이가 1cm에 달한다. 종명인 *imbricatus*는 '기와장이 겹쳐진 상태'를 뜻한다. 북한명은 수능이버섯

까치버섯 *Polyozellus multiplex* (Underw.) Murr.

용도 및 증상 식용으로 쓰인다. 바닷말과 같은 향기가 있으며 건조하면 향기는 더 짙어진다. 기름 볶음 요리에 쓰인다.

형태 자루는 밑동이 하나이지만 거듭 분지하여 각가지 끝에 주걱모양 또는 부채모양의 균모가 펴진다. 그러면 지름 10~30cm가 되고, 높이는 10~20cm에 이른다. 균모는 얇아서 물결 모양으로 위로 말리고, 표면은 청곤색 또는 남흑색으로 매끄럽다. 살은 얇고 가죽질인 육질이다. 아랫면의 자실층은 회백색 또는 회청색이며, 흰 가루를 바른 것 같다. 방사상으로 달리는 낮은 주름살은 자루에 대하여 내린관공이고, 균모와 자루의 경계가 분명하지 않다.

포자 아구형이며, 표면에 사마귀 같은 반점이 있다. 지름은 4~6μm이고, 포자문은 백색이다.

생태 여름과 가을에 침엽수 및 활엽수림의 땅에 군생한다.

분포 한국(남한 : 지리산), 일본, 북아메리카

참고 뿌리형으로 생긴 자루가 분지되며, 각 가지의 끝에 주걱모양 또는 부채모양의 균모를 형성하고 남흑색 혹은 청곤색인 것이 특징이다. 종명인 *multiplex*는 '복합 다양하다' 는 뜻이다. 북한명은 검은춤버섯

흰굴뚝버섯 *Boletopsis leucomelas* (Pers. : Fr.) Fayod

용도 및 증상 식용하지만 쓴맛이 있다. 씹는 맛이 좋고, 구워서 초간장에 찍어 먹는다.

형태 균모의 지름은 5~15cm로 둥근 산모양에서 차차 편평하게 된다. 표면은 회백색에서 회색을 거쳐 흑색으로 변색되지만 조금 적자색을 나타내는 것도 있다. 미세한 털이 있고 가죽 같은 촉감이 있다. 살은 백색이나 상처를 입으면 적자색으로 되고 쓴 맛이 있다. 균모의 아랫면에는 관공이 무수히 많이 있으며, 구멍은 커지면 원형으로 되고 깊이는 0.1~0.2cm로 백색에서 차츰 회색이 된다. 구멍의 가장자리는 처음에 백색이나 나중에 회색으로 변색된다. 자루의 길이는 2~10cm이고 굵기는 1~2.5cm로 원주상이며, 단단하고 속은 차 있고 균모와 같은 색이다. 자루 속은 회색으로 차 있다.

포자 아구형이며, 지름은 4.5~6㎛이고 표면은 사마귀 반점이 있다.

발생 가을에 침엽수림과 활엽수림의 땅에 군생 또는 산생한다.

분포 한국(남한 : 지리산, 진안), 일본, 유럽, 북아메리카

참고 가운데가 오목한 둥근 산모양이고, 회백색에서 흑색으로 변색하며 약간 적자색을 가진다. 관공은 백색에서 회색으로 변색된다. 북한명은 검은가죽버섯

노루궁뎅이과

전부 식용 버섯으로 목재부후균이며, 특히 중국 등지에서 고가로 판매된다.

식용버섯

산호침버섯 *Hericium coralloides* (Fr.) S. F. Gray

용도 및 증상 식용으로 쓰인다.

형태 크기는 5~20cm 정도로, 기주에 직접 부착되고, 덩어리 모양이다. 보통 여러 개의 비교적 짧고 (1~4cm) 강인한 줄기모양을 하고 있으며, 여기서 여러 개의 가늘고 긴 침상의 가지가 산호처럼 되어있다. 연한 살(육질)이고 백색이지만, 건조하면 노란자색 또는 갈색을 띤다. 침의 길이는 5~10mm이고, 굵기는 0.5~1mm로 끝은 가늘고 뾰족하며, 부착 부위는 서로 유착한다. 가지 끝과 옆에 짧은 자루가 있다.

포자 구형이며, 지름 5.5~7㎛로 매끄럽다. 미세한 반점이 있는 것도 있다. 1개의 기름방울을 가졌다.

생태 여름과 가을에 활엽수의 죽은 줄기나 통나무에 군생 또는 속생한다.

분포 한국(남한 : 지리산. 북한 : 백두산), 일본, 중국, 유럽, 북아메리카

참고 여러 개의 짧은 줅기 모양이고, 여기에 다수의 가늘고 긴 침상의 가지가 있다. 백색이다. 북한명은 흰산호버섯

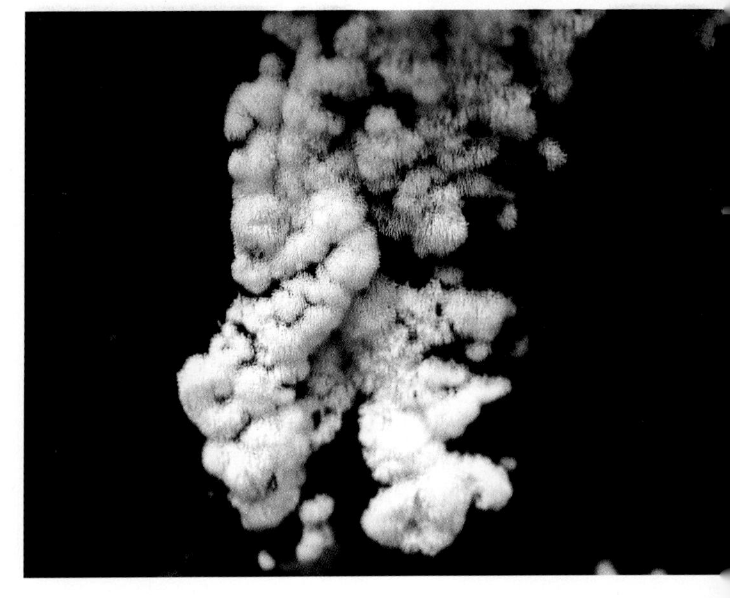

노루궁뎅이 *Hericium erinaceum* (Fr.) Pers.

용도 및 증상 된장국, 초절임, 불고기 요리에 주로 쓰인다. 육질로서 약용 및 항암 기능이 있다.

형태 버섯의 지름은 5~20cm로 위쪽의 등면을 제외한 전면에 길이 1~5cm나 되는 긴 침이 무수히 있어 전체 모양이 고슴도치와 비슷하다. 자실체는 거꾸로 된 난형 또는 반구형이며, 나무줄기에 수직으로 매달려서 발생한다. 자실체의 윗면에는 짧은 털이 밀생하며 밋밋하지 않다. 자실체 전체가 처음은 백색이나 나중에 황색 또는 연한 황색으로 변색된다. 살은 부드러우며 속은 거의 차 있다. 세로로 자르면 위쪽은 크고 작은 구멍이 있는 갯솜모양의 살덩이가 있고 아래쪽은 긴 침의 집합이다. 자실층은 침의 표면에 발달한다.

포자 아구형이고, 크기는 6.5~7.5×5~5.5μm이며 표면은 밋밋하거나 미세한 반점이 있다. 아미로이드 반응이다.

생태 여름부터 가을까지이며 산 속의 활엽수의 나무줄기에 난다. 목재부후균으로 백색부후를 일으킨다.

분포 한국(남한 : 지리산, 북한 : 백두산), 일본, 중국, 유럽, 아메리카 등 북반구 온대 이북

참고 대형의 버섯으로, 나무 줄기에 노루궁뎅이 모양으로 부착되고, 백색의 침이 무수히 늘어진다는 특징이 있다. 북한명은 고슴도치버섯

수실노루궁뎅이 *Hericium ramosum* (Merat) Letellier

용도 및 증상 맛이 없으며, 찌개, 식초 요리, 버터 볶음, 동서양 음식과 궁합이 좋다.

형태 자실체는 지름 10~25cm이고 전체 높이는 7.5~15cm로 가지를 많이 치며, 가지 양쪽에서 조잡한 바늘이 생기고 백색에서 크림색으로 변색된다. 살은 연하고 부서지기 쉬우며, 백색이다. 바늘의 길이는 0.5~2.5cm의 다발로 되고 백색 또는 크림색이며, 가지의 양쪽과 아래쪽에 바늘이 많이 나 있다. 자루의 형태는 확실하지 않고 측생한다.

포자 아구형이고, 크기는 3~5×3~4㎛이며 표면이 조금 거칠거나 매끄럽다. 포자문은 백색이다.

생태 여름과 가을에 낙엽활엽수의 썩은 줄기나 통나무, 그루터기에 단생 또는 군생한다.

분포 한국(남한 : 지리산. 북한 : 백두산), 북아메리카

참고 기주인 나무줄기에서 발생하며, 반복 분지된다. 종명인 *ramosus*는 '가지를 친다'는 뜻이다. 학명으로 *He-ricium laciniatum*도 사용된다.

턱수염버섯과

포자는 침으로 된 자실층에 만들며, 독버섯은 없는 것으로 알려져 있다.

식용이나 미량의 독성분을 가지고 있는 버섯

턱수염버섯 *Hydnum repandum* (L.) Fr. 미약독

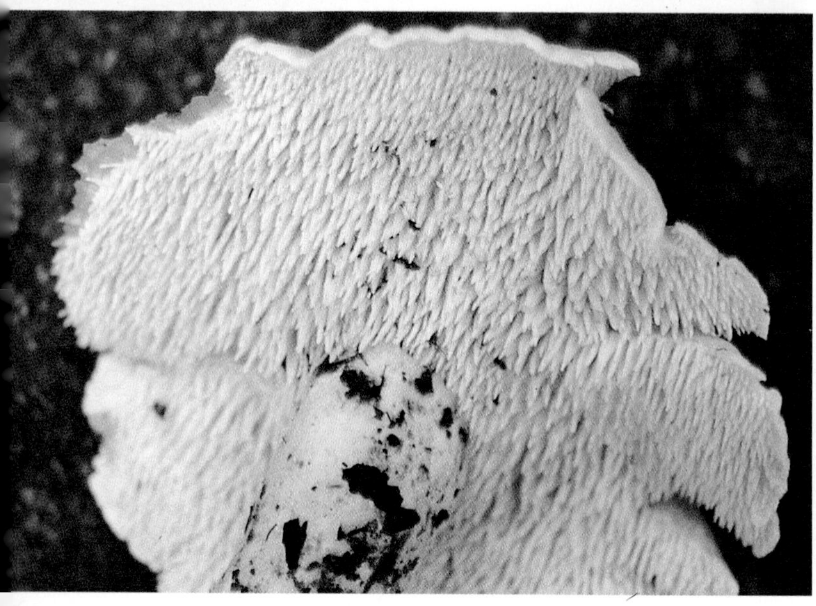

용도 및 증상 독성분은 세포성 독성분을 함유하며 식균 작용도 한다. 식용도 가능하다.

형태 균모의 지름은 2~10cm이고 둥근 산모양이지만 가운데는 오목하고, 어떤 것은 균모가 위로 올라가 부정형이어서 평탄하지 않다. 표면은 연한 황색인데 건조하면 황갈색으로 변색되고, 표면은 매끄럽거나 미세한 털이 있으며 물결모양이다. 살은 육질이며 부서지기 쉽고 백색으로 연하고 두껍다. 자루의 길이는 2~5cm이고 굵기는 0.5~1cm로 백색이거나 균모와 같은 색이며, 부정형으로 매끄럽고 자루의 속은 차 있다. 침은 길이 0.1~0.6cm로 부서지기 쉬우며 밀생하고, 송곳형 또는 짧은 사마귀형으로 균모와 같은 색이다.

포자 아구형이고, 크기는 7~9×6.5~7.5 μm로 표면은 매끄럽다.

생태 여름부터 가을까지 숲 속의 땅에 군생한다.

분포 한국(남한 : 가야산, 방태산, 한라산. 북한 : 백두산), 일본, 중국, 유럽, 북아메리카, 호주

참고 유사종인 흰턱수염버섯(*Hydnum repandum* var. *album*)은 변종으로 전체가 백색이다. 북한명은 노루털버섯

흰털수염버섯 *Hydnum repandum* var. *album* Quél. 미약독

용도 및 증상 기름으로 볶아서 사용하며 담백하다. 어떤 요리와도 궁합이 좋다. 철판구이, 불고기, 버터구이 등을 요리할 때도 사용된다.

형태 균모의 지름은 2~10cm로 전체가 백색의 연한 육질이며, 비뚤어진 원형이고 물결이 치는 듯한 모양의 부정형이다. 표면은 거의 매끄러우며, 아랫면의 침은 길이 0.1~0.5cm로 백색이며 내린 주름살로 매우 부서지기 쉽다. 자루의 길이는 2~7cm이고 굵기는 0.5~2cm로 비뚤어진 원주형이다. 속은 차 있다.

포자 아구형이고, 크기는 7~9×6~7㎛이다.

생태 여름부터 가을까지이며 침엽수와 활엽수림의 땅에 군생한다.

분포 한국(남한 : 가야산, 지리산. 북한 : 백두산), 일본, 전 세계

참고 털수염버섯(*Hydnum repandum*)과 닮았으나 버섯 전체가 백색이어서 구분된다.

소혀버섯과

나무에 발생하는 진귀한 버섯으로, 맛있는 버섯의 하나로 꼽힌다.

식용버섯

소혀버섯 *Fistulina hepatica* Schaeff. : Fr.

용도 및 증상 매운맛이 있으나 먹을 수 있다. 항암 작용을 한다. 인공재배도 가능하며 서양에서는 3대 진미의 하나로 손꼽힐 정도로 유명하다. 날로 먹기도 한다.

형태 균모는 부채모양, 주걱모양 또는 소의 혀나 동물의 간장을 닮은 모양인데, 크기는 10~20cm이고 표면은 진한 홍색 또는 어두운 적갈색으로 가는 알맹이가 덮여 있다. 살은 혈홍색인데 짐승의 살코기와 닮은 적백색의 근육모양을 하고 있으며, 피 같은 붉은 즙을 함유하고 신맛이 있다. 균모의 아랫면은 황색이었다가 차츰 홍색이 된 후 결국 적갈색으로 변색한다. 관공의 길이는 0.5~1.0cm이고 지름은 0.1cm 정도로 원통형이며 1개씩 분리할 수 있다. 관벽은 황백색이고 자루는 없다.

포자 난형이고, 크기는 4~5×3μm이다. 비아미로드 반응이다.

생태 여름과 가을에 활엽수(너도밤나무, 잣밤나무, 참나무, 밤나무)의 살아있는 밑동이나 썩은 구멍에 홀로 나는 것이 대부분이지만 간혹 2~3개가 옆으로 겹쳐서 나는 것도 있다. 갈색부후균이다.

분포 한국(남한 : 소백산. 북한 : 묘향산, 평성), 일본, 중국, 유럽, 북아메리카, 호주

참고 북한명은 간버섯이다. 반면 남한에서 간버섯의 학명은 *Pycnoporus coccineus*로, 구멍장이버섯과로 분류한다.

소혀버섯의 진미

활엽수인 메밀잣나무나 떡갈나무에서 발생하는 소혀버섯은 소의 혀 모양과 닮았기 때문에 이름이 붙여졌는데, 살은 선홍색이고 쇠고기처럼 하얀 줄(주름)이 있으며, 피와 같은 즙을 가지고 있다. 구우면 빨간 액체가 나오는데 마치 쇠고기 스테이크와 같다. 유럽에서는 이것을 날것으로 샐러드를 해 먹거나 버터에 볶아 먹는다. 일본에서는 생선회처럼 겨자 간장에 날것으로 찍어 먹기도 하는 진귀한 버섯으로 맛이 좋아 송이버섯이나 표고버섯보다 훨씬 인기가 있다.

소나무비늘버섯과

주로 나무에 발생하는 목재부후균이며 약용으로 쓰인다. 달여서 국물을 마시기도 하지만, 딱딱한 섬유질은 먹지 않는다.

식용버섯

진흙버섯 *Phellinus igniarius* (L. : Fr.) Qúel.

용도 및 증상 식용으로 쓰인다.

형태 다년생균으로서, 균모는 말굽형 또는 둥근 산모양이다. 지름 10~25cm, 50cm가 넘는 것도 있다. 표면은 회갈색, 회흑색, 흑색이며 고리홈과 세로, 가로로 균열이 있다. 살은 암갈색이고 나무질이며 검게 탄화하여 각피가 있는 것처럼 보인다. 아랫면은 갈색이다. 관은 다층인데 각층은 두께 0.1~0.5cm이며, 오래된 관은 백색의 2차적 균사로 메워져 있다. 구멍은 가늘고 0.1cm 사이에 4~5개 있다.

포자 아구형으로, 크기는 5~6×4~5μm로 표면은 매끄럽다.

생태 1년 내내 활엽수(자작나무, 특히 오리나무류)의 고목 줄기에 나고, 백색부후를 일으킨다.

분포 한국(남한 : 전국. 북한 : 백두산), 전세계

참고 북한명은 나무혹버섯

목질진흙(상황)버섯 *Phellinus linteus* (Berk. et Curt.) Teng

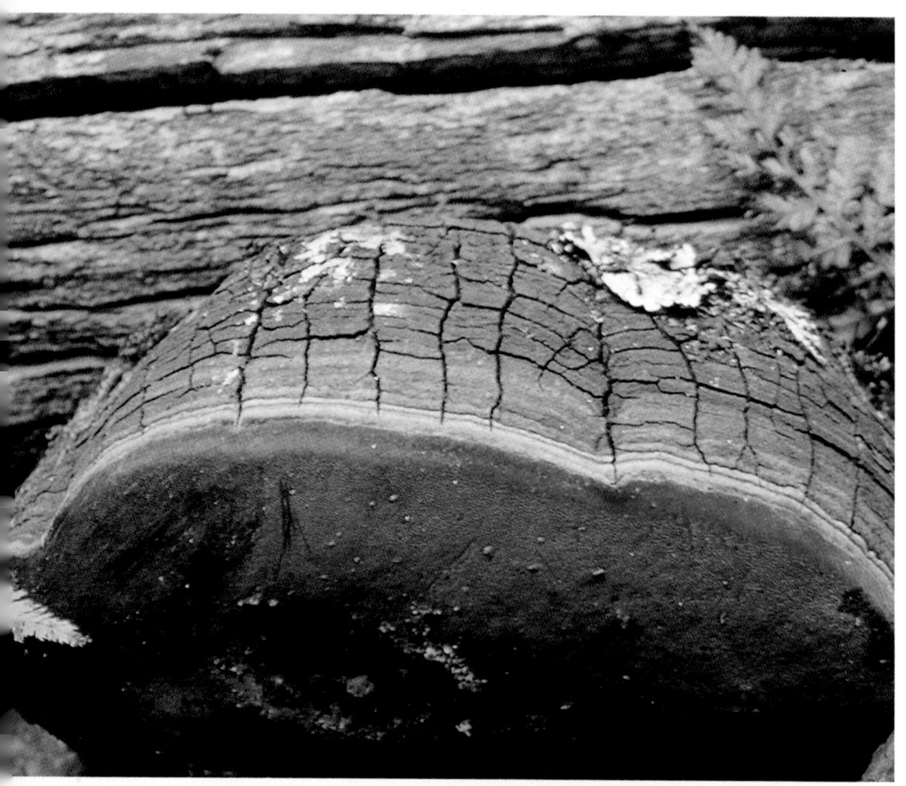

용도 및 증상 항암 효과가 96.7%인 귀중한 약제로서, 최근 국내에서 대량 인공배양에 성공하여 약용한다.

형태 자실체는 버섯자루가 없으며, 목질로 다년생이다. 균모는 반원형, 편평형 또는 둥근 산모양 내지는 말굽형으로, 폭은 6~12cm이고 두께는 2~10cm이다. 표면은 어두운 갈색의 짧은 밀모가 있으나 곧 없어지고 각피화하며, 흑갈색 고리 모양의 줄무늬 홈이 생기고 세로 · 가로로 등이 갈라진다. 가장자리는 선황색이고 아랫면과 살은 황갈색이다. 아랫면의 관은 다층으로, 각층 두께는 0.2~0.4cm, 구멍은 가늘고 원형이며 황색이다.

포자 연한 황갈색으로 구형이며, 지름은 3~4μm이다. 강모체의 크기는 15~40×7.5~11.2μm이다.

생태 뽕나무에만 발생하는 것으로 알지만 활엽수에도 단생 또는 군생하기도 한다. 백색부후균으로 나무의 속부터 썩히게 한다.

분포 한국(남한 : 전국, 북한 : 백두산), 일본, 필리핀, 북아메리카, 호주

참고 상황이라 불리는 이유는 뽕나무에서 발생하기 때문인데, 뽕나무가 아닌 자작나무 등에도 발생한다고 알려져 있다. 대형의 버섯으로, 균모는 흑갈색이고 뚜렷한 동심원상의 홈선이 있으며 세로 · 가로로 갈라진다. 가장자리가 자라는 곳은 선황색이고, 관공은 선황색에서 황갈색으로 변색된다는 특징이 있다.

구멍장이버섯과

목재부후균이며, 약용으로 쓰이는 버섯들이다. 나무에 나는 버섯들은 식용버섯으로 알려져 있지만, 화경버섯(송이과), 말굽잔나비버섯들은 독성분을 가지고 있다.

식용버섯

구멍장이버섯 *Polyporus squamosus* Fr.

용도 및 증상 어릴 때는 식용으로 쓰인다.

형태 균모는 콩팥모양, 부채모양 또는 난형 등이며 수평으로 자라는 굵은 자루가 있다. 균모는 지름 5~15cm, 두께 0.5~2cm이다. 표면의 바탕색은 연한 황색이거나 어두운 갈색 또는 다갈색의 큰 인피로 덮인다. 인피는 밀착하며 갈라진 상태로 돌출하지 않는다. 살은 백색에서 황백색으로 변색되며 부드럽고 건조하면 코르크질처럼 된다. 균모 아랫면의 관은 방사상으로 자라서 원형이 되며, 크기는 0.1~0.2cm이고, 깊이는 0.2~0.5cm이다. 관공은 자루에 대하여 내린관공이다. 자루는 단단하고 기부는 검다.

포자 장타원형이고, 크기는 11~14×4~5μm이다. 균사에 꺾쇠가 있다.

생태 1년 내내 활엽수의 고목에 나며 백색 부후를 일으킨다.

분포 한국(남한 : 모악산, 지리산), 일본, 전 세계

참고 종명인 *squamosu*는 '인편이 있다.'는 뜻이다. 북한명은 비늘구멍버섯

결절구멍장이버섯 *Polyporus tuberaster* Pers. : Fr.

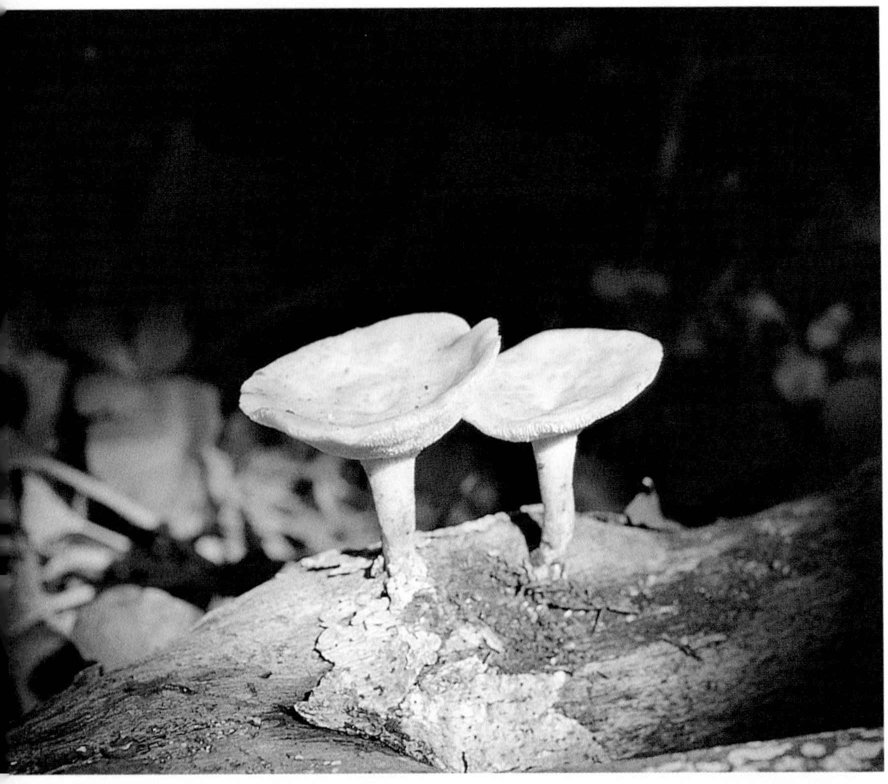

용도 및 증상 식용으로 쓰인다.

형태 균모는 원형 또는 편형이며, 가운데는 오목하여 깔때기모양처럼 보인다. 두께는 0.5~1cm이며, 표면은 황다색 또는 편평하게 밀착된 짙은 색의 인피로 되어 있다. 살의 두께는 0.3~0.8cm이고 백색이며, 탄력적인 살을 가지고 있다. 아랫면은 백색이고, 관공의 길이는 0.1~0.3cm이다. 구멍은 처음 원형이었다가 나중에 약간 갈라진 각 또는 방사상으로 길게 늘어진다. 관공은 자루에 대하여 내린관공이고 자루는 중심생으로서, 길이 5~8cm, 굵기 0.5~1cm이다. 표면은 황백 또는 오황색이며, 속은 차 있고 육질은 밀착되어 있다.

포자 장타원형으로 표면은 밋밋하고 크기는 10~15×4~5.5μm이다.

생태 때때로 땅 속에 5~20cm에 달하는 구형의 균핵을 형성한다. 자실체는 균핵으로부터 발생하지만 균핵을 만들지는 않는다. 이런 경우 자루의 하반부는 땅 속에 있고 표층부는 암갈색, 내부는 황백색으로 기밀하게 결합되어 단단하며, 지상부와는 다르다. 또는 드물게 지상에 옆으로 쓰러진 통나무에서 발생도 한다. 활엽수림의 땅, 드물게 통나무. 백색부후균으로 추정된다.

분포 한국(남한 : 모악산), 일본, 유럽, 북아메리카

참고 종명인 *tuberaster*는 '결절'이라는 뜻이다.

복 령 *Wolfiporia cocos* (Schw.) Kyu. et Glbn.

용도 및 증상 식용, 약용 및 한약제로 쓰인다.

형태 자실체는 전배착생이며 균모를 만들지 않는다. 전체가 백색이며 관이 밀생한다. 관은 길이 0.2~2.0cm로 구멍은 원형 또는 다각형이며, 구멍 가장자리는 톱니모양이다. 살은 육계색 또는 백색이다. 균핵은 지하 10~30cm에 있는 소나무 뿌리에 형성되고 부정형이며, 지름 30cm, 무게 1kg 이상인 것도 있다. 표면은 흑적갈색으로 주름이 있고 내부는 백색 또는 홍색이다.

포자 원주상이며, 크기는 7.5~9×3~3.5μm이다. 조금 구부러지며 한쪽 끝이 뾰족하고 표면은 매끄럽다.

생태 1년 내내 소나무 뿌리에 기생한다.

분포 한국(남한 : 전국), 일본, 중국, 북아메리카

참고 복령(*Poria cocos*)은 소나무를 벌채한 뒤 3, 4년 또는 7, 8년이 경과한 소나무 뿌리 주변에 균이 기생하여 형성된 부정형의 균사 덩어리이다. 크기는 대개 길이가 10~30cm 정도이고 무게는 0.1~2kg 정도이다. 속이 백색이고 질이 견고한 것은 백복령이라 하여 상품으로 거래되고, 속이 담홍색이고 질이 견고하지 못한 것은 적복령이라 하여 하품으로 여긴다. 또한 복령 가운데는 속에 소나무 뿌리를 포함하고 있는 것이 있는데 이러한 것은 복신(茯神)이라 한다. 복령은 거의 맛과 냄새가 없으며 다소 점액성으로 하낭에서는 배뇨 이상에 의한 부종, 이뇨 불량, 위내 정수, 지갈, 심계 항진, 진정 등에 사용된다. 과거에는 학명으로 *poria cocos*를 사용하였다. 북한명은 솔뿌리혹버섯(복령)

아까시재목버섯 *Fomitella fraxinea* (Fr.) Imaz.

용도 및 증상 끓여서 국물을 마신다.

형태 자실체는 1년생으로, 노른자색의 혹모양으로 나무줄기의 밑동에 무리지어 나며 수평으로 균모가 자라나 다수가 겹쳐서 큰 집단을 만든다. 균모는 반원형이거나 편평하며, 지름은 5~20cm이고 두께는 0.5~1.5cm이다. 표면은 회갈색, 적갈색, 흑갈색등 다양하며, 가장자리는 황색으로서, 동심상의 고리무늬가 보이기도 하고 매끄럽다. 살은 재목색 또는 황백색이다. 아랫면은 황색에서 회백색으로 변색되며 암갈색의 얼룩이다. 관은 1층이고 구멍은 가늘고 원형이다.

포자 난형이며, 크기는 5~7×4.5~5μm로 아미로이드 반응이다.

생태 일 년 내내 활엽수의 죽은 고목이나 살아 있는 나무에 기왓장처럼 겹쳐서 군생하며 백색부후를 일으킨다.

분포 한국(남한), 일본, 북반구 온대 이북

참고 장수버섯이라고 부르기도 한다. 아까시 나무 밑동에 주로난다. 비교적 대형의 버섯으로 뿌리 부근의 나무 속에 침투하여 나무를 죽인다.

명아주개떡버섯 *Tyromyces sambuceus* (Lloyd) Imaz.

용도 및 증상 어릴 때 식용으로 쓰인다.

형태 자실체는 대형이며 1년생이다. 균모는 반원형이고, 길이가 10~20cm로 편평하며, 두께는 1~3cm이다. 표면은 살색이고, 계피색 또는 암갈색의 가루같은 것 또는 밀모로 덮이며, 희미한 고리 무늬가 있다. 살은 다습하고 연한 육질이며, 연한 살색이다. 건조하면 퇴색하여 백색으로 변색하고, 가벼운 갯솜형 섬유질이 된다. 하면의 관은 살과 같은 색이며, 길이 0.3~1.5cm로 건조하면 백색으로 변색된다. 구멍은 부정형 또는 다각형이고, 벽은 세로로 갈라진다.

포자 타원형 또는 종자형이며, 크기는 4~5.5×2~2.5μm로 표면은 매끄럽다.

생태 일 년 내내 활엽수의 고목에 군생하는 백색 부후균이다.

분포 한국(남한 : 지리산, 오대산, 가야산, 속리산, 소백산, 모악산, 변산반도 국립공원, 만덕산, 두륜산 등), 일본

참고 대형의 버섯이며, 균모는 살색이고 살색 또는 암갈색의 가루 같은 털이 덮여있다. 마르면 퇴색하여 하얀색으로 된다. 관공은 균모와 같은색이고 마르면 백색으로 된다.

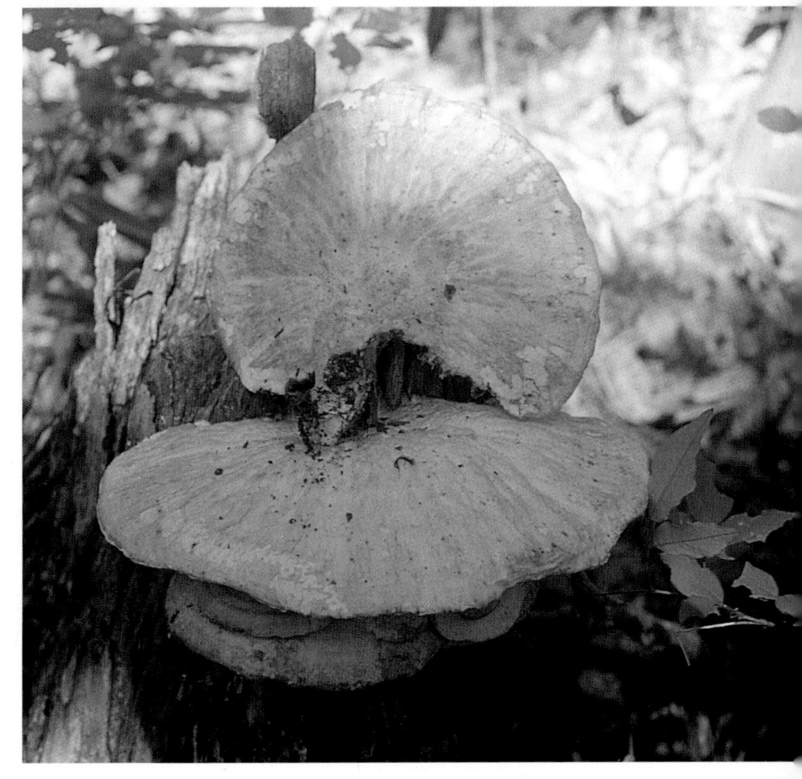

떡버섯 *Ischnoderma resinosum* (Fr.) Karst.

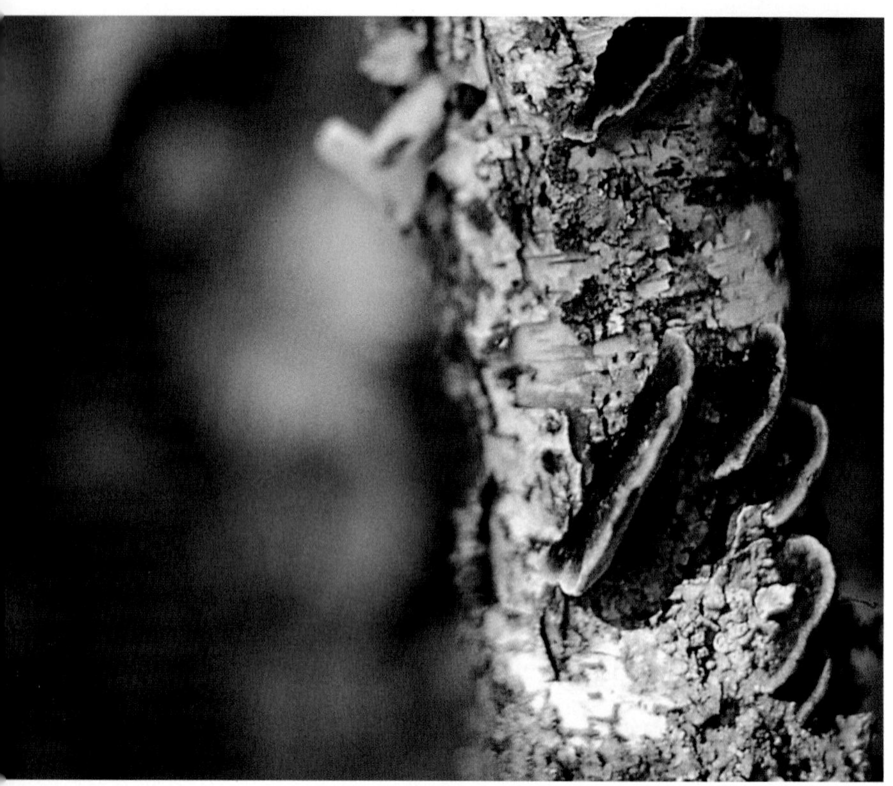

용도 및 증상 식용하며, 약용으로도 이용한다.

형태 자실체는 좌생, 반배착하거나 전배착하며 서로 붙어나는 한해살이이다. 균모는 반 둥근 모양이고 어릴 때는 거의 육질로 물기가 많으며, 왁스 냄새나며 마르면 코르크질로 된다. 크기는 5~15×6 또는 20×0.5~2.5cm이다. 균모의 표면에 피막과 둥근 무늬가 있으며 밤색이다. 변두리는 날카롭고 아래로 구부러진다. 살은 고기 같은 코르크질이고 연한 누른색, 연한 누른 밤색이며 두께는 0.5~2cm이다. 관공 길이는 0.1~0.8cm이고, 구멍은 연한 누른색, 누른 밤색으로 둥근 모양이거나 모난 모양이며, 0.1cm 사이에 평균 4~6개 있다.

포자 원통모양이고 구부러졌으며 색이 없다. 표면은 매끈하며 크기는 5~7×1~2㎛이다. 낭상체는 없다.

생태 일 년 내내 죽은 참나무 등 군생하며 백색부후를 일으킨다.

분포 한국(남한 : 지리산. 북한 : 오가산, 성간, 전천), 중국, 일본, 필리핀, 유럽, 북아메리카

잎새버섯 *Grifola frondosa* (Dick. : Fr.) S. F. Gray

용도 및 증상 버섯밥, 불고기, 초절임, 덮밥요리 등으로 쓰인다. 약용과 항암 작용이 있으며, 인공재배도 한다.

형태 자실체는 무수히 분지한 자루와 가지 끝에 편다량의 균모 집단으로 이루어져 있으며, 전체 지름이 30cm 이상의 버섯으로, 무게가 3kg 이상 되는 것도 있다. 균모는 부채 또는 주걱모양, 반원형 등이고 길이 2~5cm, 두께 0.2~0.4cm로 연한 육질이며, 표면은 흑색이었다가 차츰 흑갈색 또는 회색이되며 방사상의 섬유무늬가 있다. 살은 희고 하면 관은 백색이며 구멍은 원형 또는 부정형이다. 자루는 백색이고 속이 차 있다.

포자 난형 또는 타원형이고, 무색이며 표면은 밋밋하고 크기는 5.5~9×3.5~5μm이다. 낭상체는 없고 비아미로이트 반응이다.

생태 여름과 가을에 활엽수, 특히 물참나무, 밤나무, 모밀잣밤나무, 후박나무 등의 밑동에 침입하여 백색부후균을 일으켜 나무를 죽게 한다.

분포 한국(남한 : 지리산), 일본, 북반구 온대 이북

참고 종명인 *frondosa*는 '나무잎 모양' 이라는 뜻이다.

붉은덕다리버섯 *Laetiporus sulphureus* var. *miniatus*

용도 및 증상 외국에서 독버섯으로 취급한다. 어릴 때는 식용으로 쓰인다. 튀김, 버터볶음, 된장, 장아찌 등을 요리할 때 사용된다.

형태 균모의 지름은 5~20cm이고 두께는 1~2.5cm이다. 표면은 선주색 내지는 황주색으로 마르면 백색으로 된다. 부채모양 또는 반원형의 큰 균모가 공통의 붙는 곳에서 겹쳐서 나며 전체가 30~40cm이다. 살은 연한 연어살색의 육질에서 나중에 단단해지고 부서지기 쉽다. 아랫면의 관공의 길이는 0.2~1.0cm로 구멍은 불규칙하고 0.1 cm 사이에 2~4개 있다.

포자 타원형이고 크기는 6~8×4~5㎛이다.

생태 발생은 일 년 내내 침엽수의 고목이나 살아 있는 나무 또는 그루터기에 나는 목재부후균으로 나무 속을 썩히는 갈색부후균이다.

분포 한국(남한 : 발왕산, 지리산, 한라산. 북한 : 백두산), 일본, 아시아 열대 지방

참고 덕다리버섯(*Laetiporus sulphureus*)의 변종이다. 종명인 *sulphureus*는 '유황빛 노란색'이라는 뜻이다 또한 *miniatuo*는 '밝은 적색'이라는 뜻이다.

독버섯

말굽잔나비버섯 *Fomitopsis officinalis* (Fr.) Kotl. et Pouz. 일반독

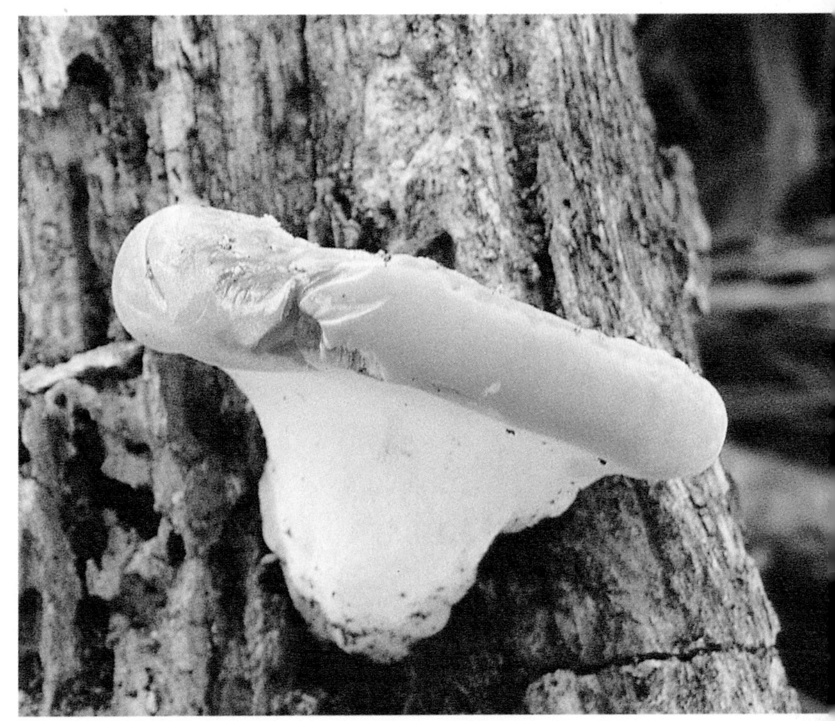

용도 및 증상 독성분은 아가리시스 산(agaricic acid : 쓴맛 성분)이며 쓴맛 성분은 독이 된다. 이는 나팔버섯에 함유되어 있는 노르카페라틱산(norcaperatic acid : 평활근, 균형 감각상실)과 똑같은 활성을 가지고 있기 때문에 나팔버섯의 증상과 유사한 증상을 일으킨다. 예전부터 설사약이나 결핵 환자의 땀 제재의 용도로 사용되어 왔다. 어릴 때는 연해서 식용하는 사람도 있지만 쓴맛이 있어 먹지 않는 것이 좋다. 일본에서는 설사나 발한 억제 약으로 사용하지만, 자궁을 수축시켜서 조산을 일으킬 정도로 독성이 강하다.

형태 자실체에는 자루가 없고 나무질이며, 균모는 말굽모양의 종형이다. 또한 기물에 측생하고 옆지름 15cm, 높이 15cm로 표면은 백색이나 황갈색의 탁한 얼룩 반점이 생긴다. 또한 매끄러우며, 가로 · 세로로 균열이 생기고, 얕은 환문상의 줄무늬 홈선이 있다. 살은 백색에서 황백색으로 변색되며 부서지기 쉽고 쓴맛이 있다. 관공은 길이는 약 1cm로 다층을 이루고 해마다 새로 생기며, 백색에서 연한 황색으로 변색된다. 관공의 구멍은 원형이며, 벽은 갈라진다.

포자 타원형이고, 크기는 $5\times2.5\mu m$로 표면은 매끄럽고 무색이다.

생태 일 년 내내 침엽수의 고목에 나며 갈색 부후를 일으킨다.

분포 한국(남한 : 지리산. 북한 : 백두산), 일본, 중국, 러시아의 극동, 시베리아, 필리핀, 유럽, 북아메리카

참고 유사종인 잔나비버섯(*Fomitopsis pinicola*)은 발생 초기에 혹모양이고, 표면이 많은 물방울을 분비하는 점에서 차이를 보인다. 북한명은 종떡따리버섯

식용이나 미량의 독성분을 가지고 있는 버섯

덕다리버섯 *Laetiporus sulphureus* (Fr.) Murr. 미약독

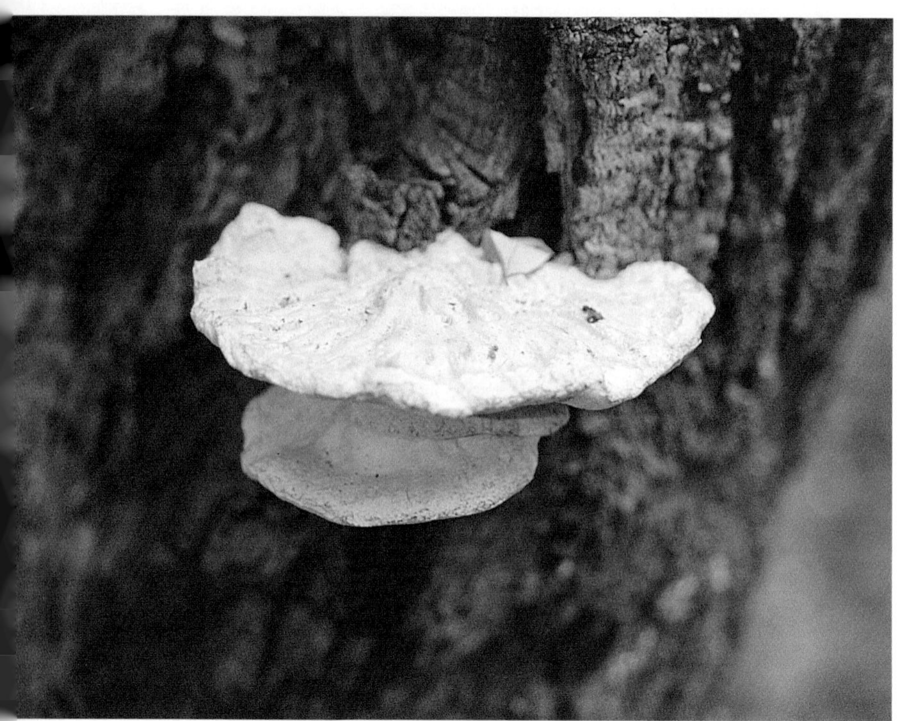

용도 및 증상 독성분은 불분명하나, 먹으면 중독 증상이 나타난다.

형태 균모의 크기는 5~20×4~12×0.5~2.5cm로 반원형 또는 부채꼴로, 살은 연하다가 차츰 단단해진다. 균모는 황색 또는 오렌지색을 띤 투명한 황색이지만 나중에 퇴색하고 어린 털이 있기도 한다. 또한 유황색 띠가 있고, 가장자리는 같은 색이며 얇고, 파상하거나 얕게 갈라진다. 자실체가 붙는 기부는 좁고 자루 같은 모양이다. 살은 백색 또는 연한 황색의 육질이며, 부서지기 쉽다. 관공의 길이는 0.1~0.4cm로 유황색이고 구멍은 각형 또는 부정형이고 벽은 얇고 잘 갈라진다.

포자 난형이나 아구형이며 크기는 5.5~7×4~5μm로 표면은 매끄럽다.

생태 발생은 일 년 내내 활엽수, 드물게 침엽수의 그루터기, 줄기에 나는 목재부후균으로 갈색부후를 일으킨다.

분포 한국(남한 : 발왕산, 오대산, 월출산, 지리산, 한라산. 북한 : 백두산 등 전국), 일본, 중국, 필리핀, 유럽, 북아메리카, 북반구 온대 이북

참고 덕다리버섯의 변종인 붉은덕다리버섯(*Laeitoporus sulphureus* var. *miniatus*)은 식용버섯으로 취급한다.

왕잎새버섯 *Meripilus giganteus* (Pers. : Fr.) Karst. 미약독

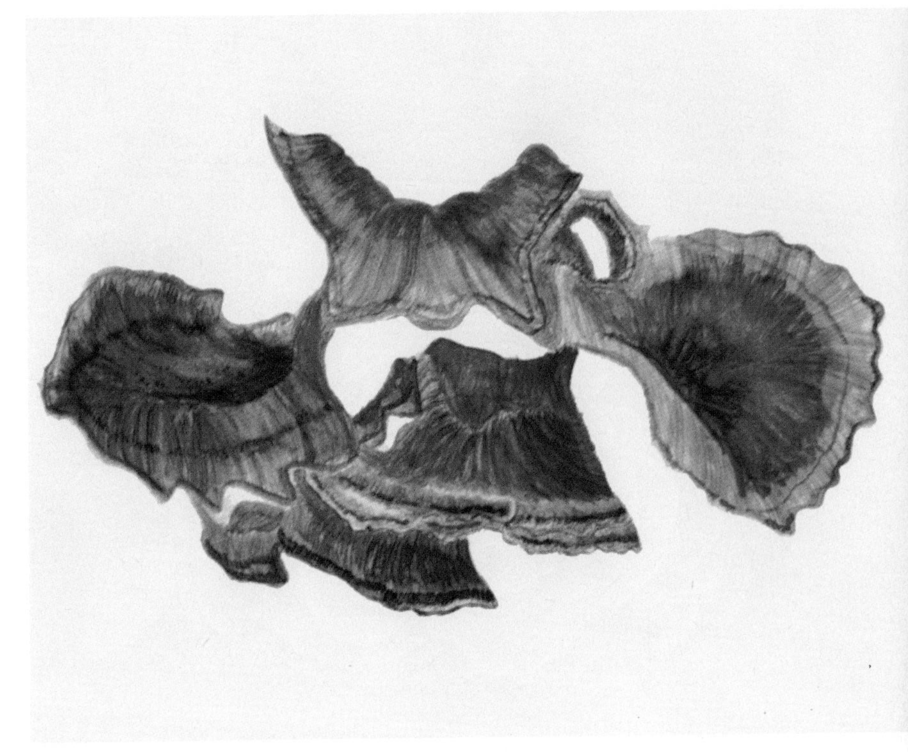

용도 및 증상 독성분으로 청산가리를 함유하며, 유사종인 잎새버섯은 날것으로 먹으면 소화불량을 일으키므로 이 버섯도 주의해야 한다. 청산가리가 검출되지만 사람에게 해를 미칠 정도의 양은 아니다.

형태 균모의 지름은 5~15cm이고 두께는 1cm 정도로 강인한 육질로 되어있다. 표면은 다갈색 또는 암다색이며, 방사상의 주름과 동심원상의 환문무늬가 있고 미세한 털이 있다. 자루의 밑에서 갈라져 다수의 큰 균모가 사방으로 펴지게 되어 지름 30cm 이상인 큰 덩어리 형태의 버섯으로 된다. 살은 백색에서 나중에 흑색으로 변한다. 아래쪽은 백색이나 손으로 만지면 암색으로 변색한다. 관공의 길이는 0.2~0.3cm이며, 구멍은 원형이다. 자루는 거의 없다.

포자 난형 또는 타원형이며, 크기는 4.5~6×4~5.5μm이고 표면은 매끄럽다.

생태 여름부터 가을 사이에 너도밤나무의 밑동에 군생하는 목재부후균이다.

분포 한국(남한 : 지리산), 일본, 중국, 유럽, 북아메리카

참고 유사종인 잎새버섯(*Grifola frondosa*)은 무수히 분지한 자루의 가지 끝에 다량의 균모가 집단으로 되어 있다. 왕잎새버섯의 학명 중 *giganteus*는 '크다'는 의미이다. 과거에는 학명으로 *Grifola gigantea*가 사용되었다. 북한명은 큰춤버섯

구름버섯 *Trametes versicolor* (L.:Fr.) Pilat 미약독

용도 및 증상 독성분은 모르지만 항암 물질을 함유하므로 약용버섯으로 쓰인다. 그러나 세포 독성을 나타내는 물질도 가지고 있어서 보통 사람은 복용에 조심하여야 한다. 이 버섯에서 처음으로 버섯에 항암 물질인 폴리사카라이드(polysacharide)가 발견되었지만 몸에 해로운 성분도 가지고 있다는 점을 알아두어야 한다.

형태 균모의 폭은 1~5cm이고 두께는 0.1~0.2cm로 반원형이며, 얇고 단단한 가죽질이다. 수십 또는 수백 개가 겹쳐서 군생하며 1년생이다. 표면의 털 아래에는 암색의 피층이 발달하고 남흑색이다. 회색, 황갈색, 암갈색, 흑색을 띠는 환문이 있고, 오래되면 색은 바래고 짧은 털로 덮인다. 살은 백색이다. 균모의 밑면(구멍)은 처음은 백색이지만 오래되면 갈색으로 된다. 관은 길이 0.1cm 정도로 구멍은 둥글고 미세하며 0.1cm에 3~5개 있다.

포자 크기는 5~8×1.5~2.5μm이고, 무색의 원통형 또는 소시지형이다.

생태 일 년 내내 침엽수와 활엽수의 고목에 무리를 짓는 목재부후균으로 백색부후를 일으킨다.

분포 한국(남한 : 가야산, 다도해해상 국립공원의 금오도와 연도, 두륜산, 방태산, 발왕산, 변산반도 국립공원, 소백산, 속리산, 오대산, 월출산, 지리산, 남산, 만덕산, 어래산. 북한 : 백두산), 전 세계

참고 학명으로 *Coriolus*도 흔히 사용된다. 북한명은 기와버섯인데, 남한의 기와버섯은 학명이 *Russula virescens*로 다른 종이다. 남한의 기와버섯은 맛있는 식용버섯에 속한다.

방패버섯과

대부분 식용하지만 미량의 독성분을 가지고 있는 것도 있다. 쉽게 발견되지는 않는다.

식용버섯

다발방패버섯 *Albatrellus confluens* (Fr.) Kolt. et Pouz.

용도 및 증상 탕요리, 볶음요리, 튀김요리 등에 사용된다.

형태 자실체는 육질이고, 보통 공통의 기부가 여러 개 합쳐진다. 자라면 30cm 이상에 달하는 크기의 집단체를 이룬다. 높이 10~15cm이고, 균모는 부채형 또는 구두주걱모양이 상호 유착된것 같으며 분명하게 비뚤어진 상태이다. 폭은 5~15cm이고, 두께 1~3cm이다. 표면은 털이 없고 밋밋하며 황색 또는 살색이다. 아랫면의 관공면은 크림색이고, 관공은 길이 0.1~0.5cm이며, 관공은 자루에 대하여 길게 늘어진 내린관공이다. 구멍은 2~4개/mm이고, 원형에서 다각형으로 변하며, 자루는 두껍다. 자루의 길이는 3~10cm이고 굵기는 3~4cm 정도이다. 균모의 가로 또는 중심의 껍질이 벗겨진 것도 있다.

포자 타원형 또는 구형이며, 크기는 4~5×3~4 ㎛이고 표면은 밋밋하다.

생태 가을에 활엽수림의 땅에 무더기로 군생한다.

분포 한국(남한 : 운장산, 지리산), 일본

양털다발버섯(신칭) *Albattrellus ovinus* (Scheff. : Fr.) Murr.

용도 및 증상 식용으로 쓰인다.

형태 균모의 지름은 3~10cm이고, 두께는 1cm 내외이며, 거의 원형 또는 부정형으로 낮은 둥근 산모양 또는 편평형이다. 백색 바탕에 황색 또는 황갈색의 가는 균열이 생긴다. 살은 백색이고, 부드러운 육질이며, 밑면은 백색바탕에 황색의 얼룩이 있다. 관공은 길이 0.1~0.2cm, 구멍은 원형 또는 부정형이며, 2~4개/mm이다. 관공은 자루에 대하여 내린관공이다. 자루는 중심생 또는 편심생이며, 원주상이거나 약간 굴곡이 있다. 살은 백색이며 속은 차 있다.

포자 광난형 또는 아구형이고, 표면은 밋밋하다. 크기는 4~5×3~3.5μm로 비아미로이드 반응이다.

생태 여름에 침엽수림의 땅에 군생한다. 균근성 버섯이다.

분포 한국(남한 : 모악산) 일본, 유럽, 북아메리카

참고 종명인 *ovinus*는 '양(羊)의, 양 같은' 이라는 뜻이다.

긴다리다발버섯(신칭) *Albattrellus pes-caprae* (Pers. : Fr.) Pouz.

용도 및 증상 식용으로 쓰인다.

형태 균모는 반원형 또는 신장형으로 옆에 짧은 자루가 있다. 폭은 5~15cm이고 두께는 1~1.5cm이며, 처음에 약간 둥근 산모양에서 차차 편평하게 펴진다. 표면은 어두운 황녹색이고, 자라면 녹갈색, 연한 복숭아색 또는 회갈색으로 변색된다. 또 불규칙하게 갈라져서 바탕색이 나타난다. 표피는 약간 털이 불규칙한 인편이 있고, 가장자리는 얇으며, 물결모양이다. 살의 두께는 1cm 내외이고 거의 백색이며, 약간 황색을 띤다. 아랫면에 관공은 백색 또는 약간 황색이다. 자루 근처의 부분은 황녹색 또는 주황색이고, 구멍의 길이는 0.1~0.3cm로 자루에 대하여 내린 관공이며, 구멍은 부정각형으로 1~2/mm이다. 구멍 주위는 약간 치아상이다. 자루는 굵고 짧으며 측생 또는 편생으로 길이는 2~5cm이고 굵기는 1~2cm이다.

포자 타원형이고, 표면은 밋밋하며 크기는 7~10×6~7μm이다.

생태 여름에 침엽수림의 땅에 군생하는 균근성 버섯이다.

분포 한국(남한 : 전국), 일본, 유럽, 북아메리카

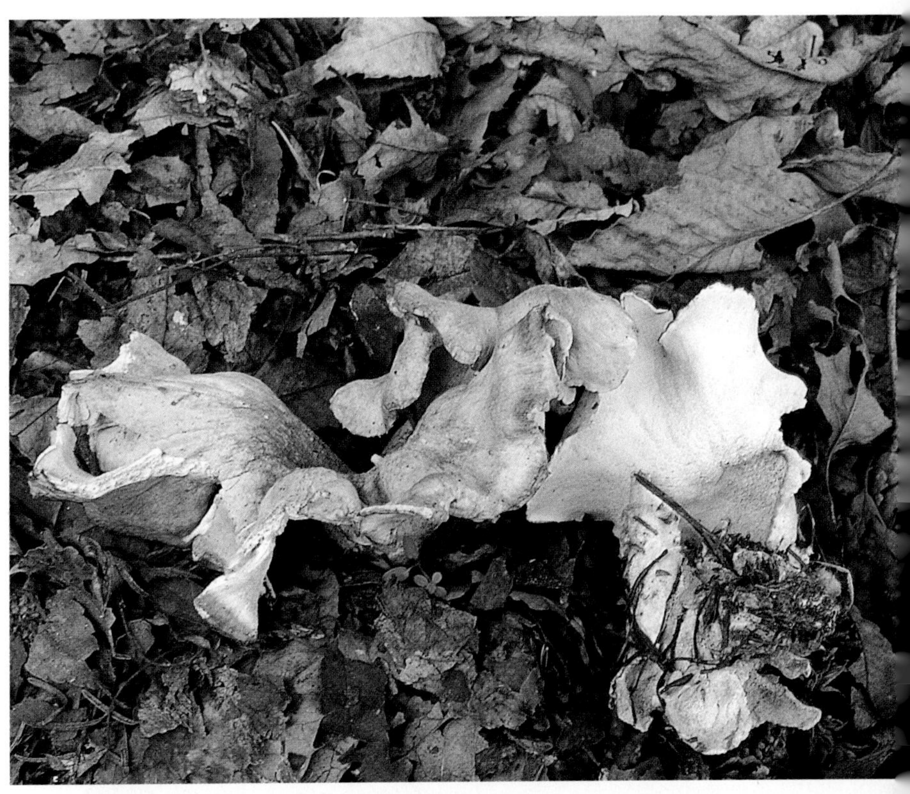

식용이나 독성분을 가지고 있는 버섯

꽃방패버섯 *Albatrellus dispansus* (Lloyd.) Canf. et Gilbn. 미약독

용도 및 증상 독성분은 불분명하나, 위장계의 중독을 일으킨다. 맛은 좋지만 매운맛 때문에 식용 불가로 여겨지기도 하였다. 실제로 매운맛은 무시할 수 있는 정도이다.

형태 버섯(자실체)의 전체 높이는 5~15cm이고, 지름은 5~20cm이다. 균모는 주걱형, 부채형 또는 반원형 등 다양하다. 가장자리는 아래쪽으로 굴곡하여 물결모양을 나타내고, 짙은 황색 또는 황토색이다. 표면은 거칠고 윤기가 없으며 끈적기도 없다. 하나의 균모의 지름은 3~6(~10)cm이고 두께 0.2~0.3cm로 아랫면은 백색이고 윗면은 선황색이다. 거의 매끈하고 가는 인편이며, 가는 관공상으로 자루에 매달린다. 살은 얇고 단단한 육질이며, 백색이다. 관공은 길이 0.1cm 정도이고, 처음은 순백색이다. 관공은 자루에 대하여 내린관공으로 기부까지 미친다. 구멍은 미세하고, 원형 또는 부정형이고 2~3개/mm가 있다.

포자 아구형 또는 난형이고, 무색이다. 표면은 매끈하며, 크기는 4~5×3~4μm이다. 균사는 관공벽의 실질로서 지름 3~6μm이고, 균모의 살의 균사는 굴곡이 많고 굵기는 5~30μm로 다양하다.

생태 가을에 침엽수림의 땅에 단생, 군생, 속생한다.

분포 한국(남한 : 무등산), 일본, 북아메리카의 서부

참고 건조시켜 보관하면 변색하여 붉은색으로 된다. 잎새버섯과 비슷하고, 뚜렷하게 분지하여 자루에 다수의 균모로 이루어진다.

불로초과

이 과의 버섯들은 거의 약용버섯으로 이용한다.

식용버섯

불로초(영지) *Ganoderma lucidum* (Leyss : Fr.) Karst.

용도 및 증상 식용하며, 약용과 항암의 기능을 가지고 있다. 재배도 한다. 성인병 예방에 좋다.

형태 자실체가 옻칠을 한 것처럼 광택이 나는 버섯으로 1년생이다. 균모는 콩팥형 또는 원형이고 지름 5~15cm, 두께 1~1.5cm로 자루는 중심생 또는 측생이다. 표면은 각피로 덮이고 적자갈색이며 동심상의 얕은 고리홈이 있다. 살은 코르크질로 상하 2층으로 분리되고, 상층은 백색, 구멍에 가까운 부분은 계피색이다. 균모의 밑면은 황백색이며, 관은 1층으로, 길이 0.5~1.0cm이며 계피색이다. 구멍은 둥글고 자루는 길이 3~15cm로 적흑갈색이며, 구부러져 있다.

포자 난형이며, 크기는 9~11×5.5~7μm로 2중막으로 되고 내막은 연한 갈색이다.

생태 일 년 내내 활엽수의 뿌리 밑동이나 그루터기에 단생 또는 군생한다.

분포 한국(남한 : 전국. 북한 : 평양, 대성산, 룡악산, 평성, 강서, 묘향산, 신평), 중국, 일본, 유럽, 북아메리카, 북반구 온대 이북, 호주

참고 북한명은 불로초(장수버섯, 만년버섯)

싸리버섯과

식용버섯으로 이용한다. 많이 먹으면 설사를 하는 경우가 있지만 생명에 지장을 줄 정도는 아니다. 싸리버섯들은 미량의 독성분을 가진 것들이 여러 종류가 섞여서 발생하는 경우가 많다.

식용버섯

바늘싸리버섯 *Ramaria apiculata* (Fr.) Donk

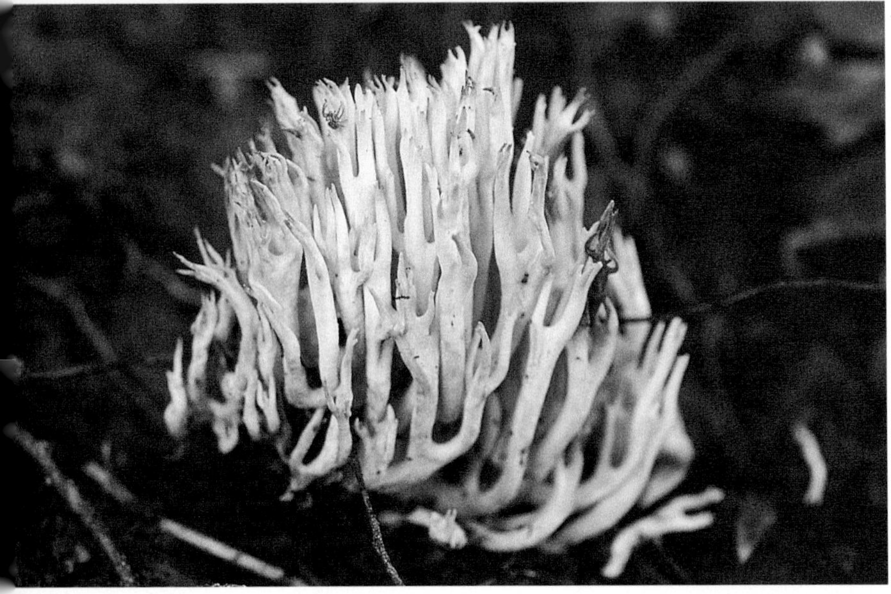

용도 및 증상 식용으로 쓰인다.

형태 자실체는 높이 7cm 정도로 3~4mm의 가늘고 짧은 자루에서 여러 번 분지하여 싸리비모양이 되고, 처음에는 연한 황갈색이나 나중에 진한 황갈색 또는 어두운 계피색을 나타낸다. 가지 끝은 녹색을 띠기도 한다. 가지는 직립하고, 살은 치밀하고 단단하다.

포자 타원형이며, 크기는 6~10×3.5~5μm로 표면이 거칠고 연한 황색이다.

생태 여름부터 가을에 걸쳐서 침엽수의 썩은 나무 위에 주로 단생하거나 가끔 군생하는 것도 있다.

분포 한국(남한 : 광릉, 지리산, 소백산, 발왕산, 오대산, 한라산), 일본, 시베리아, 유럽, 북아메리카

참고 유사종인 직립싸리버섯(*Ramaria stricta*)이 있다. 이 종은 살이 상처를 받으면 변색한다. 작은 사마귀 반점이 있다. 종명인 *apiculate*는 '미세한 돌기머리' 라는 뜻이다. 북한명은 나도갈색꽃싸리버섯

싸리버섯 *Ramaria botrytis* (Pers : Fr.) Ricken

용도 및 증상 동서양 요리에 적합하며, 살짝 데쳐서 겨자와 간장에 무와 같이 요리하여 식용한다. 초절임, 튀김, 불고기, 계란찜 요리에도 사용된다.

형태 자실체의 높이와 폭이 15cm를 넘는 큰 버섯이다. 아래쪽은 굵기가 3~5cm인 흰 나무토막과 같은 자루로 되어 있으며, 위쪽에서 분지를 되풀이한다. 가지는 차차 가늘고 짧아지며, 끝은 가늘고 작은 가지의 집단으로 된다. 위에서 보면 마치 꽃배추모양이다. 가지의 끝은 연한 홍색 또는 연한 자색으로 아름답다. 끝을 제외하고는 흰색이지만 오래되면 황토색으로 변색된다. 살은 백색이며, 속은 차 있다.

포자 장타원형이고, 크기는 14~16×4.5~5.5μm이다. 표면에 세로로 늘어선 작은 주름이 있으며, 포자문은 황토색이다.

생태 여름에서 가을에 활엽수림의 땅에 군생한다.

분포 한국(남한 : 만덕산, 가야산, 방태산, 두륜산, 무등산), 북반구 온대 이북

참고 대형의 버섯이며, 가지는 흰색이고 끝은 연한 홍색 또는 연한 자색인 것이 특징이다. 북한명은 큰꽃싸리버섯

황토싸리버섯 *Ramaria campestris* (Yokoy. et Sag.)

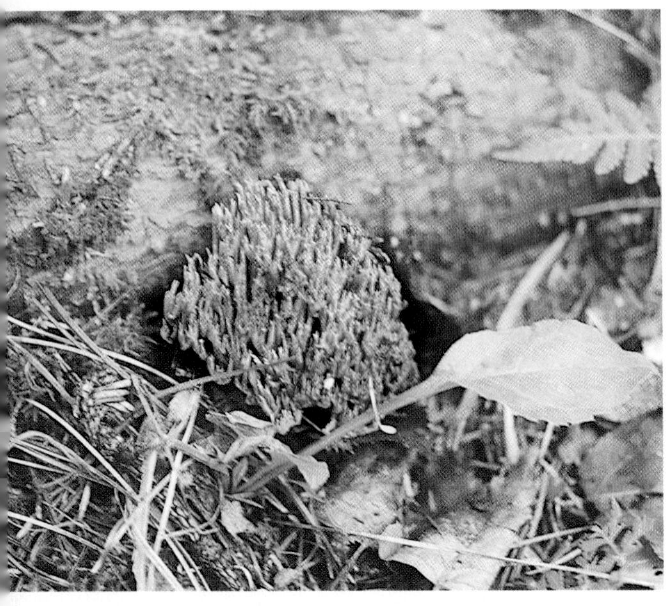

용도 및 증상 쓴맛이 있지만 요리를 하면 없어진다.

형태 버섯은 덩어리로서 4~5회 갈라지고 높이는 15cm 정도 된다. 상처가 나면 자색으로 변색된다. 자루의 길이는 3~7cm이고 굵기는 2.5~5cm이며 원통형이고, 덩어리 모양으로 아래쪽으로 가늘며 가지와 같은 색이다. 기부는 백색이며, 가지는 처음에 연한 황색 또는 연한 황토색에서 나중에 황갈색 내지 녹슨 적색으로 변색된다. 아래쪽의 가지는 폭 1~2.5cm이고, 주름이 있다. 위쪽의 가지는 지름 0.2~0.4cm이다. 살은 백 또는 회백색으로 단단하고 부서지기 쉽다. 공기에 접촉하면 보라색으로 변색한다.

포자 타원형이고 크기는 11~14×5~7μm이다. 표면에 예리한 침이 있다. 침의 높이는 0.5~1.5μm이며 3μm에 달하는 것도 있다. 담자기는 3~4개의 포자를 만든다. 균사에 꺾쇠가 있다. 포자문은 갈색이다.

생태 가을에 숲 속의 땅에 윤상으로 발생한다.

분포 한국(남한 : 전국), 일본

참고 대형버섯으로, 굵고 흰색의 밑동에서 4~5회 분지하여 산호모양이 된다. 연한 황색 또는 연한 황토색에서 황갈색 또는 녹슨 적색으로 변색한다. 상처를 입으면 보라색으로 변색한다.

도가머리싸리버섯 *Ramaria obtusissma* (Peck) Corner

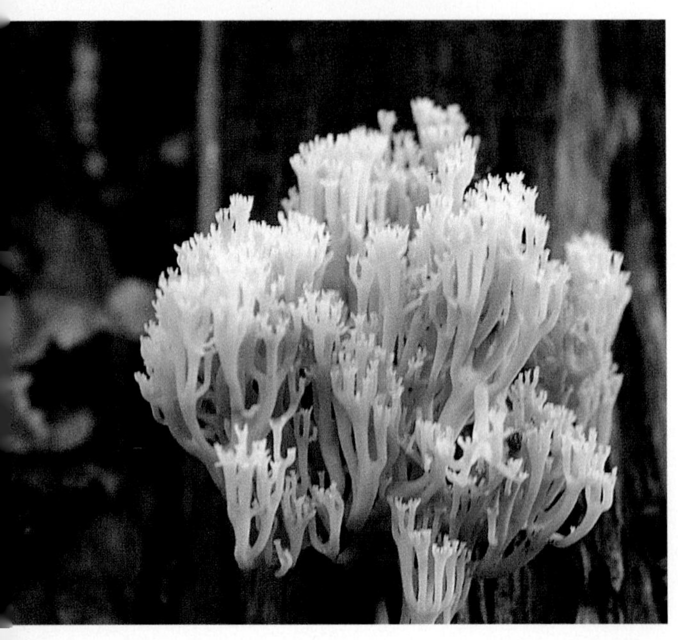

용도 및 증상 식용으로 쓰이며, 맛은 쓰고 냄새가 난다.

형태 자실체는 대형이며 전체 높이는 9~15cm이고 지름은 6~14cm로 백색이다. 어릴때는 백색 또는 연한 황색에서 적황색을 거쳐 연한 노른자 색으로 변색되고, 끝은 연한 황색이 되지만 드물게 포도주 갈색으로 되는 것도 있다. 자루의 굵기는 2~5cm로 짧다. 가지는 밀생하며 줄기의 상부는 지름 0.1~0.5cm로 직립하고 길며, 분지를 되풀이하고 끝은 둔하다. 살은 백색이며 부서지기 쉽고, 섬유질로서 탄력성이 있으며 변색하지 않는다.

포자 타원상의 원통형이고 크기는 9~15×3~5μm로 표면은 매끄럽다. 포자문은 적황색이다.

생태 여름과 가을에 숲 속의 땅에 군생한다.

분포 한국(남한 : 민주지산), 일본, 중국, 북아메리카

참고 중형 또는 대형의 버섯으로 어릴 때는 백색 또는 연한 황색에서 달걀의 노란자의 색이 된다. 북한명은 무딘꽃싸리버섯

보라싸리버섯 *Ramaria fumigata* (Peck) Corner

용도 및 증상 약간 쓴맛이 나며, 야채와 오래 끓이면 녹는다.

형태 자실체는 굵은 밑동에서 산호 가지 모양으로 분지되는데 보통 2~4개의 가지가 나와 반복적으로 분지한다. 높이는 7~12cm이고, 폭은 5~12cm로 밑동은 1~4cm 정도가 된다. 가지는 세로로 약간 곧으며, 끝 부분은 U자형을 이룬다. 밑동은 라일락색 또는 보라색을 띤 백색이고, 어린 가지는 거의 보라색에서 차차 자회색 또는 베이지 갈색으로 된다. 포자가 성숙하면 가지는 어두운 갈색, 계피색 또는 흑갈색으로 변색하지만, 가지 끝은 자색으로 남아 있다. 자루의 살은 백색으로 매우 단단하고, 부서지지 않는다.

포자 장타원형으로 크기는 12~15×4~5.5μm이다. 표면은 미세한 사마귀점 반점이 있다. 황토색이며, 담자기에 포자를 2개를 만드나 3, 4개를 만들기도 한다. 균사에 꺾쇠가 있다.

생태 여름과 가을에 활엽수림의 땅에 속생 또는 군생한다.

분포 한국(남한 : 민주지산), 일본, 중국 유럽, 북아메리카, 호주의 남쪽

직립싸리버섯 *Ramaria stricta* (Fr.) Qúel.

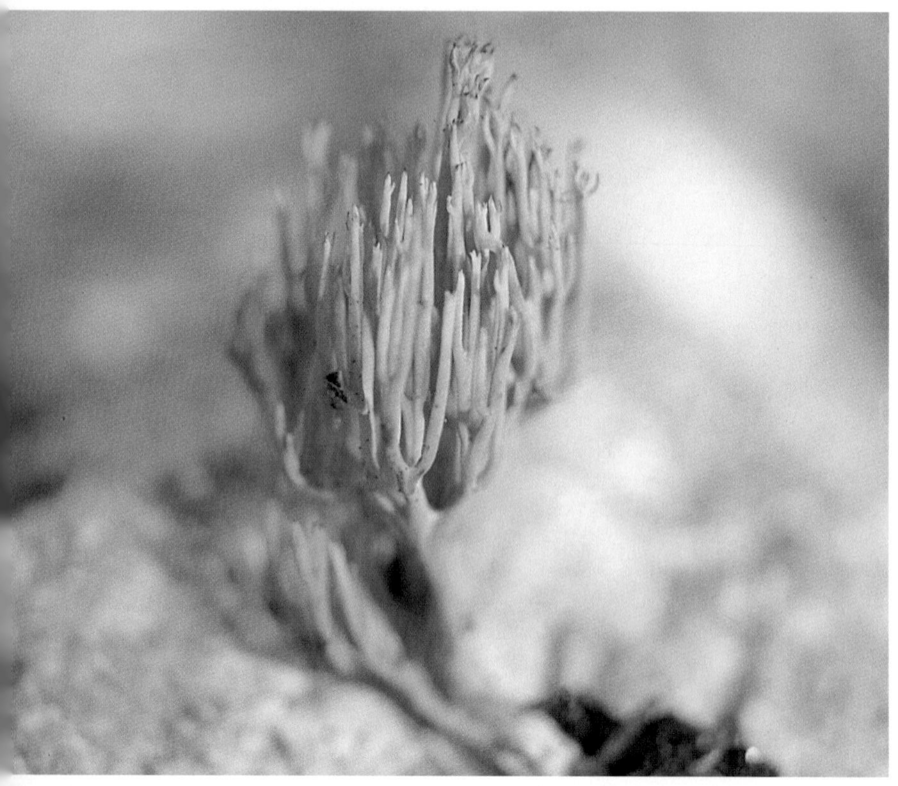

용도 및 증상 많이 먹으면 중독 증상이 나타난다.

형태 자실체의 크기는 높이가 5.0~10cm이고, 둘레가 2.0~7.0cm로 옅은 황토색이나 오래되면 황갈색이 된다. 끝은 처음에 노란색이나 차차 황갈색으로 변색되며 상처를 받으면 자갈색이 된다. 자루의 길이는 4.0~8.0cm이고 굵기는 0.2~0.5cm로 가늘고 직립이며, 끝은 거의 편평한 2개로 분지한다. 살은 백색 또는 바랜 노란색을 나타내며 질기다.

포자 장타원형이고 크기는 9.0~11×4.0~4.5μm로 표면에 작은 사마귀 반점이 있다. 담자기의 크기는 35~45×5.0~ 7.5μm로 방망이형이며, 4포자성이다. 균사의 크기는 42.5~50×3.8~5.0μm로 필라멘트상이다. 꺾쇠가 흔히 발견된다.

생태 여름에 숲 속의 양지바른 곳의 흙에 군생 또는 속생한다.

분포 한국(남한 : 방태산), 유럽, 북아메리카

참고 종명인 *sticta*는 '직립' 또는 '똑바로 선' 이라는 뜻이다. 가지는 황토색이고 상처를 입으면 자갈색으로 변색되는 특징이 있다. 북한명은 갈색꽃싸리버섯

독버섯

붉은싸리버섯 *Ramaria formosa* (Pers. : Fr.) Qúel. 일반독

용도 및 증상 독성분은 불분명하나 먹으면 심한 설사를 일으킨다. 하지만 생명에 위험할 정도는 아니다. 약간 쓴맛이 있다.

형태 대형의 버섯으로 높이 6~15 cm이고 폭은 7~20 cm 정도로 밑동은 높이 3~6cm정도로 굵으며, 여러 개의 가지가 반복적으로 분지되어 산호모양처럼 된다. 가지의 끝은 2~3개로 갈라지고 버섯 전체가 퇴색한 주홍색 또는 분홍색이지만 가지 끝은 황색이다. 살은 백색이고 상처를 입으면 자갈색으로 변색하고, 나중에 검은색이 된다. 연하며, 마르면 부서지기 쉽다.

포자 크기는 8~15×4~6μm로 긴타원형이고, 표면에 미세한 사마귀점이 있다. 포자문은 탁한 황색이다.

생태 가을에 활엽수림의 땅에 열을 지어 군생한다.

분포 한국(남한 : 가야산, 지리산, 방태산, 한라산, 속리산), 일본, 북반구 온대 이북, 북아메리카

참고 황금싸리버섯(*ramaria aurea*)과 비슷하지만 색깔이 황금색이어서 쉽게 구분할 수가 있다. 북한명은 꽃싸리버섯

식용이나 미량의 독성분을 가지고 있는 버섯

황금싸리버섯 *Ramaria aurea* (Schaeff. : Fr.) Qúel. 미약독

용도 및 증상 독성분은 불분명하나, 중독 증상은 섭취 후 수십 분 후부터 3시간 정도 지나서 구토, 설사, 복통 등의 위장계의 증상이 나타난다. 그 후 탈수증, 경련, 쇼크를 일으킨다. 항암의 기능도 한다.

형태 자실체는 약간 큰 편이며 나뭇가지 모양으로 여러 번 분지하고, 지름은 5~20cm이고 끝은 2개의 짧은 침처럼 다시 분지한다. 자루의 밑을 제외하고는 전체가 황금색 또는 노란 자색이다. 살은 연하고 백색이나 표면은 황색이며, 상처를 입어도 변색하지 않는다. 자루의 밑은 굵고 백색이다. 높이는 5~12cm이고 굵고 백색이며, 변색하지 않으나 부서지기 쉽다.

포자 장타원형이며, 크기는 8~15×6~8μm이다. 표면이 거칠거나 매끄럽고, 포자문은 크림색이다.

생태 가을에 숲 속의 땅에 군생한다.

분포 한국(남한 : 지리산), 일본, 유럽, 북아메리카, 온대 이북, 호주

참고 시골의 장터에서 아낙네들이 말려서 파는 싸리버섯속에 이 버섯이 섞여 있을지 모르니 조심하여야 한다. 굵은 밑동에서 여러 개의 가지가 반복하여 분지되고, 가지의 끝 부분은 2개로 갈라지며, 침처럼 된다는 특징이 있다. 황금색이고 밑동은 흰색이다. 북한명은 진노란꽃싸리버섯

노랑싸리버섯 *Ramaria flava* (Schaeff. : Fr.) Qúel. 미약독

용도 및 증상 독성분은 불분명하나, 먹으면 심한 설사를 한다. 유럽에서는 식용하기도 하는데, 요리법은 알려지지 않았다.

형태 자실체의 지름은 10~20cm 정도이고 굵은 밑둥에서 1.5~3cm 정도의 가지가 나와서 반복적으로 갈라져 산호모양을 이룬다. 가지의 끝은 2쪽으로 갈라진다. 백색의 자루를 제외하고는 전체가 레몬색 또는 유황색이나 나중에 탁한 황색으로 변색되며, 성숙하면 황토색이 된다. 살은 백색이고 상처를 받거나 오래되면 때때로 적색으로 된다. 높이는 7~15cm 정도로 굵고 세로로 찢어지지 않는다. 버섯을 비비면 암적색으로 변색한다.

포자 장타원형이고 크기는 11~18×4~6.5μm로 표면에 사마귀 반점으로 덮여 있다. 포자문은 황토색이다.

생태 가을에 혼효림의 땅에 군생한다.

분포 한국(남한 : 방태산, 무등산), 일본, 유럽

참고 싸리버섯(*Ramaria botrytis*)과 닮은 큰 버섯이며, 노랑싸리버섯은 자실체를 비비면 암적색으로 변색하므로 쉽게 알 수 있다. 종명인 *flava*는 '노란색' 이란 뜻이다. 밑둥에서 가지가 분지되어 산호모양이 되며, 흰색이고 위쪽은 레몬황색이다. 북한명은 노란꽃싸리버섯

방망이싸리버섯과

식용버섯이지만 발생량이 적고 비교적 희귀한 종들이다.

식용버섯

방망이싸리버섯 *Clavariadelphus pistilaris* (L.) Donk

용도 및 증상 약간 쓴맛이 있다. 탕 요리, 버터나 국 요리에 주로 사용된다.

형태 자실체는 곤본모양 또는 방망이 모양이며, 높이는 10~30cm이다. 굵기는 1~3cm가 보통이나 5cm가 넘는 것도 있다. 표면은 거친 세로 주름이 있고 연한 황색 또는 연한 황갈색에서 오렌지 갈색을 거쳐 황갈색으로 변색된다. 마찰하면 자갈색의 얼룩이 생긴다. 살은 백색이며 연한 육질이지만, 상처를 입으면 자갈색으로 변색한다.

포자 타원형이고, 11~16×6~10㎛이며, 표면은 매끄럽고 투명하며 기름방울을 갖는 것도 있다.

생태 가을에 활엽수림의 땅에 단생 또는 군생한다.

분포 한국(남한 : 전국. 북한 : 백두산), 일본, 북반구 온대 이북

참고 곤봉형 또는 방망이 모양이고 연한 황색에서 오렌지 갈색을 거쳐 황갈색으로 변색된다. 북한명은 공이싸리버섯

국수버섯과

식용버섯

자주국수버섯 *Clavaria purpurea* Muell. : Fr.

용도 및 증상 초절임, 된장국, 튀김, 두부국, 버터 볶음 요리에 주로 사용된다.

형태 자실체의 높이는 3~13cm이고 굵기는 1.5~5mm로 위아래로 가늘고 편평한 막대모양이다. 가끔 세로로 달리는 얕은 줄무늬 골이 있다. 보통 10여 개가 다발이 되어 난다. 연한 자색 또는 회자색인데, 아름답지만 오래되면 다색을 띠고, 아래쪽은 백색이 된다. 살은 부서지기 쉬운 육질이며, 속은 비었다.

포자 타원형이며, 크기는 5.5~9×3~5μm이다. 포자문은 백색이다.

생태 가을에 소나무 숲의 침엽수림의 땅에 군생한다.

분포 한국(남한 : 지리산, 한라산, 만덕산), 일본, 중국, 유럽, 북아메리카

참고 자주색의 가늘고 긴 원통형으로, 다발로 속생하는 특성이 있다. 종명인 *purpurea*는 '자주색'이라는 뜻이다. 북한명은 자주색국수버섯

국수버섯 *Clavaria vermicularis* Swartz : Fr.

용도 및 증상 식용으로 쓰인다.

형태 자실체의 높이는 5~12cm이고 굵기는 0.2~0.4cm로 조금 구부러진 막대 모양의 버섯이며, 여러 개 또는 10여 개가 다발이 되어 난다. 버섯은 나중에 납작해지기도 하며 세로줄의 홈선이 있다. 속은 처음은 차 있다가 비기도 한다. 전체가 백색이나 오래되면 퇴색한 황색으로 변색된다. 살은 백색이고 부서지거나 부러지기 쉽다. 두부와 자루의 구분이 없다.

포자 타원형 또는 종자형이며, 크기는 5~7×3~4μm이고, 포자문은 백색이다.

생태 여름부터 가을 사이에 숲 속의 땅에 군생 또는 산생한다.

분포 한국(남한 : 지리산, 변산반도 국립공원, 발왕산, 속리산, 월출산, 한라산), 일본 등 전 세계

참고 자주국수버섯(*Clavaria purpurea*)과 모양은 비슷하지만 버섯의 색깔이 흰색이어서 쉽게 구분할 수 있다. 북한명은 흰국수버섯

자주싸리국수버섯 *Clavaria zollingerii* Lev. emend. v. Over.

용도 및 증상 식용으로 쓰인다.

형태 자실체의 높이는 1.5~7.5cm로 심하게 분지하거나 분지하지 않으며, 단일체가 되기도 한다. 자수정색 또는 오랑캐꽃 색깔이지만 회색, 자갈색, 포도주색 등 여러 색깔을 나타내기도 한다. 자루의 굵기는 0.2~0.3cm로 기부에서 분지하고, 회색 또는 연한 백색에서 황색으로 변색된다. 가지는 1~4번 분지하며 끝이 둔하거나 뾰족하다. 또는 가지를 치지 않는 것도 있다. 살은 표면과 같은 색이며 부서지기 쉽고, 마르면 황색으로 변한다.

포자 광타원형 또는 아구형이며, 크기는 4~7×3~5μm로 표면은 매끄럽다.

생태 여름에서 가을 사이에 숲 속의 땅에 단생 또는 군생한다.

분포 한국(남한 : 한라산, 방태산, 발왕산, 속리산), 일본, 중국, 동남아시아, 호주, 유럽, 북아메리카

참고 밑동에서 보라색을 띤 여러 개의 국수모양의 버섯으로 1~4번 분지하는 특징이 있다. 자주국수버섯(*Clavaria purpurea*)에 비하여 색깔은 비슷하지만 분지하는 점에서 구분된다. 북한명은 보라빛싸리버섯

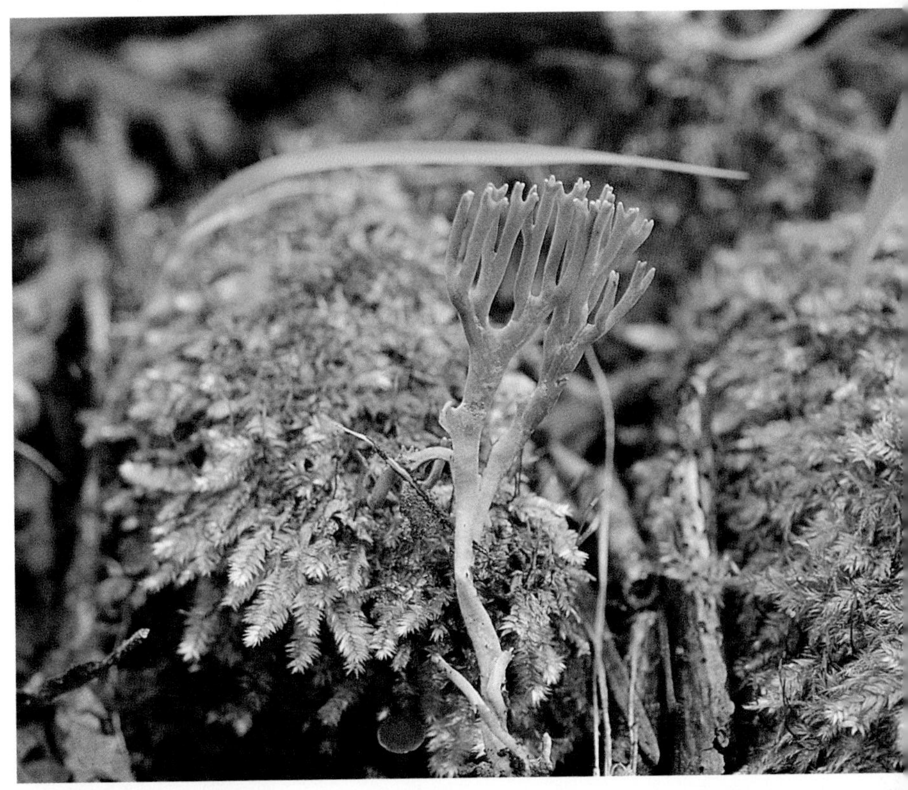

창싸리버섯과

발생량이 적어서 식용의 가치는 없다.

식용버섯

붉은창싸리버섯 *Clavulinopsis miyabeana* (S. Ito) S. Ito

용도 및 증상 식용하지만 가치가 없는 버섯이다.

형태 자실체는 높이 5~14cm, 굵기 0.3~1.0cm로 조금 편평한 원주형 또는 긴 방추형이며, 구부러졌거나 구불구불하고, 중앙에 얇은 세로의 홈을 갖는 것이 많다. 살은 연하다. 선주홍색 또는 녹슨색이지만 근부는 백색이다.

포자 구형이며 지름 6~8μm이고 표면은 매끄럽다. 포자문은 백색이다.

생태 가을에 숲 속의 땅 위에 몇 개씩 또는 10여 개씩 다발로 난다.

분포 한국(남한 : 지리산. 북한 : 백두산), 일본, 중국, 북아메리카, 중앙아메리카

참고 버섯의 전체가 붉은색이고, 다발로 발생하는 것이 특징이다. 모양과 색깔이 비슷한 붉은 사슴뿔버섯(*Podostroma corna-damae*)은 살이 단단하여 구분된다. 북한명은 분홍긴대나도싸리버섯

담자균문 > 담자균강 > 원생모균아강 > 붉은목이목

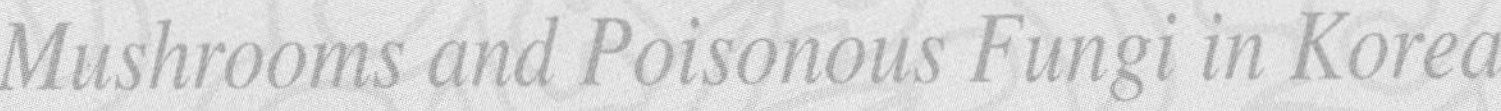

붉은목이과

식용버섯은 가치가 없고 독버섯도 드문 종이기 때문에 위험성은 전혀 없다.

식용버섯

혀버섯 *Guepinia spathularia* Fr.

용도 및 증상 식용으로 쓰인다.

형태 자실체의 높이는 1~1.5cm로 아교 모양의 연골질인 작은 버섯이다. 거의 주걱모양이나 드물게 끝이 휘거나 꼭대기가 갈라지기도 한다. 전체가 오렌지색을 띤 황색이다. 자실층은 오렌지색을 띤 황색 면에 발달한다.

포자 크기는 7~10.5×3.5~4㎛로 싹트기 전에 1장의 격막을 만든다. 담자기는 Y자형이고 2개의 가지 끝에 난형 또는 소시지형의 포자가 붙는다.

생태 일 년 내내 침엽수의 고목에 군생하는 목재부후균이다.

분포 한국(남한 : 다도해해상 국립공원의 금오도, 방태산, 소백산, 오대산, 지리산, 한라산, 어래산, 운장산 등 전국), 일본, 세계의 난대 및 열대 지방

참고 버섯의 위쪽(두부 부분)은 납작한 주걱모양이고, 자루는 납작한 자루 모양이며, 전체가 오렌지 황색이다. 종명인 *spathularia*는 '구두주걱 모양' 이라는 뜻이다.

손바닥붉은목이 *Dacrymyces palmatus* (Schw.) Burt.

용도 및 증상 식용으로 쓰인다.

형태 자실체는 단단한 아교질로 뿔 모양 또는 골 모양이었다가 차츰 직립하게 되고, 부채모양으로 펴지거나 불규칙한 잎조각모양으로 변하며 높이 0.5~3.5cm, 지름 5~8cm에 이른다. 표면은 매끄럽거나 주름이 있고 자실층으로 덮여 오렌지색을 띤 황색이나 하부는 연한색으로 기부에 털이 있다.

포자 황색의 장타원형이며, 구부러진다. 크기는 15~18.5×5.5~7μm이며, 1~7개의 격막(膈膜)이 있다.

생태 여름과 가을에 침엽수의 죽은 줄기나 가지에 속생한다.

분포 한국(남한 : 모악산. 북한 : 백두산), 북반구 온대 이북

참고 버섯은 뇌모양이고, 나중에 얕게 찢어져서 열편(列片)이 되기도 하며, 아교질로 진한 오렌지 황색이 되고 투명해 진다. 종명인 *palmatus*는 '손바닥 모양' 이라는 뜻이다.

독버섯

아교뿔버섯 *Calocera viscosa* (Pers. : Fr.) Fr. 일반독

용도 및 증상 인돌알칼로이드(indol-alkaloid : 중추신경 및 말초신경)가 검출되므로 신경계에 이상이 생길 수 있다.

형태 자실체의 높이는 3~5cm 정도로 전체가 선명한 오렌지색을 띤 황색 또는 짙은 황색을 띠고 있다. 살은 부드러운 탄력성이 있으며 부러지지 않는다. 자루의 밑은 원통형 또는 약간 평평한 원통형으로 보통 1개의 밑에서부터 위로 몇 번이고 가지가 분지한다. 전체적으로 약한 끈적기가 있다. 반투명한 겔라탄질을 가진 연골질이지만 건조하면 각질로 되어 단단해진다. 자실층은 전면에 형성된다.

포자 장타원형이며, 크기는 7~11×3.5~4μm이고, 발아하기 전에 1~3개의 격막이 생긴다. 담자기는 Y자형이다. 포자문은 백색이다.

생태 여름부터 가을까지 침엽수의 고목에 홀로 또는 2~3개가 군생하는 목재부후균이다.

분포 한국(남한 : 소백산, 오대산, 지리산, 어래산, 속리산. 북한 : 백두산), 일본 등 전 세계

참고 형태가 나뭇가지 모양을 하고 있기 때문에 싸리버섯류로 생각하기 쉽다. 종명인 *viscosa*는 '끈적기' 라는 뜻이다.

담자균문 ≫ 담자균강 ≫ 원생모균아강 ≫ 흰목이목

흰목이과

나무에 발생하며 식용한다. 나무를 썩히며 발생량이 적어서 식용가치는 떨어진다.

식용버섯

꽃흰목이 *Tremella foliacea* Fr.

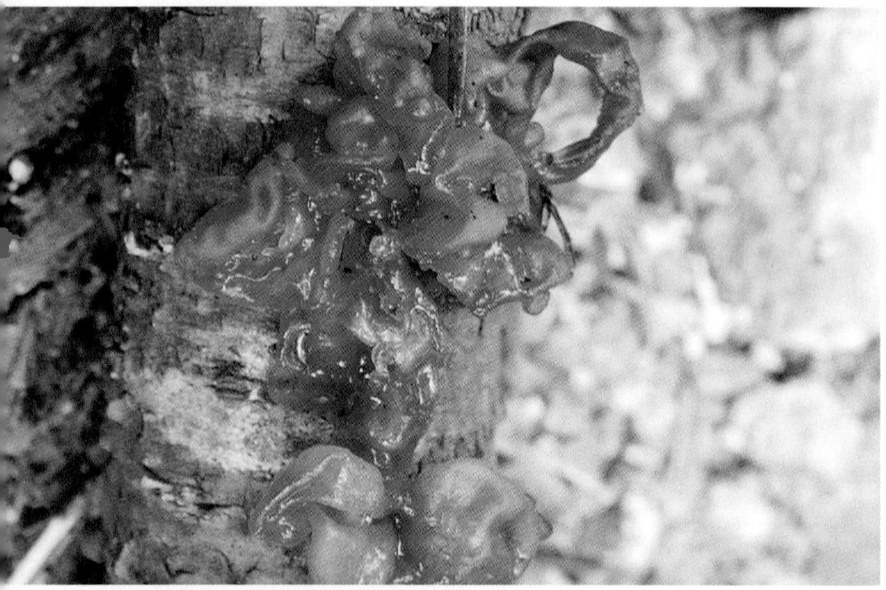

용도 및 증상 향은 없지만 찌개, 튀김, 끓는 물에 데쳐 무와 요리할 때 이용된다.

형태 꽃잎모양으로 갈라진 조각은 흰목이보다 크며 물결처럼 굽이쳐 겹꽃 모양을 나타낸다. 지름 6~12cm, 높이 3~6cm이며, 연한 분홍색 또는 연한 자갈색 등으로 반투명하고, 연한 성질을 가지고 있지만 건조하면 거의 흑색으로 된다.

포자 구형이며, 표면은 밋밋하고 투명하다. 지름은 7~6μm이다. 담자기는 구형이며, 지름은 9~10μm로 세로의 칸막이에 의해 4개의 방으로 갈라진다.

생태 여름과 가을 기간에 활엽수의 말라 죽은 가지 위에 난다. 흔한 종이다.

분포 한국(남한 : 전국, 북한 : 백두산), 전 세계

참고 꽃잎 모양의 열편이 중첩하여 꽃잎 덩어리를 이룬 모양으로 연한 분홍색 또는 연한 자갈색인 것이 특징이다. 종명인 *foliacea*는 '나뭇잎 모양'이라는 뜻이다.

흰목이 *Tremella fuciformis* Berk.

용도 및 증상 중국에서 식용으로 많이 쓰인다.

형태 자실체의 지름은 6~12cm이고 높이는 3~6cm 쯤 된다. 건조하면 오므라들고 단단해진다. 자실체는 순백색이고 반투명한 젤리 같으며 닭볏 모양 또는 구불구불한 꽃잎 집단과 비슷하고 자실층은 표면에 발달한다.

포자 거의 난형이며, 크기는 6~8×5~7μm이다. 담자기의 지름은 10~13μm이고 난구형이며, 세로의 칸막이에 의해 4개의 방으로 갈라진다.

생태 여름부터 가을까지 활엽수의 죽은 가지에 나는 목재부후균이다.

분포 한국(남한 : 방태산, 지리산, 한라산, 변산반도 국립공원, 만덕산, 어래산 등 전국. 북한 : 백두산), 일본, 중국, 대만, 열대 지방

참고 버섯은 순백색이고 반투명한 젤과 같으며, 닭벼모양 또는 구불구불한 꽃잎 모양을 이루는 것이 특징이다. 건조하면 오그라들어 수축되지만, 습기를 머금으면 연골질로 된다.

황금흰목이 *Tremella mesenterica* Retz. : Fr.

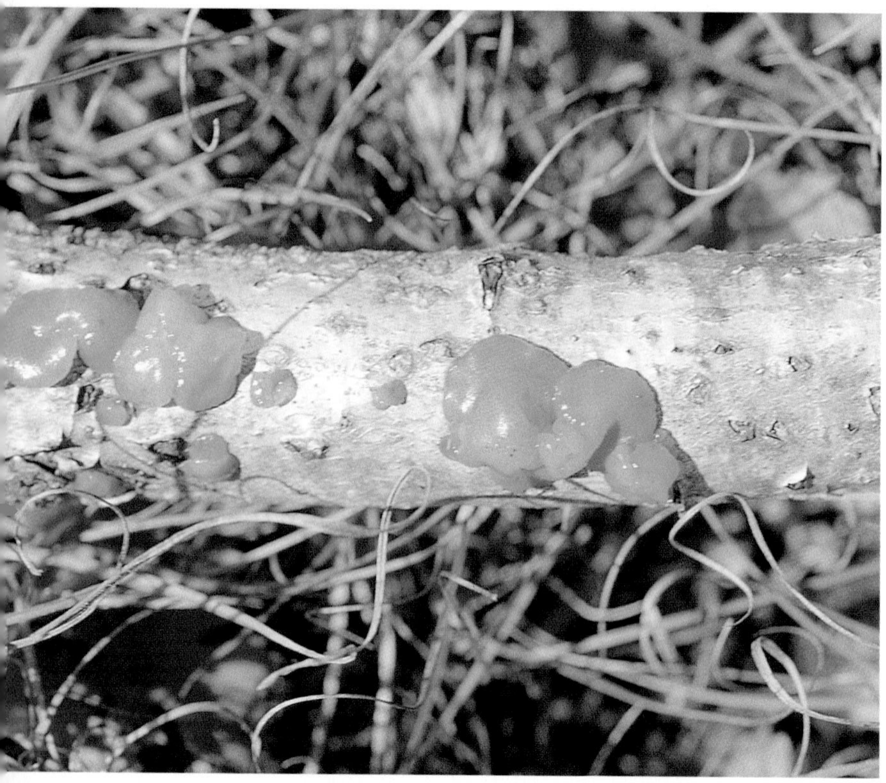

용도 및 증상 식용으로 쓰인다.

형태 자실체는 주머니모양으로 생겨서 확대되고 서로 융합되어서 물결모양의 주름이 잡힌 덩어리가 된다. 겔라틴질로 황백색 또는 황색이며, 때로는 오렌지 황색이 되고 표면은 구불구불한 물결모양이지만, 밋밋하고 표면 전체에 자실층을 만든다. 크기는 일반적으로 지름 6cm, 높이 0.3~0.4cm이지만, 습기가 많을 때는 그 이상 크게 자라기도 한다. 건조하면 수축되어 연골질로 된다.

포자 아구형 또는 난형으로 크기는 9~14×7.5~10.5μm이다. 표면은 매끄럽고 투명하다. 뾰족한 돌기가 있다.

생태 활엽수의 썩은 나무에 속생한다.

분포 한국(남한 : 전국), 일본, 전세계

참고 버섯은 주머니 모양으로 융합되어 주름잡힌 덩어리가 된다. 황백색 또는 오렌지 황색이고 물결모양이다. 건조하면 수축하여 오그라들어서 딱딱하여 지지만, 습기를 머금으면 다시 연골질로 된다.

담자균문 > 담자균강 > 원생모균아강 > 목이목

좀목이과

식용하는 버섯도 있으나 식용 가치가 없는 버섯들이다.

식용버섯

혓바늘목이 *Pseudohydnum gelatinosum* (Scop. : Fr.) Karst.

용도 및 증상 젤라틴질이어서 혀의 촉감이 특이하다. 초장 또는 된장무침으로 요리한다. 희귀종이다.

형태 자실체는 반원형, 구두주걱 또는 부채꼴이며, 지름은 4cm이고 두께는 1.5cm 정도로 윗면은 연한 갈색 또는 흑색이다. 미세한 털 모양의 돌기로 덮여 있다. 아랫면은 백색 또는 황백색이고 긴원추상의 다수의 가시구조가 밀집하며 가시의 표면에 자실층이 생긴다. 침상구조는 평행하며 균사로 구성된다. 길이 0.4cm이고, 지름은 0.1cm이다. 자루는 없거나 짧은 자루가 양쪽에 있으며 개별로 발달한다.

포자 구형 또는 아구형이고 표면은 밋밋하며, 크기는 4.5~8.5× 4.5~7.5㎛로 반복 발아한다. 담자기는 자실층 표면에 나란히 발달하며, 자루를 가진 구형이다. 다 자란 후에 자루와 구상부가 구분되며, 특히 구상부가 세로격부실로 2~4개로 구분된다. 담자기 구상부는 10.5~14×8~10㎛이고, 자루의 길이는 8.5~40×2~4㎛이며, 작은 자루는 담자기 구상부의 각방에 1개씩 만들어진다. 길이는 15㎛이고, 지름은 2~3.5㎛이다.

생태 여름과 가을에 침엽수의 절주나 밑동에 단생 또는 군생한다.

분포 한국(남한 : 한라산), 일본, 유럽, 남북아메리카, 뉴질랜드

목이과

나무에 발생하여, 나무를 썩히는 식용버섯이다. 목이, 털목이 등은 인공재배도 한다.

식용버섯

목 이 *Auricularia auricula* (Hook.) Underw.

용도 및 증상 식용하며 짬뽕같은 중국 요리에 많이 쓰인다. 재배도 한다.

형태 자실체의 지름은 3~12cm, 높이는 3~5cm이다. 종모양 또는 귀모양이다. 아교질이고 상의 주름이 있으며, 표면은 적갈색으로 밀모가 있다. 건조하면 적황색 또는 남흑색이 된다. 아랫면의 자실층색은 밋밋하고, 황갈색이었다가 차츰 연한 갈색으로 된다.

포자 크기는 11~17×4~7μm이고 콩팥형이다. 담자기는 원통형이고 가로막에 의하여 4실로 갈라지며, 각 실에서 가늘고 긴 자루가 나와 그 끝에 포자가 붙는다.

생태 여름부터 가을까지 활엽수의 고목에 무리지어 나는 목재부후균이다.

분포 한국(남한 : 다도해해상 국립공원, 방태산, 변산반도 국립공원, 속리산, 지리산, 만덕산, 한라산. 북한 : 백두산), 전 세계

참고 종명인 *auricula*는 '작은 귀'라는 뜻이다.

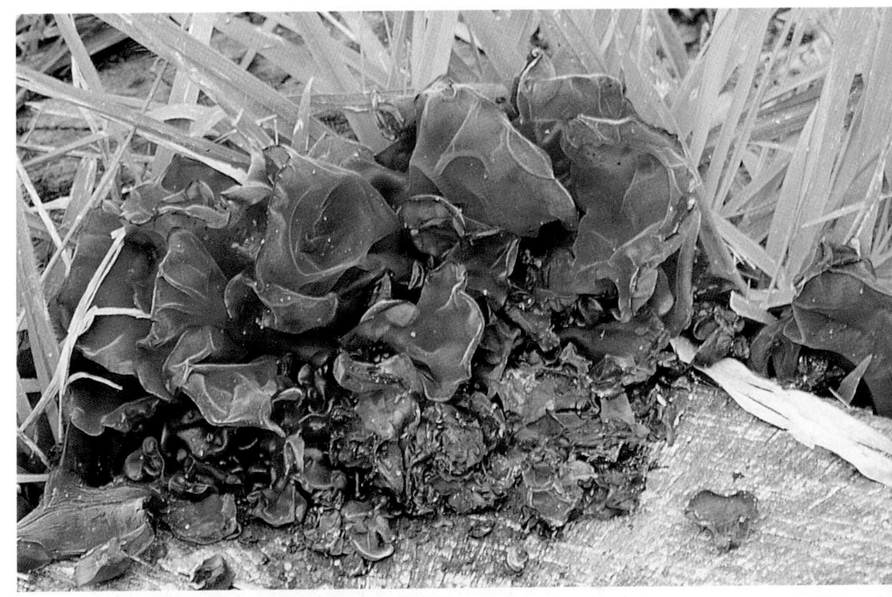

털목이 *Auricularia polytricha* (Mont.) Sacc.

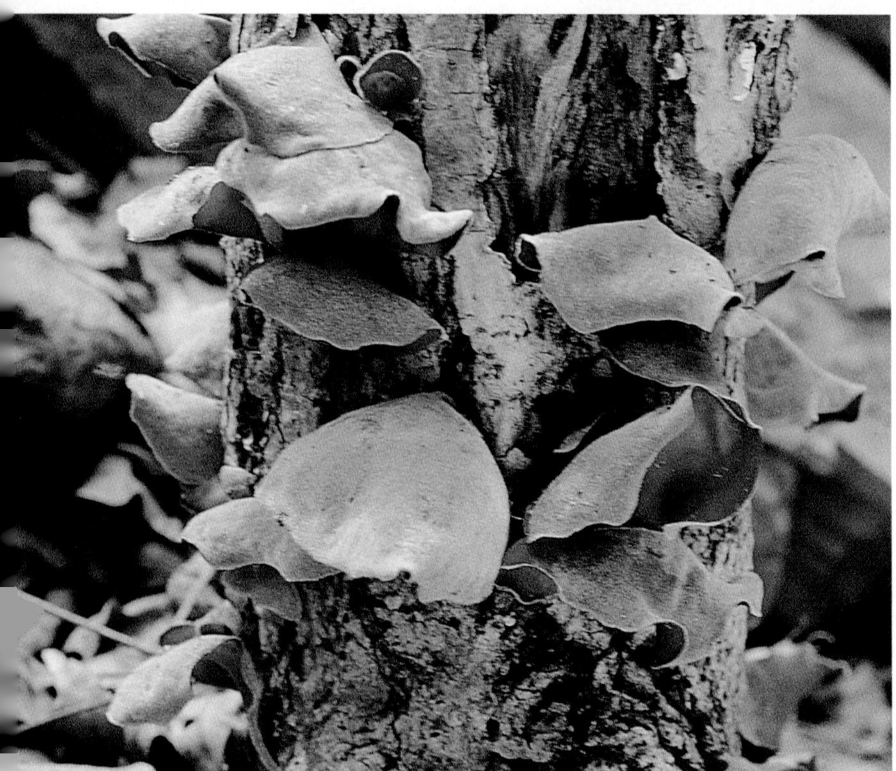

용도 및 증상 식용하며 중국요리에 많이 쓰인다. 살짝 데쳐서 초간장에 찍어 먹는다. 기름에 볶아도 좋다.

형태 균모의 지름은 3~6cm이고 두께는 0.2~0.5cm로 귀모양의 아교질이고 연하다. 건조하면 연골과 같이 단단해진다. 등면(바깥쪽)은 회백색 또는 회갈색의 미세한 털로 덮여 있고, 아랫면(안쪽)은 매끄럽고 연한 갈색 또는 어두운 자갈색이며, 자실층이 생긴다. 가장자리는 물결 모양이고 건조해도 모양의 변화가 없으며, 옆의 개체와 유착될 때도 있다.

포자 콩팥형으로 크기는 8~13×3~5μm이고, 담자기는 원통형이고 가로막에 의하여 4개의 방으로 갈라지며, 각 방에서 가늘고 긴 자루가 나와 그 끝에 포자를 만든다.

생태 봄부터 가을까지 활엽수의 죽은 가지에 무리지어 나는 목재부후균이다.

분포 한국(남한 : 가야산, 다도해해상 국립공원의 연도, 속리산, 한라산, 만덕산, 월출산, 지리산 등 전국), 일본, 아시아, 남북아메리카

참고 목이(*Auricularia auricula*)와는 털의 유무로 구분한다. 종명인 *polytricha*는 '털이 많다'는 뜻이다.

담자균문 > 복균강 >

알버섯목

알버섯과

서양에서는 귀하고 맛좋은 식용버섯이다. 우리나라에서는 발견하기 어려운 희귀종이다.

식용버섯

알버섯 *Rhizopogen rubescens* Tul.

용도 및 증상 향기가 있는 고급스러운 식용버섯이다.

형태 버섯의 지름은 1~5cm의 지하생균으로 비뚤어진 구형의 버섯이며, 표면은 백색이지만, 땅 위에 꺼내면 황갈색 또는 적갈색으로 변색된다. 한쪽에 뿌리와 비슷한 균사속이 붙어 있다. 내부(기본체)는 백색이지만, 황색에서 차츰 암갈색으로 변하며, 확대경으로 보면 미로상으로 갈라진 작은 방이 많이 있다. 끈적기를 가진 살(육질)이며, 자실층은 미로상의 작은 방 내부로 만들어진다.

포자 크기는 9~14×3.5~4.5μm이고, 무색의 긴 타원형이다.

생태 봄부터 가을까지 바닷가 모래땅의 소나무 숲의 땅 속에 나거나 절개지 땅에 나출되어 군생한다.

분포 한국(남한 : 월출산, 만덕산), 북반구 전지역

참고 종명인 *rubescens*는 '적색으로 된다'는 뜻이다.

모래밭버섯과

매우 드문 종이며, 식용가치는 없지만 중국에서는 식용한다.

식용버섯

모래밭버섯 *Pisolithus tinctorius* (Pers.) Coker et Couch

용도 및 증상 중국에서 식용한다.

형태 자실체는 머리모양 또는 거꾸로 뒤집힌 서양배모양이며, 지름은 3~10cm이고, 하반부는 가늘며 땅 속에 파묻혀 있다. 표면은 매끄러우며 어두운 황색 또는 갈색이나 차츰 흑갈색으로 되고, 표피는 얇고 잘 벗겨져서 내부를 노출한다. 내부 기본체는 황색 막으로 덮이고, 지름 0.1~0.3cm의 작은 알맹이로 차 있다. 이 막은 녹아서 황갈색의 액체로 되어 밖으로 스며 나온다. 포자는 작은 알맹이 속에서 황백색→갈색→흑갈색→초콜릿색 순으로 성숙되어 간다.

포자 갈색의 구형으로 지름은 7.5~9㎛이고, 표면에 가는 사마귀 같은 반점이 있다.

생태 봄과 가을에 걸쳐서 바닷가 소나무 숲의 모래땅이나 산 속 황무지의 맨땅에 단생한다.

분포 한국(남한 : 전국), 전 세계

참고 종명인 *tinctorius*는 '염색되거나 물든다'는 뜻이다.

담자균문 ≫ 복균강 ≫

말불버섯목

Mushrooms and Poisonous Fungi in Korea

말불버섯과

어릴 때는 대부분 식용할 수 있으나 속의 내부가 검은색으로 변색하기 전에 식용하여야 한다. 속이 검게 되는 것은 기본체가 검은 포자로 변하기 때문이다.

식용버섯

말징버섯 *Calvatia craniiformis* (Schw.) Fr.

용도 및 증상 어릴 때 식용하며 약리 작용도 한다. 향기나 맛에 특성이 없고 찌개, 전골 요리 등에 사용된다.

형태 자실체의 지름은 5~8cm이고 높이는 6~10cm로 머리 부분과 자루로 되어 있다. 머리 부분은 사람의 머리모양을 닮았다. 내부의 기본체는 어릴 때는 백색이었다가 차츰 다량의 액체를 내며 분해되어 악취를 풍긴다. 다 자라면 가벼워지고, 마르면 표피는 낡은 솜모양으로 된 기본체를 노출한다. 외피는 얇은 종이 같고, 표면은 밋밋하거나 미세한 가루로 되며, 내피는 얇고 부서지기 쉬워 파괴되어 기본체에서 떨어져나간다. 자루는 갯솜질이며, 질기다.

포자 구형이고, 지름은 3.5~4μm로 표면에 미세한 돌기가 있다. 연한 갈색이며 짧은 자루가 있다. 탄사는 연한 갈색이며, 지름은 2~5μm로 막은 두껍다.

생태 가을에 숲 속의 썩은 낙엽이 많은 땅 또는 맨땅에 단생 또는 군생한다.

분포 한국(남한 : 가야산, 만덕산, 월출산, 지리산, 변산반도 국립공원), 일본, 중국, 유럽, 북아메리카

큰말징버섯 *Calvatia cyathiformis* (Bosc.) Morg

용도 및 증상 어릴 때는 식용할 수 있다.

형태 자실체는 거꾸로 된 난형이고 지름 3~6cm, 높이 4~7cm 이상이다. 자루 상부는 팽창하여 기부가 원형이 되며 섬유질의 균사 속에 연결된다. 외피는 얇고 매끄러우며, 가는 가루가 붙어 있고 흰색이다. 나중에 홈선 같은 주름이 생긴다. 내피는 부서지기 쉬우며, 황적색인데 시간이 지나면 파편으로 변한다. 기본체는 백색에서 녹황색 또는 황갈색으로 되며, 무성기관 부분은 해면과 같고 위쪽에 위치하게 된다.

포자 구형이며, 표면은 매끄럽고 짧은 자루가 있다. 지름은 2.8~3.9㎛이다. 탄사는 연한 갈색으로 격막이 작고 구멍이 있어 쉽게 끊어진다.

생태 여름과 가을에 숲 속의 땅에 단생 또는 군생한다.

분포 한국(남한 : 전국), 일본, 북반구 온대

참고 버섯 전체가 백색이고 표면에 홈선같은 주름이 있는 것이 특징이다. 종명인 *cyathiformis*는 '컵 모양'이라는 뜻이다.

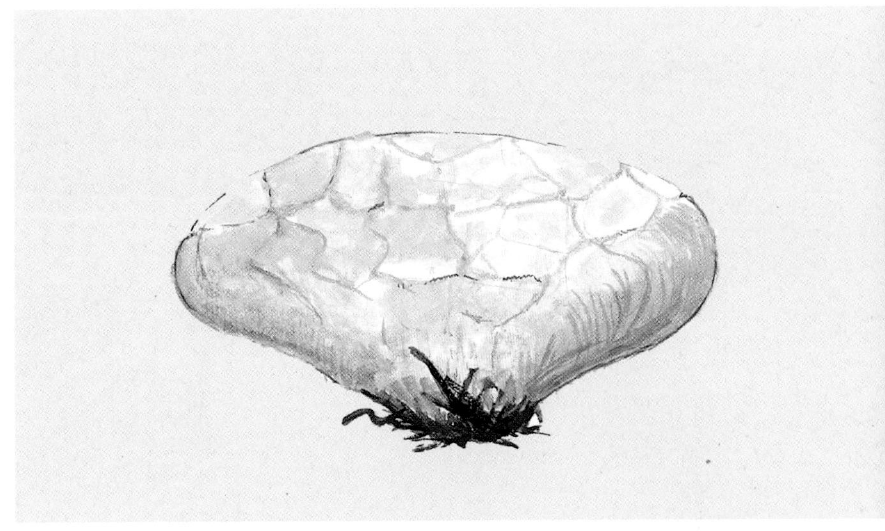

말불버섯 *Lycoperdon perlatum* Pers.

용도 및 증상 어릴 때는 식용한다. 색이 검게 된 것은 먹어서는 안 된다.

형태 자실체의 높이는 4~6cm로 머리 부분은 둥글게 부풀었고 그 속에 포자가 생긴다. 표면은 백색이지만, 후에 회갈색으로 변색되며 뾰족한 알맹이 모양의 돌기가 많이 있다. 내부의 살은 백색인데 포자가 다 자라면 회갈색의 낡은 솜모양으로 되어, 머리 부분의 끝에 열린 작은 구멍에서 포자를 연기와 같이 내뿜는다. 자실체의 아래쪽은 원주상으로 자란 자루로 변하고, 내부는 백색에서 흑갈색으로 갯솜모양을 나타낸다.

포자 구형이며, 연한 갈색이고 지름은 3.5~5μm이다. 표면은 미세한 돌기가 있다.

생태 여름부터 가을까지 숲 속이나 풀밭에 군생한다. 매우 흔한 종이다.

분포 한국(남한 : 가야산, 다도해해상 국립공원의 금오도, 방태산, 발왕산, 어래산, 변산반도 국립공원, 소백산, 만덕산, 속리산, 오대산, 월출산, 지리산, 한라산, 서울의 남산. 북한 : 백두산 등 전국), 전 세계

참고 어릴 때는 내부가 백색이고 이때는 식용이 가능하다. 포자가 성숙하면 검게 변색된다. 이것은 포자 색깔이 검기 때문이다.

좀말불버섯 *Lycoperdon pyriforme Schaeff.*: Pers.

용도 및 증상 어릴 때는 식용한다.

형태 자실체 전체는 거꾸로 된 난형이거나 거의 구형이며, 지름은 1.5~4cm, 높이는 2~4cm 정도이다. 머리 부분의 표면은 백색이었다가 차츰 회갈색이 되고, 거의 매끄럽거나 가는 알맹이를 가졌으며, 꼭대기 끝에 작은 주둥이가 열려 있다. 내부의 기본체는 백색이고, 후에 황록색에서 녹갈색으로 변색된다.

포자 구형이며 표면은 미세한 사마귀 같은 반점이 있으며, 갈색으로 지름은 4㎛이다.

생태 여름부터 가을까지 숲 속의 썩은 나무에 군생한다. 흔한 종이다.

분포 한국(남한 : 가야산, 두륜산, 방태산, 발왕산, 속리산, 지리산, 오대산, 한라산. 북한 : 백두산), 일본, 전세계

참고 말불버섯(*Lycoperdon perlatum*)에 비하여 표면에 가시가 없고 뚜렷한 자루가 있다. 발생하는 장소가 주로 썩은 고목이다. 종명인 *pyriformis*는 '서양의 배 모양'이라는 뜻이다. 따라서 서양 배 모양처럼 생겼으며, 두부는 구형이고 자루는 원추형이다. 또한 가루 같은 것이 부착한다.

담자균문 > 복균강 >

말뚝버섯목

Mushrooms and Poisonous Fungi in Korea

말뚝버섯과

고약한 점액 물질을 가지고 있어서 식용에 부적당하지만, 중국에서는 식용한다.

식용버섯

노란말뚝버섯 *Phallus costatus* (Penz.) Lloyd

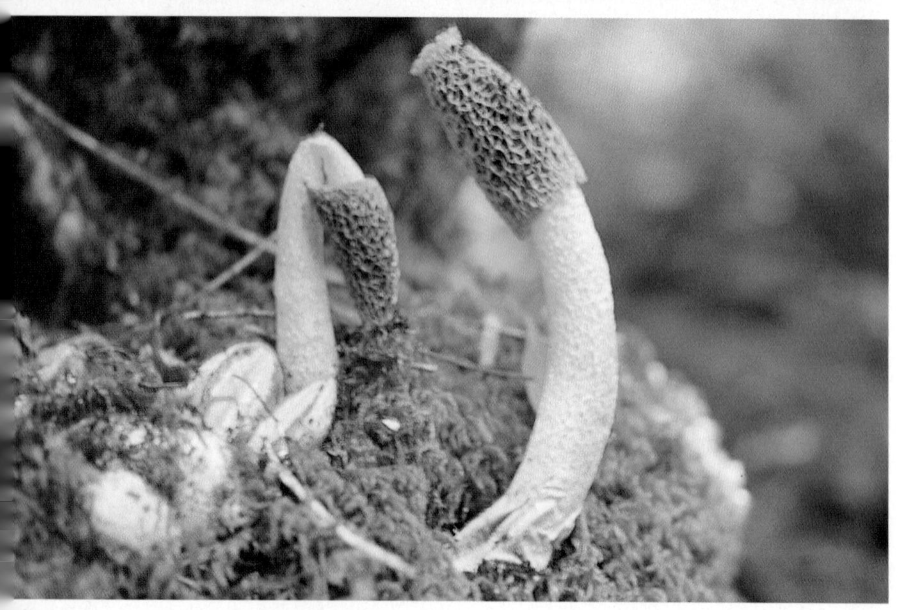

용도 및 증상 중국에서는 식용으로 쓰인다.

형태 어린 버섯은 백색의 난형이며, 지름 2.5~3cm로 비가 온 뒤에 주머니를 뚫고 생장하여 흑녹색의 균모와 황색의 자루가 나온다. 균모는 끝에 구멍이 있고 표면은 선황색이며, 불규칙하고 작은 그물눈이 있다. 속에 암녹색의 고약한 냄새가 나는 점액질에 포자들이 붙는다. 자루는 위쪽이 황색이고 황녹색의 원주상이며, 속은 균모 꼭대기까지 비어 있다.

포자 타원형으로 3.5~4.2×1.5~2 μm인 연한 녹색이다.

생태 여름부터 가을까지 깊은 산의 활엽수(너도밤나무 등)의 썩은 나무에 군생한다. 활엽수 목재의 2차 분해균이다.

분포 한국(남한 : 어래산, 지리산), 일본, 중국, 아시아(자바)지역, 스리랑카, 인도네시아

참고 두부(균모)의 꼭대기에 원반형의 주둥이가 있고, 노란색의 불규칙한 그물눈이 특징이다.

말뚝버섯 *Phallus impudicus* Pers.

용도 및 증상 중국에서는 식용한다. 악취가 나는 것은 물에 씻어서 한 번 데치고 나서 요리한다.

형태 버섯의 지름은 4~5cm이고 종모양이며, 어린 버섯은 백색의 구형으로 내부의 우무질은 황토색으로 두껍다. 어린 버섯을 세로로 자르면 중축부에 눌린 자루와 그 바깥쪽에 모자모양의 균모로 될 부분이 있고, 그 위에 암녹색의 기본체와 우무질을 볼 수 있다. 표면에 그물눈모양의 융기가 있고 불규칙하며, 다각형으로 오목한 곳을 만든다. 오목한 곳은 암녹색이고 고약한 냄새가 나는 점액(포자 집단)이 차 있다. 자루의 높이는 10~15cm로 원주상이고 백색이며, 속이 비어 있다.

포자 연한 녹색 또는 연한 갈색의 타원형으로, 크기는 3.5~4.5×2~2.5㎛이다. 표면은 매끄럽고 기름방울이 있는 것도 있다.

생태 여름부터 가을까지 숲 속 또는 대나무밭의 땅에 단생 또는 군생한다.

분포 한국(남한 : 모악산, 한라산), 전 세계

참고 알 모양에서 두부와 자루가 나오며, 두부는 종모양이고 그물눈 모양의 융기가 있으며, 암녹갈색의 점액화된 기본체가 특징이다. 오래 된 것은 노란말뚝버섯(*phallus costatus*) 모양과 같아 혼동하기 쉽다.

망태버섯 *Dictyophora indusiata* (Vent. : Pers.) Fisch.

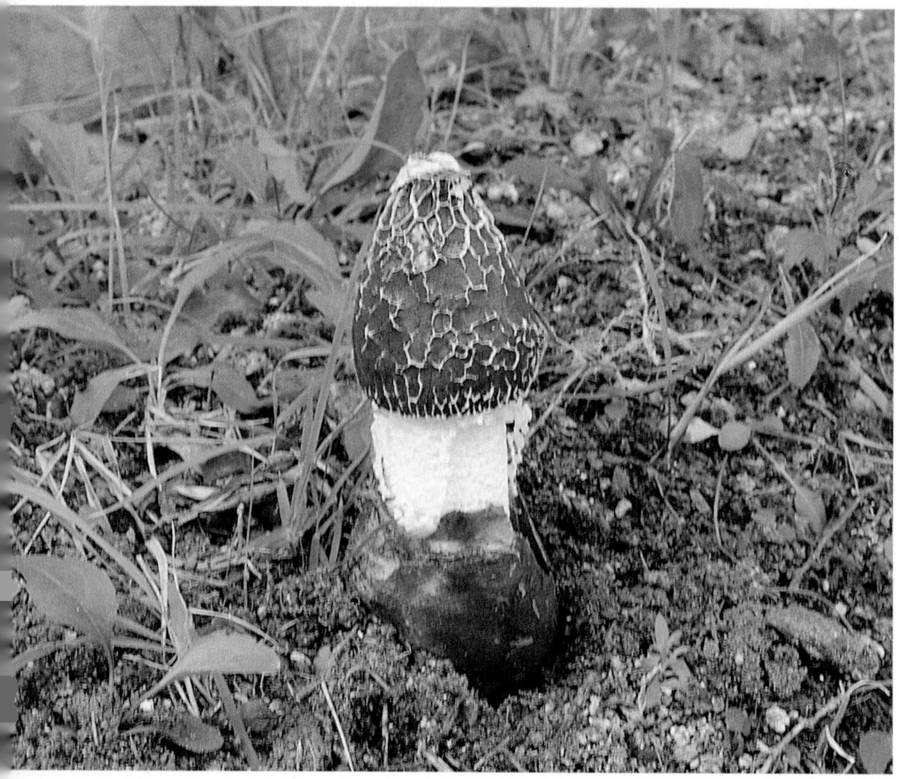

용도 및 증상 버섯의 여왕이라고도 부르는 화려한 버섯으로, 중국에서는 죽손이라 하여 고급 요리에 쓰인다.

형태 어린 버섯의 알은 지름이 3~5cm로 백색이고, 문지르면 연한 적자색이 된다. 알에서 자루가 나오면 위에 있는 종모양의 균모 내부에서 흰 그물모양의 레이스와 비슷한 그물 망토를 편다. 그물 망토의 자락이 넓게 펴지면 지름이 10cm 이상이고, 길이는 10cm 정도 된다. 자루의 길이는 15~18cm이고 굵기는 2~3cm로 표면은 백색이고 매끄럽지 않다. 꼭대기는 백색의 섬세한 그물눈꼴이며, 여기에 올리브색의 끈적액 물질이 덮여 있고 고약한 냄새가 난다.

포자 타원형이며 크기는 3.5~4.5×1.5~2μm이고, 막이 두꺼운 것도 볼 수 있다.

생태 여름부터 가을까지 주로 대나무밭에서 나거나 때로는 잡목림 등의 땅에 홀로 또는 흩어져 난다. 끈적액에 포자가 있어서 파리 같은 곤충 등의 몸에 붙어 포자를 퍼뜨리는 데 이용된다. 남한에서는 대나무 밭이 많은 담양에서 주로 자생하며 그밖에도 대나무 밭이 있는 곳에서는 흔히 발견된다.

분포 한국(남한 : 담양, 경주, 고창, 삼례의 대나무밭, 내장산), 일본, 중국, 북아메리카

참고 버섯 가운데 자라는 속도가 가장 빠르다. 알에서 완전한 버섯이 될 때까지 4~5시간 정도 소요된다.

노란망태버섯 *Dictyophora indusiata* f. *lutea* Kobay.

용도 및 증상 중국에서는 식용으로 쓰인다.

형태 버섯의 크기는 망토의 자락을 넓게 펴면 지름이 10cm 이상, 길이도 10cm 정도로 땅까지 축 처진다. 버섯의 자루에 있는 종모양의 균모 내부에서 노란색, 황적색, 연한 홍색을 띠는 그물 모양의 레이스와 비슷한 망토가 펼쳐진다. 자루의 길이는 15~18cm이고 굵기는 2~3cm이며, 표면은 백황색이고 매끄럽지 않다. 밑부분에 덮여 있는 올리브색의 끈적액에서 고약한 냄새가 난다.

포자 타원형이고, 크기는 3.5~4.5×1.5~2μm이다.

생태 여름부터 가을까지 혼효림의 풀밭이나 땅에 단생 또는 군생하며 부생생활을 한다.

분포 한국(남한 : 지리산, 속리산, 서울의 남산, 울진의 소광리), 일본, 대만, 수마트라

참고 망태버섯(*Dictyophora indusiata*)과 비슷하나 색깔이 노란색이어서 구별이 쉽다. 분홍망태버섯이라고도 한다. 망태버섯의 변종이며 종명의 *indusiata*는 '포막(包膜)이라는 뜻'이고, *lutea*는 '연한 노란색'이라는 뜻이다.

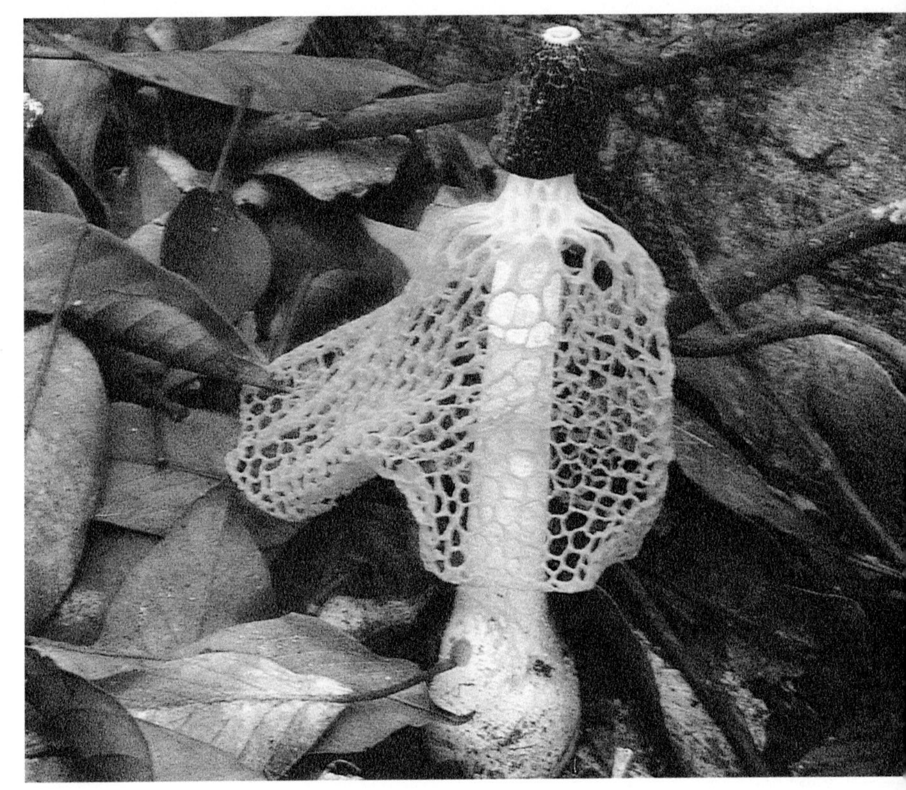

담자균문 ≫ 복균강 ≫

어리알버섯목

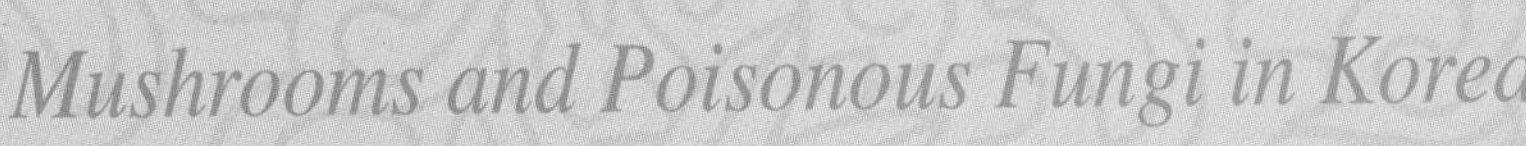

어리알버섯과

이 과에 속하는 버섯은 독성분을 가지고 있는 버섯이 많다고 알려졌으며, 특히 유럽과 미국에서 독버섯으로 취급한다.

독버섯

갯어리알버섯 *Scleroderma bovista* Fr. 의심독

용도 및 증상 독성분과 중독 증상은 불분명하다. 어리알버섯류는 독버섯이 많으므로 주의하여야 한다.

형태 자실체의 지름은 3~4.5cm이고 높이는 2~2.5cm로 편평한 구형이고, 자실체의 밑에 백색의 균사 속이 붙어 있다. 표면은 연한 황색 또는 황갈색으로 꼭대기는 흑색이며 매끄럽다. 꼭대기 부분에 작고 얕은 균열이 생기며, 초콜릿색과 비슷한 흑갈색인 포자가 나타난다. 각피는 두께 0.07~0.1cm이고 단면은 백색으로 성숙한 다음에 불규칙하게 터져서 포자를 날려 보낸다. 기본체는 자회색의 살로서 그물 모양이며, 반짝거리는 기층판이 있다. 그물눈은 구형 또는 다각형이고 다 자란 다음 황색으로 남아 있게 된다.

포자 갈색의 구형이며, 지름은 10~14μm로 1개의 기름방울과 그물눈의 돌기를 가졌다.

생태 여름부터 가을까지 바닷가의 모래땅에 군생한다.

분포 한국(남한 : 지리산), 일본, 유럽, 북아메리카, 호주, 전 세계

참고 유럽과 미국에서는 독버섯으로 취급한다.

양파어리알버섯 *Scleroderma cepa* Pers. 의심독

용도 및 증상 독성분은 모르지만, 먹으면 불분명한 증상이 나타난다.

형태 버섯의 지름은 2~4cm이고 자실체는 편평한 구형이다. 하부에 백색의 뿌리와 비슷한 균사속이 있으며, 지상생균이다. 표피의 표면은 백색 또는 연한 황갈색이며 손으로 만지면 암적자색으로 되고, 다 자라면 가늘게 갈라져서 작은 인편처럼 터진다. 표피는 두꺼우며 건조하면 가죽질이 되지만 불규칙하게 부서져 내부의 포자를 내보낸다. 기본체는 회색에서 차츰 자흑색의 마른 포자덩이가 된다.

포자 자갈색의 구형이며, 지름은 8~12μm로 표면에 끝이 뾰족한 가시가 있다.

생태 봄부터 가을까지 길가, 정원, 잔디밭, 숲 속의 땅에 군생한다.

분포 한국(남한 : 모악산 등 전국), 일본, 유럽, 북반구 일대

참고 기본체(*gleba*)의 내부는 처음은 백색에서 나중에 회흑색 또는 자흑색으로 변색되며 광택이 난다. 갈색을 띤 포자 가루가 되어 바람이 불거나 건들면 날아간다. 유럽과 미국에서 독버섯으로 취급한다.

황토색어리알버섯 *Scleroderma citrinum* Pers. 의심독

용도 및 증상 독성분과 중독 증상이 불분명하다.

형태 자실체의 지름은 2~5cm이고 편평한 구형이며, 기부는 물결모양으로 자루가 없다. 각피는 황토색 또는 갈색이며 두께는 0.2cm이지만, 건조하면 0.1cm 이하로 되고, 자르면 분홍색이 된다. 표면의 균열은 정교하게 조직한 듯이 튀어나와 있으며, 성숙한 다음에 불규칙한 조각들로 터진다. 기본체는 회색에서 차츰 흑색이 되고, 기층판은 백색의 그물모양이 된다.

포자 흑갈색의 구형이며, 지름은 8~11μm으로 뚜렷한 그물 모양의 돌기가 있다.

생태 여름부터 가을까지이며 숲 속의 부식토에 군생한다.

분포 한국(남한 : 가야산, 두륜산, 방태산, 변산반도 국립공원, 지리산, 한라산, 남산), 일본, 유럽, 북아메리카, 아프리카, 호주

참고 기본체(*gleba*)는 어릴 때 백색이나 나중에 약간 두꺼운 백색의 내피층 속에서 회색, 암자색을 거쳐 흑색으로 변색한다. 유럽과 미국에서 독버섯으로 취급한다.

볏짚어리알버섯 *Scleroderma flavidum* Ell. et Ev. 의심독

용도 및 증상 독성분과 중독 증상은 불분명하다.

형태 자실체의 지름은 3~4.5cm이고 높이는 2~2.5cm로 편평한 구형이고, 기부에 백색의 균사뭉치가 붙어 있다. 표면은 매끄러우나 꼭대기 부분에 작고 얕은 균열이 별모양으로 생기며, 연한 황색 또는 황갈색이고 꼭대기는 흑색이다. 각피는 두께 0.07~0.1cm이고 단면은 백색으로, 다 자란 후 불규칙하게 터져서 포자를 날려 보낸다. 기본체는 자회색의 육질로 되어 있으며, 그물모양으로 반짝거리는 기층판이 있다. 그물눈은 구형 또는 다각형이고, 다 자란 후 황색으로 남아 있다.

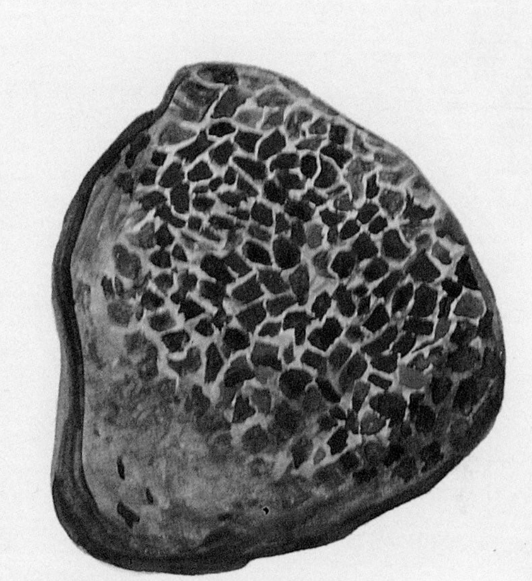

포자 갈색의 구형이며, 지름은 10~14μm로 1개의 기름방울이 있고, 표면에 가시가 있다.

생태 여름부터 가을까지 바닷가의 모래땅에 군생한다.

분포 한국(남한 : 지리산), 일본, 유럽, 북아메리카, 호주 등 전 세계

참고 기본체(*gleba*)는 백색에서 암갈색 또는 흑회색의 포자 덩어리가 된다. 구형이며, 연한 황색 또는 황갈색, 미세한 황갈색의 인편이 있고 표피가 얇은 것이 특징이다. 종명인 *flavidum*은 '연한 황색'이라는 뜻이다. 유럽과 미국에서는 독버섯으로 취급한다.

어리알버섯 *Scleroderma verrucosum* Pers. 의심독

용도 및 증상 독성분은 불분명하나 먹으면 중독증상이 나타난다.

형태 자실체의 지름은 2.5~8cm이고 높이는 2~10cm로 아구형이며, 표면은 황토색 또는 회갈색으로 어두운 색의 미세한 알맹이로 덮여 있고 표면은 매끄럽다. 각피는 위쪽이 약간 두꺼우며 부서지기 쉽다. 기본체는 암갈색이고 기층판은 백색이며, 불규칙하게 터진다. 자실체의 밑은 조금 자라서 자루가 있는 것도 있고, 없는 것도 있다.

포자 구형이며 지름은 10~14μm로 표면에 사마귀 같은 반점을 가졌다.

생태 여름부터 가을까지 숲 속의 모래땅에 군생한다. 아래에 많은 균사 덩어리가 뿌리처럼 된 것도 있다.

분포 한국(남한 : 두륜산, 속리산, 월출산, 한라산), 일본, 중국, 유럽, 아프리카, 아시아(자바)지역, 전 세계

참고 아구형이고 표피는 황토색 또는 회갈색이며 미세하게 균열되어 어두운 알갱이로 덮여있는 것이 특징이다. 종명인 *verrucosum*은 '작은 사마귀 같은 반점이 덮여있다' 라는 뜻이다. 유럽과 미국에서는 독버섯으로 취급한다.

바구니버섯과

모양이 독특하고 고약한 냄새가 나는 점액 물질을 가지고 있어서 보통 식용하지 않지만 중국에서는 식용한다.

식용버섯

세발버섯 *Pseudocolus schellenbergiae* (Sumst.) Johnson

용도 및 증상 중국에서는 식용으로 쓰인다.

형태 어릴 때는 알모양으로 지름 2~3cm 정도이고, 다 자란 버섯의 높이는 4.5~8cm이다. 알에서 1개의 기본체가 나와 보통 세 가닥이나 네 가닥의 활모양으로 갈라지지만 끝은 다시 결합한다. 갈라진 안쪽에 고약한 냄새가 나는 흑갈색의 끈적액이 있다. 위쪽은 황색 또는 오렌지 황색이고 아래쪽은 백색이다. 자루는 짧고 속은 비어 있으며 잘 부서진다. 살은 스펀지 모양이고, 작은 구멍이 많다.

포자 타원형 또는 장타원형으로 크기는 4.5~5×2~2.5μm이다. 표면은 투명하며 매끄럽다.

생태 봄부터 가을까지 숲 속이나 등산로의 땅에 단생 또는 산생하며 특히 대나무 밭에 많이 난다. 고약한 냄새가 나는 점액성 물질에 포자가 있어서 곤충 등의 몸에 붙어 포자를 퍼뜨리는 역할을 한다.

분포 한국(남한 : 변산반도 국립공원, 가야산, 만덕산, 방태산, 발왕산, 월출산, 지리산, 한라산, 모악산, 어래산 등 전국), 일본, 대만, 뉴기니, 인도, 호주, 대만, 중앙-북아메리카, 북반구 일대

식용이나 미량의 독성분을 가지고 있는 버섯

새주둥이버섯 *Lysurus mokusin* (L. : Pers.) Fr. 미약독

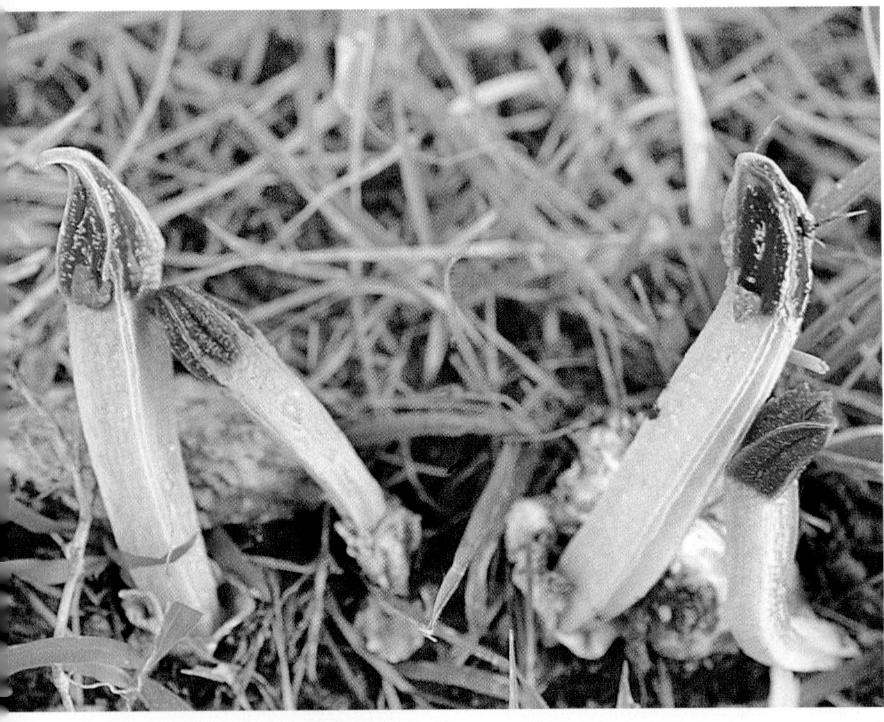

용도 및 증상 중국에서는 식용하기도 하지만 독성분을 가지고 있다.

형태 버섯의 크기는 높이가 5~12cm이고 굵기는 1~1.5cm이다. 다 자란 자실체는 4~6 각주모양이고, 단면은 별 모양이며 연한 크림색이다. 위쪽은 자루의 능선과 같은 수만큼의 팔이 각진모양으로 갈라지나, 그 팔은 안쪽에 서로 붙어 있으며 끝은 하나로 뭉쳐진다. 팔의 내면은 홍색이며, 그곳에 암갈색인 점액상의 기본체가 붙는다. 자루는 연한 홍색이거나 백색이다.

포자 방추형이고, 한쪽 끝이 조금 가늘며, 연한 올리브색으로 크기는 4~4.5×1.5~2㎛이다.

발생 초여름부터 가을까지 숲 속, 풀밭, 땅에 군생하는데 특히 불탄 자리에 많이 발생한다. 포자는 팔 내부의 끈적액에 섞여 있는데, 이것이 곤충의 몸 등에 붙어 포자를 분산시켜 자기 종족을 퍼뜨리는 역할을 한다.

분포 한국(남한 : 무등산, 모악산. 북한 : 백두산), 일본, 중국, 대만, 호주

참고 특징은 어릴 때는 긴 알모양이고 성숙하면 4~6개의 각주와 뾰족한 홍색 머리가 돌출한다.

자낭균문 ≫ 반균강 ≫

주발버섯목

Mushrooms and Poisonous Fungi in Korea

주발버섯과

식용이나 미량의 독성분을 가지고 있는 버섯

자주주발버섯 *Peziza badia* Pers. : Fr. 미약독

용도 및 증상 독성분은 불분명하나, 날것으로 먹으면 위장계의 중독을 일으킨다.

형태 자실체의 지름은 3~8cm로 주발 모양이며, 서로 붙어서 불규칙한 모양을 나타낸다. 자루가 없고 자실체의 가운데까지 흙에 고착한다. 나중에 불규칙한 물결모양으로 구부러진다. 버섯 안쪽의 자실층은 올리브색을 띤 갈색이고, 밋밋하고 마르면 전체가 흑갈색으로 변색되고 부서지기 쉬운 살이 된다. 자실체의 바깥쪽 면은 적갈색이고, 가장자리는 미세한 쌀겨같은 것으로 덮여 있다.

포자 타원형으로 크기는 7~20×8~10μm이다. 표면에 그물눈의 융기된 모양이 있다. 측사는 실모양이며 끝이 부풀고 연한 황갈색이다.

생태 여름부터 가을까지 숲 속의 땅에 군생한다.

분포 한국(남한 : 내장산, 가야산, 지리산, 한라산. 북한 : 백두산), 일본, 중국, 유럽, 북아메리카

참고 요강주발버섯(*Peziza vesiculosa*)과의 차이는 포자에 그물눈이 없다. 북한명은 밤빛그릇버섯

주발버섯 *Peziza vesiculosa* Bull. 미약독

용도 및 증상 독성분은 지로미토린(gyromitolin, 간독성)이다. 지금까지 식용 버섯으로 알려져 있었지만 지로미토린이 중독을 일으키기도 한다는 사실이 밝혀졌다. 마귀곰보버섯과 비슷한 증상을 나타낸다.

형태 자실체의 지름은 3~10cm 정도로 어릴 때는 서로 붙어있기도 하고 위가 찢어진 요강모양이나 차차 위쪽이 벌어지면서 주발 모양으로 변한다. 바깥쪽은 백색 또는 연한 황토색이며, 매끄럽고 비듬같은 인편이 있다. 살은 부서지기 쉽다. 안쪽의 자실층은 매끄럽고 연한 갈색이다. 보통 가장자리가 안쪽으로 말려있고 불규칙하게 찢어진것도 있다. 때로는 여러 개가 모여 발생하기 때문에 서로 부딪히거나 눌려서 불규칙하게 비뚤어져 있다. 자루는 없다.

포자 타원형이고, 표면은 매끄럽고 기름방울이 있으며 크기는 18~20×9~13㎛이다.

생태 여름부터 가을까지 숲 속 또는 말의 배설물, 양송이 재배상, 뜰 등의 땅에 군생한다.

분포 한국(남한 : 변산반도 국립공원, 지리산. 북한 : 백두산), 일본, 중국, 유럽, 북아메리카

참고 종명인 *vesiculosa*는 '둥근 주머니' 라는 뜻이다.

안장버섯과

이 과의 버섯들은 자낭균류에 속하며, 발견하기가 어렵고 식용가치도 없는 버섯들이다. 독버섯 가운데 마귀곰보버섯은 맹독버섯인데, 요리 과정에서 독성분이 증발하여 먹을 수 있는 버섯으로 변한다. 다른 것들은 미량의 독성분을 가진 것도 있으나 인체에는 해가 없다.

식용버섯

덧술잔안장버섯 *Hevella ephippium* Imai

용도 및 증상 식용으로 쓰인다.

형태 버섯(자낭반)의 지름은 1.0~3.5cm이고, 어릴 때는 팔 모양이지만 나중에 뒤집어져서 안장형으로 된다. 내면의 포자를 만드는 자실층은 흑갈색 또는 어두운 회황색을 나타내나, 바깥면은 연한 회색이고 촘촘하게 털이 박혀있다. 자루의 길이는 1.5~5cm, 굵기는 0.2~0.4cm이인 원통형이다. 가끔 납작한 모양을 가진 것도 있으며, 기부가 두껍다. 골이 파져 있는 것도 있으며, 거의 백색이다.

포자 타원형이며, 표면은 밋밋하고 1개의 기름방울이 있다. 크기는 14~19×9~13μm이다.

생태 여름에 숲속의 땅에 군생하며 부생 생활을 한다.

분포 한국(남한 : 방태산), 일본, 유럽, 북아메리카

참고 두부가 압축되어 있어서 겉면만 나타난다. 긴대안장버섯(*Leptopodia elastica*) 은 버섯의 안쪽 면이 황색이고 겉면이 밋밋하므로 굵은대안장버섯과 구별이 가능하다. 종명인 *ephippium*은 '말 안장' 이라는 뜻이다.

긴대안장버섯 *Leptopodia elastica* (St. Amans) Boud

용도 및 증상 식용으로 쓰인다.

형태 자실체는 높이 4~10cm이고 머리 부분은 어릴 때는 불규칙한 말 안장모양이나 나중에 일그러져서 불규칙한 형태로 된다. 자루의 상부를 양쪽에서 끼고, 그 표면에 매끄러운 자실층이 발달하며, 연한 황회백색으로 지름은 2~4cm이다. 자루의 길이는 4~7cm이고, 굵기는 0.3~0.7cm로 보통 눌린 상태이며 속은 비어 있다. 표면은 매끄럽고 원통형이나 위쪽이 약간 가늘고 굽어 있다. 백색 또는 황토색으로 기부에는 미세한 털이 있다.

포자 타원형으로 19~22×10~12㎛이고, 표면은 밋밋하고 투명하며 1개의 기름방울과 사마귀 반점이 있는 것도 있다. 측사는 실 모양이다.

생태 여름과 가을에 숲 속의 땅에 또는 낙엽 사이나 이끼류 사이에 단생 또는 군생한다.

분포 한국(남한 : 지리산), 일본, 유럽, 북아메리카

참고 두부는 어릴 때 말 안장모양에서 불규칙한 형태로 된다. 연한 황회백색이지만 아래쪽은 연한색이고 매끄럽다. 자루는 백색 또는 황토색이다. 북한명은 가는자루안장버섯

독버섯

큰쟁반버섯 *Discina parma* Breitenb. et Mass Geest. 일반독

용도 및 증상 독성분은 불분명하며, 먹으면 중독 증상으로 구토, 설사, 복통 등의 위장계의 중독을 일으킨다.

형태 두부의 크기가 일정치 않으며, 자루 위쪽의 자낭반은 팔뚝형이었다가 접시형으로 변하며, 가장자리는 물모양이다. 때때로 외측은 굴곡이 있고, 자실층면은 요철 또는 주름벽을 만들며 가운데는 보통 움푹 들어간다. 황갈색에서 암적갈색으로 변색하며, 건조하면 흑색이 된다. 자낭반의 바깥면은 연한 갈색 또는 거의 백색이다. 자루의 길이는 3~6cm이고, 굵기는 2~3cm로 짧고 굵으며, 세로줄의 주름이 있고 연한 갈색 또는 그물꼴이 있다.

포자 포자는 타원형이고, 크기는 25~33×11~13㎛이다. 표면에는 거친 그물꼴이 있고, 양끝에 10개 정도의 침상돌기가 모여 있다. 측사의 지름은 2.5~3㎛로 실 모양의 격막이 있고, 상부는 팽대하여 곤봉상이며 지름은 5~6㎛이다. 자낭은 300~350㎛로 원통형이고, 자낭에는 뚜껑이 있으며 위쪽은 둥글다. 아래쪽은 가늘고 얇은 막이고, 8개의 자낭포자를 만든다.

생태 초봄에 썩는 고목에 단생 또는 군생하며, 목재를 썩히는 목재부후균이다.

분포 한국(남한 : 변산반도 국립공원의 개암사), 일본, 유럽

참고 거의 발견이 안 되는 버섯이지만 포자가 대형이고 그물꼴이 있어서 다른 버섯과 구분된다.

마귀곰보버섯 *Gyromitra esculenta* (Pers.) Fr. 맹독

용도 및 증상 독성분은 지로미트린(gyromitorin)외 그 밖의 10종의 히도라존(hydrzone : 환원제) 화합물이 포함되어 있다. 섭취 후 빠르면 4시간, 늦으면 24시간 안에 중독 증상이 나타난다. 처음에 위장계의 증상(구토, 심한 경우 설사, 강한 복통)이 나타난다. 그 후 간, 신장장애의 증상(황달, 오줌의 결핍)이 나타나고 심한 경우는 순환기 이상, 호흡 곤란, 혼수 상태를 거쳐서 사망하게 된다. 심한 때에는 2~4일 안에 죽게 되며, 지로미트린은 비소의 가수분해 물질인 메틸렌하이드라진으로 되어 작용이 강하게 된다. 발암 물질도 가지고 있다.

형태 자실체는 높이 5~12cm, 지름 5~20cm이며, 사람의 뇌모양의 두부와 자루로 되어 있다. 두부는 구형 또는 불규칙한 둥근 모양이고, 분명한 요철 같은 주름진 뇌모양이 있다. 두부의 표면은 매끈하고 황토색 또는 적갈색이다. 자루의 길이는 10cm로 깊은 주름이 있고, 황갈색 혹은 살색이며 아래쪽으로 굵고 속은 동굴처럼 크게 비었다. 살은 부서지기 쉽다.

포자 타원형이며, 크기는 16~21×8~10μm로 표면은 매끄럽고 2개의 알맹이를 가졌다.

생태 봄과 초여름에 걸쳐서 침엽수의 땅에 단생 또는 군생한다.

분포 한국(남한 : 지리산, 북한 : 백두산), 일본, 중국, 유럽, 북아메리카

참고 종명인 *esculenta*는 '먹을 수 있다'는 뜻이고, 유럽에서는 맛좋은 식용균이지만 실은 맹독성균이다. 휘발성이 강한 독성분이어서 독성이 파괴되어 없어지는 성질을 알게 된 이후부터 광범위하게 식용으로 쓰인다. 유럽에서는 최고품의 식품의 하나로 꼽히며, 특히 프랑스에서는 제일의 음식으로 여겨진다. 그러나 때때로 중독 사고도 일어나므로 반드시 전문 요리사가 만든 것을 먹어야 한다. 복어도 비전문요리사가 잘못 요리한 것을 먹으면 사망에 이르는 것과 같은 이치다. 유사종으로 안장마귀곰보버섯(*Gyromitria infula*)과 비슷하며, 차이점은 안장마귀곰보버섯은 두부가 말안장모양이어서 쉽게 구분이 된다.

안장마귀곰보버섯 *Gyromitra infula* (Schaeff. : Fr.) Qúel. 일반독

용도 및 증상 독성분은 불분명하며, 중독 증상으로 마귀곰보버섯과 같은 중독을 일으키는 것으로 알려졌다.

형태 버섯은 중형 또는 대형으로 말안장형의 두부와 긴 자루로 나눈다. 두부의 모양은 불규칙하고 대부분은 안장형이며 약간 뇌모양이고, 가장자리는 자루에 유착하는 부분이 많다. 두부의 높이는 4~8cm이고 2~4개의 쭈그러진 포대 자루를 뒤집어 쓴 모습처럼 불규칙하게 접혀있으며, 굵기는 4~8mm 정도이다. 표면(자실층)은 편평하거나 작은 주름이 있고 계피색, 적갈색 또는 암자갈색이다. 바깥면은 백색으로 까칠까칠하다. 살은 부서지지 쉽고 백색이다. 자루는 약간 굵고 길며 원통형으로 밑은 약간 팽대되어 있다. 표면은 편평하거나 약간 요철상이고 백색이나 거의 유백색류의 살색이다. 자루의 표면은 까칠 까칠하고 속은 거의 비었다.

포자 좁은 타원형이며, 내부에 2개의 작은 기름방울이 있고 표면은 매끈하다. 크기는 18~23×7.5~10μm이다.

생태 여름에 숲 속의 쓰러진 고목의 근처의 땅에 단생 또는 군생하며 나무를 썩힌다.

분포 한국(남한 : 지리산. 북한 : 백두산), 일본, 유럽, 북아메리카

주름안장버섯 *Helvella crispa* (Scop.) Fr. 미약독

용도 및 증상 지로미토린(gyromitorin, 간독성)를 가지고 있으며, 지금까지 식용버섯으로 생각되었지만 지로미토린이 미량 검출되어서 가벼운 중독을 일으킨다.

형태 자실체의 높이는 약 10cm 정도로, 머리 부분과 자루로 구분된다. 머리 부분은 불규칙한 말 안장모양이고 가장자리는 물결모양이거나 갈라져 있는 것도 있다. 표면은 울퉁불퉁하며 황백색 또는 연한 황회색이고, 바깥면은 표면과 같은 색으로 처음에는 연한 털이 있고 자낭 포자를 만드는 자실층이 늘어서 있다. 자루의 길이는 3~6cm이고 백색이며, 기둥모양으로 굵고 길다. 자루의 표면은 거의 백색이며 불규칙한 간격의 세로로 달리는 뚜렷하게 융기된 맥이 있고, 속은 비어 있다.

포자 타원형이고 크기는 18~20×9~13μm이다. 표면은 매끈하고 1개의 커다란 기름방울이 있으며 무색이다. 측사는 실모양이고 끝은 곤봉상으로 부푼다.

생태 여름부터 가을까지 활엽수 또는 혼효림의 숲 속, 길가의 모래 섞인 땅, 풀밭 등에 단생 또는 군생한다.

분포 한국(남한 : 지리산), 일본

참고 안장버섯(*Hevella lacumosa*)과 비슷하며, 안장형의 두부와 세로 주름살모양의 자루로 되어 전체가 아주 검고 두부의 바깥면에 연한 털이 없다. 북한명은 안장버섯

파상땅해파리 *Rhizina undulata* Fr. 일반독

용도 및 증상 독성분은 불분명하나, 날것으로 먹으면 위장계의 중독을 일으킨다.

형태 버섯의 지름은 3~10cm이고 두께는 0.2~0.3cm로 쟁반을 엎어놓은 불규칙한 구름모양으로 땅 위에 펴진다. 표면은 불규칙하게 자라 올라와서 울퉁불퉁하고, 짙은 적갈색이지만 때로 연한 색도 있으며, 완만한 물결형의 요철이 있고 매끈하다. 가장자리는 아래쪽으로 구부러진다. 쟁반 윗면의 자실층은 밤갈색 또는 흑갈색이고, 가장자리는 백색의 단단한 육질이며, 아랫면에 황토색의 가는 주름이 있다. 검은 균사속이 뭉쳐 있다. 자루는 없다.

포자 방추형이고, 표면에 미세한 사마귀 반점 같은 것들이 덮여 있으며, 일부는 서로 연결된다. 2개의 커다란 기름 방울을 함유하는 것도 있으며 크기는 돌기를 제외하고 30~40×8~10μm로 양끝에 돌기가 있으며 길이는 3~5μm이다.

생태 여름부터 겨울까지 침엽수림 내의 땅에 또는 소나무의 밑동 부위에 군생한다. 특히 불탄 자리에 많이 나며 소나무를 집단적으로 말라죽게 한다.

분포 한국(남한 : 가야산, 모악산), 일본, 북반구 온대 이북

식용이나 미량의 독성분을 가지고 있는 버섯

안장버섯 *Helvella lacunosa* Afz. : Fr. 미약독

용도 및 증상 독성분은 불분명하나 먹으면 불분명한 중독 증상이 나타난다. 유럽과 미국에서 독버섯으로 취급한다.

형태 버섯은 머리와 자루 부분으로 구분하는데 머리의 지름은 2~5cm이고 높이는 5~13cm로, 머리 부분은 마치 꼬깃꼬깃하게 구겨진 종이조각모양 또는 뇌모양으로 찌그러진 형태이다. 약간 삐뚤어진 안장모양인 것도 있다. 자실층은 머리 부분의 표면에 발달하고 거의 흑색이다. 가장자리는 자루와 붙어있으며, 자실층의 안쪽의 아랫면은 비었고 회흑색으로 매끈하다. 자루의 길이는 5~10cm이고 폭은 1~2cm로 세로로 달리는 깊은 홈선이 있으며 표면은 매끄럽고 마치 조각을 해 놓은 것처럼 보이며 연한 흑색이다. 속은 비었다.

포자 타원형이고, 표면은 매끄러우며, 1개의 기름 방울을 가진 것도 있다. 크기는 20×10㎛이다.

생태 여름부터 가을까지 숲 속의 땅 또는 숲의 가장자리 등의 모래 섞인 땅에 군생한다. 때로는 목재가 썩은 자리나 초지 등에도 난다.

분포 한국(남한 : 지리산, 한라산. 북한 : 백두산), 일본, 중국, 유럽, 북아메리카, 중앙아메리카

곰보버섯과

곰보버섯들은 프랑스에서는 스프로 이용하고 또는 삶아서 이용하는 프랑스의 고급 요리이다. 그러나 날것으로 먹으면 중독 사고가 일어나므로 충분히 익힌 요리로 만들어 먹어야 한다.

식용버섯

굵은대곰보버섯 *Morchella crassipes* (Vent.) Pers. : Fr.

용도 및 증상 스프 요리를 할 때 사용하며, 삶아서 요리한다.

형태 대형 버섯으로 높이가 20cm에 달하는 것도 있다. 자실체는 머리 부분과 자루로 된 큰 버섯으로 머리 부분은 원추형 또는 난형이고 끝은 뾰족하거나 뭉뚝한 형이다. 넓은 난형 또는 구형이며 지름 5~6cm, 길이 6~8cm로 황갈색 또는 회색이며, 그물모양의 융기에 의하여 벌집처럼 오목한 곳이 생긴다. 오목한 곳은 지름 1cm이고 비뚤어진 다각형으로 밑바닥에는 주름이 적다. 자루는 길이 10~13cm이고 굵기는 6~7cm이다. 표면에는 큰 주름이 있고, 가루모양 또는 쌀겨모양이며, 백색 또는 연한 살색이다.

포자 자낭포자는 연한 황색의 타원형이고 양끝이 둥글고 표면은 밋밋하며 기름방울은 없다. 크기는 25~27×12~14μm이다. 자낭은 원통형이고 아래쪽은 가늘고 길어서 자루가 된다. 막은 얇으며, 크기는 272~352×17.5~30μm로 8개의 자낭포자가 들어 있다. 측사는 실모양이고 위쪽은 팽대하여 큰 곤봉형이며, 격막이 있고 아래쪽은 갈라진다. 포자문은 황색이다.

생태 봄에 숲 속의 땅에 단생 또는 군생한다. 균근성 버섯이다.

분포 한국(남한 : 전국. 북한 : 백두산), 일본, 중국, 유럽, 북아메리카

곰보버섯 *Morchella esculenta* (L. : Fr.) Pers.

용도 및 증상 스프 등의 음식을 만들 때 쓰인다.

형태 버섯의 지름은 4~5cm이고 높이는 8~15cm로, 머리 부분은 전체 길이의 1/2~1/3정도로 차지한다. 머리는 넓은 난형으로 그물눈모양으로 도려낸 것처럼 보이는 다수의 오목한 곳이 있고, 그 아래쪽에 자실층이 발달하며 연한 황갈색 또는 회황색을 띠고 있다. 안쪽은 머리 부분까지 비어 있다. 자루의 길이는 2.5~5cm로 백색이고 아래가 부푼다. 쌀겨 같은 인편이 붙어 있으며, 세로줄의 줄무늬 홈선이 있다. 두부와 자루의 속은 살이 없어서 비어 있다.

포자 타원형이고, 투명하며 간혹 양쪽 끝에 기름 방울을 가진 것도 있다. 크기는 20~25×12~15μm로 표면은 매끄럽다.

생태 봄에 숲 속이나 나무가 많은 뜰 등에 단생 또는 군생하며, 균근을 형성하는 버섯이다.

분포 한국(남한 : 지리산), 북반구 온대 이북

참고 북한명은 숭숭갓버섯

자낭균문 ≫ 핵균강 ≫

맥각균목

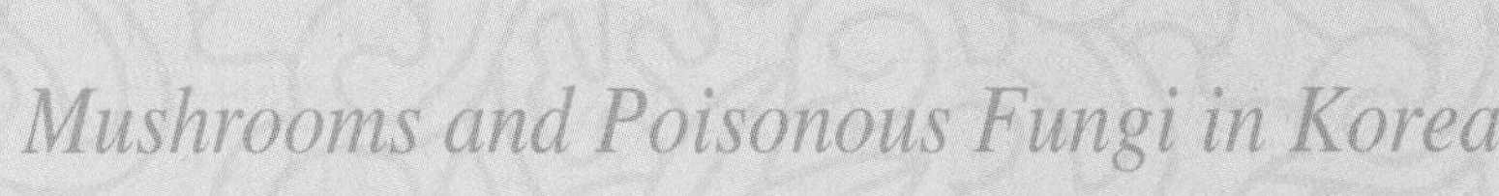

동충하초과

곤충에 발생하며 약용버섯으로 이용된다. 특히 사람들의 관심을 끄는 이유는, 다른 버섯들은 식물성 영양원을 이용하는 반면에 동충하초는 동물성 단백질을 영양원으로 자라기 때문이다.

식용버섯

동충하초 *Cordyceps militaris* (Vuill.) Fr.

용도 및 증상 약용으로 쓰이며, 재배도 한다.

형태 버섯은 전체가 곤봉모양이고, 높이는 3~6cm로 머리 부분과 자루 부분으로 나뉜다. 머리의 길이는 0.4~3cm로 진한 주황색이고, 표면에는 알맹이모양의 돌기가 있다. 자루의 길이는 1~5cm이고 굵기는 0.3~0.6cm로 옅은 주황색의 원주형이다. 술병모양의 자낭각은 머리의 표피 아래에 파묻힌다.

포자 원주상의 방추형으로 크기는 4~6×1μm이다.

생태 봄에서 가을에 걸쳐 숲 속의 죽은 나비, 나방 등의 번데기 가슴 부위에 1~2개가 나오는 것이 보통이고 간혹 여러 개가 나오는 것도 있다.

분포 한국(남한 : 소백산, 가야산, 속리산, 월출산, 만덕산, 지리산, 내장산, 모악산 등 전국), 일본 등 전 세계

참고 인공 재배 기간이 흰꽃동충하초(*Isaria japonica*)보다 길다. 북한명은 번데기버섯

흰꽃동충하초 *Isaria japonica* Yasuda

용도 및 증상 약용으로 쓰이고 재배도 한다.

형태 자실체는 높이가 1.5~4.7cm이고, 약간 납작 눌린 상태로서 불규칙한 원주형이다. 또한 연한 황색을 띠며, 지름 0.08~0.28cm이다. 전체적으로 불규칙하게 분지하여 나뭇가지 모양을 나타낸다. 전체가 백색이며, 조금만 건드려도 포자가 휘날린다. 바람 등의 자극이 있으면 연기처럼 비산한다. 손으로 만지면 손에 포자가루가 묻으며 그것을 비비면 분처럼 매끈거린다. 결실부는 위쪽에 생기고, 분상의 분생포자를 만든다.

포자 분생포자로 장타원형이고, 크기는 3.2~5×1.4~2μm이다.

생태 봄과 가을에 걸쳐서 나방의 번데기 유충, 성충에 2~10개 정도 발생한다. 죽은 나무의 속에서 발생하여 자실체만 나무를 뚫고 나오기 때문에 처음에 보면 나무 표면에서 나온 것처럼 보인다.

분포 한국(남한 : 전국), 일본

참고 이 버섯은 다른 버섯들처럼 유성세대가 밝혀져 있지 않아서 우리가 흔히 말하는 버섯과는 다르게 유전 · 생식면에서 알려지지 않고 있다. 그러나 자실체를 형성하고 유성세대는 모르기 때문에 불완전 버섯(불완전 균류)이라 말할 수 있다. 시중에서 판매되는 것은 대부분 이 종류이다.

자낭균문 ≫ 입술버섯강≫

입술버섯목

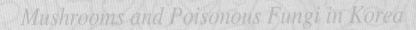

Mushrooms and Poisonous Fungi in Korea

육좌균과

대부분이 고목에 발생하며, 자실체도 작고 식용가치가 없는 버섯들이다. 붉은사슴뿔버섯만 맹독 독버섯에 속한다.

독버섯

붉은사슴뿔버섯 *Podostroma cornu-damae* (Pat.) Boedijin. 맹독

용도 및 증상 독성분은 트린코데센류(trichothecene : 백혈구 감소, 피부독성)이며 중독 증상은 섭취 후 30분 후에 오한, 복통, 두통, 수족 마비, 구토, 설사, 목구멍이 마르는 등 위장계부터 신경계까지의 증상이 나타난다. 그 이후에 신장(콩팥)이 붓는 현상, 호흡기의 이상, 순환기의 이상, 뇌의 장해 등 전신에 증상이 나타나 사망에 이른다. 얼굴의 피부 탈피 또는 점막의 진 무름이 있고 탈모 등 표면에 나타나는 것이 특징이다. 독성분은 피부 자극성이 높기 때문에 끈적끈적한 즙 같은 것을 피부에 붙이면 안 된다.

형태 자실체의 높이는 5~10cm로 원통형, 납작한 원주형이거나 산호형이며, 2~3개로 갈라져 손가락모양처럼 보인다. 표면은 처음은 오렌지색을 띤 선명한 적색이고 광택이 있지만, 나중에 퇴색하여 자색을 나타낸다. 자실체 속은 백색이고 단단한 살이며 맛은 쓰다. 자실체의 밑동은 황색이다.

포자 자낭포자는 2세포성으로 구형이며, 지름이 약 3μm이다. 자낭은 원통형으로 50~65×3~4.2μm로 8개의 포자가 있고, 측사는 없다.

생태 여름부터 가을에 걸쳐서 활엽수림의 땅이나 썩은 뿌리 부근에 군생한다.

분포 한국(남한 : 광릉), 일본, 유럽

참고 우리나라에서는 희귀종으로 거의 발견이 안 되고 있다. 형태도 식용으로 보이지 않지만 동충하초류로 착각하여 술에 담가서 먹고 사고가 일어날 수도 있다. 비슷한 모양의 붉은창싸리버섯(*Cavulinopsis miyabeana*)은 색깔과 형태가 비슷하지만 살이 연하여 쉽게 구별이 된다.

부 록

버섯이란 생물

1. 버섯의 정의

버섯은 균사라는 세포로 구성되어 있으며, 균류 중에서 가장 진화된 것으로 버섯(자실체)을 형성하는 것들을 의미한다. 식물의 꽃에 해당하는 것이다. 이것은 생물의 특징인 유성생식이 뚜렷하여 생활사를 분명히 알 수 있다. 그러나 동충하초과의 동충하초속(*Cordyceps*)은 유성생식이 뚜렷하여 버섯이라 할 수 있지만 꽃동충하초속(*Isaria*)과 눈꽃동충하초속(*Paceilomyces*)은 유성생식이 알려지지 않아서 흔히 말하는 버섯이라 할 수가 없고 불완전한 버섯이라 할 수가 있다. 이것은 균류 중에서 유성생식을 모르는 균들을 불완전 균류라 부르는 것과 같다.

2. 생태계에서의 버섯의 역할

• 버섯과 생태계와의 관계

생태계의 구성 요소는 크게 생물과 무생물로 이루어져 있다. 생물에는 무기물을 유기물로 전환시키는 녹색식물이 있어 이를 생산자라고 부르고, 이들 생산자가 만들어 놓은 유기물을 먹고 사는 동물들은 소비자라 일컫는다. 생산자나 소비자는 모두 때가 되면 자연의 법칙에 따라 죽게 되는데, 이 사체를 분해해서 자연으로 환원시키는 세균과 곰팡이들을 분해자라고 한다. 버섯은 생태계에서 곰팡이의 무리로서 분해자의 역할을 하고 있다.

생태계의 순환을 살펴보면, 무생물들은 생산자인 식물에 무기 환경인 이산화탄소, 물, 햇빛을 제공하여 유기물인 포도당을 만드는 기반이 된다. 식물은 다시 동물의 먹이가 되어 주고 그 동물들은 죽어 버섯을 포함한 곰팡이, 세균 같은 분해자에 의하여 분해되어 무기물로 돌아간다. 이들은 흙 속에 여러 가지 원소의 형태로 있다가 다시 생산자인 식물의 영양소로 이용된다.

만약 생태계가 파괴된다면 이 요소 가운데 어느 한 가지가 무너지게 될 것이다. 예를 들어 무기 환경인 물과 공기가 오염되면 물을 이용해서 광합성을 하는 생산자인 식물들이 포도당 같은 유기물을 만들지 못하게 되고 결국 식물은 죽게 될 것이다. 식물이 잘 자라지 못하면 이들을 먹이로 하는 초식동물들의 먹이가 부족해질 것이고 자연스레 먹이사슬은 혼란을 일으키게 된다. 이들 동식물이 죽게 되면 이것을 분해해서 삶을 유지하는 세균, 곰팡이, 버섯의 생존 환경도 좋을 리가 없다. 이렇게 되면 흙은 영양을 공급받지 못하여 황무지가 되고, 식물들이 살 수 없게 되며, 생물들은 하나둘 사라지게 될 것이다. 이렇게 생태계가 파괴되면 결국 최종 소비자인 인간의 생존 역시 장담하기가 어렵다.

• 버섯의 역할

버섯은 생태계의 분해자로서, 모든 유기물을 자연으로 돌려놓는 환원자로서의 기능을 한다는 사실은 잘 알려져 있다. 그 기능을 세분하면 세 가지로 나눌 수가 있다.

첫째, 물질을 분해하기는 하지만, 생활 방식은 기생 생활의 형태를 띤다는 것이다. 스스로 영양을 만들지 못하고 전적으로 다른 생물이 만들어 놓은 영양에 의지하여 생활하는 것이다. 마치 사람의 몸 속에서 사람의 영양을 빼앗아 먹고 살아가는 기생충과 같은 영양 방식을 취한다고 볼 수 있다.

둘째, 물질을 썩히기는 하는데, 주로 나무나 풀을 썩히는 부생의 역할을 하고 있다. 식물의 셀룰로오스 등을 썩혀서 그 영양분으로 살아가는 것이다.

셋째, 다른 식물과 공생 생활을 한다는 것이다. 가령 송이버섯의 균사는 살아 있는 소나무의 실뿌리에 균근이라는 것을 만들어서 소나무가 흡수하기 힘든 물을 제공하고 소나무로부터는 광합성을 통하여 생성된 포도당을 제공받음으로써 서로 돕는 관계를 유지한다.

한국 버섯의 특징

1. 한국의 버섯의 종류

전 세계적으로 50,000여 종이 넘는 균류 중에 버섯류는 20,000여 종으로 추측하고 있다. 균류 중에서 버섯은 담자기에 포자를 4개 만드는 담자균류와 자낭에 포자를 8개 만드는 자낭균류의 두 그룹으로 나눌 수가 있다. 일반적으로 버섯이라고 하는 것은 담자균류를 지칭하는 경우가 많다.

한국에서의 버섯 연구의 시작은 일제 강점기부터였지만 본격적인 연구가 이루어진 것은 1970년대부터라고 할 수 있다. 현재 남한에 자생하는 버섯은 1,550여 종이 보고되어 있다.

북한의 조선포자식물 1(균류편)에 250종, 조선포자식물 2(균류편)에 418종이 수록되어 있는데, 남한의 버섯과 200종이 같은 종으로 되어 있다. 중국에서 발행된 『장백산산균도지』버섯도감에 345종이 수록되어 있는데, 이 중에도 남북한의 것과 중복되는 것이 많다. 이러한 상황을 종합해 보면 한반도에 자생하는 버섯은 2,000여 종에 달하는 것으로 추정된다. 그러나 많은 학자들은 이것을 전체 버섯의 20% 수준에 지나지 않는 것으로 보고 있다. 그러므로 앞으로 지속적인 버섯 연구가 진행되면 버섯의 다양성은 엄청나게 증가할 것이다.

남한에 제일 많이 자생하는 것은 외대버섯으로 100여 종이 밝혀져 있고, 그 다음이 무당버섯, 광대버섯 순으로 보고되어 있다.

2. 한국의 버섯 종이 다양한 이유

한국에 자생하는 버섯의 종류가 많은 것은 식물상이 풍부하기 때문이다. 빙하 시대의 영향을 크게 받지 않았으며 춥고 더운 것이 확연히 구분되는 기후 때문에 열대와 한대의 양쪽에 잘 적응된 식물이 많은 편인데, 산림이나 초원 등에 의존하여 살아가는 버섯에게는 더 없이 좋은 환경이 제공되는 셈이다.

한국은 비교적 사계절이 뚜렷한 기후로, 여름에는 무덥고 비가 많이 내리는 몬순 기후의 특징이기 때문에 자연히 열대성 버섯이 많이 발생한다. 반면에 겨울에는 삼한사온의 영향과, 시베리아의 찬바람이 불어와 몹시 추워서 한대성 버섯이 발생하는 것을 알 수 있다. 이것은 열대성 버섯은 북상하는 반면에 북방계 버섯은 남하하여 한반도에서 교차되는 형국이다. 따라서 한반도는 남방계의 열대성 버섯과 북방계의 한대성 버섯이 모두 발생할 수 있는 여건이 이루어짐으로써 버섯의 종 다양성이 풍부해진 것으로 추정할 수가 있다. 지금까지 한반도에서 보고된 버섯의 대부분이 북반구의 일본, 중국, 유럽, 북아메리카와 남반구의 오스트레일리아, 남아메리카에 분포하는 것을 보면 알 수가 있다.

한반도는 6월 장마가 시작되면서 기온도 크게 올라가는데, 이때는 열대성 버섯인 광대버섯류와 그물버섯류가 발생한다. 물론 다른 대부분의 버섯도 이 시기에 발생한다. 8월부터 태풍이 오기 시작하면 기온이 떨어지기 시작하여 9월 중순부터는 원산지가 북쪽인 송이버섯이 발생하기 시작하여 10월까지 발생이 계속된다. 저온성 팽나무버섯은 온도가 더 떨어지는 11월부터 겨울 내내 발생한다.

3. 한국버섯의 지리적 격리 분포

버섯의 어떤 종은 특정 나라에만 발생하는 경우가 있는데, 이것은 지구의 생성 과정에서 연유한 것으로 설명할 수 있다. 고등식물은 옛날부터 한국을 비롯한 동아시아와 북아메리카의 동부에 같은 종이 분포하는 것으로 알려져 있다. 예를 들어 목련속, 풍년화속, 연영초속의 식물들은 동아시아와 북아메리카의 동부 지역에 동시에 자생하고 있다. 이것은 지구의 지각 변동 과정에서 제3기의 극온대 식물군이 제4기의 빙하 시대에 남극에서 분리되었다가 빙하가 후퇴한 뒤에 다시 북상하여 현재와 같이 동아시아와 북아메리카로 되었기 때문이다. 이는 두 지역의 생성이 동일한 기원을 갖는다는 것을 의미한다. 또한 이들 동아시아와 북아메리카의 동부 지역이 북아메리카 대륙의 서쪽 로키 산맥과 태평양에 의해 지리적으로는 격리되었지만 식물들은 생성된 그대로 진화한 것으로 여겨진다. 이것은 캥거루가 오스트레일리아에만 분포하는 것은 오스트레일리아 대륙이 아시아 대륙과 태평양 및 인도양에 의해 격리되어 진화하였기 때문인 것과 같다.

버섯에서도 이와 같은 지리적 격리 현상이 나타나는데, 한국을 비롯한 동아시아의 그물버섯류의 털밤그물버섯(Boletellus rusellii), 수원그물버섯(Boletus auripes) 등이 북아메리카의 동부에 많이 분포하고 있다. 이것은 목련속, 풍년화속, 연영초속 나무에 기생하던 털밤그물버섯, 수원그물버섯들이 나무와 함께 지리적으로 격리되었기 때문이다.

이런 현상은 버섯이 산림의 나무와 더불어 진화하여 왔음을 증명하는 좋은 예이다. 현재 한국의 버섯 종류와 일본의 버섯 종류가 비슷한 것도 한국과 일본의 식생이 비슷한 데에 기인한다. 또 지구 생성과정에서 한국과 일본이 같은 대륙에 속했다가 지각 변동으로 분리, 진화되었기 때문이다.

4. 한국의 특산종

특산종이라는 것은 그 나라에만 나고 다른 나라에서는 나지 않는 것을 의미하는 것으로 고유종이라고도 할 수 있다. 일본의 특산종은 대부분 남한에서도 발견된다. 이것은 남한과 일본이 버섯 발생의 조건이 비슷하다는 것을 의미한다. 예를 들어 화경버섯은 일본의 특산종으로 알려져 학명(*Lamperomyces jap-onica*)에 일본을 뜻하는 쟈포니카(Japonica)를 붙였으나, 이 버섯은 남한에서도 발생하고 있어 엄밀한 의미에서 일본의 특산종이라 할 수 없다.

현재 남한의 특산종으로 볼 수 있는 것은 세계에 처음 신종으로 발표된 솔외대버섯(*Entoloma pinusum* D.H.Cho & J.Y.Lee)이 있다. 아직 외국에서는 이 버섯에 대한 보고가 없다. 만약 외국에서 같은 버섯이 있는 것으로 보고된다면 특산종으로서의 자격을 상실하게 된다. 이외에도 노란가루광대버섯(*Amanita aureofarinosa* D.H.Cho), 긴뿌리광대버섯(*Amaniata longistipitata* D.H.Cho), 흰구멍버섯(*Boletus alboporus* D.H.Cho), 흑녹청그물버섯(*Boletus ngrriaeruginosa*), 담배색그물버섯(*Boletus tabicinus*), 색바랜작은꾀꼬리버섯(*Cantharellus minor* f. *pallid*) 등이 보고되어 있다.

독과 무독(독버섯과 식용버섯)의 경계

지금으로부터 5,000년 전의 사람의 시체가 빙하 속에서 발견되었는데, 이것을 아이스맨이라고 명명하였다. 그가 가지고 있는 물건을 조사하니 자작나무버섯(*Piptoporus betulina*)을 혁대에 차고 있었고 말굽버섯(*Fomes formentarius*)도 있었다. 왜 그런 것을 가지고 다녔을까 하는 의문은 해부하여 보니 그의 몸 속에서 기생충이 발견되었고 빈혈기가 있다는 것을 알았다. 이 버섯은 구충 작용의 약으로서 사용되지 않았는가 생각된다.

자작나무버섯(*Piptoporus betulina*)은 러시아에서 피로회복, 면역기능, 세정제로서 사용되었다. 이 버섯의 성분인 폴리포린산류가 소염제와 항종양성으로 작용한다.

한편 말굽버섯(*Fomes formentarius*)는 지혈제로 사용하는 곳도 있고, 요소 성분을 가지고 있는 것도 알았다. 이 버섯을 먹었을 때 가벼운 설사를 일으키고 성분에는 항균 작용의 성분이나 항종양 활성을 나타내는 다당이 포함된 것도 알게 되었다.

이 사실은 이 버섯들이 독성분을 가지고 있지만 한편으로는 약용으로 이용된 것으로 어떨 때는 독작용으로 어떨 때는 식용으로 이용한 것이라 볼 수가 있다. 독과 무독의 경계가 애매모호한 것이다.

식용버섯인 잎새버섯, 표고, 팽이, 느타리 등은 날것으로 먹을 때 소화기계의 중독을 일으키므로 날것으로 먹을 때는 독버섯으로 취급된다. 그러나 이런 버섯에 포함되어 있는 독성분은 가열하면 파괴되며 우수한 식용버섯이 된다. 양송이버섯에도 발암 물질이 들어 있지만 버섯 자체가 암을 유발하는가는 알려져 있지 않다. 이것도 식용버섯이면서 동시에 독 작용을 나타내는 이중성을 가지고 있는 것이다.

독이 독으로서 작용을 나타내는 데는 성분, 함량이 관여한다. 맹독을 포함하고 있어도 함량이 미량이고 사람의 체내가 대사시킬 수 있는 범위라면 중독은 일어나지 않는다. 소량은 약으로 이용할 수도 있다. 그러면 그 함량은 어느 정도 일까? 버섯의 몇 개가 괜찮을까? 이런 질문에 정답은 없다. 그러면 자연에 있는 버섯은 개개의 생육 환경이나 생육 단계가 다르기 때문에 성분의 함량도 다르다. 중국에서는 독버섯을 항암 작용을 하는 버섯으로 많이 이용하고 있는 등 독버섯과 식용버섯의 구분을 성분만으로 구분하기는 어렵다. 어떻게 이용하느냐에 따라 독버섯이 식용버섯으로 되고 식용버섯도 독작용을 하게 되는 것이다. 식용버섯과 독버섯의 차이는 종이 한 장의 차이라 할 수가 있다.

우리가 먹어서 아무런 해가 없는 버섯이라 말할 수가 있다. 그러나 이런 버섯도 날것이나 과식하였을 때는 문제를 일으킬 수 있다.

식용버섯

1. 버섯의 성분

• 수분

신선한 버섯은 80~90%를 차지하고 건조한 것은 10% 정도를 차지한다.

• 단백질

조단백의 함유량은 건조물 중 많은 것은 댕구알버섯의 60%, 양송이의 47%이다. 이 조단백의 약 2/3는 순단백이고 나머지 1/3은 비단백질로서 유기질소 화합물로, 주성분은 아데닌, 알라닌, 페닐알라닌, 굴루타민산, 트리메틸아민, 콜린, 프롤린, 로이신 등인데, 콜린, 트리메틸아민은 미량이며, 버섯의 신선도, 종류 등에 따라 일정하지 않다. 레시틴이 분해하여 콜린으로 되고, 더 나아가서 트리메틸아민으로 변화하는 것으로, 버섯이 부패하게 되면 양이 많아져 먹을 수가 없게 되고, 먹으면 중독을 일으키게 된다.

• 가용성 무기질소 화합물

이 물질은 가수분해에 의하여 단당류(환원당 등)으로 되는 트레할로스(trehalose), 펜토오잔 등의 당류 외에 마니트 등이 들어 있다. 이 중 특히 트레할로오즈($C_{12}H_{11}O_{11}$)는 균당이라 하여 마니트와 함께 버섯의 맛과 관계가 있다. 따라서 이물질이 다량 들어 있을수록 식균으로서 우수하다 할 수 있다.

• 조지방

버섯에도 들어 있어 목이류의 1~2%에서 많은 것은 달걀버섯의 19%도 있으나 보통 4~5%이다. 버섯류의 지방은 에르고스테린, 각종 지방산 글리세린 등이다. 그리고 버섯의 지방은 일반으로 인을 함유하는 것이 특징이다. 이것은 레시틴(lecithin)이 존재하기 때문인데, 이것이 분해되면 콜린을 분리하게 된다.

• 조섬유

조섬유의 함량은 4~5%가 보통인데, 목이류, 갓버섯류 등은 10%를 넘는 것도 있다. 버섯의 조섬유는 고등식물의 조섬유와 달라 키틴질에 가까운 물질이다.

• 회분

버섯을 태워 재로 만든 것으로, 많은 미량 원소를 품고 있다. 지금까지 버섯의 자실체에서 발견된 미량 원소는 몰리브덴, 티탄 등이고 바나듐은 광대버섯속의 독버섯에 존재하는 것이 주목된다. 이들 원소들은 균체 구성 물질로서 보다는 생장을 촉진시키거나 생리 기능의 화학적 작용에 관계하고 있다.

• **비타민류**

비타민은 동물의 생육에 없어서는 안될 물질인데, 버섯류의 균체에서도 각종 비타민이 발견되고 있다.

비타민 A는 뽕나무버섯에 함유되어 있다. 비타민 B_2는 함유하지만 비타민 B_1은 거의 없다. 비타민 B_2는 B_1과의 복합체가 되면 발육 촉진과 항펠라그라를 나타내는데, 락토플라빈(Lactoflavin) 또는 리보플라빈(Riboflavin)이라고 한다. 비타민 B_2가 결핍되면 구강염, 구내염을 일으키고 또 식욕부진, 체중감소 등의 증세를 나타낸다.

비타민 C는 아스코르빈산(Ascorbic acid)이라고도 하는데, 환원형과 산화형이 있다. 비타민 C가 부족하면 괴혈병에 걸리게 된다.

비타민 D에는 D_2, D_3, D_4의 3종이 있고 D_2는 에르고스테린(Ergosterine)으로부터 생성된다. 그러므로 에르고스테린을 비타민 D의 전구체 (provitamin D)라 한다. 비타민 D는 인산, 석회의 신진대사를 조절함으로 구루병 등의 예방과 치료에 효과가 있다.

• **효 소**

효소(Enzyme)는 생체 내에서 생성되는 생체 단백질의 일종이다. 그 기능은 생체 내의 여러 가지 대사 생산물의 반응에 관여하는 촉매제이다.

버섯의 종에 따라 효소가 다른 것은 물론이고 동일종에서라도 생활조건에 따라 다르다. 균사와 자실체에 따라 다르고 같은 균사라도 어린 때와 노쇠한 때에는 배지의 여러 조건이 변화하므로 효소의 활성도도 달라진다.

• **소 화**

아무리 영양분이 풍부하여도 소화 흡수가 잘 안 되면 우량 식품이라 할 수 없다. 소화에서 문제가 되는 것은 조섬유, 조지방, 조단백이다. 가용성 무기질소물은 소화 가능한 것이다. 조섬유는 건조물에 대하여 10%, 생버섯에 대하여는 1%인데다가 실제 조리 시에는 버섯의 인편이나 흙이 붙은 부분을 제거하기 때문에 조섬유량은 극미량이 되므로 소화를 좌우하지는 못한다. 다음에는 지방인데, 버섯의 지방은 고급 알코올 유리산 등의 복합물에 많으므로 식용유에 비하여 소화율은 약간 낮다.

식용 버섯의 평균 소화율은 조단백 73.95%, 순단백 51.56%인데, 보통 식품의 소화율과 비교하면 약간 떨어지지만 소화가 불량하다고는 할 수 없다. 그러나 우리가 재배하여 먹는 표고는 84.6~87.1%, 느타리는 91.1%로 소화율도 우량하다(소화효소로서 펩신만을 실험한 결과).

2. 세계 3대 진미의 버섯

세계 3대 진미 중의 하나로 프랑스(tuber:토르휴)나 유럽의 송로버섯(traffle)이라고 불리는 둥근 모양의 버섯이 있다. 이 버섯은 땅 속에서 균괴를 형성하므로 사람이 찾기에는 불가능하다. 그래서 잘 훈련된 돼지나 개를 데리고 숲 속으로 가서 이들의 잘 발달된 후각으로 버섯이 있는 곳을 찾아내 땅 속에서 파내어 음식으로 만든다. 거위의 간인 푸아그라(foa- gura)와 함께 프랑스 요리에서는 빼놓을 수 없는 맛있는 음식이다.

3. 버섯을 먹을 때의 주의할 점

버섯은 날것으로 먹는 것은 위험하므로 절대로 날것으로 먹어서는 안 된다. 버섯의 독성분은 열에 의하여 파괴되며, 말리거나 오래 저장하거나 물이나 소금물에 담가 두었다가 요리하여 먹으면 없어진다. 어느 나라에서나 독버섯도 이와 같이 하여 먹는 예가 많다. 특히, 일본과 유럽에서는 염장하여 먹으며 유럽에서는 스프 등으로도 먹는다. 젖버섯이나 무당버섯속에는 매운 성분이 있는데, 위장의 점막을 자극하여 염증을 일으킬 수 있다. 이것들도 마찬가지로 물에 담가 두거나 기름에 튀기거나 말려서 저장하였다가 먹으면 아무 탈 없는 것들이다. 그러므로 버섯중독을 예방하는 방법은 버섯을 먹을 때에는 확실히 알고 먹어야 하며, 잘 모르는 버섯은 먹어서는 안 된다. 버섯을 채집한 곳의 마을 사람들에게 물어 보는 것도 한 방법이다. 그 사람들은 조상 대대로 내려오면서 경험에 의해서 수백 년 동안 먹고, 못 먹고를 체험으로 알고 있기 때문이다.

4. 세계에서 버섯을 좋아하는 민족들

유럽(스칸디나비아 반도, 이태리 등), 러시아인과 일본인들이 버섯을 좋아하고 즐겨 먹는 민족이다. 유럽을 여행하다보면 거리의 좌판(우리나라에서 리어카 혹은 포장마차 등에서 물건을 파는 형태)에 꾀꼬리버섯, 그물버섯류를 산더미처럼 쌓아 놓고 파는 것을 심심찮게 볼 수 있다. 필자도 9월 초순에 알프스산맥의 언저리를 여행할 때 3~4명이 한 그룹이 되어 산으로 버섯을 따러 가는 것을 본 적이 있다. 꾀꼬리버섯 등을 여름에 채집하여 말려서 크리스마스나 명절에 친척들에게 선물하기도 한다.

특히, 러시아에서는 버섯 채집의 계절이 되면 역 구내나 보건소, 약국에 독버섯 구별법을 그려 놓는 포스터가 게시되며, 약사에게는 독버섯을 구별하는 방법을 교육시키고 있다. 독버섯에 대한 사고가 너무 빈번하게 일어나므로 이런 일들을 철저하게 실시하면 어느 정도 버섯 중독을 미연에 방지할 수 있기 때문이다.

바이칼 호수의 남부와 북부 지역은 하루나 연중의 기온차가 크다. 바이칼 호수 남부의 리스트비양 마을은 자작나무, 시베리아 낙엽송, 시베리아 소나무 등의 혼효림이 분포되어 있는데, 북상함에 따라 혼효림에서 침엽수림으로 식생이 변한다. 그리고 올혼섬에 가까워짐에 따라 침엽수림에서 초원으로 바뀐다. 올혼섬의 연간 평균 강수량은 200mm로 우리나라와 비교해서 건조하다고 할 수 있다. 초원에서는 가축이 사육되는데 주름버섯류(*Agaricus*)의 종류가 너무 많아서 그 모습이 우산의 행렬을 방불케 한다. 주름버섯류에 속하는 버섯에는 독성분을 가진 것이 별로 없어 안심하고 먹을 수 있으며, 어린 버섯은 향기가 좋고 맛이 있다. 침엽수만이 자라는 토지보다는 활엽수와 침엽수의 혼효림 쪽의 흙이 비옥하여 버섯 발생이 많은데, 바이칼 호수 주변은 이런 조건을 잘 갖추고 있기 때문에 러시아인들이 오랜 옛날부터 버섯을 좋아하게 된 것 같다.

일본인들은 버섯으로 기근이 들어서 어려움을 겪고 있을 때 사찰의 뜰에 난 버섯을 먹고 주민들이 살아남았다는 전설이 있으며, 그 고마움으로 균신사로 모신다는 절이 있을 정도다. 이것은 자연스럽게 버섯을 좋아하는 민족이라는 것을 말해 주는 것이다.

독버섯

1. 독버섯의 정의

동물의 생명이나 건강에 해로운 성분을 가진 버섯이라고 말할 수 있다. 그러나 해로운 성분이라 하여도 독성분의 질과 양에 따라 해로운 정도가 다르고, 사람이나 동물의 종류에 따라 다르게 나타날 수가 있다. 따라서 독성분이라 하여, 그것이 전부 사람과 동물의 생명을 위태롭게 하는 것은 아니다.

이 책에서 독성분이라 하는 것도 버섯에서 독성분이 있다는 것이지 그것이 꼭 사람에게 해롭다는 의미는 아니다. 왜냐하면 버섯은 잡다한 성분으로 되어 있어 그 중에는 사람에게 좋은 성분도 있으면서 독성분도 함께 가지고 있는 것들이 많기 때문이다. 아무리 맹독 성분이라 하여도 미량이면 그것은 전혀 해가 되지 않는 것이다.

2. 독버섯 중독의 특징

- 화학물질에 의한 중독과는 여러 면에서 다르다.
- 버섯 채취자들이 채집한 버섯 가운데는 비슷한 독버섯이 포함되어 있을 수 있으므로 주의하여야 한다.
- 버섯도 중금속이나 농약으로 오염되는 경우가 있다. 세슘(Cs_{134})과 카드뮴(Cd)은 버섯에 농축이 잘 된다. 이 경

우 버섯에 의한 중독 증상이 아닌 금속 이온이나 농약의 중독이 일어날 수 있다.

- 이외에 세균오염, 알레르기 등을 일으킨다.
- 독성분 함량은 장소, 계절, 버섯의 성숙도에 따라 다르고, 극단적인 경우에는 동일종의 독성분 물질이 다르기도 하다. 알광대버섯(*Amanita phll-oides*, 미국), 마귀곰보버섯(*Gyromitra escu-leuta*, 유럽), 독큰갓버섯(*Macrolepiota neo-mastaida*), 애광대버섯 (*Amanita citrina*)의 뷰포테닌(*bufotenin*) 의 경우 사람에 따라 증상이 다르다. 양송이(*Agaricus bisporus*)의 경우 사람에 따라 설사를 일으킨다.

3. 독버섯에 대하여 잘못 알고 있는 사실들

간단하게 독버섯 여부를 구분하는 방법은 없다. 민간에서 전해지는 독버섯 구분법이 없는 것은 아니지만 대개 잘못된 속설에 지나지 않기 때문에, 직접 눈으로 확인하고 구분하는 것이 제일 좋은 방법이라 할 수 있다. 잘못된 속설 몇 가지를 살펴보면 다음과 같다.

첫째, 버섯의 색깔이 빨갛고 화려하면 독버섯이라고 하는데 전적으로 옳은 말이 아니다. 달걀버섯은 색이 빨갛고 매우 예쁘게 생겼지만 맛이 좋은 버섯인 반면, 누런색을 띠는 삿갓외대버섯은 수수한 색깔이지만 독버섯이다.

둘째, 독버섯의 자루는 세로로 찢어지지 않으므로 자루가 세로로 찢어지는 버섯은 먹을 수 있다는 속설이 있다. 송이버섯과 표고버섯의 자루는 세로로 찢어지는 식용 버섯이지만, 독우산광대버섯과 삿갓외대버섯 등은 대표적인 독버섯임에도 불구하고 자루가 세로로 잘 찢어진다.

셋째, 가지를 버섯과 같이 먹으면 버섯독이 없어진다고 믿는 것이다. 버섯은 음식 궁합이 잘 맞아서 가지를 버섯과 같이 먹으면 버섯의 독이 없어지는 것으로 알려져 있지만 근거 없는 말이다. 가지가 음식에 의한 중독을 해독시키기는 하지만 버섯의 독성분을 해독시키지는 못한다.

넷째, 은수저에 닿으면 색깔이 변하는 것은 독버섯이다. 독버섯에 은수저를 넣고 끓이면 먹구름처럼 검게 된다. 이것은 알광대버섯 등 유황을 함유한 독버섯의 경우에는 해당되지만 다른 독버섯에는 맞지 않는다.

다섯째, 그물버섯류에 속하는 것 중에 독버섯은 없다고 믿고 있지만, 그물버섯류에서 일부 독성분이 검출되므로 주의하여야 한다.

여섯째, 나무에서 자라는 버섯은 먹을 수 있다고 하는데, 화경버섯의 경우 나무에서 자라는 대표적인 독버섯이다.

일곱째, 싸리버섯류는 식용 버섯으로 알고 있는데 노란싸리버섯을 먹으면 설사를 일으키므로 독버섯으로 분류된다.

여덟째는 곤충, 민달팽이 등이 먹은 버섯은 먹을 수 있다고 하는 데 맞는 말이 아니다. 실제 곤충, 민달팽 등은 독버섯을 먹고 생활하며 보금자리로 이용하기도 한다. 이것은 이들과 사람의 소화기관이 다르고 이 동물들은 독성분을 분해하는 효소를 분비하기 때문에 맞는 말이 아니다.

4. 독버섯의 치사량

독버섯을 얼마나 먹어야 중독 증상을 나타내는 지는 거의 알려지지 않았다. 독버섯의 크기, 어린 것, 노쇠한 것 등의 독버섯의 양이 다르고 또 날것으로 먹느냐, 음식으로 만들어 먹느냐에 따라 다르기 때문이다. 버섯을 기름에 튀기거나, 끓이고, 말려서 먹을 때는 독성분이 많이 파괴되므로 치사량을 측정하기는 어려워진다. 독성분의 양이 균모, 주름살, 자루에 따라 약간의 차이가 있고 어느 부위를 얼마만큼 먹느냐에 따라 다르다.

참고로 동물 실험에서 나온 LD/50을 기록하였다.

α-amanitin 0.1mg/kg (마우스복강 내 주사 시)
muscarine 0.23mg/kg (마우스복강 내 주사 시)
β-amanitin 0.4mg/kg (마우스복강 내 주사 시)
γ-amanitin 0.2mg/kg (마우스복강 내 주사 시)
muscimol 0.8mg/kg (mouse 피하 주사 시)
illudin S 50mg/kg (mouse 피하 주사 시)
phalloidin 2.0mg/kg (마우스복강 내 주사 시)

5. 독버섯의 분류학적 구분

독버섯을 구분하는 특별한 방법은 없다. 그러나 독버섯

이 어떤 한 속(genus)에 많이 몰려 있으므로 이것을 이용할 수 있다. 물론 이런 속에도 식용버섯이 있다.

독버섯은 대부분 광대버섯속 같은 일정한 속(genus)에 몰려 있다. 물론 예외가 많으므로 주의를 기울여야 한다. 이외에 독버섯이 많이 포함된 속은 깔대기버섯속, 땀버섯속, 미치광이버섯속, 환각버섯(*Psilocybin*)속 등이다.

6. 독버섯을 잘못 먹었을 때의 응급처치법과 예방법

버섯을 먹고 중독 증상을 일으키면 우선 토하게 하고 토한 가검물과 함께 병원으로 후송하는 것이 제일 좋다. 쓸데없이 민간요법으로 치료를 하다 보면 오히려 병을 더 키울 수가 있다. 병원에 도착하면 의사에게 상황을 자세히 설명하고 가검물에서 어떤 독성분이 검출되는 가에 따라 치료를 하는 것이 좋다.

야생의 버섯을 먹을 때에는 자기가 확실히 아는 버섯이 아니면 먹지 않는 것이 좋으며 날것으로 먹지 말고 익혀 먹어야 한다. 야생버섯은 먹는 버섯이라 하여도 약간의 독성분을 가지고 있기 때문이다. 자기가 먹은 버섯의 일부를 냉장고에 보관해 두면 혹시 중독 사고가 났을 때 원인을 규명하는 데 도움이 된다.

민족버섯(균)학(Ethnomycology)의 연구

민족버섯(균)학은 넓은 뜻에서 민족생물학의 한 분야이다. 민족생물학은 각기 다른 민족들이 오랜 세월에 걸쳐 쌓아온 그들 고유의 생물의 원리, 이용, 민족, 종교, 문화를 파악하고 이를 민족의 현실에 맞게 개발하여 인류 복지에 이바지하는 데 있다고 정의할 수가 있다.

민족버섯학은 다만 버섯을 대상으로 한다는 점에서 민족생물학과 차이가 있다. 민족버섯의 연구는 R.G.Watson과 그의 아내 V. Pavlovna(1957)가 저술한 『버섯, 러시아 그리고 역사(Mushrooms, Russia and History)』에서 시작된다. 그들은 민족에 따라서 서로 다른 인식의 차이가 있다는 것을 알았다. 미국인인 왓슨은 버섯에 대하여 혹시 독버섯이 아닌가 하는 두려움을 가지고 있었지만 러시아계 부인은 버섯을 맛있는 요리 재료로 생각하고 있었다. 여기서 힌트를 얻은 이들은 민족에 따라 각자의 마음에 새겨진 문화유산, 선입견 등의 차이로 생기는 것을 민족버섯(균)학이라고 정의하였다.

외국의 경우 버섯에 얽힌 이야기가 많다. 일본에는 균신사라는 절이 있는데 그 유래는 흉년이 들어서 마을 사람 전체가 굶어 죽게 되었을 때, 사찰 근처에 버섯이 많이 발생하여 그것을 채취해 먹고 살아 남을 수가 있어서 그 고마움으로 균신사를 세우고 매년 제사를 지낸다는 것이다. 중국에도 어느 시골에 죽어 가던 사람이 산에서 여러 가지 풀뿌리, 곤충 등을 채취해 삶아 먹고 병이 나았다는데 그 중에 동충하초가 섞여 있어서 병이 나았다는 설화가 있다. 이처럼 버섯에 얽힌 이야기가 많다는 것은 그만큼 버섯이 일반 민중에 깊이 뿌리를 내렸다는 것을 의미한다.

유럽에서는 버섯 모양을 본뜬 여러 가지 상품, 과자, 케이크 등을 길거리에서 흔히 볼 수 있는데, 이것도 버섯이 그들 생활에 깊이 파고든 결과라 할 수 있다. 중남미에서는 마야족이 환각버섯을 의식에 사용한 기록이 있으며, 그런 마야족의 후손답게 화려하고 원색적인 환각버섯류를 모델로 한 버섯 우표도 있다. 또한, 마야인들은 비가 오면 버섯이 많이 발생하는 것에서 착안해 버섯이 비를 내리게 하는 능력을 가진 것으로 생각하여, 가뭄이 들면 밀밭에 버섯돌을 만들어 기우제를 지냈다고 한다.

뉴기니의 원주민인 구마족은 버섯을 의식에 사용한다. 광란 상태의 축제를 즐기는 것이다. 그러나 환각 성분은 밝혀지지 않고 있다. 환각버섯과 말똥버섯속에는 신경을 자극하여 웃음이 나오는 증상을 나타내는 것이 있으나 위험성은 없다. 독성분은 완전히 밝혀지지는 않았지만 신경계에 작용하여 이상한 흥분을 일으키고 기분이 좋아서 웃고 노래하고, 악기를 울리며, 미친 상태가 되기도 하고 감각이 마비되어 불안정한 정신 상태가 되기도 한다. 생명에는 별다른 지장이 없고 하루쯤 지나면 완전히 회복되며 다른 부작용은 없으므로 무서운 독버섯은 아니다. 문화 정도가 낮은 민족들은 일부러 이런 버섯을 먹고 귀신 들었다고 하는 풍습이 있다고 한다. 따라서 이런 민족들은 이것을 그들의 축제의 의식에 이용한 것이다.

우리 민족이 버섯을 이용하기 시작한 것은 삼국 시대인 신라의 성덕왕 때로 거슬러 올라가며 조선 시대에도 다양한 용도로 이용한 기록이 있다. 신라 시대에 지균은는 땅에서 나는 버섯으로 아마 송이 등이라 생각되며, 목균은 나무에서 나는 버섯으로 느타리버섯이나 표고버섯이 아닐까 추측하고 있다. 이처럼 오랜 세월에 걸쳐서 버섯을 먹어 왔음에도 불구하고 버섯에 얽힌 민속, 음식, 설화 등의 기록이 거의 남아 있지 않다.

그러나 우리나라도 매월당 김시습이 송이버섯의 맛과 향기를 노래한 시를 지은 것을 보면 버섯에 관한 재미있는 설화가 많이 있었을 것으로 생각된다. 가령 복령의 이름에 얽힌 이야기를 살펴보면, 강원도 어느 산골에 역적으로 몰려 유배 생활하는 노인이 있었는데, 그는 자신의 아들이 자기의 억울함을 풀어 주고 가문을 다시 일으켜 세울 것이라 굳게 믿고 있었다. 그런데 아들이 이름 모를 병에 걸려 시름시름 앓게 되자 산신령이 알려 준 버섯을 가져다 병을 고쳤다고 한다. 이에 그 버섯을 신이 내려 주신 버섯이라 하여 '복령'이라 불렀다는 전설이 있다.

음식에 궁합이 있다는 사실은 잘 알려져 있는데 버섯과 궁합이 맞는 것은 조개라고 한다. 깊은 산 속의 송이(버섯)가 자기 짝을 찾기 위해서 여기저기 헤매다가 바닷가에 갔는데 마침 조개가 입을 벌리고 있는 것을 보고 자기에게 맞는 배필이라는 것을 알게 되었다는 이야기도 있다. 이는 다분히 남녀의 생식기를 빗댄 설화지만, 버섯전골을 할 때 다른 해물과 함께 조개가 들어가는 것을 보면 궁합이 좋은 것이 사실이라는 것을 알 수가 있다.

대체 의학적인 면에서도 민족버섯(균)학은 필요하다. 시골에서는 고기 중에 특히 돼지고기를 먹고 체했을 때 능이 삶은 국물을 먹이면 금방 약효가 나타난다. 지혈제로 쓰이는 찔레버섯, 말불버섯 등은 잘 응용하여 현대 의학과 접목시키면 더 좋은 지혈제가 개발될지도 모르는 일이다.

아직까지는 버섯에 얽힌 우리 민족의 이용과 설화에 대한 수집과 연구가 미흡한 것이 사실이다. 따라서 앞으로 민족버섯(균)학은 고유의 민족성, 민속, 문화, 토속적인 면을 토대로 연구하여 뿌리를 찾아내는 학문으로 발전시켜 나가야 할 것이다.

멜저액에 의한 생화학적 반응 실험

버섯을 동정하기 위한 한 방법으로 멜저(melzer)액에 포자가 어떻게 염색되는가를 살펴 분류에 이용하는 중요한 방법이다. 시약은 증류수 20g에서 요오드(I) 0.5g, 요오드칼리(KI) 1.5g, 포수클로랄 22g을 차례로 녹여서 만드는데, 잘 녹지 않으면 유리막대로 저으면서 녹인다. 포자에 증류수를 떨어뜨려 색깔을 관찰한 다음, 이 시약을 한 방울 떨어뜨려 포자의 색깔이 어떻게 염색되는가를 관찰한다. 다음 세 가지 반응 가운데 어느 하나에 해당되는가를 관찰하여 판정한다.

아밀로이드(amyloid, 전분) 반응은 포자의 막이 연한 회색이나 회청자색, 암자색 또는 검은색으로 염색되는 것으로 무당버섯과 무당버섯속과 젖버섯속 등이 이 반응을 나타낸다. 비아밀로이드(nonamy-loid, 비전분) 반응은 포자의 막이 연한 황색으로 변하거나 염색되지 않는 것으로 방망이버섯속, 느타리버섯속 등이 이 반응을 나타낸다. 거짓아밀로이드(pseudoamyloid, 거짓전분) 반응은 포자의 막이 적갈색 또는 자갈색으로 염색되는 것으로 이 반응이 나타나는 것에는 갓버섯속 등이 있다. 그러나 같은 속이더라도 종에 따라서 아밀로이드와 비아밀로이드 반응을 나타내기도 한다.

버섯의 그림

버섯의 구조

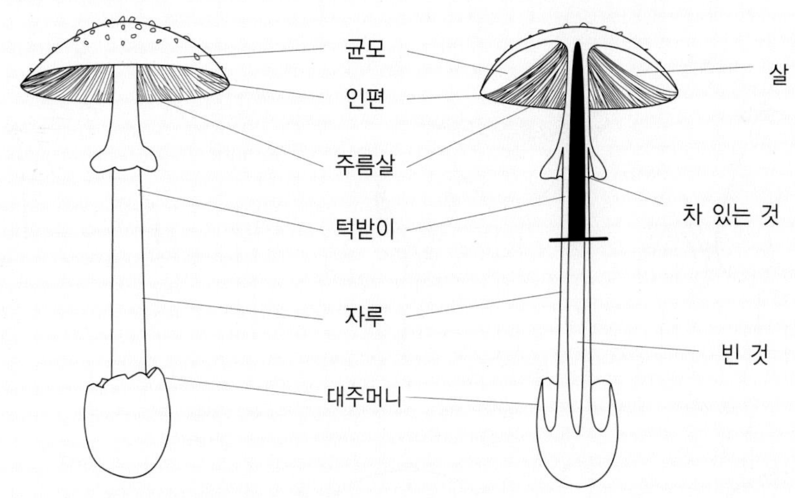

버섯의 발생 상태

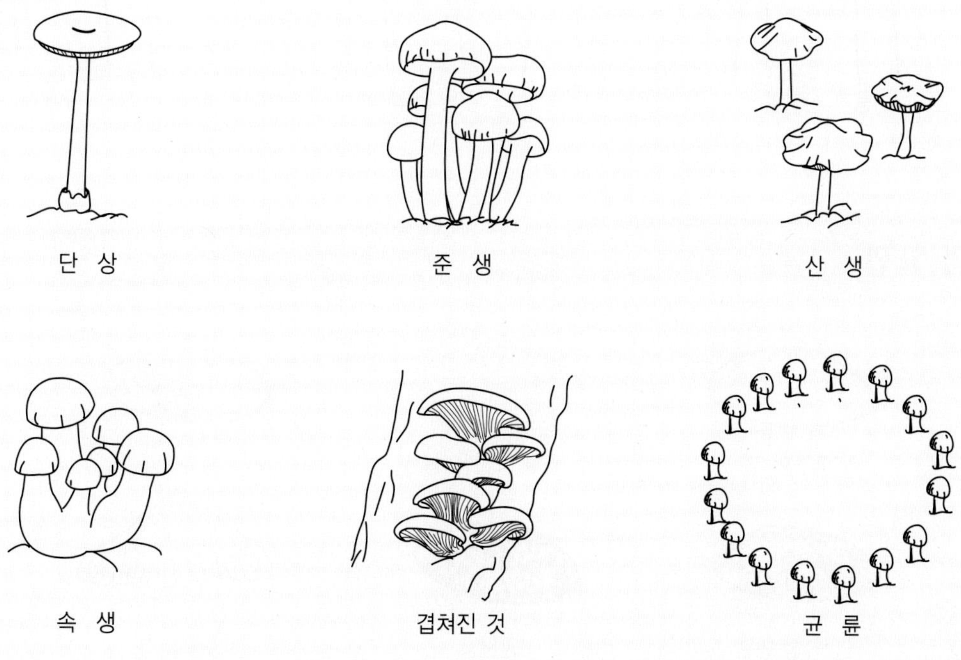

균모의 모양

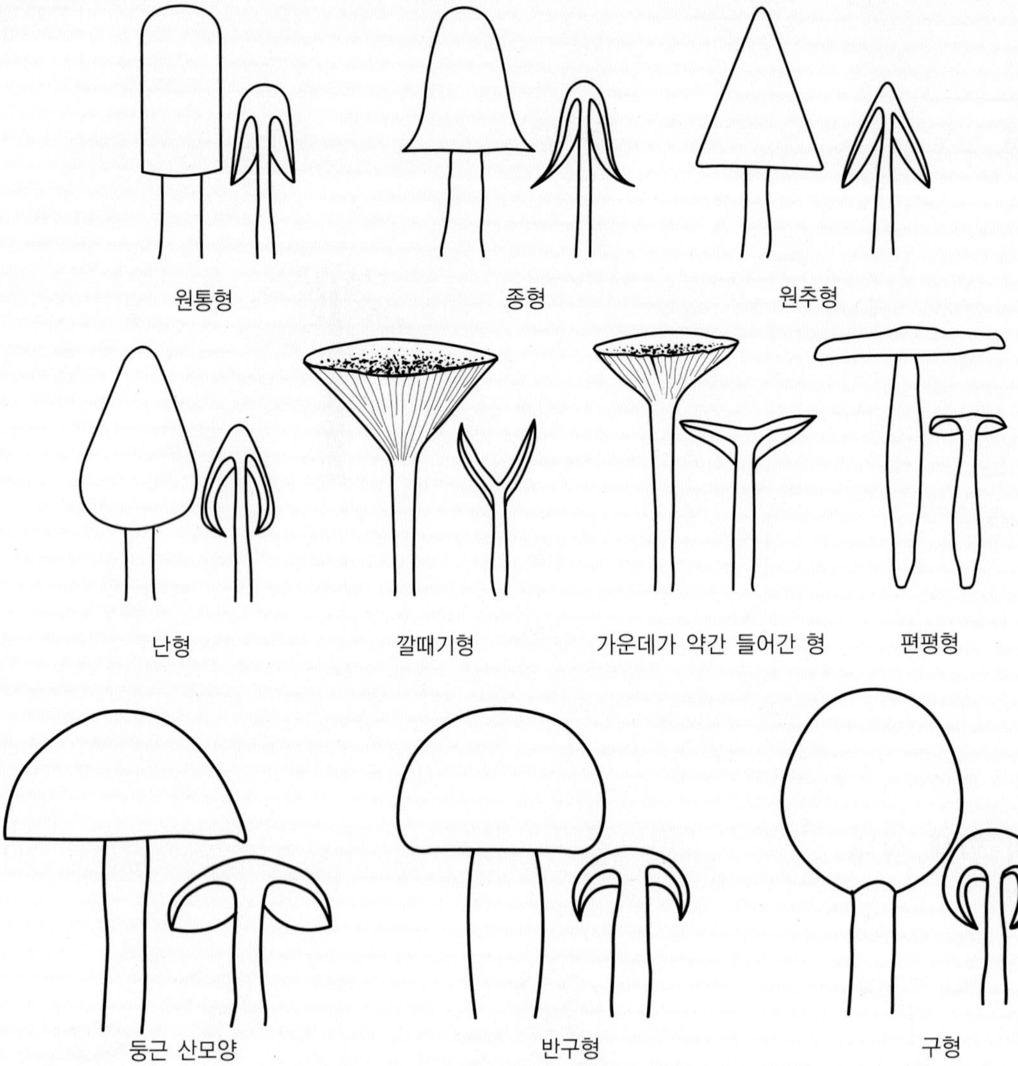

원통형
종형
원추형
난형
깔때기형
가운데가 약간 들어간 형
편평형
둥근 산모양
반구형
구형

균모의 표면

매끈한 형
가루가 붙은 형
벨벳모양
섬유상 인편
인편형
줄무늬형

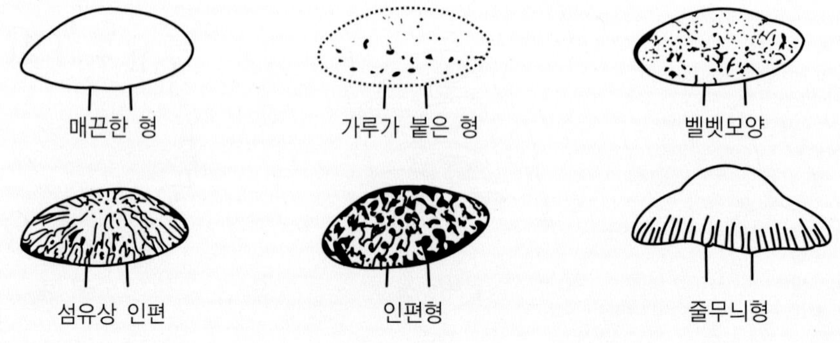

주름살이 자루에 붙는 상태

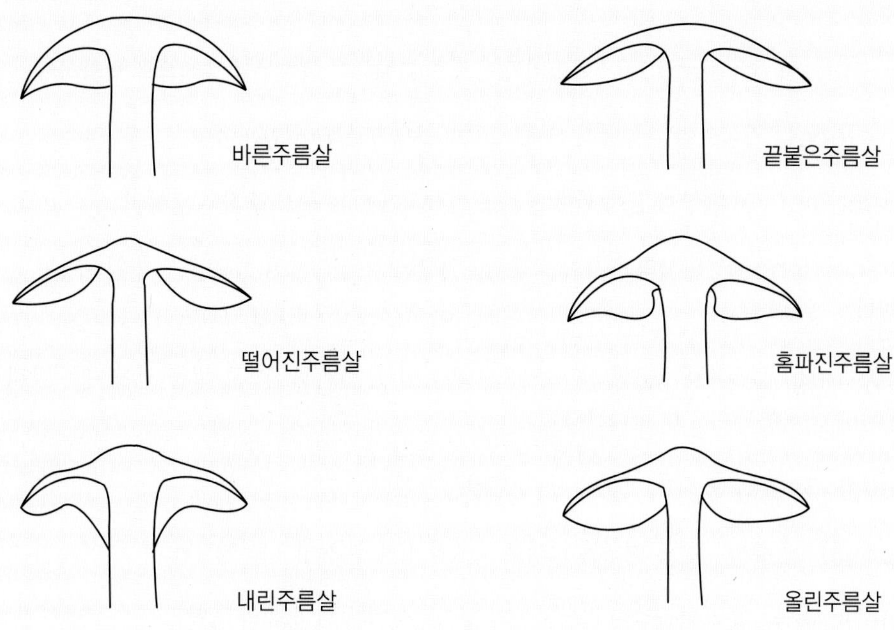

주름살의 간격

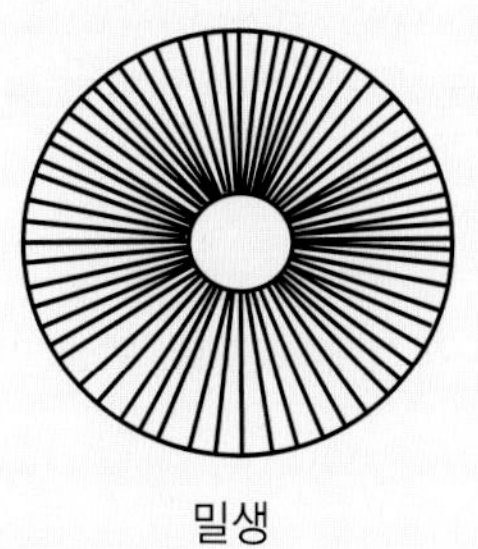
밀생

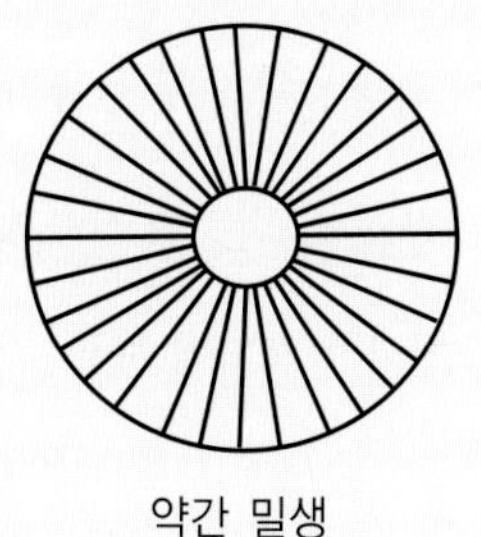
약간 밀생

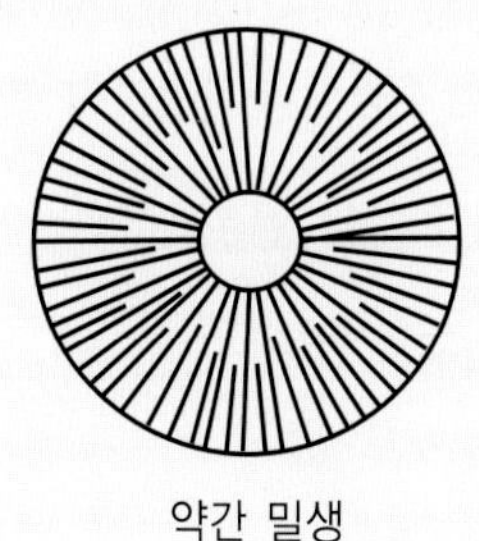
약간 밀생

자루의 발생 상태

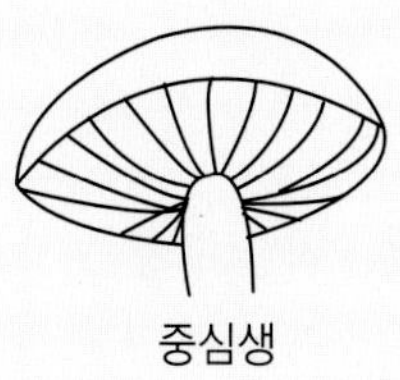
중심생

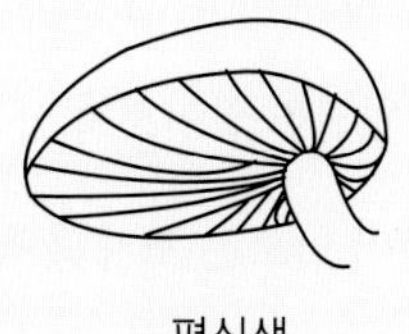
편심생

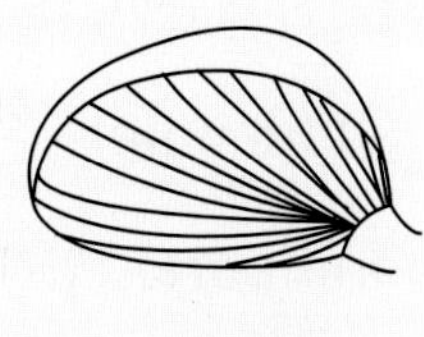
측 생

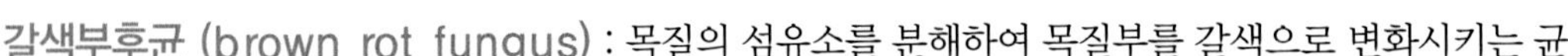

• 용어해설

갈색부후균 (brown rot fungus) : 목질의 섬유소를 분해하여 목질부를 갈색으로 변화시키는 균

관공 (pore tube) : 자실층이 주름살 대신 관 모양의 구멍으로 되어 있는 것.

균핵 (sclerotium) : 균사 상호 간에 서로 엉키고 밀착되어 있는 균사 조직의 덩어리

균근균 (mycorrizhae) : 버섯의 균사가 고등식물의 뿌리와 공생하여 서로 도우며 살아가는 균. 균근 형성균이라고도 한다.

균륜 (gairy ring) : 무리지어(군생) 나는 것으로 버섯이 원둘레 모양으로 열을 지어 나는 상태. 균륜은 나무의 나이테처럼 매년 바깥쪽으로 퍼져 나간다.

균모 (pileus) : 갓이라고도 하며 버섯(자실체)의 위쪽 부분

균사 (hyphae) : 균류의 기본을 이루는 형태로 세포가 길게 실 모양으로 연결된 것.

기본체 (gleba) : 담자균의 복균류나 자낭균류의 덩이버섯에서 외피 속의 조직

꺾쇠 (Clamp conection) : 버섯의 1차 균사가 접합하여 2차 균사가 형성되는데 이때 형성되는 특유한 꺾쇠 모양의 돌기

끝붙은주름살 (free) : 주름살이 자루의 기점에 붙어 있는 것.

낭상체 (cystidia) : 담자균류의 자실층을 형성하는 균사 중에서 털 모양, 기둥 모양, 주머니 모양 등으로 변한 것. 주름살의 가장자리 연낭상체와 옆면의 측낭상체의 두 종류가 있으며 민주름목에서는 강모체라고 한다.

내린주름살 (decurrent) : 주름살이 길게 매달린 것처럼 자루까지 붙어 있는 것.

담자균류 (basidiomycetes) : 균류 중에서 담자기에 보통 4개의 담자포자를 형성하는 균류. 간혹 2개를 만드는 것도 있다.

담자기 (basidium) : 담자균류에서 포자를 형성하는 곤봉 모양의 구조

담자포자 (basidiospore) : 담자기 내에서 감수분열하여 담자기의 외부에 4개의 담자포자를 형성하는 데 간혹 2개를 만드는 것도 있다.

대주머니 (volva) : 자루의 근부를 둘러싼 주머니 모양의 조직. 덮개막이라고도 한다. 균모 위에 생긴 사마귀나 비늘 조각은 이 대주머니의 조직이 갈라져서 남아 있는 것이다.

떨어진주름살 (remote) : 주름살이 자루와 완전히 떨어져서 균모에 붙어 있는 것.

발아공 (germ pore) : 균사가 발생하여 뻗어 나오는 포자의 꼭대기 부분에 있는 작은 구멍

방사상 (radially) : 중심에서 바깥쪽으로 우산살 모양으로 뻗은 모양

방추형 (fusiform) : 포자나 낭상체의 양끝이 좁아지는 모양

백색부후균 (white rot fungus) : 목질의 섬유소를 분해하여 목질부를 백색으로 변화시키는 균

바른주름살 (adnate) : 주름살이 자루에 직접 연결되어 붙어 있는 것.

아구형 (subspore) : 구형과 비슷한 모양

올린주름살 (adnexed) : 주름살이 자루의 꼭대기에 붙은 것.

외피 (peridium) : 복균류나 덩어리 버섯류와 같이 자실체(지하생)의 바깥 껍질

인편 (scale) : 버섯의 균모 또는 자루의 표면에 외피 조각들이 붙어 있는 것.

자낭 (ascus) : 보통 8개의 자낭포자가 들어 있는 것이 대부분이나 4개 또는 16개가 들어 있는 긴 주머니 모양의 자루

자낭균류 (ascomycetes) : 균류 가운데 자낭에 자낭포자를 형성하는 균

자루 (stipe) : 버섯을 지탱하고 있는 기둥 모양의 부분. 대라고도 한다.

자실체 (fruiting body) : 균류의 포자는 생식 기관. 흔히 버섯이라고 하는 부분이다.

자실층 (hymenium) : 자실체 내에서 담자기 또는 자낭으로 구성된 조직. 담자균류에서는 주름살의 표면이나 관의 내부에서 볼 수 있으며, 자낭균류에서는 자낭각의 내부나 균류의 내부에서 발달한다.

주름살 (lamella) : 주름버섯류에서 균모의 아랫면에 부채 주름 모양으로 구성되어 있는 포자를 형성하는 기관

측생 (lateral) : 규모의 옆 가장자리에 자루가 붙어 있는 것. 균모가 원형이 아니고 부정형인 것에서 볼 수 있다.

턱받이 (annulus) : 고리라고도 하는 자루의 부속물로, 어릴 때는 버섯의 가장자리와 연결되고 성장하면 자루의 윗부분이나 가운데 부분에 원반 모양 또는 거미집 모양으로 남아 있는 것.

포자문 (spore print) : 버섯의 균모를 수평으로 잘라 흰 종이 또는 검은 종이 위에 주름살이 아래쪽으로 가도록 놓고 컵을 덮어 놓으면 포자는 종이 위에 떨어져서 포자무늬를 나타낸다.

홈파진주름살 (sinuate) : 주름살이 자루와 가까운 부분에서 높이가 낮아져서 자루를 오목하게 둘러싸고 있는 것.

• 독성분 해설

노르카페라틱산 (norcaperatic acid) : 눈물, 평활근 경직, 균형감각 상실

네마토린 (nematorin) : 쓴맛 물질, 세포독성물질, 항균물질

루시페롤 (luciferol) : 세포독성

무스카린 (muscarine) : 신경계통에 작용, 땀, 혈류, 혈압에 관여

무시몰 (mucimol) : 술에 취한 상태, 중추신경계통의 흥분, 생체 내에서 무시몰로 작용하여 중추신경계 억제

뷰포테닌 (bufotenine) : 시각, 환상의 중추신경계 증상

실로시빈 (psilocybin) : 환각, 정신착란

실로신 (psilocin) : 환각, 정신착란

아크로멜릭산 (acromelic acid) : 마우스의 중추신경, 신경세포 흥분

아마니타톡신 (amanitatoxine) : 간세포 파괴

아마톡신 (amatoxins) : 간세포 파괴

아세틸콜린 (acetylcholine) : 중추신경계통과 말초신경계통에 작용

알리글리신 (allyglycine) : 마비 증상

에모딘 (emodin) : 설사나 출혈

오스토파닉산 (ostopanic acid) : 지방산, 세포독

우스탈산 (ustalic acid) : 마우스의 운동저하, 치사

이보텐산 (ibotenic acid) : 술에 취한 상태, 중추신경계통의 흥분, 생체 내에서 무시몰로 작용, 중추신경계통 억제

인돌알칼로이드 (indole alkaloid) : 중추신경계통과 말초신경계통에 작용

일루딘 (S. M: illudin) : 마우스에 치사. 암세포에 세포독성, 항암제. 정상세포에 독성

지로미트린 (gyromitrin) : 간에 독성, 약한 간암 유발

짐노피린 (gymnopilin) : 쓴맛, 마우스 중추신경 흥분

파시울라리시스 (fasciulolarelysis) : 용혈성 단백질

파시큐롤 (fasciculol) : 쓴맛, 호흡, 신경마비

페로리신 (ferorisine) : 용혈성 단백질

코프린 (coprine) : 술과 함께 먹으면 악취상태. 알코올 대사에서 효소의 작용을 중지

콜린 (choline) : 중추신경계통과 말초신경계통에 작용

트리코테센 (trichothecene) : 백혈구의 감소, 피부의 건조증

트리콜로산 (tricholomic acid) : 술에 취한 상태, 중추신경계의 흥분, 생체 내에서 무시몰로 작용, 중추신경계억제

트립타민 (tryptamine) : 환각성 물질

• 참고 문헌 •

- 농촌진흥청농업과학기술원, 한국의 버섯, 동방미디어, 2004.
- 박완희, 이호득, 한국의 버섯, 교학사, 1991.
- 박완희, 이호득, 한국약용버섯도감, 교학사, 1999.
- 배기환, 박완희, 정경수, 안병태, 이준성, 한국의 독버섯, 독식물, 교학사, 2003
- 윤영범, 현운영,리영웅,박원학, 조선포자식물 I (균류편 1), 과학백과 사전종합출판사, 1987.
- 윤영범, 현운영, 조선포자식물 2, 과학백과 사전종합출판사, 1989.
- 이지열, 원색 한국의 버섯, 아카데미, 1988.
- 이지열, 버섯생활백과, 경원미디어, 2007.
- 이지열, 홍순우, 한국동식물도감(버섯류), 문교부, 1985.
- 이태수, 이지열, 한국 기록종버섯 재정리목록, 임업연구원, 2000.
- 조덕현, 나는 버섯을 겪는다, 한림미디어, 2005.
- 조덕현, 버섯(자연사 박물관시리즈), 지성사, 2001.
- 조덕현, 서재철, 제주도버섯, 일진사, 2004.
- 조덕현, 원색한국버섯도감, 아카데미, 2003.
- 조덕현, 임웅규, 이재일, 암에 도전하는 동충하초, 진솔, 1998.
- 조덕현, 조덕현의 재미있는 독버섯이야기, 양문, 2007. (과학문화재단 4)
- 조덕현, 한국산 항암버섯의 다양성과 지리적 분포, 한국키틴키토산연구회지 3(3) : 258-267, 1998.
- 조덕현, 한국의 버섯, 대원사, 1997.
- 한국균학회, 한국말버섯이름통일안, 한국균학지, 2 (1) : pp. 43~55, 1978.
- Bresinsky, Besl, Giftpilze, Wissenschaftliche Verlagsgesellschaft mbH Stuttgart 1985
- Breitenbach, J. and F. Kranzlin(1-6), Fungi of Switzerland, 1984~2005.
- Cetto, B., Pilze(1-4), BLV verlagsgesellschaft Munchen Wien Zurich, 1987.
- Courtecuisse, R., and B. Duhem, Les Champignons de France, Eclectis, 1994.
- Dahncke, R.M., 1200 Pilze, At Verlag, 1993.
- Dennis, R.W.G., British Ascomycetes, J. Cramer, 1981.
- Denis R. Benjamin, Mushrooms Poisons and Panaceas, W.H.Freeman and Company, New York
- Duck-Hyun Cho, A New Species of Entoloma from Korea, IMC-5, 1994.
- Duck-Hyun Cho, Two New Species of Amanita from Korea, IMC-7, 2002
- Duck-Hyun Cho, Some New Species of Boletus and Cantharellus(Agricales) from Korea, IMC-8, 2006.
- Duck-Hyun Cho, Taxonomical Study on the geuns Entoloma of Korea, J.Oriental, Bot. 6(2) : 125-134, 1993.
- Duck-Hyun Cho, Korean Mushrooms, KOREANA No.3, Korea Foundation, 1998
- Geoffrey Kibby, Mushrooms and Toadstools, Chartwell Books Inc., 1977
- George W. Hudler, Magical Mushrooms Michievous Molds, Princeton University Press, 1998
- Ian R. Hall, Steven L. Stephenson, Peter K. Buchanan, Wang Yun, Anthony L. J. Cole, Edible and

Poisonous Mushrooms of the World, Timber Press, Portland. Cambridge, 2003.

- Imazeki, R. and T. Hongo, Colored Illustrations of Mushrooms of Japan Vol.I, Hoikusha, Japan, 1987.
- Imazeki, R. and T. Hongo, Colored Illustrations of Mushrooms of Japan Vol.II, Hoikusha, Japan, 1989.
- Ito, S., Mycological Flora of Japan 2(4), 1955.
- Ito, S., Mycological Flora of Japan 2(5), 1959.
- Joseph F. Ammirati, James A. Traquairm Paul A. Horgen, Poisonous Mushrooms of the Northern United States and Canada, University of Minnesota Press, Minneapolis, 1985.
- Kobayasi, Y., and D. Shimizu, Iconography of Vegetable Wasps and Plant Worms, Hoikusha, Japan, 1983.
- Moser, M., and W. Julich, Colour Atlas of Basidiomycetes, Gustav Fisher Verlag, 1986.
- Paul Stanets, Psilocybin Mushrooms of the World, Ten Speed Press, 1996.
- Phillips, R. Mushrooms and other fungi of Great Britain and Europe, Ward Lock Limited, London 1981.
- Phillips, R. Mushrooms of North America, Little, Brown and Company, 1991.
- Shirahama, H., Poisonous Fungi in Japan, Gakken, 2003.
- 小林義雄, 日本, 中國 菌類歷史と民俗學, 廣川書店, 1983.
- 山下 衛, 古川久彦, きのこ 中毒, 共立出版株式會社, 1993.
- 横山和正, 食用きのこと毒, 食品과 微生物, 5(2) : 89-94, 1988.
- 信州きのこの會編, 食べられるキノコ 200選, 信農毎日新聞社, 2002.

색 인

한글색인 / 영문색인

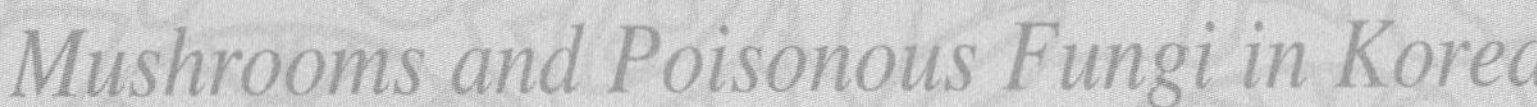

한글색인

ㄴ

ㄷ

ㄹ

ㅈ

ㅊ

ㅋ

ㅌ

ㅍ

ㅎ

숫 자

영문색인

A

B

H

I

K

L

저자 약력

40년 이상 버섯만을 전문적으로 연구해 온 버섯박사다. 황해도 황주군 흑교에서 태어났으며, 군산(대야)에서 성장하였다. 경희대학교 생물학과(이학사), 고려대학교 대학원(석사, 박사)을 거쳐 영국 레딩대학교, 일본 가고시마대학, 일본 오이타현 버섯지도연구센터 등에서 연구하였다. 한국자원식물학회 회장, 한국자연환경보전협회장, 광주보건대학 · 우석대학교 교수를 역임하였다.

현재 버섯박물관, 과학기술 앰배서더, 새로마지 친선대사, 한국에코과학클럽에서 활동 중이다. 받은 상은 과학기술우수논문상(1998, 한국과학기술총연합회), 전북대상(2004, 전북일보), 자랑스러운 전북인 대상(2008, 전라북도), 자연환경보전협회 공로상(2013) 외에 다수를 수상하였으며 전라북도 사이버 명예의 전당에 올랐다.

저 서

『균학개론(공역)』, 대광문화사, 1996.
『한국의 버섯』, 대원사, 1997.
『암에 도전하는 동충하초(공저)』, 도서출판 진솔, 1998.
『버섯』, 지성사, 2001. (중앙일보가 선정한 우수도서, 어린이도서 연구소, 아침 독서용 추천도서)
『원색한국버섯도감』, 아카데미, 2003.
『푸른아이 버섯』, 웅진닷컴, 2003.
『제주도 버섯(공저)』, 일진사, 2004.
『자연을 보는 눈"버섯"(공저)』, 한솔교육, 2004.
『나는 버섯을 겪는다』, 한림미디어, 2005.
『조덕현의 재미있는 독버섯이야기』, 양문, 2007. (과학문화재단 4)
『집요한 과학씨, 모든 버섯의 정체를 밝히다(공저)』, 웅진주니어, 2008.
『땅친구 물친구, 버섯은 축축한 곳을 좋아해(공저)』, 웅진, 2008.
『한국의 식용 · 독버섯도감』, 일진사, 2009.
『버섯과 함께한 40년』, 한림원, 2011.
『버섯수첩』, 무듬지, 2014.
『백두산의 버섯도감(1, 2권)』, 학술정보, 2014.

기타 저서

『위생곤충학(공저)』, 수문사, 1984.
『생물학(공저)』, 대광문화사, 1992.
『미생물학(공저)』, 대광문화사, 1994.
『생물 I (검인정교과서)(공저)』, 학문사, 1996.
『생물의 역사(공저)』, 범문사, 1996.
『킴볼생물학(공역)』, 탐구당, 1996.
『대학 미생물학』, 탐구당(공역), 1999.
『생물학과학사전(감수)』, 아카데미, 2003.
『생물의 세계(공역)』, 녹문당, 2007.
『생명과학(공역)』, 녹문당, 2008.
『생명과학의 세계(공역)』, 녹문당, 2008

한국의 버섯 데이터베이스(DB) 구축

1. 한국의 버섯 : http://mushroom.ndsl.kr
2. GBIF Data Portal : http://www.gbif.org
3. 가상버섯 박물관 : http://vsm.kisti.re.kr
4. 사이버균류도감 : http://nature.go.kr

한국의
식용·독버섯도감

2009년 8월 10일 1판 1쇄
2015년 6월 10일 1판 2쇄

저자 : 조덕현
펴낸이 : 이정일

펴낸곳 : 도서출판 **일진사**
www.iljinsa.com

140-896 서울시 용산구 효창원로 64길 6

대표전화 : 704-1616, 팩스 : 715-3536
등록번호 : 제1979-000009호(1979.4.2)

값 68,000원

ISBN : 978-89-429-1117-2